含金属离子液体的制备、结构及性质

唐斯甫　谭玲玲　著

中国纺织出版社有限公司

内 容 提 要

本书总结了近年来国内外有关含金属离子液体的研究成果，通过大量的实例，根据所含金属离子的不同和阴离子配体的不同，对含金属离子液体进行了较为系统的概述。内容主要包括：含金属离子液体的形成和发展、制备、晶体结构、理化性质表征及性能研究。

本书适合从事与含金属离子液体相关工作的科研人员阅读。

图书在版编目（CIP）数据

含金属离子液体的制备、结构及性质 / 唐斯甫，谭玲玲著． -- 北京：中国纺织出版社有限公司，2020.8

ISBN 978-7-5180-7724-3

Ⅰ．①含⋯ Ⅱ．①唐⋯ ②谭⋯ Ⅲ．①阳离子—液体—研究 Ⅳ．① O646.1

中国版本图书馆 CIP 数据核字（2020）第 142947 号

责任编辑：范雨昕 责任校对：楼旭红 责任印制：何 建

中国纺织出版社有限公司出版发行

地址：北京市朝阳区百子湾东里A407号楼 邮政编码：100124

销售电话：010—87155894 传真：010—87155801

http://www.c-textilep.com

官方微博 http://weibo.com/2119887771

北京玺诚印务有限公司印刷 各地新华书店经销

2020年8月第1版第1次印刷

开本：710×1000 1/16 印张：27.75

字数：451千字 定价：98.00元

前　言

近年来，有关离子液体的合成、表征和应用研究发展十分迅速，逐渐从一种绿色溶剂，扩展到电解质、润滑剂、磁性材料、发光材料等领域，有关离子液体的研究范畴越来越广，几乎渗透到化学和材料学科的各个领域。此前，国内外已有一些关于离子液体方面的著作，但时间较早，主要介绍一些传统离子液体的一些常规性质和应用，没有涵盖含金属离子液体方面的研究。本书根据离子液体中所含金属离子和阴离子配体的不同，对含金属离子液体进行了分类介绍，包括各类含金属离子液体的合成、结构、性质和应用以及对其发展前景的展望。

在本书的写作过程中，得到了家人和一些同事的帮助，在此表示感谢！

由于时间紧迫，加之作者学术水平有限，书中难免会有一些疏漏和不足，敬请各位专家、同行和广大读者批评指正。

唐斯甫

2020年2月于青岛

目　录

第1章 含金属离子液体简介

随着科学的发展日新月异，各学科之间相互交叉融合，又形成很多新的学科。在众多新兴交叉学科中，绿色化学无疑是一个研究热点。人们希望以绿色的原料、绿色的生产工艺，获得绿色的产品，实现生产生活的可持续性。作为一种绿色溶剂，离子液体的发展十分迅速，现在的离子液体无论是研究的深度还是广度都较之前发生了巨大的变化。离子液体不仅可以作为溶剂替代传统有机分子溶剂，还可以作为催化剂、润滑剂、含能材料、发光材料和磁性材料等，可以说离子液体已经渗透到化学和材料学科的各个领域。本章将简单介绍含金属离子液体的形成、发展、制备、表征和应用。

1.1 含金属离子液体的形成和发展

按照最广为接受的定义，离子液体是熔点低于100℃的盐，许多离子液体甚至在室温下为液体，由分立的阳离子和阴离子所组成。多数时候，离子液体含有有机阳离子和有机或无机阴离子，离子液体中典型的阳离子和阴离子如下所示。

最常见的离子液体阳离子包括：烷基铵、烷基鏻、N, N'-二烷基咪唑鎓离子以及N-烷基吡啶鎓离子。阴离子可以是简单的氯、溴、碘离子，也可以是复杂一点的具有四面体构型的$[BF_4]^-$、$[AlCl_4]^-$或者具有八面体构型的$[PF_6]^-$、

[SbF$_6$]$^-$。随着功能化离子液体的发展，一些官能团化的阴离子，如烷基硫酸酯、烷基磺酸，甚至是全氟磺酸阴离子，如[CF$_3$SO$_3$]$^-$或者双三氟甲磺酰亚胺离子[(CF$_3$SO$_2$)$_2$N]$^-$，也相继被采用。

事实上，离子液体并不是新的材料，一个世纪以前就已经为人们所知。1914年，Paul Walden报道了硝酸乙基铵，它被认为是离子液体研究的鼻祖。不幸的是，那个时候几乎没有人注意到它。经过了二十几年，科学家逐渐认识到离子液体广泛的应用性，比如温和条件下溶解纤维素等。然而这个技术直到最近才获得优化，得以在工业水平上应用。二十几年后，人们才逐渐意识到离子液体在电化学领域应用的重要性，比如类似铝的金属的电沉积等。离子液体最先用于这种应用的是基于络合金属离子如[AlCl$_4$]$^-$，很容易发生水解，而且具有高度腐蚀性。离子液体向前发展的一大步是可以在温和条件下操作。不久，人们意识到这些离子液体具有一些独特的性质，比如作为溶剂取代挥发性有机物（VOCs）或者作为具有一些新的和独特物理性质组合的材料。离子液体真正的优点既不是可用于分子化合物领域，也不是典型的晶态盐，而是作为一种独特材料的性质集合。据估计，人们大概可以合成出一百万种简单的离子液体，每种离子液体都有不同的物理和化学性质。离子液体内在的非挥发性、高热稳定性、宽液程和一些可能的独特性质，过去几年里大大提升了离子液体的研究兴趣。因此，通过选择合适的阳离子和阴离子以及它们的组合，离子液体真正做到能够为某种应用设计一种溶剂的可能性，以某种方式证明它们是"设计师溶剂"。尤其是，近年来对于绿色技术的需求日益增加，引起越来越多的来自于学术界和工业领域对离子液体技术的兴趣。当前的研究领域包括：电化学、分离科学、化学合成和催化。这些包括打破共沸物、热流体、润滑剂、油漆添加剂、气体存储应用、纤维素处理、两相化学过程（如巴斯夫的 BASIL®），光伏、燃料电池电解质和"含能液体"（非挥发高能量密度液体材料）。许多这些应用已经达到工业应用阶段。今天，离子液体已经有越来越多的商业来源，并且将进入更加广阔的应用领域，如含金属离子液体。

1.1.1 金属原子作为阳离子和/或阴离子一部分的离子液体

离子液体和熔盐中阳离子和/或阴离子含有金属原子是带有电荷的物种，本质上是从离子液体中带有电荷的多原子分子到普通的熔盐中的经典离子。含有闭壳层卤素原子的金属卤化物，熔点高于800K，是熔盐的好例子，而许多离子液体含有多原子有机阳离子和无机或者有机阴离子。

氯化铝（$AlCl_3$）能在相对低的温度（192℃）下熔化，而且当转变成液态，耗能太多；然而，它的电导率仅与分子液体相当。根据拉曼光谱，熔体中含有Al_2Cl_6分子。因此，$AlCl_3$不能是一个含金属离子液体，虽然它经常用于离子液体的合成。

需要特别注意的是金属介晶（含金属液晶），形成了含金属离子液体的一个特定的分支。它们所包含的金属离子会影响离子液晶的性能，如磁性、荧光和/或氧化还原活性。赋有这些性能的离子液晶可以作为多功能材料。目前有关中性（非电荷）金属介晶的系统研究已有许多，然而有关离子金属介晶的研究仍然非常少见。

含金属离子液体可以包含多种多样的过渡金属。在很多含金属离子液体中，结构构筑模块$[MX_4]^{2-}$（M=Pd，Zn，Co，Cd，Ni，Cu；X=Cl，Br以及相对少见的I）是固有的，也被称为卤代金属酸盐离子液体。至于平衡离子，它们经常含有带有长烷基链的季铵有机阳离子，如N，N-二烷基吡咯镓或者N-烷基-N-甲基咪唑镓离子。

这种含金属离子液体的例子有$[C_{12}C_1im]_3[LnBr_6]$（Ln=Tb，Dy）和$[C_{12}C_1im]_4[EuBr_6]Br$（$[C_{12}C_1im]^+$=1-十二烷基-3-甲基咪唑镓离子）。由于含金属离子液体的酸碱性质能够影响它们的催化性能，所以它们的酸性特征是非常重要的。

含金属离子液晶最有前景的应用之一是设计发光液晶用于液晶显示器件。采用镧系离子，如Eu^{3+}或者Sm^{3+}用于红光，Eu^{2+}或者Tm^{3+}用于蓝光，Tb^{3+}用于绿光，是有可能得到液晶显示的三个基础色的。而且，排列整齐的含镧液晶能够发出极化光。高摩尔磁化率的Tm^{3+}、Dy^{3+}和Tb^{3+}，使得在外加磁场中形成介晶相成为可能。因此，这些化合物在电和磁开光器件中的应用是非常有前景的。

1.1.2 金属原子或者金属络合物与阳离子或阴离子配位的离子液体

离子液体含有一个金属原子或者金属阳离子作为功能材料，可以同时显示出催化、磁性、电和其他的性能。含有金属络合物的离子液体对于特定用途是非常有价值的，因为它们在分子设计领域提供了很多新的条件。

常见含金属离子液体可以通过简单的中性化合物和一个离子化合物的络合反应得到，比如$AlCl_3$和$[C_2C_1im]Cl$，可以制得$[C_2C_1im][AlCl_4]$（$[C_2C_1im]^+$代表1-乙基-3-甲基咪唑镓离子）。其他一些$[M(RNH_2)_4][NTf_2]$（M=Zn，Ag；R=Me，Et，Pr）类型的含金属离子液体也已经被报道。这些离子液体已经用于锌和银的电沉积；而且它们的性能可以很容易地通过改变中心金属离子和有机官能团R的本质加以调节。

一个比较有趣的例子是铀酰离子在离子液体中的配位。在室温离子液体中，初始平衡离子、离子液体的阴离子、其他阴离子和溶液中杂质的参与形成铀酰离子的第一配位圈。锕系元素是核废料中的主要组分。最近有关核裂变产物（尤其是Sr^{II}）的研究已经表明离子液体可以成功地用于溶液中金属离子的萃取。Visser 等用[C_4C_1im][PF_6]和[C_8C_1im][NTf_2]离子液体，以磷酸三丁酯（TBP）和辛基苯基–N，N–二异丁基氨基甲酰甲基氧化磷（CMPO）为萃取剂，成功地从酸性水溶液中分离出铀酰离子UO_2^{2+}（[C_4C_1im]$^+$=1–丁基–3–甲基咪唑鎓离子；[C_8C_1im]$^+$=1–辛基–3–甲基咪唑鎓离子）。铀酰离子萃取入离子液体中的程度高于十二烷。第一个报道的离子液体共晶是[C_4C_1im]$_2$[{$UO_2(NO_3)_2$}（$\mu-C_2O_4$)]（[C_6C_1im]$^+$=1–己基–3–甲基咪唑鎓离子）。它们含有[C_6C_1im][NO_3]离子液体，嵌入晶格中形成一体。当长链烷基基团出现在离子液体中（[$C_{16}C_1im$]$^+$），阴离子与阳离子的极性基团相关联，在阳离子层之间形成孔道，里面填充乙腈分子。

1.1.3　溶有金属或者金属盐络合物的离子液体

在前面两类离子液体中，金属是阳离子或者阴离子的一部分或者与阳离子或者阴离子配位；而接下来的两类离子液体，离子盐或者金属氧化物纳米颗粒溶于传统的离子液体。之所以把它们归类为含金属离子液体，是因为离子液体显著影响含金属物种的热力学性质和稳定性。

有观点认为，带有电荷的金属络合物和金属盐对离子液体具有亲和性，认为有一定的溶解度；然而另外一些观点认为，阳离子和阴离子中缺乏配位官能团常会导致这些离子物种在离子液体中的溶解度很小。对于离子金属化合物，取得一定的溶解度是非常重要的，比如制备功能特定离子液体，因为离子液体中的低熔点，可能会以某种方式妨碍电沉积、光谱测试和新兴含金属催化剂的设计与应用。获得一个在离子液体中具有高溶解度的离子金属化合物的一个可行性方法是引入官能团，能够围绕在金属离子周围。为了获得更为深入的理解和解释有关溶解度的问题，获得金属离子在离子液体中所形成物种的数据是非常重要的，但并不总是能获得的。已知的固体金属络合物的晶体结构可以提供有用的信息，帮助建立描述金属物种的模型。

同样，值得注意的是在溶解之后离子液体尤其是金属阳离子的一些特征可能会发生本质上的改变。这些改变对于一些应用是非常重要的，比如电沉积。

非修饰的原子或者金属氯化物络合物的电沉积，以完全不同的方式进行，要求具有不同的电极电势，生成具有它们自己特征的表面金属层。

1.1.4 含有金属或者金属氧化物纳米颗粒的离子液体

离子液体的空间位阻、黏弹性和静电性质使其具备稳定金属纳米颗粒的能力，而无须使用额外的配体、表面活性剂或者稳定剂。在离子液体介质中合成金属纳米颗粒可以通过热解、化学或者电化学还原、光化学技术，包括微波诱导分解或者超声等。气相纳米颗粒可以用电子束或者 γ 辐射、辉光放电等离子体电解、物理气相沉积和溅射产生。可能的金属纳米颗粒源包括含有零价金属的金属羰基化物$M_x(CO)_y$，无须使用还原试剂。微波辅助热分解金属羰基化物是一条比较经济（就时间和能量而论）的制备金属纳米颗粒的路径，因为离子液体具有高极性、离子结构和高介电常数，能有效吸收微波辐射。金属纳米颗粒加强的离子液体可以用于加氢和C—C偶合反应。

高比表面体积的纳米颗粒的本质和性质由表面能决定。纳米颗粒越小，暴露的表面原子的比例越高，产生悬挂的键。金属纳米颗粒被作为多相催化剂"可溶"类似物研究。多相催化剂的催化性能与它们的高比表面积紧密相关。然而，小的纳米颗粒只是动力学稳定的，易于发生聚集形成热力学稳定的大颗粒。

金属纳米颗粒可以在离子液体中合成和储存一段时间，而不用加入稳定剂，从这一角度来讲，离子液体可以看作是"纳米合成模板"，或者是超分子三维氢键键合和静电键合网络，由于离子液体的离子特征以及体系的高介电常数、高极性和超分子本质，可以防止纳米颗粒凝聚而无须添加保护性的配体。

1.1.5 离子液体中镧系和锕系的溶解、溶剂化和络合

有好几种方法可以把镧系化合物溶于离子液体中。如前所述，离子液体可以根据特定用途而设计，因此也被称为特种功能离子液体（TSILs）。可以通过在离子液体的阳离子或者阴离子中引入有机官能团而得到。当引入的官能团

能够与金属离子配位（最好是二齿或者多齿配位配体），能够促进金属氧化物或者金属盐溶解在离子液体中。在这些官能团中，羧基官能团似乎是最有用的，而且含有这种官能团的离子液体得到了较为深入的研究。3-（5-羧基丙基）-1-甲基咪唑溴化𬭩盐、3-（5-羧基丙基）-1-丁基咪唑溴化𬭩盐与某些特定的中性配体，比如1，10-邻菲咯啉（1，10-phen）和2-噻吩甲酰三氟丙酮（TTA）在溶解Eu_2O_3等金属氧化物方面被证明是非常强大的。不久前，研究者发现在有水存在的条件下，镧系氧化物能够溶解在质子化甜菜碱离子液体中。比如，双三氟甲磺酰亚胺的甜菜碱盐（[Hbet][Tf_2N]）在氨基阳离子中含有一个羧基。去质子化的甜菜碱阳离子（bet），根据其分子式[$^+Me_3N$—CH_2—COO^-]来看，它是一个两性离子。这个离子液体能够溶解化学剂量比的稀土和其他金属氧化物。把镧系氧化物和[Hbet][Tf_2N]混合在水中，回流12h，能够得到[$Eu_2(bet)_8(H_2O)_4$][Tf_2N]$_6$、[$Eu_2(bet)_8(H_2O)_2$][Tf_2N]$_6$·$2H_2O$和[$Y_2(bet)_6(H_2O)_4$][Tf_2N]$_6$。可以用离子液体把金属离子从酸性水溶液中萃取出来，而离子液体可以循环使用。有趣的是，[Hbet][Tf_2N]在温度高于55.5℃时能够与水互溶，促进分离流程。另外一个促进4f和5f元素氧化物，如UO_2、UO_3、Nd_2O_3、Eu_2O_3和Pr_6O_{11}溶解在离子液体中，如[C_4C_1im][Tf_2N]（[C_4C_1im]$^+$：1-丁基-3-甲基咪唑离子）的方法是加入硝酸。其他的质子酸，对于氧化铀[$UO_2(NO_3)_3$]$^-$的存在能够通过UV/Vis和扩展X射线吸收精细结构（EXAFS）光谱加以确认。在[C_4C_1im][Tf_2N]中，$UO_2(NO_3)_2$·$6H_2O$和[N_{4444}][NO_3]（[N_{4444}]$^+$=四丁基铵离子）反应，形成配位阴离子[$UO_2(NO_3)_3$]$^-$，可以通过吸收、磁二圆色谱（MCD）和EXAFS光谱加以表征。对于UO_2，可能是通过U^{IV}被NO_3^-氧化成U^{VI}，而NO_3^-被还原成NO_2^-，与此同时铀离子与NO_3^-的络合，形成配位阴离子。同样研究了溶解的动力学和氧化溶解过程中水的作用。结合UV/Vis、EXAFS光谱和分子动力学模拟研究表明，溶解后，铀酰离子的第一配位圈，或者以UO_2X_2盐（X=硝酸、三氟甲磺酸、高氯酸）或者以$UO_2(SO_4)$形式存在于[C_4C_1im][X]（X=四氟硼酸、六氟磷酸、双三氟甲磺酰亚胺）和[N_{441}][Tf_2N]中。研究发现，第一配位圈的形成源于最初与铀酰离子键合的平衡离子、离子液体的阴离子和溶液中其他阴离子，如杂质。硝酸铀酰和三氟甲磺酸铀酰在四氟硼酸和六氟磷酸离子液体中的有限溶解度，可以通过加入氯离子来克服，导致氯代配合物的生成。然而，即使加入氯离子，UO_2SO_4似乎也不溶。通过分子动力学计算，对向铀酰离子的$[C_4C_1im][Tf_2N]$溶液中缓慢地加入1~4个氯离子的过程进行模拟。结果表明，UO_2^{2+}在纯$[C_4C_1im][Tf_2N]$离子液体中，只是被五个$[Tf_2N]^-$阴离子配位。当加入氯离子后，由于氯离子配位能力较$[Tf_2N]^-$阴离子强，所以$[Tf_2N]^-$会逐渐被氯离子取代，$[UO_2Cl_4]^{2-}$是最稳定的配位铀酰离子。当把$[C_4C_1im][UO_2Br_4]$溶于$[C_4C_1im][Tf_2N]$和$[N_{4441}][Tf_2N]$中，$[UO_2Br_4]^{2-}$是最主要的物种。中性配体，如三苯基氧化膦同样能进入铀酰离子的第一配位圈，在含有弱配位阴离子的离子液体中形成稳定的络合物。把高氯酸铀酰溶解于$[C_4C_1im][NfO]$（NfO=九氟丁基磺酸），通过液相^{31}P NMR和固相单晶X射线晶体结构解析能够检测到一个 $[UO_2]^{2+}$和三苯基氧化膦（$OPPh_3$）的四重络合物的形成。分子动力学研究了U^V、U^{IV}和U^{III}离子在$[C_4C_1im][Tf_2N]$和$[N_{1114}][Tf_2N]$中的均配六氯络合物，揭示了$[UCl_6]^{2-}$配位阴离子的第一配位圈仅为$[C_4C_1im]^+$或$[N_{1114}]^+$占据。而对于$[UCl_6]^{2-}$和$[UCl_6]^{2-}$配位阴离子，$[Tf_2N]^-$阴离子能够进入第一配位圈。值得注意的是，$[C_4C_1im]^+$由于具有更强的形成氢键能力，因此其显示出比$[N_{1114}]^+$更强的与$[UCl_6]^{3-}$相互作用。为了考察铀酰离子的配位和配体圈，研究了$UO_2[(Tf_2N)_2]$、高氯酸铀酰、硝酸铀酰、醋酸铀酰以及18-冠-6的络合物在$[C_4C_1pyr][Tf_2N]$、$[C_4C_1im][Tf_2N]$、$[C_6C_1im][Tf_2N]$、$[C_6C_1im]Br$和$[C_4C_1im]Cl$等离子液体中的UV/Vis吸收光谱。研究发现在氯离子、硝酸根和醋酸根存在条件下的吸收光谱，与在丙酮和乙腈中的相似。当体系中存在配位能力更强的配体，比如卤素离子，离子液体中$[Tf_2N]^-$阴离子对铀酰离子的光谱没有明显影响，结果被认为是不配位的。对于湿的离子液体，在铀离子的第一配位圈中发现了水分子。研究人员同样研究了$[C_4C_1im][Tf_2N]$和$[C_4C_1im][Tf_2N]/[C_4C_1im]Cl$混合物中$Np^{IV}$和$Pu^{IV}$的氯化物的形成。当$[C_4C_1im][AnCl_6]$（An=Np，Pu）溶解在$[C_4C_1im][Tf_2N]$中，即使加入水，六氯化配位阴离子$[AnCl_6]^{2-}$也能保持完好无损。当把$[C_4C_1im]$Cl加入这些溶液中，可能会导致高氯络合物的形成。似乎$[AnCl_6]^{2-}$配位阴离子能够促进$[PF_6]^-$离子液体的水解。采用时间分辨激光荧光光谱（TRLFS）研究了

$Eu(OTf)_3$和$Cm(ClO_4)_3$以及$Eu(ClO_4)_3$和$Am(ClO_4)_3$的$[C_4C_1im][Tf_2N]$溶液。研究结果表明，可能存在两个具有相似配位环境的物种。研究了淬灭剂Cu^{II}对Eu^{III}和Cm^{III}在$[C_4C_1im][Tf_2N]$和Eu^{III}在$[C_4C_1pyr][Tf_2N]$中的荧光发射行为的影响。研究发现，Cu^{II}在淬灭Eu^{III}荧光发射的同时，对Cm^{III}的激发态的衰减没有明显影响。这一事实可以归因于锕系阳离子的共价金属—配体相互作用。TRLFS同样被用于研究一些离子，如Eu^{III}、Cm^{III}和Am^{III}的叠氮酸盐在$[C_4C_1im][Tf_2N]$中的溶解和络合行为。Eu^{III}离子与叠氮酸根的络合相对较快，而三价锕系离子则相对慢一些，或许这可以用于镧锕分离。这种配体交换不仅可以用X射线结构分析而且可以用循环伏安法加以证实。$Yb(OTf)_3$（OTf=三氟甲磺酸）溶于三氟甲磺酸离子液体$[C_4C_1pyr][OTf]$中，立刻形成配位阴离子$[Yb(OTf)_6]^{3-}$。

1.2 含金属离子液体的制备与表征

1.2.1 含金属离子液体的制备

1.2.1.1 加合法

加合法是将含有共同阴离子配体的前驱离子液体和相应的金属盐，按照一定的摩尔比，在一定的温度下反应，制备含金属离子液体。根据金属离子的本质特征，可以在无水、无氧的条件下操作，也可以在开放体系中进行。根据需要，可以采用Schlenk管或者Schlenk烧瓶作为反应容器，在惰性气体保护下进行反应；如果不需要惰气保护，则可以在普通的反应瓶中进行反应。如果采用不含水（或其他溶剂）的盐和前驱离子液体反应，可以制备得到阴离子配体均配的含金属离子液体化合物，而如果原料盐中含有水或者其他溶剂分子，则它们也有可能会出现在所合成的化合物中。反应温度通常需要在化合物熔点温度之上，反应结束之后，自然冷却或者缓慢冷却到室温，有可能得到目标化合物的晶体。根据需要，有时也可以加入少量溶剂，如水或者乙腈、甲醇、乙醇等，把化合物溶解之后，再降温（如果有需要可以放入低温冰箱中），静置一段时间之后，也有可能得到目标化合物的晶体。

1.2.1.2　复分解法

复分解法是将阴离子配体的银盐或者碱金属盐和阳离子的卤素盐，按照一定的摩尔比，在水或者其他分子溶剂中（银盐用水做溶剂；碱金属盐用有机溶剂，如乙腈、甲醇、乙醇、二氯甲烷）进行复分解反应（个别情况下也可以无溶剂固相反应），得到含金属离子液体化合物和相应的卤化银或者碱金属卤化物沉淀。复分解法通常用于配位能力比较强的配体，如 β-二酮、羧酸类配体。

1.2.1.3　酸碱反应法

通过一些含有羧基、磺酸、磷酸基团的功能化前驱离子液体与金属氧化物之间的酸碱反应，也可以得到含金属离子液体化合物。

1.2.1.4　配体取代法

利用不同配体之间与金属离子配位能力的不同，将金属盐与前驱离子液体（或原位反应得到）溶解在某种溶剂中，经过配体的竞争配位，析出目标含金属离子液体化合物。

1.2.2　含金属离子液体的表征

1.2.2.1　结构表征

对所得到的含金属离子液体进行晶体结构表征是非常重要的。最为常用和有效的方法之一是单晶X射线衍射分析，首先培养化合物的单晶，然后利用单晶X射线衍射仪收集衍射数据，经晶体结构分析软件解析之后，可以获得精确的晶体结构信息。但有时很难获得质量足够好的单晶，或者对于只形成玻璃态的化合物，无法采用单晶X射线衍射分析方法。这时可以采用光谱的方法，比如红外、紫外—可见吸收光谱和拉曼光谱，获得化合物中有关官能团、成键、组成等重要信息；如果条件允许的话，还可以采用扩展X射线吸收谱精细结构（Extended X-ray absorption fine structure，EXAFS）表征。EXAFS是吸收边后30eV至约1000 eV范围内的吸收光谱，是电离光电子被吸收原子周围的配位原子作单散射（散射一次）回到吸收原子与出射波干涉形成的。近年来常被用于测定多原子气体和凝聚态物质吸收原子周围的局域结构，成为结构分析的一种新技术。

1.2.2.2 理化性质表征

理化性质表征是含金属离子液体化合物的重要组成部分，含金属离子液体的理化性质表征和普通离子液体的性质表征相同，主要包括：熔点、黏度、热稳定性（TGA—DTA）、热行为（DSC）、折射率测试等。熔点的测试通常采用示差扫描量热法（Differential Scanning Calorimeter，DSC）进行表征，以样品熔化峰的起始温度为样品的熔点，也可以采用显微熔点仪进行熔点测试。可以采用乌氏黏度计测试含金属离子液体的黏度，很多时候化合物的黏度太大，可以将样品溶于适当的溶剂中再测试。折射率可以采用阿贝折射仪进行测试。

1.2.3 含金属离子液体的性能评价

离子液体由阴阳离子组成，不同的组成意味含金属离子液体性质的不同以及不同的潜在应用。

首先，在离子液体中引入不同的金属离子，可以获得具有不同性质的含金属离子液体。如引入d^{10}电子构型的Zn^{2+}、Cd^{2+}、Hg^{2+}、Cu^+、Ag^+、Au^+，所得到的含金属离子液体，通常具有荧光性质；而引入Cu^{2+}、Fe^{3+}、Ni^{2+}、Co^{2+}这些过渡金属离子，制备得到的含金属离子液体，通常具有磁性；如果是引入稀土离子，制备含稀土离子液体，则不仅可以具有荧光性质，还具有磁性质。除此之外，含金属离子液体还可以具有催化活性、抗菌、电沉积、储能等性能，根据性能的不同采用不同的评价手段和技术进行相关的测试。

其次，有机阳离子和阴离子配体的不同，对含金属离子液体的性能也有较大的影响。比如最常见的咪唑基阳离子，当烷基链中碳原子数大于8时，所制备的离子液体化合物就有可能具备介晶性质，可以采用DSC和偏光显微镜（POM）进行测试，鉴别化合物的晶相变化、所属介晶相和微观织构。此外，不同类型的有机阳离子和阴离子配体，对化合物的熔点、黏度、晶体结构、发光性能以及相关的性质也都具有较大的影响。因此含金属离子液体的性质取决于物质的阳离子、阴离子、金属离子的本质以及它们之间的组合和物质的结构，通过系统的结构表征和性能评价，理解物质的组成、结构和性能之间的关联，对于设计与优化新型含金属离子液体至关重要，可以为含金属离子液体的应用奠定理论基础。

1.3　离子液体的固化

1.3.1　使盐在温和到低温区间内变为液体

通常来讲，盐的特征是具有大的晶格能、高的熔点和强烈介晶的倾向。如岩盐，NaCl，熔点为801℃，晶格能为−787kJ/mol。为了得到离子液体尤其是室温离子液体，很明显必须显著降低熔点。即使没有可以实现这一点的可靠的已知规则，但已经建立了一些普遍的指导原则和经验规则。Kapustinkii方程可以估算一个化合物的晶格能（U_L）而无须知道详细的晶体结构。

$$U_L = -K \cdot \frac{v \cdot [z^+] \cdot [z^-]}{r^+ + r^-} \cdot (1 - \frac{d}{r^+ + r^-}) \tag{1-1}$$

式中：$K=1.2025 \times 10^{-4} J \cdot m/mol$；$d=3.45 \times 10^{-11} m$；$v$为经验式中的离子数量；$z^+$和$z^-$为阳离子和阴离子的元素电荷数；$r^+$和$r^-$为阳离子和阴离子的半径。从这一方程，可以推测低电荷的阳离子和阴离子以及大的阳离子—阴离子间距，可以得到较小的晶格能。后者可以通过采用大尺寸的离子来实现。同样，低对称性的离子对于降低熔点也是有利的。此外，大的和低对称性离子有可能具有多种构象，在离子液体固化过程中不仅产生大的熵贡献，而且可能会导致堆积受限，阻碍结晶。这些化合物常固化为玻璃或者塑料晶体的形式。另外一个影响熔点和结晶的重要因素是形成氢键。通常，离子—离子之间作用力降低，比如氢键，导致熔点的降低。一些方法已经用于预测有机化合物的熔点，与结构特征相关联，但是直至目前为止，尚无一个是令人满意的。

1.3.2　熔体固化—理论

1.3.2.1　成核和晶体生长

从热力学角度，当固体的吉布斯自由能（自由焓）G（$G_{固}$）小于熔体的 $G_{液}$，就会发生结晶。由于结晶过程中离子有序性引起的熵的降低，可以由焓（H）的释放来补偿（图1-1）。T代表温度。

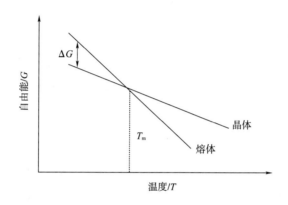

图1-1　自由焓随温度的变化

$$G_{固}<G_{液}；\quad T\left(S_{固}-S_{液}\right)=H_{固}-H_{液}$$

然而，离子液体自发的均一的结晶是很少见的，动力学似乎起着十分重要的作用。在微观水平上，结晶是分步进行的，可以分为成核和晶体生长。对于这些过程的理解至关重要。虽然对于晶体生长已经有或多或少的理解，但是最先的步骤，微观异质性的形成、聚集和成核仍然处于广泛的研究中。Tamann发展了可以应用于从熔体以及溶液中均相结晶的初步理论。这种经典的理论慢慢地得到了改进。这一理论是基于在超冷（针对从熔体中结晶这一情况）或者过饱和（针对从溶液中结晶这一情况）态，形成微异质性，发生了晶相成分的初始聚集。第一个小的聚集体形成簇，仍然不具有最终晶相的平移周期性。随着逐渐的生长，这些簇发生重组，并且形成具有三维周期性的晶核；NaCl的熔体结晶分子动力学（MD）研究显示，起先形成八面体的$NaCl_6$以及$ClNa_6$单元，已经是最终固体的结构构筑模块；这些模块合并，转化成小的具有最终晶格对称性的小的单元。溶液中NaCl的结晶分子动力学模拟显示取决于溶剂，起初形成低对称性的聚集体。然而，它们合并并且采取与熔体类似的方式重组。有趣的是，液态离子液体的瞬态结构同样具有与固态结构紧密的相似性。一个例子是固态的[C_2C_1im]Cl中[C_2C_1im]$^+$阳离子周围相似的液态（分子动力学模拟）和实验（单晶X射线晶体结构）局部环境（图1-2）。

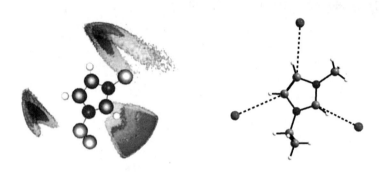

图1-2　[C_2C_1im]Cl中[C_2C_1im]$^+$阳离子周围相似的液态（分子动力学模拟）和实验（单晶X射线晶体结构）局部环境

Tamann同样研究了有机熔体中的成核行为，发现成核的最大速率温度明显低于晶体生长的最大速率温度。事实上，许多有机物存在强烈的过冷倾向；比如甘油，过冷达到65℃。对于离子液体，过冷现象是非常普遍的现象。比如，[C_3C_1im][$HgBr_3$]的熔点为39.5℃，但是直到-6.3℃也不结晶（图1-3）。

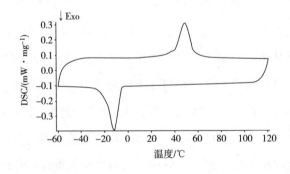

图1-3　[C_3C_1im][$HgBr_3$]的DSC曲线

图1-4同样表明在报道熔点时遵守传统是多么的重要。合适的方法是指出相转变的起始温度以及加热和降温的速率，通常为10℃/min。虽然相转变的起始温度同样取决于加热速率，但相对于最大峰值温度影响没有那么大。图1-4显示的熔化以及结晶峰范围大于10℃。大的加热速率将会导致最大熔化峰值向更高的温度位移，而结晶最大峰值向更低的温度方向移动，而且两个峰都会更宽。低的加热速率的影响相反。[C₂C₁im][FeCl₄]发生三个固—固相转变。不仅结晶和熔化，而且相转变也受加热速率影响，所有这些都是由于动力学效应所引起的。越低的加热速率，越接近于热平衡，测试也就更精确。同样需要指出的是，最大峰值温度是内插值基线所得DSC曲线的最大偏差。这一温度不需要与DSC曲线的最大值相同。此外，杂质和其他影响可以导致热信号的宽化。如果一个信号有一个主要的边，那么从峰的线性区域外推至峰的起始阶段是合理的。不幸的是，在离子液体文献通常报道的是最大峰值而不是起始温度，这妨碍了数据的可比性。

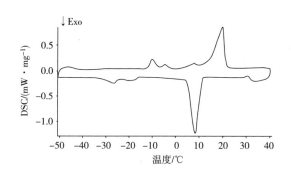

图1-4　加热速率为5K/min和15K/min的[C₂C₁im][FeCl₄]的 DSC曲线

此外，成核速率还受溶解的材料的不相似性所影响。所以，当判断文献中所报道的熔点，不仅要严格地看离子液体的熔点，而且还要看纯度。这也是为什么同一个离子液体有不同的熔点的原因。所以，应注意杂质对离子液体的熔点影响很大。比如，对于[C₂C₁im][BF₄]，文献中所报道的熔点有5.8℃，11℃，12.0~12.5℃，14.6℃，15℃。[C₄C₁im][PF₆]的熔点有276.43℃，280.03℃，281℃，282℃，284.3℃。有可能会出现这种情况，一个物质如果含有杂质或者因为从来没有观察到结晶，被认为是离子液体，而只报道玻璃化转变温度。[C$_4$C$_1$im][CuBr$_3$]的热行为就是这种情况。离子液体[C$_4$C$_1$im][CuBr$_3$]的晶体是从溶液中重结晶得到的。当熔化之后，在接下来的热循环中DSC只显示一个玻璃化转变（图1-5）。显然，熔体中[C$_4$C$_1$im][CuBr$_3$]的晶受到了阻碍。

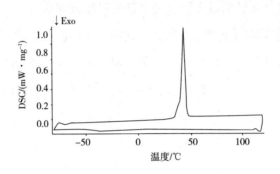

图1-5　[C$_4$C$_1$im][CuBr$_3$]的DSC曲线图

　　当冷却一个离子液体，可能会遇到许多结晶之外的现象。从各向同性液体到完全三维有序的晶体的过程也可以经过液晶态，这时只有一个或者两个维度是有序的。塑料晶体或者晶态多晶也可能会发生。

1.3.2.2　多晶现象

　　从[C$_2$C$_1$im][FeCl$_4$]的 DSC曲线来看，离子液体可以经历多次相转变。事实上，这是离子液体的典型特征。由于离子液体中阴阳离子之间的相互作用是弱的，对于一个给定的阴阳离子组合可以存在好几种堆积模式。这引起了[C$_2$C$_1$im][FeCl$_4$]不同的固相构型。图1-6为晶体堆积图，展示了离子相互之间不同的取向。

　　阳离子和阴离子的结构多变性可以导致形成不同的晶相。[C$_4$C$_1$im]Cl存在两个不同的晶形，阳离子中丁基侧链具有不同的构象。一个晶形显示为全反构象［图1-7（a）］，而另外一个则显示为反—邻位交叉构象［图1-7（b）］。

1.3.2.3　无序

　　离子液体阳离子和阴离子的高度结构柔性，同样可以导致另外一种现象的发生：晶体中无序的形成。一个或者多个原子占据多于一个晶体学位置。这

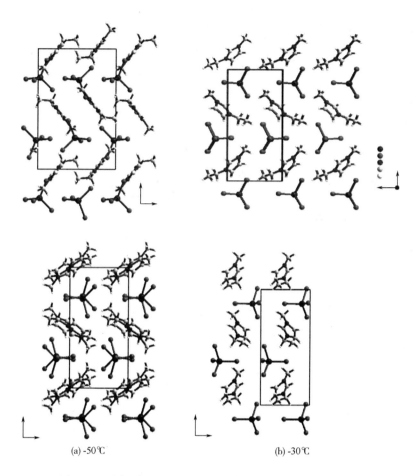

(a) -50℃　　　　　　　　　(b) -30℃

图1-6　不同温度$[C_2C_1im][FeCl_4]$沿着不同晶轴的晶体结构图

(a)全反构象　　　　　　　　　(b)反—邻位交叉构象

图1-7　$[C_4C_1im]Cl$的两个不同的多晶体中阳离子的不同构象

有可能是固态时动力学上真正的移动，或者是统计上的。对于独立的晶态无序，原子基团能够具有两个或者更多能量明确的相似或者等效位置。由 X 射线结构分析可以得到平均的图片。例如，$[C_4C_1im][CuCl_3]$的晶体结构显示1-丁基

-3-甲基咪唑鎓阳离子具有两种构象（图1-8）。同样可能会出现整个的阳离子（图1-9）或者阴离子（图1-10）的两个位置能量相似。幸运的是，许多情况下可以避免连续的无序，或者至少可以通过在低温条件下收集单晶X射线衍射数据而减少无序的发生。

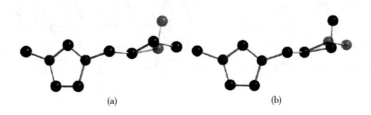

图1-8　[C₄C₁im][CuCl₃]中无序的阳离子

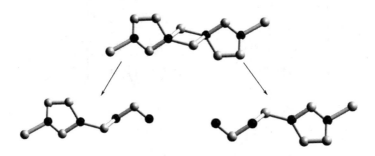

图1-9　[C₄C₁im][Y(Tf₂N)₄]中无序的阳离子

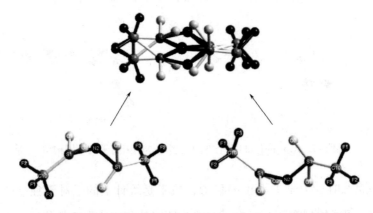

图1-10　[C₄C₁pyr]₄[ErI₆][Tf₂N]中普遍发现的无序的Tf₂N

1.3.2.4　液晶

含有一个或者两个高度各向异性形状的离子（棒状或者盘状），其离子液体有可能形成介晶相。物质的结晶态显示介于三维有序晶态和各向同性、组分在空间内随意分布的液体之间的特征。通常，在液晶态时，至少可以在空间的一个方向上观察到颗粒的随意分布，像是经典的液体，而在另外的一个方向，则采取显著的高度有序性，接近于晶态材料中的平移周期性。能够形成液晶态的化合物可以称为离子液晶（ILC）。它们结合了典型离子液体和液晶的性质。然而，含有中性分子的离子液晶，如离子传导和不寻常的液晶态有序性（四方近晶相和向列柱状相）。最近，有研究表明含有双烷基取代咪唑鎓离子的离子液晶在液晶态可以显示强烈的非牛顿流体行为，而在液态离子液体时它们是牛顿流体。N-甲基咪唑阳离子衍生物是离子液体和离子液晶中最常见的阳离子。最近，吡咯鎓离子液体由于它们优良的热和电化学稳定性而吸引了众多关注。

图1-11显示的是[$C_{12}C_1pyr$]Br（[$C_{12}C_1pyr$]$^+$为N-十二烷基-N-甲基吡咯鎓离子）的晶体结构。它的结构特征是疏水和亲水的区域分开。疏水的区域含有相互交错的阳离子的十二烷基链，而亲水的区域是由带有电荷的阳离子的甲基和溴阴离子组成的。当加热时，这些得以保全并且显示出层状近晶相。虽然层状堆积得以保留，但是在层之间发现了类似液体的行为。这种介晶相的形成和识别可以通过结合DSC和极化光学显微镜（图1-12）以及小角X射线散射测试获得。

1.3.2.5　塑料晶体

对于各向异性小的离子液体组分，有可能会形成塑料晶相作为液体和固体的中间相。通常，当组分之间的相互作用非常弱，范德瓦耳斯力占主导时，有可能会存在塑料结晶相。在液晶中，一定程度的无序伴随着结晶有序性。在塑料晶体中，分子质心形成规则的结晶晶胞，但分子是相对于它们的取向自由度动力学无序的。由于塑料晶体显示晶格有序性（相对于组分的质心），可以观察到尖锐的布拉格反射。软晶体连接着塑料晶体和液晶。过去，

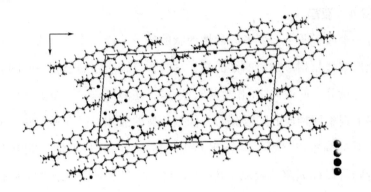

图1-11　[C₁₂C₁pyr]Br沿着晶体学 *b* 轴的晶体结构堆积图

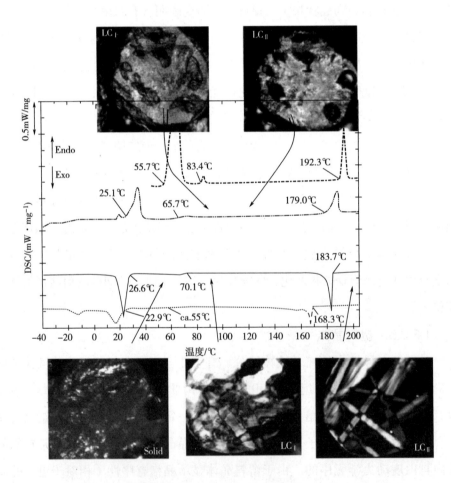

图1-12　[C₁₂C₁pyr]Br的DSC曲线以及相应的偏光显微镜（POM）图片

SmB、SmI和SmF被认为是液晶相。然而，现在它们通常称为软晶体。对于典型的近晶相，它们形成层，相互之间可以有小幅度的位移。在这样的软晶体中，棒状基元可以围绕长分子轴旋转。所以，它们也被称为各向异性塑料晶体。严格来说，在塑料晶体中必须观察到完全的无序。根据Timmerman的标准，小于20K/(J·mol)的熔化熵表明了塑料晶相的形成。已经在好几种离子液体中发现了塑料晶体的形成，多数是氟代阳离子的，如小的脂肪季铵阳离子$[R^1R^2R^3NR]^+$(R^1，R^2,R^3=CH_3，C_2H_5，R=n-C_3H_7，n-C_4H_9，$CH_2CH_2OCH_3$）与全氟烷基三氟硼酸根阴离子$[R_FBF_3]^-$，R_F=CF_3，C_2F_5，n-C_3F_7，n-C_4F_9）组合以及硫鎓阳离子$[R_1R_2R_3S]^+$（R^1，R^2=CH_3或C_2H_5，R^3=$CH_2CH_2OCH_3$，$CH_2CH_2COOCH_3$，CH_2CH_2CN）与双（氟磺酰）亚胺组合、九氟-1-丁磺酸-N-甲基-N-烷基吡咯鎓盐和三（三氟甲磺酰）碳正离子。九氟-1-丁磺酸-N-甲基-N-烷基吡咯鎓盐化合物的熔点相对较高，只有N-丁基-N-甲基化合物可以定性为离子液体。一些吡唑鎓化合物，如双（三氟甲磺酰）胺-N，N'-二乙基-3-甲基吡唑鎓盐或者成环的吡唑鎓化合物和双（三氟甲磺酰）胺-N，N-二烷基-3-氮双环[3.2.2]壬烷同样也可以形成塑料晶体。同样，对于含金属离子液体，如$[C_4C_1pyr]$ $[Tb(hfacac)_4]$（hfacac=六氟乙酰丙酮）也可以形成塑料晶相。塑料晶相目前在电化学领域的应用受到了众多关注。

1.3.2.6 形成玻璃

离子液体的结晶常会受阻。许多离子液体固化为玻璃而不是结晶。当液体冷却得足够快而阻止了结晶，玻璃化转变就会发生。在冷却的过程中，分子移动速度减慢。最终，分子移动变得非常缓慢，以至于在降温速率所允许的时间内材料不再能够排列成分子构型。紧接着，内部自由度跌出平衡，物质的状态开始偏离热力学平衡态。由于过冷，玻璃化转变温度（T_g）比物质的熔点（T_m）低。降温的速率越慢，越有充足的时间可以用来在给定的时间内排列分子构型，在偏离热力学平衡态之前样品可以变得更冷，形成玻璃。必须指出的是，对于晶态材料玻璃态不仅是构型空间中一个明确的位置，而是可能存在不止一个玻璃态。结果，这一现象也称为多形现象，玻璃态的多形现象。玻璃化转变温度与升温速率有关。当比较离子液体的玻璃化转变温度时，必须将其考虑在内。玻璃化转变在DSC上可以识别为一个台阶，表明热容（c_p）的变化。同样可以用膨胀测量法测定T_g，样品的热膨胀与熵变的变化关系，与热容的变化类似（图1-13）。另外，一个定义T_g的方法，是样品的黏度达到10^{12}Pa·s时的温度。

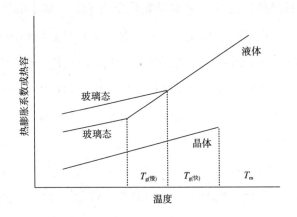

图1-13 热膨胀系数或者热容随温度的变化

常在离子液体文献中没有意识到T_m和T_g之间的差异，基于不一样的数据已经建立起分类学和对比，如胍基离子液体中，使阳离子取代和阴离子效应合理化。

一些方法已经用于将物质的熔点T_m与玻璃化转变温度相关联。一个最简单的方法是用$T_g \sim 2/3T_m$作为指导原则。这一经验法测定玻璃化转变温度同样适用于离子液体（表1-1）。

表1-1 选择的离子液体的熔点和玻璃化转变温度

离子液体	T_m/K	T_g/K
MOENMe$_2$EBF$_4$	260	175
MOMNMe$_2$EBF$_4$	257	158
（C$_2$C$_1$im）[C(CN)$_3$]	262	178
（C$_2$mim）[N(CN)$_2$]	262	183

离子液体	T_m/K	T_g/K
（C1Him）Br	314.5	213.5
（C1Him）[Tf2N]	282.15	189.15
（C2C1im）[BF4]	288.15	178
（C2C1im）[Tf2N]	258.15	175.15
（C3C1im）[BF4]	256.15	185.15
（C3C1im）[PF6]	313.15	199.15
（C4C1im）[Tf2N]	269.15	169.15
（C4C1im）[PF6]	283.15	196.15
（C6C1im）[PF6]	212.15	195.15
（C8C1im）[Tf2N]	310.15	189.15

然而，已经发展出一些复杂的，且特别适用于离子玻璃的关系式，将传输性质和玻璃化转变温度关联起来。Lindemann建议当平均振动位移超过最近相邻距离的10%作为晶体的熔化的标准。

$$\left(\frac{1}{2}\right)k_s r_0{}^2 = 3/2 k_B T_m \tag{1-2}$$

式中：k_B为玻尔兹曼常数；r_0为最近相邻常数；k_s为有效弹性常数。对于离子化合物，相互作用力主要为库仑作用力，k_s近似为：

$$k_s = \frac{2e^2}{\varepsilon r_0{}^3} \tag{1-3}$$

式中：ε为介电常数；e为元素电荷。

结果是：

$$\frac{e^2}{\varepsilon r_0} = 3/2 k_B T_m \tag{1-4}$$

预计当每个粒子的热能大约为马德隆能（Madelung energy）时，将会发生熔化。跳跃粒子的典型能垒为$E_b = 2e^2/\varepsilon r_0$，可以得到离子玻璃的一个关系式：

$$T_g \sim 0.4 T_m \tag{1-5}$$

这与Egami所提议的方程式相似，他提出了自己的理论，并且将玻璃化转变温度与弹性常数关联：

$$k_{B}T_{g}/(C_{Tg}V_{Tg})=\sigma^2/K\alpha \qquad (1-6)$$

$$K\alpha = \frac{3(1-\nu)}{2(1-2\nu)} \qquad (1-7)$$

式中：C_{Tg}为玻璃化转变温度时的弹性常数；V_{Tg}为玻璃化转变温度时的体积；σ为玻璃化转变时的局部拓扑不稳定临界张力；ν为Poisson比例系数。

典型的，阿累尼乌斯方程可以用于描述黏度η对温度的依赖性。E为活化能，A为指前因子。

$$\eta=A\exp(E/k_{B}T) \qquad (1-8)$$

假设$S_{C}=(1-T_{VT}/T)C/B$，方程可以转变为Vogel–Fulcher–Tammann（VFT）方程：

$$\eta=A\exp[B/(T-T_{VT})] \qquad (1-9)$$

式中：A，B，C为与温度无关的常数；T_{VT}为Vogel温度。

由于时间温度叠加原则，这一方程等同于Williams–Landel–Ferry方程，可以用于描述玻璃生成材料的温度依赖松弛。然而，一些研究指出一些液体能够显示与玻璃化转变温度接近的非指数温度响应。为了描述这种行为，还发展出依赖于拉伸指数的Kohlrausch–Williams–Watts方程：

$$F(t)=\exp[-(t/\tau)^\beta] \qquad (1-10)$$

其中，$\beta<1$，且

$$F(t)=\frac{\sigma(t)-\sigma(\infty)}{\sigma(0)-\sigma(\infty)} \qquad (1-11)$$

式中：$F(t)$为一般响应函数，可以用于电场极化响应或者外加机械应力所导致的变形；τ为迟豫时间；σ为测试数量；β为伸缩指数。

研究指出独立的迟豫区域和空间异质性是造成这种行为的主要原因。离子液体中的空间异质性已经同时通过X射线衍射以及拉曼诱导Kerr效应光谱所证实。

Angell根据离子液体的剪切黏度偏离阿累尼乌斯行为的程度，将液体分类为强或者弱，因此将液体结构的敏感性与温度连接起来。似乎对于弱的液体，非方向性，常是分散力占主要。偏离理想行为最好用按比例缩放的阿仑尼乌斯图来说明（图1-14），这样的图常称为Angell图。强的液体可以表示为直线，而弱的液体为下垂的线。Stokes-Einstein方程的失败对于过冷弱液体是典型的。过冷弱液体被认为是动力学异质性的。通常，离子液体可以归类为弱液体（图1-14）。

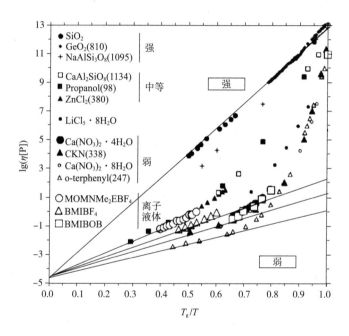

图1-14　说明离子液体相对于其他有机和无机玻璃脆弱性的Angell图

从图1-15（a）可以看出，含有方向头部基团的离子液体比饱和阳离子要更脆弱。芳香性提升了离子液体的脆弱性这一趋势已经发现于一些分子液体中。然而，同样已知一些脆弱液体，比如萘烷和十氢异喹啉，不含有芳香基团，因此必须小心谨慎做归纳处理。阴离子对离子液体脆弱性的影响似乎小一些，如图1-15（b）所示。如上所述，根据Adam-Gibbs理论，生成玻璃态的起源是因为构型熵S_c和构型数量的下降，材料可以在玻璃化转变温度T_g附近成为样品。振动组分越不协调，构型空间越向低温区间外推。对于一个给定的构型微观状态简并，振动组分越不协调，液体也就越弱。

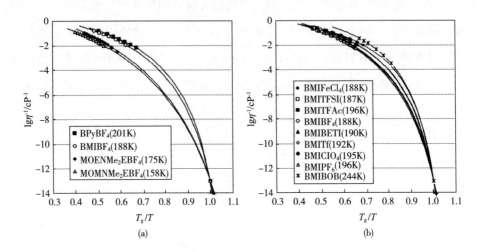

图1-15　离子液体脆弱性随着离子液体阴离子和阳离子的变化趋势图

等效的传导率Λ和黏度η可以通过Walden规则进行关联，规定了Λ和η的结果为常数。最简便的方式是用Walden图（图1-16）来表示，等效的传导率Λ的对数形式为$S \cdot cm^2 \cdot mol^{-1}$，流动性为$\Phi = 1/\eta$，单位为$P^{-1}$。图1-16为选择的一些离子液体的Walden图。需要再次指出的是，必须谨慎处理，因为离子液体的黏度受杂质如卤素或者水的影响巨大。

1.3.2.7　是否有可能存在永不结晶的离子液体

当液体的熵随着温度的变化比固体降低的速度快，液相和固相之间熵的差异在逐渐消失，液体越来越过冷。通过外推过量的熵，玻璃化转变温度以下的过冷的液体的热容，有可能计算出过冷液体和晶相熵差异为零时的温度。如果（无序的）液体能够在这个温度以下形成过冷，那么在给定的温度它将具有比（有序的）晶相低的熵，这是自相矛盾的（图1-17）。Kauzmann在1948年规划了这个图，自此之后许多人尝试解决这个问题。Kauzmann自己相信所有过冷的液体必须在达到Kauzmann温度之前结晶。它可能是一个不得不开始的"理想的玻璃转化"［图1-17（a）］。这是有争论的，有人认为接近Kauzmann温度的

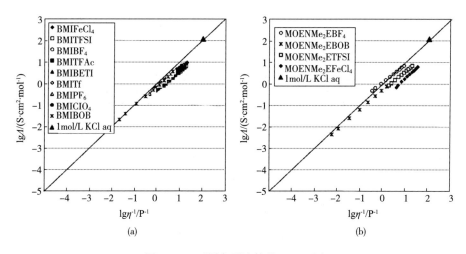

图1-16 不同离子液体的Walden图

过冷液体的热容平滑地降低到一个比较小的值，液体的熵平滑地达到晶体的值［图1-17（b）］。然而，Kauzmann温度存在于（T_K）实验上不可取的温度范围。有人假设不可能把液体冷却到T_K而不发生结晶［图1-17（c）］。因此，在实验上是有可能鉴定一个过冷液体关于结晶的不稳定性的。

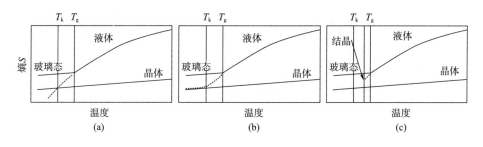

图1-17 Kauzmann悖论和出路

1.3.3 熔体固化实验技术

虽然离子液体从熔体均一化结晶常是受阻的，一些离子液体通过直接冷却熔体可以得到质量足够好可以用于单晶X射线结构分析的晶体，比如[C_2C_1im][NO_3]（T_m=38℃），[C_2C_1im][$AlBr_4$]或者[$C_{12}C_1$im][PF_6]（T_m=38℃）。对于[C_2C_1im]Cl，当把熔融的[C_2C_1im]Cl冷却到-18℃，48h之后可以得到两个烷基侧链构象不同的晶形，一个显示出反—反构象（T_m=41℃），一个是具有反—邻位交叉构象的介稳态（T_m=66℃）。糖精胆碱（Choline sacchrinate，T_m=69℃）和乙酰氨基磺酸胆碱盐（Choline acesulfamate，T_m=69℃）能在室温下保持介稳液态好几天，虽然它们偶尔也结晶。双（三氟甲磺酰）亚胺-1，3-二甲基咪唑鎓盐（T_m=22℃）和双（三氟甲磺酰）亚胺-1，2,3-三甲基咪唑鎓盐（T_m=57℃）的结晶需要把温度降到熔点以下约20℃并且与水接触。为了得到好的四氯合铁（Ⅱ，Ⅲ）酸-1-烯丙基-2,3-二甲基咪唑鎓盐以及各相应的四氟硼酸盐（T_m=39.6℃）和六氟磷酸盐（T_m=39.8℃）的晶体，可以用隔膜将一个籽晶浸入含有熔融离子液体中，并且把温度控制在各离子液体熔点以下约1℃。浸入籽晶是一种克服结晶限制的有效方法。另外一个方法是促进成核，通过异质性结晶产生晶核。杂质的相界限降低了结晶的能垒，能够促进结晶。[Hmim][Tf$_2$N]（Hmim=甲基咪唑鎓离子）通常被认为是室温离子液体，玻璃化转变温度为-84℃，熔点为9℃。然而，当用一个玻璃棒摩擦样品，从图1-18可以看出，[Hmim][Tf$_2$N]即使在室温下也可以很容易地结晶。

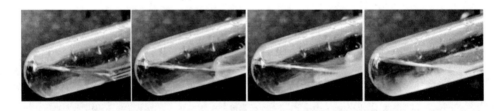

图1-18　[Hmim][Tf$_2$N]通过玻璃棒摩擦样品可以促进成核

　　倾向于形成玻璃而不是结晶的离子液体也可以通过析晶而结晶。图1-19给出了[C$_3$C$_1$im][HgCl$_3$]的DSC曲线，显示物质在加热的过程中从玻璃态发生了析晶行为结晶。当降温时，熔化后的[C$_3$C$_1$im][HgCl$_3$]不再结晶，而是在-66℃时形成玻璃体。但是当再次加热样品时，在69.3℃时样品熔化，而在熔化之前大约0.9℃开始结晶。通过缓慢加热离子液体到结晶温度以上，可以得到用于单晶X射线结构分析的晶体。

　　另外一个熔体结晶的技术，通常可以成功用于强烈过冷的物质，是加热材

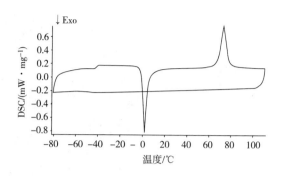

图1-19 [C₃C₁im][HgCl₃]的DSC曲线

料刚好到熔点以上，然后缓慢（过）冷却（降温速率从1K/min到1K/h），在熔点温度附近重复循环几次，中间穿插几次恒温诱导时间。这样，就可以探索和从实验上优化成核和晶体生长的最佳温度。采用重复的加热—降温结晶技术成功得到[C₃C₁pyr]Br（T_m=51℃）的单晶。

Boese发展了原位深冷结晶技术，可以在X射线衍射仪上（图1-20），在低于环境温度到熔融温度之间生长晶体。这一技术已经成功用于生长低熔点的离子液体（室温离子液体）的晶体，用于X射线衍射分析。对于原位晶体生长，液体首先在惰性气氛下引入Lindemann玻璃毛细管（长约2.5cm，直径0.3mm），然后密封并竖直地安装到衍射仪上，用冷的氮气流吹扫。接下来，小心地重复冷却和加热离子液体，直到它不再是玻璃，而是多晶材料。这时，采用改进的区域熔融技术用光学加热和结晶装置生长高质量的单晶。用红外激光器加热毛细管下部的一个小的区域（约1mm），产生熔融材料区域，沿着毛细管缓慢地移动，而调节激光的功率足以熔化多晶材料。然后，激光束沿整个毛细管从底部向顶部移动，约1h。然后激光功率缓慢地减小，重复这样的循环多次，直到生长得到质量足够好的单晶。这一技术已经成功地测定了[C₂C₁im][BF₄]（T_m=−1.3℃），(C₄C₁im) [BF₄]（T_m=1.9℃），(C₄C₁im)OTf（T_m=6.7℃），(C₆py)(Tf₂N)（T_m=−3.6℃）(C₆py=N−己基吡啶鎓离子），[C₄C₁pyr] [Tf₂N]（T_m=−10.8℃），(C₂C₁im) [Tf₂N]（T_m=25.7℃），和(C₂C₁im) OTf（T_m=25.7℃）（OTf=三氟甲磺酸）以及双（三氟甲磺酰）亚胺−N，N，N−三甲基乙醇胺（T_m=30℃）的晶体结构。

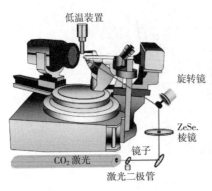
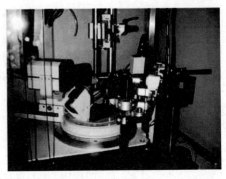

图1-20　光学加热和结晶装置

1.3.3.1　工业规模的离子液体结晶

重结晶是最有效的纯化一种物质的方法之一，科学家早已认识到了结晶对于纯化离子液体的价值。清洁和纯的离子液体不仅对于特定的技术应用很重要，而且是可信赖的鉴定物理化学性质的前提。通常，经过重结晶的材料被认为纯度比原料更高，因为晶格不允许包含与晶体组成不同尺寸或者不同形状的杂质。多种技术已经被用于[C_2C_1im]Cl和[C_2C_1im]Br的结晶和纯化，比如在有籽晶存在的情况下的区域熔融，层式结晶、实验室规模的干热析（dry sweating）以及中试规模的静态和动态结晶条件下的层式结晶。对于采用降膜结晶法的离子液体的动态层式结晶，使用了双层夹套玻璃热交换管。这里离子液体落入作为圆柱壳的垂管的内层部分，被热交换器从外部冷却。熔体的循环明显快于晶体沉积的速率。当除去液体离子液体后，将晶态材料加热到刚好低于它的熔点温度，排除所含的所有杂质。虽然这一技术可以规模放大，但这一技术应用的问题在于许多离子液体的黏度很大。然而，上面所提到的技术，直至目前只限于室温下为固体的离子液体。

1.3.3.2　从溶液中结晶

离子液体同样可以从溶液中结晶，且有好几种方式。结晶能否成功高度依赖于离子液体的熔点和化学本质以及所选择溶剂的物理化学性质。离子液体可以而且已经从许多溶剂中结晶，从纯水到挥发性的有机溶剂，比如四氢呋喃或者乙腈，到乙醇/水混合物或者乙腈和乙醚。在升高温度和减压条件下，挥发性溶剂可以相对快速地从溶液中蒸发，如利用旋转蒸发仪。这是对于熔点远高于室温的离子液体最常用的步骤之一。然而，快速和完全地除去溶剂也会造成晶体质量比较差，不适于单晶X射线结构表征或者得到油状物质。这可以通过在室温或者更低的温度缓慢地等温挥发溶剂解决。因此，没有必要完全除去溶剂，而晶体可以用过滤的方式从母液中分离出来。或者，可以在相对高的温度将离子液体溶于溶剂中，通过缓慢地降低温度，可以把离子液体结晶出来。尽可能地降低温度直至可能会使溶剂冻结。这一策略已经成功用于一些熔点低于室温的离子液体的结晶。另外一个降低离子液体在溶剂中溶解度的方法是缓慢地加入一种共溶剂。这仅需要加入溶剂即可，但通过缓慢扩散可以获得更慢的扩散速率和更好的结晶质量。

作为一个经验规则，5%~30%（质量分数）的浓度是一个比较好的起点。晶体成核和生长的最佳温度通常远低于纯材料的熔点。溶液（或者熔体）中产生晶核，涉及核—养分界面相边界的形成。成核的自由焓 ΔG_{nucl} 包含体积的贡献 ΔG_{vol}，取决于 r^3（r 为核的半径），表面能 ΔG_{surf} 与 r^2 成比例以及弹性张力 ΔG_E，也应考虑在内。常忽略后者（图1-21）。

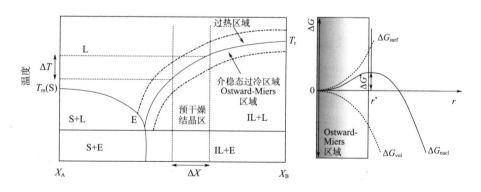

图1-21　描述溶液中离子液体晶体生长的离子液体（IL）—溶剂相图

假设各向同性晶体生长，并且晶核的形状近似为球形，成核的自由焓 ΔG_{nucl} 可以用下式描述：

$$\Delta G_{nucl} = -4/3 \pi r^3 \Delta G_{vol} + 4 \pi r^2 \Delta G_{surf} \qquad (1-12)$$

考虑到 $\Delta G_{vol} = \Delta H_m - T \Delta S_m$，而 $\Delta S_m = \Delta H_m / T_m$，所以 $\Delta G_{vol} = \Delta H_m / T_m (T_m - T)$，$\Delta G_{surf} = \sigma$（自由）；遵循：

$$\Delta G_{nucl} = -4/3 \pi r^3 \Delta H_m / T_m \times (T_m - T) + 4 \pi r^2 \sigma \qquad (1-13)$$

为了得到临界晶核半径，将 $r^*(\partial \Delta G_{nucl}/\partial r)r^*$ 设置为 0，这样 $r^* = 2\sigma T_m/[\Delta H_m \Delta(T_m - T)] = 2\sigma/\Delta G_{vol}$，可以得到 $G^* = -16 \pi \sigma^3/[3(\Delta G_{vol})^2]$。

必须考虑到晶核的临界半径随着过冷程度的增加而降低（图1-22）。由此可以得出，最好在低温条件下产生晶核，而在稍高的温度条件下生长。晶体生长的最佳区域是Ostwald-Miers区域，这里不会生成大于临界半径的晶核。因此，自发地成核和结晶是不可能的。因为，稍高温度下簇需要有稳定的更大的临界半径，不再满足临界半径需求的簇发生再溶解。然而，出现的晶体和半径比临界半径大的生长直到溶液饱和。这个Ostwald成熟过程是由于大的晶体比小的晶体在能量上更占优。这一方法成立的前提是，成核温度下的成核速率必须比生长温度下的快，而且生长温度下的生长速率必须比成核温度时下的快。

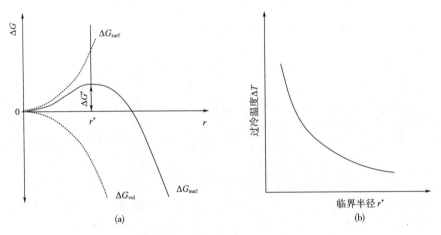

图1-22　自由焓随着晶核半径的变化（a）和临界晶核半径与过冷温度的变化关系（b）

从溶液中结晶是当前用于离子液体材料晶体生长的最主要技术之一。然而，必须指出的是这种方法很少用于熔点高于室温的离子液体的结晶。双（四氟硼酸）–3，3′–二甲基–1，1′–（1，4–苯基二亚甲基）二咪唑鎓盐和双（三氟甲磺酸）–3，3′–二正丁基–1，1′–（1，4–苯基二亚甲基）二咪唑鎓盐是从水中结晶得到的。包含有水的卤化1–丁腈–3–甲基咪唑鎓盐的晶体结构已经得以研究。不含水的氯化–1–丁腈–3–甲基咪唑鎓盐是在无水乙腈中结晶得到的。一水合氯化–1–丁腈–3–甲基咪唑鎓盐是从乙醚/乙腈溶液中结晶得到的。氢键对于烷基侧链的构象有重要的影响，无水化合物显示全反的构象，而单水合化合物变为反—邻位交叉构象。$[C_2C_1im][PF_6]$是从甲醇中结晶得到的。$[C_2C_1im]Br$（T_m=81℃）$[C_2C_1im]I$（T_m=81℃）和$[C_4C_1im]Cl$（T_m=69℃）可以直接从熔体结晶，也可以从乙腈溶液中结晶得到。含能离子液体二硝基胺–1，5–二氨基–4–甲基四唑（T_m=85℃）的晶体是从乙腈溶液中结晶得到的。类似的，尽管显示出相当高的熔点，4，5–二甲基–1–氨基四唑–3，5–二硝基–1，2，4–三唑（T_m=141℃），叠氮酸–1–氨基–3–甲基–1，2，3–三唑（T_m=50℃）和溴化–1–（2–溴乙基）–4–氨基–1，2，4–三唑（T_m=131℃）这些单晶材料也都是从乙腈中结晶得到的。同样，含金属离子液体$[C_2C_1im]_2[CoCl_4]$（T_m=100~101℃）和$[C_2C_1im]_2[NiCl_4]$（T_m=92~93℃）以及$[C_2C_1im]_2[CuCl_4]$（T_m=23℃）、$[C_2C_1im]_2[NiCl_4]$（T_m=56℃）、$[C_4C_1im]_2[MnCl_4]$（T_m=63℃）、$[C_4C_1im]_2[FeCl_4]$（T_m=58℃）、$[C_4C_1im]_2[CoCl_4]$（T_m=62℃）、$[C_4C_1im]_2[ZnCl_4]$（T_m=60℃）、$[C_4C_1im]_2[PtCl_4]$（T_m=99℃）和$[C_4C_1im]_2[ZrCl_6]$（T_m=118℃）也都是从乙腈中结晶得到的。氯化–1–烯丙基–2，3–二甲基咪唑鎓盐（T_m=100℃）是从干燥的丙酮中结晶得到的。六氟合磷酸–3–[2–（苯胺羰基）乙基]–1–甲基–1H咪唑鎓盐的晶体是从乙酸乙酯中结晶得到的。$[C_2C_1im]_2[V^OCl_4]$（T_m=99℃）的晶体是从二氯甲烷溶液中生长得到的。

混合溶剂如乙醇/水同样可以用于离子液体的结晶，如$[C_2C_1im][PF_6]$（T_m=65℃）、$[C_2tmim][PF_6]$（C_2tmim=1–乙基–2，3，4，5–四甲基咪唑）（T_m=65℃）、（sec-C_4mim）$[PF_6]$（sec-C_4mim=1–仲丁基–3–甲基咪唑）（T_m=83℃）、（$tert$-C_4mim）$[PF_6]$（$tert$-C_4mim=1–叔丁基–3–甲基咪唑）（T_m=160℃）和$[(iso$-$C_3)_2mim][PF_6]$ [$(iso$-$C_3)_2$mim=1，3–二异丙基咪唑]

（T_m=135℃）。双（三氟甲磺酰）亚胺-1，1，3，3-四甲基胍（T_m=50℃）是从乙醇/乙醚（1：3，质量比）混合溶剂中重结晶得到的。氯化-1-乙腈-3-甲基咪唑、氯化-1-丙腈-3-甲基咪唑、六氟合磷酸-1-丙腈-3-甲基咪唑，熔点都高于室温，是在-20℃乙腈/乙醚溶液中结晶得到的。晶态材料[C_2C_1im][NO_2]（T_m=55℃）是在室温乙腈/乙醚溶液中结晶得到的。相似地也可以得到六氟碲酸-1-丁基-2,3-二甲基咪唑（T_m=44.3℃）的晶体。硫酸氢-1-烯丙基-2,3-二甲基咪唑（T_m=78℃）是从乙腈/乙醚（5：1，质量比）溶液中结晶的。对于四氯铂（Ⅱ）酸双（1-正丁基-3-甲基咪唑）（T_m=372K），是采取往乙腈溶液中扩散乙醚结晶得到的。这一方法同样可以成功地用于[C_4C_1im]$_2$[$SnCl_4$]的结晶。四羰基金属酸十六烷基吡啶盐的质量足够好，可以用于单晶X射线结构分析的晶体是在-18℃往二氯甲烷溶液中扩散轻质石油醚（60~90℃）得到的。[C_2C_1im][$AuCl_4$]的晶体是在苯/乙腈（4：1）或者乙醚/乙醇（4：1）中得到的。采用类似的方法，也可以结晶[C_4C_1im]Cl。通过往乙腈溶液中扩散甲苯可以用于[C_4C_1im][$PdCl_4$]（T_m=296K）的结晶。为了结晶[C_4C_1im][$CoBr_4$]（T_m=45℃），纯的离子液体在液氮中冷冻，然后用乙醚和2-丙醇（1：1，质量比）处理，直到形成晶体。如果把室温液体样品快速冷却到-40℃，且防止形成玻璃体，接着缓慢加热，可以得到质量足够好的晶体。

当从溶液中生长晶体时，技术人员必须小心溶剂不能包含在最终产物中。对于有机化合物，研究表明水最常被包含在晶体结构中，在所有报道的结构中约占61%。二氯甲烷（6%）、苯（5%）、甲醇（4%）、乙腈（2%）和二甲亚砜（0.5%）溶剂也易于共结晶。然而，这高度取决于所形成晶体中的相互作用和堆积排列。卤素是尤其易吸水的，倾向结晶为单水合物，如[$C_{12}C_1im$]Cl·H_2O和[$C_{12}C_1im$]Br·H_2O。第一个含有挥发性有机溶剂的离子液体是[C_2C_1im][Tf_2N]·C_6H_6。离子液体和冠醚的低熔点共晶，双（硫酸甲酯-1，3-二甲基咪唑）[18-C-6]、双（硫酸甲酯-1-丁基-3-甲基咪唑）[18-C-6]、双（硫酸甲酯-1-乙基-3-甲基咪唑）[18-C-6]和双（三氟甲磺酸-1-丁基-3-甲基咪唑）[18-C-6]，是通过把各离子液体和冠醚直接在升高的温度（150~250℃）反应生长的，室温下几天之后晶体可以从它们的反应混合物中结晶出来。

1.3.4 从离子液体中结晶

离子液体是溶剂，所以它们可以用作晶体生长的溶剂。离子液体作为结晶的媒介，提供了获得单一结构特征化合物的可能性。采用传统的有机溶剂，如苯或者甲苯或者离子液体[C$_4$C$_1$im][PF$_6$]或者[C$_4$C$_1$im][BF$_4$]，可以选择性地结晶 [C$_4$C$_1$im]Cl（T_m=41℃）的一个晶形。不幸的是，不能使用一些普通的技术，如恒温挥发有机溶剂。然而，温度和浓度是重要的参数，当从离子液体中生长晶体时需要加以调节。简单的准两相图（图1-23）可以帮助描述这一现象。要么存在可混溶的缺口［图1-23（a）］，形成低温熔盐混合物［图1-23（b）］，要么是具有确定熔点的化合物［图1-23（c）］，必须加以考虑。

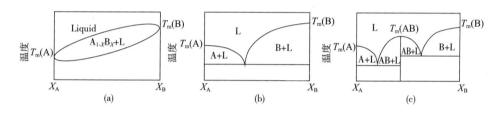

图1-23 双离子液体IL（A）~IL（B）相图

一个常用的有效的生长质量足够好的单晶技术是，首先在加热条件下把溶质溶于离子液体中，使之饱和。然后小心冷却，有时需要反复地加热和冷却，可以得到质量足够好的单晶。一些含稀土离子液体化合物的晶体也可以得到。当从传统的有机溶剂中生长晶体，有可能得不到热力学稳定的构象。根据Ostwald步骤规则（或者Ostwald台阶规则），一个能够采取多个能量状态的体系，将经历多步转化，经由介稳态变为能量最低的状态。结果，从溶液中结晶常形成热力学不稳定的相。Ostwald–Volmer规则指出如果不同相之间的能量相差不大，会首先形成密度最低的，[C$_4$C$_1$im]$_2$[Mo$_6$Cl$_{14}$]就是如此。当从[C$_4$C$_1$im]Cl的溶液中结晶一个化合物，当加热到热力学稳定构象温度时，形成能够发生单向相转变的构象（图1-24）。

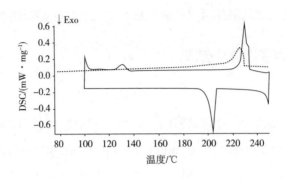

图1-24　[C₄C₁im]₂[Mo₆Cl₁₄]的DSC曲线图

当在离子液体中结晶，同样可能会发生包含溶剂的情况。当在[CₙMpyr]₃[Tf₂N]中结晶[Cₙmpyr]₃[NdI₆]，得到了纯[C₃C₁pyr]₃[NdI₆]。然而，细微的调节比如延长阳离子中功能烷基链的一个碳原子，从[C₃C₁pyr]变为[C₄C₁pyr]，一个分子单元的离子液体被包含在晶体中（图1-25）。

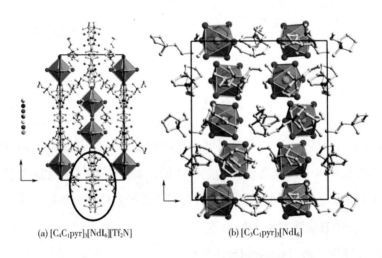

(a) [C₄C₁pyr]₃[NdI₆][Tf₂N]　　　　　(b) [C₃C₁pyr]₃[NdI₆]

图1-25　[C₄C₁pyr]₃[NdI₆][Tf₂N]（C₄C₁pyr=*N*-丙基-*N*-甲基吡咯）和[C₃C₁pyr]₃[NdI₆]的晶体结构

1.3.5　低温溶液中制备晶体

如前面所述，生长离子液体用于结构表征的晶体，最方便的方法是在衍射仪上进行原位晶体生长。然而，同样可以在熔体或者溶液中在低于室温的条件下生长晶体。通过这种方法生长的晶体，最好在低温条件下挑晶体，然后用改进的由Kottke和Stalke最初描述的油滴方法安装到衍射仪上。用汤匙把含有晶体的母液（或离子液体或分子溶剂）从反应容器中转移到一个预先从底部用液氮或者干冰冷却的载玻片上。氮气是通过浸泡在液氮中铜螺旋管吹扫到样品上的。氮气的温度可以通过调节氮气流的速度来调节。为了防止空气敏感化合物的水解或者氧化，样品可以用全氟多醚包裹。对于离子液体，离子液体自身的密封作用足以隔离空气。在用玻璃丝分离晶体之后，想要的晶体可以直接转到测角器的头部。最方便的方法是，采用角度器头部尖端配备尺寸合适的柔性尼龙环，借助于毛细作用力把晶体保持在环的中间。测角器头部尖端浸泡在液氮中，转移到衍射仪上，用于质量检测和收集数据。见图1-26。

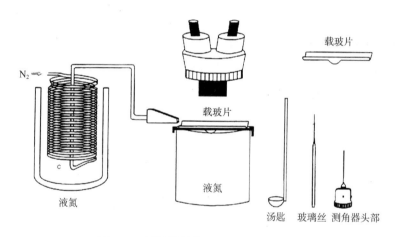

图1-26 低温挑晶体和安装工具示意图

总之，离子液体的固化尤其是结晶绝不是一件容易的事情，相反离子液体的熔点越低对技术的要求越高。尽管目前多数的离子液体已经得以描述，然而这些化合物中只有很少的一部分已经结晶，且已研究它们的固态晶体结构。然而，我们可以获得一些重要的相互作用信息，通过反晶体工程可以调节离子液体，更多地抑制熔点。看着丰富多样的可以形成离子液体的固相，有序的和无序的晶体、塑料晶体和不同的液晶相，固态离子液体的研究将检验现有的理论，并将推动这一领域的研究向前发展。

1.4 含金属离子液体的界面性质

设计具有最优性质的离子液体可以用于某种特定的用途。离子液体的物理化学性质（密度、黏度、电导率、疏水性或者亲水性、路易斯或者布氏酸碱性等）和生物性质可以通过阳离子和阴离子的选择以及离子之间的组合加以修饰和调整。含有钯、钌、铂、金、铝（铁、镍、锌或铜）的离子液体已经成功用于催化反应。f-族元素化合物的离子液体溶液，除了由于它们的路易斯酸性使得它们成为合成化学中潜在的催化剂，作为软发光材料在光化学和光谱等领域同样具有广泛的应用前景。另外一个具有前景的可能性是使用含有金属的离子液体制备新的电气处理或者传感器。最后，金属盐的离子液体溶液可以用于金属的电沉积，以获得新的具有特殊的特征的材料（如薄膜、纳米结构等）。

离子液体的组分（阴离子和阳离子）都可以作为不同氧化态金属的络合试剂，并常产生新的化学物种。带正电的金属（M^{n+}）与离子液体阳离子的络合能力，通常需要特殊官能团的存在（如CN、$CH=CH_2$、OH、OR），并且是以一种不同于功能分子溶剂的方式与金属阳离子相互作用。另外，一些阴离子（氯、溴、硫氰根等）能够把金属阳离子转化为新的稳定的带有负电荷的物种。

需要指出的是离子液体的结构不仅能影响所加金属盐的溶剂度和化学行为，而且还可以影响溶于其中的盐化学转化而来的固体材料的结构特征。高度结构化的阴离子和阳离子网络，是多数离子液体的特征，可以诱导产生于这些具有组织性环境中的新材料的结构指向性。而且，这些介质的液态的高度自组装特征，有可能作为"熵驱动器"促成纳米结构的自发的、非常明确的和扩展的有序性。尺寸较大的和柔性的有机离子，通常含有离域的静电电荷和非极性侧链，在很大程度上决定了结构和动力学异质性，是液态主体和界面（离子液体/固体、离子液体/空气、离子液体/其他液体）二者的特征。

　　高度附着性的带电基团，如果足够长，倾向于侧链基团的互相远离，结果得到纳米尺寸的异质结构液体，在离子液体内部和界面提供离子和非极性环境。研究表明，纳米材料前驱体在离子液体的极性或者非极性区域的选择性溶解，可能会影响纳米材料特征。因此，一个控制产品的尺寸和形状的方法是调节离子液体中的极性/非极性区域。

1.4.1　离子液体的表面

　　离子液体的表面性质，如表面张力、水吸收能力、传质特征和表面反应活性，强烈取决于近表面区域的组分。不同离子的存在能够强烈影响表面组成。对于含金属离子液体，组成离子液体的所有离子和溶于其中的金属离子，对局部不平衡的电场负责，而且可以引起近表面区域的化学组成和表面分子的排列，与体相的区别很大。

　　为了在分子水平充分理解离子液体的性质，探索过渡金属和离子液体混合物，这些现象非常重要。所以，准确的表面化学和结构特征在解释它们的宏观性质中，起着非常重要的作用。

1.4.2　离子液体的表面特征

　　众所周知，为了获得高表面敏感性，表面探针通常采用带电离子，如离子或者电子。离子或者电子束的传输要求在高真空条件，同样需要保持固体表面清洁，远离空气污染物。对于高真空（UHV）环境的需求阻止了对许多液体的研究，所以高真空技术可以用于研究它们的表面化学结构和性质，这一点可以从Steinrück的工作中得到印证。许多表面科学技术已经用于研究离子液体，如X射线光电子能谱（XPS）、紫外光电能谱（UPS）、直接反冲光谱（DRS）、逆光电子光谱（IPES）、X射线吸收光谱（NEXAFS）和时间飞行二级离子质谱（TOF–SIMS）。

　　由于在这些离子混合物中存在大量的化学物种，体相和表面之间的化学结构差异可以是非常微妙和或许在某种程度上可调节的。配位平衡的存在可能会引起一些化学物种的同时出现；或者是离子或者是中性的。这些物种将对液体/气体的界面呈现出不同的亲和性。可以预料的是，混合物中化学组成以及不同的离子液体/金属比例的细微变化将改变化学物种以及它们的摩尔比。这些影响都将会引起表面组成和性质的显著改变。所以，在原子规模考察表面性质在理解这类配位化学体系的性质起到十分重要的作用，这种类型的研究仍然处于初级阶段。不过，X射线光电子能谱（XPS），也称为化学分析电子光谱（ESCA），证明是尤其适合于这种类型的考察。

由于核的结合能对原子的化学态（如氧化态）比较敏感，所以通过评价所谓的"化学位移"可以获得样品表面区域中化学物种的价态信息。通常，非等价化学环境（比如Fe^{2+}和Fe^{3+}物种）中原子的结合能足够大，通过两个非等价物种的去卷积和原子比例的量化，可以进行分峰。不足为奇的是，表面比例可能会与体相的相差很大。通过这样的方式，表面偏析可以为多相催化等提供非常重要的信息。

角度分辨XPS（AR—XPS）技术，已经用于检测纯离子液体中的污染物，或者揭示不对称离子液体的表面取向。最近，这一技术已经用于铜离子/离子液体溶液体系，由金属盐溶解于离子液体中得到，或者通过电子氧化"原位"产生离子。通过观察溶解于离子液体中离子的XPS信号，可以提供金属离子配位圈的本质信息。一个大的，非常稳定的配位圈，使金属离子远离表面区域，降低这些离子所产生的光生电子逃离液相的可能性，尤其是高起跳角度（掠射角）的。相反，配位圈比较小或者没有配位圈的金属离子不受屏蔽的影响，物理地呈现在表面区域的最上层。因此，这种情况XPS信号结果是相对不受起跳角度影响的。由于不同的电荷离子呈现出不同特征的配位圈是合理的，所以AR—XPS在提供这样的行为信息时是非常有用的。

另外一个获取原子级别的金属离子—离子液体混合物表面概览的未来方向是基于颗粒散射基技术，如亚稳态冲击电子能谱（MEIS）、卢瑟福背散射（RB）和低能离子散射（LEIS）。这些技术都是基于对中性或者带电粒子在冲击液/真空界面之后弹回的检测。探测颗粒从位于表面以下原子散射的低可能性，决定了方法的内在表面灵敏度。即使这些技术是比较知名的，并且大规模应用于固体表面的研究，但对于纯离子液体的研究还很少，而对于含金属离子液体的研究根本没有。尽管如此，应用这些技术将为表面层原子本质的研究提供丰硕的信息。

1.4.3 含金属离子液体的空气/离子液体界面信息和先进技术的发展

由于离子液体中金属盐的解离，体相和表面组成可能存在显著差异，这些体系的界面性质，通过改变离子液体的结构大多是可调节的，可以用于发展新的技术，并应用于催化、分离过程或者材料科学。

离子液体/空气（气相）界面处分子的成层、取向和富集，在材料负载离子液体化学中（负载的离子液体相，SILP）起到重要的作用（以及其他体相和固相/离子液体界面性质）。含有金属盐和离子液体层的固态催化剂（SCILL），结合了离子液体和固态载体矩阵的优点，使得固定床技术应用于挥发性试剂的连续流气相反应成为可能，或者非挥发性试剂采用合适的介质作为移动相，比如超临界二氧化碳。

相似的，当离子液体用作气体分离过程中的膜，或者作为色谱分离的表面键合固定相，同样的界面性质可能会影响分离过程的性能。针对含金属离子液体在气体分离过程中的使用这一特殊情况，比如最近有研究显示当在离子液体中掺入金属，二氧化碳的吸附能力增加；含金属离子液体会在这一领域得到更多的应用。尽管，等离子体—离子液体是非常重要的，通过溶于离子介质中金属盐的还原，用于不同种类的金属纳米颗粒的制造。

在材料科学中，含有$CuCl_2$离子液体［作为铜（Ⅱ）源］的空气/离子液体（$[C_2C_1im][BF_4]$）界面性质，已经用于一锅法氧化聚合制备具有可控厚度、均一、大表面聚吡咯膜。在这一过程中，BriJ-35的加入能够增加膜的均一性，降低离子液体表面张力，而金属催化剂浓度决定两个聚合物表面的光滑程度。虽然面向空气那一面总是平滑的，而对立面，也就是面向溶液的那一面，则显得有些粗糙，发现其原因是取决于铜的浓度。

需要指出的是，基于氟硼酸根的离子液体存在一个缺点，就是容易快速分解，生成有毒的氟化氢。而且，表面的铜浓度是通过改变溶于离子液体中的盐（$CuCl_2$）的浓度来调节的，没有考虑表面富集现象。然而，假设可以通过改变离子液体的阳离子和阴离子以及表面的离子组成，调节影响这一过程（即介质的黏度、表面张力、空气/离子液体表面的催化剂浓度和表面的吡咯浓度）的重要参数。

设计合适的含金属离子液体可以作为一个客户定制表面的多功能池，用于自由传导聚合物、纳米材料以及含有传导聚合物（聚吡咯）的复合物和无机纳米颗粒。

1.4.4 含顺磁金属离子的离子液体的空气/离子液体界面性质

文献中有关顺磁性离子液体的一个例子是四氯合铁酸-3-丁基-1-甲基咪唑鎓盐，$[C_4C_1im][FeCl_4]$，通过向$[C_4C_1im]Cl$中加入等摩尔的$FeCl_3$制备而成，见方程式（1-14）：

$$[C_4C_1im]Cl + FeCl_3 \longrightarrow [C_4C_1im][FeCl_4] \qquad (1-14)$$

这个离子液体的摩尔质量磁化率χ_g为40.6×10^{-6}emu/g，对应的摩尔磁化率χ_{mol}为0.0137（7）emu/mol。有效磁矩μ_{eff}=5.8μ_B，与高自旋态S=5/2相一致。

四氯合铁酸-3-乙基-1-甲基咪唑鎓盐$[C_2C_1im][FeCl_4]$，同样是人们熟知的一个超顺磁体，总的自旋冷冻温度为3.8K。在这个温度以下，$[C_2C_1im][FeCl_4]$近似是一个铁磁体，意味着大部分的自旋是有序的，虽然存在少部分自旋簇。

自2004年以来，一些其他的含铁离子液体已经被制备和表征，都表现出夏盖尼斯的磁矩，并显示出对外加磁场的强相应。

当然，四氯合铁酸即离子液体显示顺磁离子液体的一些基础的特征：

（1）Fe（Ⅲ）是一个d^5离子，对于一个d过渡金属，未成对电子最大的可能数。

（2）氯离子是一个低场配体，易于形成高自旋配合物。

（3）所得到的配合物的价态是1。配位物的形成需要等摩尔数量的离子液体和$FeCl_3$。配位阴离子的摩尔分数为0.5%。

（4）起始离子液体的阴离子和所加盐的阴离子一致，生成纯的离子液体（均配的配位阴离子）而不是复杂配位（混配的配位阴离子）的混合物。

如果我们对探索这些离子液体的磁性质感兴趣，有必要尝试最大化体积磁矩M这一参数，它与顺磁中心数字密度和顺磁中心的有效磁矩μ_{eff}的乘积成比例。然而，所有这些参数均受到上面所列前三条结构特征的影响。卤素位于配体光谱化学序列的左侧，与硫氰根和硫一起，这些配体必须给予优先权。拥有多对未配对电子的离子出现在d和f过渡序列的右侧。考虑到许多离子液体阳离子拥有一个单位的正电荷，含有金属的配位阴离子应有一个单位的负电荷。

阳离子和配体的化学本质决定了所得离子液体的密度和其他物理和化学性质。所以，顺磁离子液体的理性设计，仅比一个普通离子液体稍微多受到一些限制，可以克服一些源自特定金属或者配体选择方面的问题和限制。

在实际的测试中，含镝离子液体具有很强的荧光和对外加磁场的响应（$\mu_{eff}=10.48\mu_B$），是由$[C_6C_1im][SCN]$、KSCN和Dy（ClO_4）$_3\cdot6H_2O$合成得到的，而$[C_{12}C_1im]_3[DyBr_6]$的有效磁矩为$\mu_{eff}=9.6\mu_B$，是将$DyBr_3$加入$[C_{12}C_1im]Br$中制备得到的。在这些体系中，镝的高有效磁矩补偿了由于多电荷负离子的存在所造成的顺磁中心的低摩尔分数。

需要指出的是，顺磁性的氯代铁酸盐离子液体，根据方程式（1-14）（即把等摩尔量的无机氯化物加入相应的氯基离子液体中）制备而来，能够展示出对于无机盐的残留溶剂化能力，产生不同阴离子物种特征的离子液体。

通过加入不同量的$FeCl_3$到纯的离子液体$[C_4C_1im]Cl$中，得到了一系列$FeCl_3/[C_4C_1im]Cl$离子液体。它们的宏观和微观水平的物理化学和热力学性质，已经通过结合IR、Raman、冷冻结构透射电喷显微镜（FF—TEM）等技术手段获得。这些测试显示出当$FeCl_3$开始过量时，开始产生$[Fe_2Cl_7]^-$；

$$[C_4C_1im][FeCl_4] + FeCl_3 \longrightarrow [C_4C_1im][Fe_2Cl_7] \qquad （1-15）$$

尽管如此,已经在这些体系中采用生物成像的方法检测到了纳米结构的存在。尤其是,这些纳米结构显示出热可变性以及和$FeCl_3/[C_4C_1im]Cl$摩尔比的相关性:或许它们受到离子液体组成的影响,决定了离子之间相互作用的强度。在$FeCl_3/[C_4C_1im]Cl$离子液体中,由于形成$[FeCl_4]^-$和$[Fe_2Cl_4]^-$的原因,离子之间的相互作用遵循以下顺序1/1.5>1/1<1.5/1。但不幸的是,"超载的"顺磁离子液体的性质还没有详细地研究,只有很少的一些有关$[FeCl_4]$基离子液体的表面性质被报道。

磁性液体的物理性质在Ronald E. Rosensweig所著的*Ferrohydrodynamics*中得到体现。这本书写作于"离子液体年代"之前,它只考虑了两种类型的磁性液体:磁性流体和顺磁性盐。第一类的代表是多相液体。通常,是一些顺磁性或者铁磁性颗粒胶质分散在有机溶剂中。单位体积的这些材料的磁矩在某种程度上比顺磁性离子液体所能得到的数值要大一些。然而,它们受到胶体的静电问题所限制。尤其是,对磁场强度有限制,不能影响胶体平衡。这一问题不会影响顺磁性离子液体。磁性离子液体的另一个类型的代表是顺磁性稀土盐的水或醇溶液。这些盐在这些媒介中的溶解度是有限的,顺磁中心的浓度不能达到1:1(溶剂:顺磁盐)。这样,顺磁性离子液体就可以有一些不同于已有磁性液体的性质,借助这些性质可拓展体系的潜力。

磁场中顺磁性液体磁场中作用于体积V上的力,可以用下式表示。

$$F=\mu_0 V(M \times V)H_0 \qquad (1-16)$$

式中:M为磁化强度矢量;$\mu_0 M$为单位体积磁矩。

当对顺磁性离子液体或者其他的磁性液体施加一个磁场,顺磁性离子液体的形状发生改变直到达到平衡。当施加于任何液体一个离心力(如旋转容器),可以得到一个相似的效应。不同强度和形状的磁体可以因此用于调节顺磁性离子液体的表面形状和表面/体积比(如顺磁性离子液体的薄弯液面),在膜中的应用基于离子液体的用途。另外,顺磁性离子液体液滴在不溶的抗磁性液体中可以被强永久磁体加以操控,如Nd—Fe—B磁体或者电磁体。考虑到一些这样的体系同样表现出路易斯酸性,顺磁性液滴可以用作发生在液滴内部或者在它们表面的溶剂/催化剂，好处是在结束时，液滴总是可以用适当的磁体回收。这些特征可以用于连续性过程的发展，也可以应用于新兴的技术，如微反应器等。

顺磁性离子液体四氯合铁酸-1-烷基-3-甲基咪唑鎓盐$[C_nC_1im][FeCl_4]$和它们的体相性质已经用于从吡咯和甲基吡咯合成纳米结构的传导聚合物；烷基侧链的长度和/或外部磁场的应用能够影响所得聚合物的纳米结构，调节离子液体的局部结构。而且，最近已经在$[C_4C_1im][FeCl_4]$中，从离子液体和吡咯单体出发，于$AgNO_3$存在的条件下，采用氧化还原反应，在水和离子液体的界面成功地合成出一个聚吡咯/AgCl纳米复合物。或许，在$[FeCl_4]^-$中的Cl^-（存在于离子液体相中）和$AgNO_3$中的Ag^+（存在于水相中）之间的反应，决定了界面处AgCl的可控合成，有利于纳米复合物的合成。在此前讨论的例子中，有利于有组织的纳米聚合物形成的一个决定性因素是离子液体的体相自组装（没有外加磁场时）或者诱导（在磁场存在时）局部结构。然而，不能排除离子液体的表面性质和组织可以用于获得聚合物纳米结构或者具有特殊特征的纳米复合物。

在强磁场中铁磁流体同样显示出一些特异之处，尤其是它们特征的不稳定性，有可能用于发展新的技术和器件。一个惊人的例子是所谓的长钉不稳定性。如果将一滴铁磁流体置于水平表面，如玻璃，而且外加磁场处于竖直方向（如放置Nd—Fe—B磁体在液体的下方，玻璃的另外一面），液滴的形状发生改变，液滴开始形成长钉或其他复杂的形状。这种不稳定性的物理起源，与一部分液体倾向于呈现出能量最小的形状有关。重力、表面张力以及在这一例子中的磁场相互作用，决定了液滴的形状。外加磁场倾向于在磁性液体中排列磁偶极，引起它们之间的排斥性相互作用。这种排斥性力竭力反抗重力和表面张力，导致呈现出复杂的形状。

然而，虽然这些现象看来比较美观，但在化学中的应用，或许另外一种不稳定性更加有用，也就是所谓的"迷宫不稳定性"。当在两片玻璃之间放置一种磁性液体和一种不溶液体，这两种液体将发生分层，并形成薄膜。

强磁场与液体薄层垂直，调整分离表面可呈现混乱的形状，即两种液体呈现出迷宫一样的形状。迷宫中两种液体的数量、厚度和迷宫墙的平均长度取决于液体的本质和磁场的强度。产生这种现象所需采用的顺磁性离子液体和最终应外加磁场的规模目前还尚未研究。然而，或许这些现象可以在催化、分离流程和光学器件中得到应用。

含有金属的离子液体代表一种令人着迷的领域，在诸如催化和材料科学等领域开启了新的可能性。含金属离子液体的表面在许多方面是非常独特的。总之，离子液体是已知的极少能在真空条件下稳定存在的室温液体。这一特征使得采用许多只能用于固体表面研究的技术成为可能。基于这些研究所取得的数据，可以对含金属离子液体的表面进行个性化，以便用于膜分离过程、液体矩阵用于设计合适的纳米材料，或者作为催化的表面。对于这些应用，离子液体的优点是，由于体相的液体本质可以产生连续性的再生，不像传统多相材料那样在催化过程中易于发生中毒。而且，越来越明显的一点，使用顺磁性金属盐能够产生磁性离子液体，它的表面行为仍然有待考察，这将可以为用于光学和光电器件等领域。提供新的材料离子液体革命才刚刚开始。

1.5　含金属离子液体的应用

1.5.1　含金属离子液体在有机合成领域中的应用

含金属离子液体是挥发性有机溶剂的环境友好取代物，它们具有较高的热稳定性、化学稳定性、低的蒸汽压和高反应活性。离子液体可以溶解金属盐、金属络合物和有机金属化合物（除了掺入离子液体的阳离子和阴离子之外），为催化剂提供极性、弱配位介质。Chauvin等最早发现含金属离子液体在烯烃二聚和乙烯聚合反应中的优点。离子液体是最好的能够同时固定和稳定纳米颗粒物质的溶剂之一。含有纳米颗粒的离子液体作为溶剂已经成功用于Heck反应，其中Pd^{II}化合物被用作催化前体。含金属离子液体已经在工业中得到应用。自

2013年，中国石油投产了一项基于异丁烷和异丁烯在离子液体媒介中的烷基化石油生产工艺，产能可达到65000吨/年。该过程采用氯化铝基离子液体作为催化剂，而不是传统的氢氟酸或者硫酸。以下介绍一些最新的含金属离子液体在烷基化、环化、异构化、羰基化、复分解和C—C耦合反应中的应用研究进展。环化和/或异构化反应。

丙炔醇在温和条件下通过Meyer-Schuster重排反应选择性地转化为含有双键或者三键的醛，或者在Re^I-$[C_4C_1im][PF_6]$存在下在含铼离子液体中通过Rupe重排反应转化为烯酮或者烯醛。在合成烯醛过程中，在80℃分离产率达到91%~99%（5~30min）；对于烯酮的合成，在同样实验参数条件下，产率可以达到90%~93%，而在130℃，则可以达到96%~99%（1.5~3h）。

一个引人注目的环化—异构化反应，是十二烷-1-烯烃在$[C_4C_1im]Cl/AlCl_3$/乙醇混合物中生成环十二烷。在这个反应中，乙醇起到一个非常重要的作用，将离子液体（$[C_4C_1im]Cl+AlCl_3$）-十二烷-1-烯烃两相体系均匀化。环十二烷的产率（尼龙生产的重要原料）从4.2%（两相体系）增大到23.4%（均相体系），选择性从73.1%增大到93.4%（12h）。

一个有趣的例子是，腙和乙炔二羧酸二甲酯，在$[P_{4444}][CuBr_3]$的存在下，经环化—芳香化反应，合成全取代吡唑。100℃下反应1h分离产率可以达到66%~92%。其他含有$[C_4C_1im]^+$阳离子和$[CuBr_3]^-$、$[CuCl_3]^-$、$[FeCl_4]^-$或$[InCl_4]^-$阴离子的离子液体催化活性稍差。

端基炔与叠氮的环化反应同样是值得注意的。这一过程以含铜离子液体$[Cu(C_{12}C_1im)][CuCl_2]$为催化剂，$[C_4C_1im][BF_4]$作为溶剂。获得了较高的产率（82%~90%，25℃，10~15min），并且研究表明，催化剂可以回收再使用3~5个循环，催化活性并没有明显降低。

钯化合物催化席夫碱的分子内环化。在$Pd(OAc)_2$(10%)—$[C_4C_1im][PF_6]$（或者$[C_4C_1im][BF_4]$）体系的催化作用下合成取代苯并噻唑和苯并噁唑。其机理是钯首先与亚胺氮络合，然后经过环化和消除反应生成产物。

在没有路易斯酸存在的条件下离子液体用于三组分无溶剂Biginelli缩合，

最早于2001年报道，这是一个重大的突破，但要求反应条件（100℃）相对严苛，分离产率高达98%。较为全面的Biginelli反应机理研究表明，路易斯酸—离子液体体系（$CuCl_2$—$[C_4C_1im][PF_6]$）可以让反应在稍微温和的条件下（温度降低到80℃）进行，而不用过量的尿素。建议的催化循环包括亚胺中间体的形成，并且已经获得这一中间体形成的证据。

离子液体介质中，铂和金催化环异构化反应也有报道。比如，在离子液体中铂催化乙酸基团迁移和二烯—炔的环化（80℃反应1h）。对于$PtCl_2$—$[C_4C_1im][Tf_2N]$体系，可以获得最佳的反应选择性，而当离子液体的阴离子被$[PF_6]^-$或者$[BF_4]^-$取代，生成的产物为混合物，选择性明显降低。最高的产率（99%，80℃反应1h）是在$[C_4C_1im][Tf_2N]$体系中获得的。与之形成鲜明对比的是，没有使用离子液体的$PdCl_2$—甲苯体系，产率只有90%（80℃反应2h）。对于这一和其他环异构化反应全面的机理研究，已有文献报道。

在$[C_4C_1im][PF_6]$中，Pd和Pd—Ag催化2,2'-丙二酸二烯丙基酯的异构化—环异构化，生成线型和环异构体。$[C_4C_1im][PF_6]$中$PdCl_2$+$AgPF_6$体系（对应于裸露的Pd^{2+}）可以是催化剂获得最高的转化频率（TOF）和94%的产物选择性。50mol丙二酸二烯丙基酯反应，需要1mol Pd。含有Pd前驱体的$[C_4C_1im][PF_6]$体系可以重复使用，转化率稍有降低。而当以$Pd_2(dba)_3$（dba=二亚苄基丙酮）为催化剂，得到的是产物的混合物。

1.5.1.1 烷基化反应

极为重要的烷基化反应是芳烃的Friedel–Crafts烷基化反应和异丁烯、丁二烯的烷基化反应生成高辛烷值燃料。根据Chiappe等的数据表明，有超过55个采用$AlCl_3$基离子液体催化剂的烷基化反应的专利。自2005年开始，含金属离子液体催化剂已经在中国的工厂得到应用。

Bui等研究了水、交换树脂中阳离子的本质和$AlCl_3$基离子液体介质中过渡金属盐的影响。在盐酸三乙胺和$AlCl_3$存在的条件下，富含Cu^ICl体系，−5℃，反应15min，三甲基戊烷（TMP）的产率高达72.3%，产物的辛烷值达到99。添加剂的作用归因于超酸性或者布氏酸性络合物的形成。在一个批量反应器中，研究了无水HCl作为共催化剂的作用。研究发现，无水HCl能够提升反应速率和TMP产率。

一些更加稳定的用于替代AlCl$_3$基离子液体的体系，也已经被建议用于异丁烷和丁二烯的烷基化。在Et$_3$N·HCl和GaCl$_3$—CuCl（χ_{GaCl_3}=0.65，摩尔分数为5% CuCl）（χ是GaCl$_3$与有机盐混合物中GaCl$_3$的摩尔分数），在压力为0.5MPa，搅拌速率为900r/min，温度为288K，反应时间15min的反应条件下，采用异丁烷丁烯摩尔比为10∶1的工业原料混合物，获得高于70%的辛烷选择性，且RON>91%。Et$_3$N·HCl—GaCl$_3$/CuCl催化剂重复使用9次，催化活性没有损失。

烯烃和芳烃的Friedel-Crafts加成和炔烃与芳烃的耦合反应是合成化学和工业生产中非常重要的反应。这些过程也都有它们各自的缺点。烷基化反应一个普遍的瓶颈，尤其在工业生产上，是传统催化剂（AlCl$_3$、H$_2$SO$_4$、HF）水处理之后会失活。直接Friedel-Crafts链烯基化反应的一个严重缺点是炔烃的聚合，导致不希望的副产物生成。Song等在解决这些问题方面取得了一个重大的突破。

首先，在空气中，以基于水稳定的二烷基咪唑阳离子和[SbF$_6$]$^-$、[BF$_4$]$^-$、[OTf]$^-$平衡离子的室温离子液体为反应介质，加入1.5%（摩尔分数）Sc(OTf)$_3$，开展了苯与己烯的Friedel-Crafts烷基化反应研究。这一反应己烯转化率高达93%，生成单烷基产物。在三氟甲磺酸盐催化的芳烃的Friedel-Crafts链烯基化反应中取得了令人瞩目的结果。采用[C$_4$C$_1$im][SbF$_6$]—Sc(OTf)$_3$体系，用于许多给电子或者吸电子取代的芳烃底物，可以获得非常高的产率（高达96%，在85℃反应2~6h）。在[C$_4$C$_1$im][BF$_4$]中，Pd（OAc）-磷体系是非常好的烯丙基衍生物烷基化的催化剂。磷配体对Pd催化剂活性有一定的影响。PCy$_3$（Cy=环己基）配体和其他给电子磷能够加速反应，而P(OPh)$_3$和其他强电子受体会导致转化率的陡降。这可能是由于离子液体影响离子反应介质的电子空间位阻性质。

1.5.1.2 羰基化反应
氢甲酰化反应是一个非常重要的羰基化反应。将实验设计和高通量方法应用于含金属离子液体中，在Co(CO)$_8$-2-甲氧基吡啶体系存在下的烯烃的氢甲酰化反应。研究表明，在决定反应产物产率的众多参数中，最重要的是温度和有机相与离子液体的比例。

Jiang等评价了一些含有咪唑阳离子和[Co(CO)$_4$]$^-$阴离子的离子液体在氯乙酸甲酯的羰基化反应中的催化性能。在CO压力为2MPa，温度85℃，反应3h反应条件下，转化率可以达到94.3%。对于[C$_4$C$_1$im][Co(CO)$_4$]催化剂，重复使用四次，丙二酸酯的选择性可达到99%，丙二酸二甲酯的平均产率为93%。这个催化剂在与已知的Na[Co(CO)$_4$]催化剂对比中，显示出高活性和优异的重复使用性。离子液体中的[Co(CO)$_4$]$^-$阴离子在空气中高度稳定。

离子液体中铑催化的氢甲酰化反应同样引起化学家的广泛关注。研究表明，铑催化剂的稳定性和反应活性受离子液体的结构影响。使用含有大侧链的阳离子的离子液体对反应是不利的。在Rh催化反应中，以[C$_4$C$_1$im][BF$_4$]作为溶剂，总转换频率为10627h^{-1}。在离子液体中铑催化的氢甲酰化反应比在甲苯体系中更为高效。根据电喷离子化质子光谱（ESI—MS）数据，[C$_4$C$_1$im]$^+$充当配体，与Rh催化剂配位，形成可再生的动力学络合物，[Rh(CO)(PPh$_3$)$_2$(C$_4$C$_1$im)(BF$_4$)]$^+$，其中Rh原子与咪唑环的C$_2$原子连接（m/z=793.1969）。

Kolbeck等研究了含有Rh催化剂和亲水性的三（3-苯磺酸钠）膦（TSSPP）的配体离子液体溶液（用于氢甲酰化催化）中，配体对界面组成的影响。配体的本质影响催化剂在多相催化体系中的位置，或在界面或体相中。对于Rh—TSSPP/[C$_2$C$_1$im][EtOSO$_3$]体系，检测到了相对高的铑表面浓度，而相似的络合物[Rh(acac)(CO)$_2$]（acac=乙酰丙酮）在不加TSSPP的情况下，多数被从界面处除去。理解离子液体中界面处铑的行为，有助于激发更多的科研人员尝试利用配体的不同性质去影响多相催化体系中过渡金属络合物的表面活性。

磷功能化的膦基离子液体（PFILs）也被用作Rh络合物催化剂的组分，用于长链烯烃的氢甲酰化。在75~100℃温度范围内，采用基于三正丁基膦的[Rh(acac)(CO)$_2$]—IL体系，获得了相对高的1-辛烯转化率（91%~100%，3h）和中等的反应选择性（线型/支链醛比例为1.8~4.1）。PFIL的本质对铑体系的稳定性、催化活性、再生能力和反应选择性有影响。膦基团中长烷基链取代物对于产物的形成是有利的，因为它们可以增大高级烯烃的溶解度；而短的取代物对于反应的选择性是有利的，因为它们可以增加Rh^I络合物在反应介质中的浓度。通过使用一个超临界—离子液体体系，将4,6-二（二苯基膦）吩嗪连接到咪唑阳离子上，Rh催化高级烯烃的氢甲酰化对于目标醛的选择性（高达90%）逐渐提高，而铑的损失降低了。在一个连续流反应器中，以超临界二氧化碳为载体，将铑络合物和这个配体溶于$[C_8C_1im][NTf_2]$中，得到了第一个成本高效的高级烯烃氢甲酰化工艺流程。

Hintermair等以负载离子液体为催化剂，催化1-辛烯的氢甲酰化反应，证实了在负载离子液体上压缩二氧化碳对反应气体、底物和产物传输的适用性。之所以选择$[C_8C_1im][NTf_2]$离子液体，目的在于溶解1-辛烯，离子液体层的厚度不影响反应的速率。当底物流速增加，反应速率增加，转化率却有些降低了。

除了氢甲酰化，这里有必要提一下胺的氧化羰基化反应，将含钯离子液体负载到介孔类型的二氧化硅上（SBA-15）（ImmPd-IL@SBA-15）作为催化剂，可以生成草氨酸盐和尿素。反应条件如下：1mmol 胺，15mL醇，0.1mmolNaI，1%（摩尔分数）的ImmPd-IL@SBA-15，60℃，4h。被离子液体萃取的金属的量为4.6%（质量分数）。

1.5.1.3 复分解反应

有关离子液体中烯烃的复分解反应比较多。比如，在烯烃复分解反应中，采用咪唑标记的Ru催化剂，产率高达98%。合成了含有一个咪唑片段的一个N杂环卡宾铑络合物，并成功用于低活性底物的复分解反应。采用$[C_4C_1im][PF_6]$—甲苯两相体系，能够显著提高催化剂的可重复利用性；从这一点来说，产物中的铑成分是非常低的（根据诱导耦合等离子体质谱）。

蓖麻醇酸甲酯和油酸甲酯的复分解反应已有文献报道。反应是在亚烷基钌络合物（底物：Ru=100）存在下在离子液体介质中进行的，[Cat][An]（$[Cat]=[C_4C_1im]^+$、$[C_4C_1mim]^+$；$[An]=[PF_6]^-$、$[BF_4]^-$、$[NTf_2]^-$），反应温度为40~60℃，反应时间为4h。获得了较高的转化率（高达92%）和选择性（高达

99%），催化剂的可循环性一般（第三个循环，活性损失25%）。离子液体相对于传统的溶剂，可以更好地稳定烯烃和催化剂。另外，离子液体在降低反应的活化能方面，比传统离子液体表现得更好。

Stark等研究了在第一代Grubbs催化剂亚苄基双（三环己基膦）二氯化钌（摩尔分数为0.02%）催化作用下，从1-辛烯到十四-7-烯等底物的均复分解反应，考察了底物在离子液体中的溶解度、溶剂的极性和离子液体中杂质的存在对反应产出的影响。研究发现1-甲基咪唑中，三个主要的杂质（水、卤素和亚胺）对含金属离子液体的催化活性有影响。

双阳离子烷基烯烃钌络合物，在负载的离子液体存在下发生的连续复分解反应过程中，被证明是高效的催化剂。含钌催化剂在石油化工的复分解反应中能够可以作为环境友好的绿色溶剂。

通过开环聚合制备独居石载体，用于两相体系中的均复分解和闭环复分解（RCM）反应；这些载体可以用于[C$_4$C$_1$mim][BF$_4$]—催化剂体系的固定，并且可以获得非常有前景的转换数（TON），而且催化剂的流失非常低（0.1%）。

在离子液体介质中通过闭环复分解反应合成大环四环素的反应中，Grubbs催化剂是非常高效的催化剂。在温和的反应条件下（60℃，8~24h），测试了10个离子液体和5个Grubbs催化剂，获得了较高的产率（76%~93%）。

最吸引人的例子是离子液体中连续复分解加氢反应。Lee等将Pd纳米颗粒和通过酰胺间隔片段将钌卡宾络合物固定到咪唑片段官能化的碳纳米管上，进行催化剂的回收。这一双官能化催化剂在离子液体中的复分解—加氢化学工艺中表现出非常高的催化活性。催化剂可以回收再使用四次以上。

1.5.1.4　耦合反应

含金属离子液体在钯催化C—C耦合反应中也有重要应用。比如含磷离子液体与Pd（Ⅱ）的络合物负载到聚合物上，形成聚合物负载的钯催化剂，在水溶液中卤代芳烃和苯硼酸的Suzuki-Miyaura交叉耦合反应中被证明是十分优异的催化剂。聚合物负载的Pd（Ⅱ）络合物催化剂中含有咪唑基离子液体。均相条件下的Suzuki-Miyaura反应也有报道。如在吡咯鎓基离子液体中，以[Tf$_2$N]基离子液体与Pd（Ⅱ）的络合物为催化剂，通过5，11-二溴并四苯和芳基硼酸在高产率甚至定量合成5，11-二芳烃并四苯衍生物。

同时，使用离子液体和离子配体对于温和反应条件下高产率获得产物是有利的。微波辅助的受控Heck反应在离子液体介质中能够快速进行。反应在密封的玻璃管中加热5~45min进行。催化剂的溶液$[PdCl_2$在$P（o-Tol）_3$存在或不存在条件下，其中$o-Tol=2-MeC_6H_4]$能重复使用，不会造成产率的明显降低。

在离子液体中，不加磷，以功能化Pd纳米颗粒催化杂环卤代芳烃和卤代芳烃的Hiyama反应。Pd纳米颗粒（2~5nm）是在$[CN—C_4C_1im][PF_6]$ [3-（3-氰基丙基）-1-甲基-1H-咪唑鎓]六氟磷酸存在下通过$Pd(OAc)_2$热分解制备而来。

原位形成的$Pd—NP—[CN—C_4C_1im][PF_6]$体系作为催化剂，可以用于乙烯基和芳基三甲氧基硅烷与杂环和卤代芳烃化合物的C—C耦合反应。许多芳香杂环化合物、取代联苯和苯乙烯衍生物已经被研究，均能获得76%~97%的产率。这一反应的机理包括卤代芳烃与Pd^0的氧化加成，得到Pd芳基络合物。由于$[CN—C_4C_1im][PF_6]$的稳定作用，避免了"裸露的"Pd^0物种的聚集。紧接着发生金属转移反应，通过$[C_4C_1im]F$活化的亲核试剂传输到Pd，得到$Pd^{Ⅱ}$二芳基络合物，生成中间体络合物。Pd^0通过还原消除反应再生。

在Heck反应（1%催化剂）和Suzuki反应（5%催化剂）中，采用易于制备的$Pd^{Ⅱ}$络合物和$[N_{4444}]_2[Pd(2-Mepma)_2]·4H_2O$和$[N_{4444}]_2[Pd(4-Mepma)_2]·2H_2O·MeCN$（2-Mepma和4-Mepma分别是N-2-甲基苯基草氨酸盐和N-4-甲基苯基草氨酸盐）作为催化剂，120℃反应30min，可以获得非常高的产率（99%，根据GC数据）和一般到比较高的转换数（TON）数据。基于Rh前驱体和离子液体$[C_4C_1im][PF_6]$的催化体系用于乙烯基和芳基硼酸与烯丙基醇的耦合。

基于$[C_4C_1im][FeCl_4]$的空气稳定的催化体系能在温和条件下高效催化两相体系中格氏试剂与卤代芳烃的耦合反应。值得指出的是，二级卤代烷烃，比如溴化环己烷和2-溴化辛烷，无须还原消除或者α-消除反应，能选择性地生成耦合产物。

1.5.2 含金属离子液体在脱硫和脱氮中的应用

当前，由 NO_x 和 SO_x 引起的日趋严重的空气污染，人们不得不采取新的更为严格的空气污染控制手段，这使得燃料的脱硫和脱氮引起了众多科研人员的广泛关注。为了阻止环境污染，发达国家和地区制定了严格的排放标准，空气中允许的硫含量为10mg/kg，如日本（自2007年）、澳大利亚、新西兰和欧洲（自2009年）。

原油中主要的含硫组分是单质硫、硫化物（RSR′）、硫醇（RSH）、H_2S、二硫化物（RSS′R）、多硫化物（RSnR′）、噻砜、二苯并噻砜（dbt）、苯并噻砜（bt）及其衍生物。二苯并噻砜是最难以除去的。原油中最典型的噻砜衍生物如图1-27所示。为了适应最严格的排放标准，亟须完全去除这些物质。

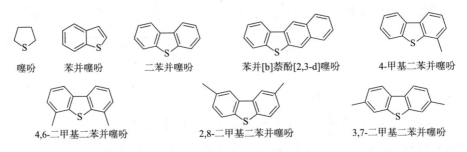

| 噻吩 | 苯并噻吩 | 二苯并噻吩 | 苯并[b]萘酚[2,3-d]噻吩 | 4-甲基二苯并噻吩 |

| 4,6-二甲基二苯并噻吩 | 2,8-二甲基二苯并噻吩 | 3,7-二甲基二苯并噻吩 |

图1-27 原油中的部分含硫化合物

主要的燃料脱硫方法包括加氢脱硫（HDS）、生物脱硫（BDS）、特殊固体吸附剂的吸附脱硫（ADS）、氧化脱硫（ODS）和萃取脱硫（EDS）。最后两个化学工艺过程是含金属离子液体应用的主要领域。一些专利强调了脱硫工艺中含金属离子液体的应用。最有趣的结果是采用 $AlCl_3$ 或者 $[AlCl_4]^-$ 基离子液体获得的，但它们对水敏感（产生HCl）而且稳定性低，限制了它们的实际应用。

一些含金属离子液体已经用于模型油品中二苯并噻砜的萃取脱硫去除。Ren等考察了二苯并噻砜的去除效率与离子的本质（有机和金属离子）、离子液体/金属摩尔比、离子液体/油体积的比例和萃取时间等之间的关系。最好的结果是在[C₄C₁im]HSO₄—FeCl₃体系上所获得的。

有关离子液体对脱硫的影响研究较多。研究发现[C₈C₁im]Cl—2FeCl₃体系可以实现对二苯并噻砜的高效脱除（高达99.4%）。但在有其他金属盐存在的情况下，脱除的效果变得比较一般：BiCl₃为17.8%；MnCl₂为46.7%；CoCl₂为46.7%；NiCl₂为48%；ZnCl₂为60.8%。[C₈C₁im]Cl—2FeCl₃体系在室温下可以除去模型油品中99.4%的二苯并噻砜（油：离子液体=20：1）。在30min时间内，可以实现4，6-二甲基二苯并噻砜（4，6-Me₂dbt）（99.3%）和苯并噻砜（96.2%）的有效脱除。萃取的效率依照下列顺序增加bt<4，6-Me₂dbt<dbt。需要强调的是，即使经过5次循环之后，离子液体仍然可以保持高萃取效率。

在一个相似的研究中，将FeCl₃基离子液体用于模型油品的脱硫（二苯并噻砜溶于正十二烷中，燃料/离子液体=5：1（质量比），30℃，最大萃取时间30min，硫含量为50mg/kg），发现[C₄C₁im][FeCl₄]效果最好，而[C₈C₁im][FeCl₄]被证明是效率最差的。

在燃料—离子液体体系中，通过H₂O₂氧化脱硫可以用于促进相应的硫氧化物的生成。在这种情况中，脱硫包括以下步骤：往模型燃料中加入过氧化氢，可形成砜和除去砜。

表面活性剂类型的含金属离子液体，即甲基三（正辛基）铵的过钨酸盐和过钼酸盐，被证明是对二苯并噻砜双氧水氧化具有活性的催化剂。这些液体催化剂的两性本质对于乳液的形成和重复二苯并噻砜氧化循环非常重要。当温度为30℃，油和含金属离子液体的比例为40：1时，最高的二苯并噻砜脱除效率可以达到96.2%。

以四氯化铁酸烷基吡啶鎓盐和30%双氧水溶液（质量分数）作为氧化剂，可以实现快速的氧化脱硫。在298 K，10min，可以实现模型油的最高100%的脱硫。而且，这些离子液体可以重复使用两次，活性没有损失。[C₈³MPy][FeCl₄]同样实现了真正燃料的氧化脱硫，当离子液体和燃料质量比为1：3时，可以实现44%的脱硫效率。以上所描述的氧化脱硫实验的优点为反应条件温和（室温），达到平衡的时间短。

虽然当前对于发动机燃油中的氮化合物没有严格的限制，但这些限制在不久的将来出现的概率是非常高的。燃料脱氮工艺是非常重要的，同样是由于氮化合物是造成氮氧化物排放的主要原因，在脱硫过程中毒化了催化剂。

Hansmeier等测试了咪唑和吡啶基离子液体在油品中杂芳香化合物的脱硫和脱氮。所有考察的离子液体对于氮化合物的萃取效率均在99%以上。从精炼原料中，比如轻度催化裂解汽油（LCCS），萃取吡咯，效率达到45%。

含锌咪唑硫酸烷基酯、亚磷酸烷基酯和磷酸二烷基酯被测试用于含有喹啉、吖啶和吲哚的模型油的脱氮。研究发现，对于喹啉的萃取效率达到93.9%，吖啶的萃取效率是86.5%，吲哚是100%（油：离子液体=5：1）。然后喹啉用乙醚萃取除去，$[C_2C_1im]EtOSO_3$—$ZnCl_2$再生。再生之后，体系可以重复使用最高8次。

1.5.3　含金属离子液体在电沉积领域中的应用

含金属离子液体的许多有价值的应用，如高电导率（最高达100mS/cm），宽电化学窗口（高达5.8V）和宽的液程（173~523K），使得基于这些材料发展新的和完善现有的技术成为可能。电镀（电沉积）可以用于制造装饰性和防腐蚀涂层以及其他工业分支。通过使用离子液体，可以克服现有水基工艺过程，比如低电流效率和化学毒性。

从$GeCl_4$的离子液体（$[C_6C_1im][fap]$和$[C_2C_1im][NTf_2]$，$[C_6C_1im]^+$=1–己基–3–甲基咪唑鎓离子，fap=三（五氟乙基）三氟磷酸溶液，在室温下采用聚苯乙烯胶体晶体作为模板，通过直接的电沉积，合成光子晶体，特征是具有比较高的介电常数。通常，很难从水溶液中回收锗，因为易于发生水解生成氢气，而不是锗沉积。在聚乙二醇和其他有机溶剂中，始终存在低电流效率和生成氢的问题。然而，在离子液体中进行锗的电沉积是一项非常有前景的技术。聚苯乙烯适合用作模板，因为可以通过用四氢呋喃（THF）处理轻松除去，而不会影响介孔锗的结构。采用扫描电镜表征证实形成三维有序1.5mm厚的锗沉积层（电极电势为-1.9V vs Ag电极，室温，3h）。

沉积的锗具有非常有序的介孔结构，含有均一紧密堆积的球形孔。电沉积不会造成任何的收缩（孔之间的平均距离约为555nm）。沉积的锗具有光滑的表面形貌，表明锗能够在聚苯乙烯模板的孔洞中稳定生长，在4 μm×4 μm尺度显示出很好的框架有序性。

在离子液体中，通过一步共电沉积方法，制备了一种基于多壁碳纳米管和镍的新颖的非酶、高灵敏葡萄糖传感器。所提供的这一体系的优点是对葡萄糖非常灵敏。传感器的相应时间很短（<2s）、相当灵敏[67.2 μA·L/(mmol·cm²)]和低检测限（0.89 μmol/L，信噪比为3）。与当前其他所用的非酶葡萄糖传感器相比，这一锌体系显示出非常宽范围的线性（高达17.5mmol/L）和快速反应。Seddon等以氯化钠为缓冲溶液，制备了一些四氯合镓酸1-正辛基-3-甲基咪唑鎓盐（[C_8C_1im][$GaCl_4$]）（$GaCl_3$的摩尔比为0.33<χ_{GaCl_3}< 0.75）。利用能量色散X射线光谱（EDX）和扫描电镜（SEM）可以对沉积的镓进行表征。结果表明，这些从缓冲溶液中沉积得到的样品比不使用缓冲溶液的具有更加规整的形貌。这可以归因于缓冲溶液体系中具有更加稳定的阴离子组分。

Liu等将Zn(OTf)$_2$溶于两个对水和空气稳定的离子液体[C_4C_1pyr][OTf]和[C_2C_1im][OTf]中（[C_4C_1pyr]⁺=N-丁基-N-甲基吡咯鎓离子），形成溶液，研究从这些溶液中电沉积锌膜。从不同的离子液体中可以得到具有不同表面形貌的样品，其中从[C_2C_1im][OTf]中，可以得到厚度均一、附着效果好的膜；而[C_4C_1pyr][OTf]中所得到的膜为灰色、附着较差。扫描电镜表征显示[C_2C_1im][OTf]中所得的锌膜为具有六角结构的锌颗粒，而[C_4C_1pyr][OTf]中所得到的样品具有雪花一样的结构。

离子液体的电化学窗口和锌膜的形貌首先取决于是否有水的存在和温度。在水中，可以得到纯的锌膜，而在离子液体中所得到的是Zn—Au合金和锌。研究发现，金属的颗粒尺寸和主要的颗粒取向，可以通过调节温度来控制；此外，在吡咯基离子液体中倾向于形成纳米晶膜。

Kurachi等考察了鏻基离子液体中镝的电沉积和电化学行为。它们采用的是配有铜片阴极和镝金属阳极的两电极电解池。所得膜的EDS检测显示对应于典型的镝线的窄峰。此外，通过X射线光电子光谱，证实了除了表面层之外镝的金属电子态。

高真空条件下，离子液体中铜在钽表面的电沉积也有报道。采用离子液体$[C_2C_1im]Cl$—$Cu(NTf_2)$作为铜源，比$[C_2C_1im]Cl$—$CuCl_2$的黏度小。而且，液态金属盐$[Cu(CH_3CN)_4][NTf_2]$、$[Ag(CH_3CN)_4][NTf_2]$和$[Cu(C_2C_1im)_2(C_4C_1im)_2][NTf_2]$没有发生阴极分解。即使在高电流密度（25A/dm²）情况下，没有发现配体或者平衡离子（阴离子）的信号。可能是由于水或者痕量氧的存在，之前所有试图在钽表面沉积铜的尝试中，在Cu—Ta界面处都发现形成了氧化层。试图在高真空条件下彻底地从$[C_2C_1im]Cl$中除去水和氧没有获得成功。当把样品加热到150℃，并使用对苯二酚作为捕捉剂，可以实现水的完全去除。$[C_2C_1im]Cl$经过这样的处理之后，就可以在钽表面直接电沉积铜了，而不会在界面处形成氧化层了。这一方法可以认为是铜电镀微电子器件设计中的一个巨大进步。

Krischok等将0.5mol/L的TaF_5和NbF_5的离子液体溶液用于钽和铌的电沉积。这样形成的电镀层通常比较粗糙，而且有裂纹。此外，样品中残留有少量的离子液体；所以根据XPS数据，金属层被大幅度氧化（很有可能，这是由于与环境接触造成的）。

在353K通过脉冲电势控制，从$[C_2C_1im]Cl$中成功地电沉积出多层$Fe_{50}Pt_{50}$/Fe_2Pt_{98}涂层，其中$[NH_4]_2[PtCl_6]$作为铂源，而$FeCl_2$作为铁源。多层沉积层的横截面显示出其具有独立的层和柱状结构。磁滞曲线表明，当四双层结构（FBS）中的$Fe_{50}Pt_{50}$层厚度从118nm增加到300nm，抗磁力从153Oe增加到800Oe。

近年来，含金属离子液体吸引了越来越多的关注，国际上从最开始的两三个课题组，到现在越来越多的课题组在从事含金属离子液体研究，而每年所发表的有关含金属离子液体方面的研究论文、综述和论著在逐渐增多，涌现出了许许多多结构新颖、性质奇特和性能先进的新型含金属离子液体。我国开始含金属离子液体的研究相对较晚，但近年来也呈现出了喜人的发展势头，相信在大家的共同努力下，离子液体的研究一定会取得更大的发展。

参考文献

［1］张锁江，徐春明，吕兴梅，等. 离子液体与绿色化学［M］. 北京：科学出版社，2009.

［2］邓友全.离子液体－性质、制备与应用［M］. 北京：中国石化出版社，2006.

［3］Wasserscheid P，Welton T. Ionic Liquids in Synthesis［M］. 2nd ed. Weinheim：Wiley-VCH，2008.

［4］Marcin Smiglak，Andreas Metlen，Robin D Rogers. The Second Evolution of Ionic Liquids：From Solvents and Separations to Advanced Materials-Energetic Examples from the Ionic Liquid Cookbook［J］. Acc. Chem.Res.，2007，40：1182-1192.

［5］Kapustinskii A F. Lattice energy of ionic crystals［J］. Q. Rev. Chem. Soc.，1956，10：283.

［6］David R. Lide CRC Handbook of Chemistry and Physics［M］. 88th ed. Boca Raton：CRC Press，2007.

［7］José O Valderrama，Luis A Forero，Roberto E Rojas. Critical Properties of Metal-Containing Ionic Liquids［J］. Ind. Eng. Chem. Res.，2019，58：7332-7340.

［8］Jason P Hallett，Tom Welton. Room-Temperature Ionic Liquids：Solvents for Synthesis and Catalysis［J］. Chem. Rev.，2011，111：3508-3576.

［9］Anja-Verena Mudring. Solidification of Ionic Liquids：Theory and Techniques［J］. Aust. J. Chem.，2010，63：544-564.

［10］Cinzia Chiappe，Christian Silvio Pomelli，Ugo Bardibc，et al. Interface properties of ionic liquids containing metal ions：features and potentialities［J］. Phys. Chem. Chem. Phys.，2012,14：5045-5051.

［11］Anja-Verena Mudring，Sifu Tang. Ionic Liquids for Lanthanide and Actinide Chemistry［J］. Eur. J. Inorg. Chem.，2010：2569-2581.

［12］Alexey Zazybin，Khadichakhan Rafikova，Valentina Yu，et al. Metal-containing ionic liquids：current paradigm and applications［J］. Russ. Chem. Rev.，

2017, 86（12）: 1254–1270.

[13] Xinxin Han, Daniel W Armstrong. Ionic Liquids in Separations [J] . Acc. Chem. Res., 2007, 40: 1079–1086.

[14] Ananda S Amarasekara. Acidic Ionic Liquids [J] . Chem. Rev., 2016, 116: 6133–6183.

[15] Philippe Hapiot, Corinne Lagrost. Electrochemical Reactivity in Room-Temperature Ionic Liquids [J] . Chem. Rev., 2008, 108: 2238–2264.

[16] Koen Binnemans. Ionic Liquid Crystals [J] . Chem. Rev., 2005, 105: 4148–4204.

[17] Koen Binnemans. Lanthanides and Actinides in Ionic Liquids [J] . Chem. Rev., 2007, 107: 2592–2614.

[18] Koen Binnemans, Christiane Görller-Walrand. Lanthanide-Containing Liquid Crystals and Surfactants [J] . Chem. Rev., 2002,102: 2303–2345.

[19] Koen Binnemans. Lanthanide-Based Luminescent Hybrid Materials [J] . Chem. Rev, 2009, 109: 4283–4374.

第2章 含主族金属离子液体

　　s区元素包括元素周期表中第一主族的碱金属元素和第二主族的碱土金属元素，它们的电子层结构分别为ns^1和ns^2。第一主族元素，化学性质活泼，目前含第一主族元素的离子液体报道得不多，主要研究兴趣集中在结构研究、电沉积、电解质和储能材料等领域；第二主族元素中Mg、Ca、Sr和Ba的离子半径和稀土元素的相近，加上Sr和Ba是核裂变产物，可以将它们作为稀土元素的替身开展结构和分离研究，由于这些原因，一些含有第ⅡA主族元素的离子液体已有一些文献报道。

　　p区元素，包括元素周期表中第ⅢA主族到第ⅦA主族以及零族元素，它们的电子层结构为ns^2np^{1-6}。最早的第一代离子液体氯代铝酸盐中所含的Al就是第ⅢA主族的p区元素。相对于s区元素，含p区元素的离子液体数量较多，而且研究得也更早和更系统。由于此类含金属离子液体的路易斯酸性，因此它们中的许多具有催化性质，在有机合成和化工生产中有重大应用前景；此外，一些元素（如Bi）还具有较为有趣的发光性质，在发光材料和器件方面具有潜在的应用前景。

　　由于含金属离子液体的种类繁多，在本书中根据配位阴离子中配体的不同，进行分类介绍。

2.1 卤素

卤代第ⅢA主族酸盐类离子液体具有令人着迷的催化性质，只需通过改变金属络合物的物种就能调控路易斯酸性的能力。

卤代金属酸盐在很多工业生产过程中是非常有用的催化剂。尤其是油精炼过程，如烷基化、乙酰化、异构化、聚合化和Diels–Alder反应，传统是用三氯化铝（$AlCl_3$）/氢氟酸（HF）催化剂。然而，由于包括环境问题、腐蚀、分离困难和低选择性等缺点，这些催化剂不再受欢迎。为了克服这些困难，多相催化剂，如沸石，是目前正在使用的催化剂，但是这些催化剂存在积炭，会造成催化剂失活等问题。

卤代金属酸盐离子液体，由金属卤化物和一个有机卤代盐（卤代前驱离子液体）反应得到，具有很多性质，如强路易斯酸性、顺磁性和新颖的电化学性质，这些性质取决于金属离子的组成和浓度。由于这些可调控的性质，这些离子液体已经在电化学、催化和分离过程中得到深入研究，当然也有其他用途（如软材料或者生物质处理）被报道。卤代金属酸盐离子液体能够以液态的形式，像传统均相催化剂那样提供高的路易斯酸性，通常与产品相不相容，这样就可以消除额外使用溶剂的需求和省去脱酸步骤。

卤代金属酸盐离子液体的研究历史可以追溯到1948年，第一个氯代铝酸盐，由固体吡啶鎓盐（[PyH]Cl）和$AlCl_3$反应得来，并成功用于电镀。在1960~1970年，许多研究关注于熔融氯代铝酸盐。在那一时期，美国空军研究院选择碱金属氯化物—$AlCl_3$体系作为电池的低温熔盐电解质，而King带领的研究组采用[C_2Py]Br—$AlCl_3$混合物，这些体系都是如今所说的离子液体。后来，熔盐体系[C_4Pyr]Cl—$AlCl_3$和氯化二烷基咪唑鎓盐—$AlCl_3$，作为新的电解质和电沉积介质。空气稳定的氯镓酸、氯铟酸和氯铊酸离子液体自此被报道，克服$AlCl_3$体系离子液体的一些短板，比如易吸水和空气敏感等。

在卤代金属酸盐离子液体中，含有第三主族金属的离子液体，展示出一些独特和来自于阴离子物种的可调控化学，进而形成一些独特的性质，比如低熔点、黏度和酸性等。主要的代表性离子液体是氯铝酸离子液体，这些类型的离子液体具有类似于路易斯酸的大电势，正在评估将它们用于工业上大规模取代有毒、有腐蚀性的无机酸，如氢氟酸或者硫酸。值得注意的是，Chauvin发展了氯铝酸盐基离子液体工业化过程，如异丁烷的液态烷基化和烷基烯烃的二聚，系列耦合反应，并获得了2005年的诺贝尔奖。而且，最近有报道称，Chevron正在为他们的液相烷基化过程建设一个试验性的工厂，采用氯铝酸盐离子液体作为催化剂，从C_4烷烃生产高辛烷值燃料。虽然这个商业化例子非常有应用前景，但还只是特例，许多基于离子液体的催化反应技术从来没有达到完全的产业化应用水平。

造成这些工艺的规模化比较困难的一个最主要的原因是缺乏对于这些催化反应中所涉及化学的深刻认识。第三主族氯金属酸盐离子液体的催化性质主要是基于阴离子物种，对于阴离子的表征是十分重要而且烦琐的。

2.1.1 第三主族卤代金属酸盐离子液体的物种

水体系中，金属—水络合物是主要物种。而在离子液体体系中，金属的本质和金属氯化物与氯化有机阳离子盐的摩尔比是影响第三主族卤代金属酸盐离子液体物种（表2-1）的两个主要原因，并进而决定了它们的催化活性。

表2-1 第三主族氯金属酸盐离子液体中阴离子物种随摩尔比的变化

摩尔比	0.25	0.33	0.50	0.60	0.67	0.75
Al（Ⅲ）	Cl^-；$[AlCl_4]^-$	Cl^-；$[AlCl_4]^-$	$[AlCl_4]^-$	$[AlCl_4]^-$；$[Al_2Cl_7]^-$	$[Al_2Cl_7]^-$	$[Al_2Cl_7]^-$；$AlCl_3$（ppt）
Ga（Ⅲ）	Cl^-；$[GaCl_4]^-$	—	$[GaCl_4]^-$	$[GaCl_4]^-$；$[Ga_2Cl_7]^-$	$[Ga_2Cl_7]^-$	$[Ga_3Cl_{10}]^-$
In（Ⅲ）	$[InCl_6]^{3-}$	$[InCl_5]^{2-}$	$[InCl_4]^-$	$[InCl_6]^{3-}$；$InCl_3$（ppt）	—	—

第三主族卤代金属酸盐的路易斯酸性由其阴离子中的金属决定，并且服从

以下趋势：Ga>Al>In。除了金属的成分，对于所有单一金属卤化物，路易斯酸性随着金属盐摩尔比的增加而增加，这一现象可以归因于多核卤代金属酸物种的存在（$[M_xCl_y]^{z-}$）。

在不同摩尔比的$AlCl_3$和氯化–1–烷基–3–甲基咪唑盐（$[C_nC_1im]Cl$，$n=2,4$）体系中，可以监测到不同的氯代铝酸盐阴离子（$[AlCl_4]^-$、$[Al_2Cl_7]^-$、$[Al_3Cl_{10}]^-$）物种。当它们的摩尔比小于0.5时，其熔盐为碱性，而且主要的金属络合物为$[AlCl_4]^-$。当摩尔比为0.5时，同样主要含有$[AlCl_4]^-$阴离子，而当摩尔比大于0.5时，主要成分为$[Al_2Cl_7]^-$配位阴离子，虽然这时体系中也同时含有$[AlCl_4]^-$和$[Al_3Cl_{10}]^-$阴离子，以及其他数量较少的阴离子，成为非常强的路易斯酸。此外，当往氯铝酸盐离子液体中，如$[C_2C_1im]Cl$—$AlCl_3$，加入矿物质酸（如盐酸）能够加强质子酸性。这种酸性（超过硫酸100%）的提升是由于溶解的HCl和酸性氯铝酸离子（$[Al_2Cl_7]^-$）之间的反应，释放出的质子具有极低的溶剂化作用和高反应性。需要进一步确认的是，酸性的提升有可能是由于熔盐中质子的酸性和多核阴离子中缺电子Al中心的同时存在所引起的。

通过往体系中加入不同的金属，同样也可以用于调节氯铝酸盐的物种。当把$MCl_2[M=Mn(II)、Co(II)、Ni(II)]$加入酸性离子液体中，可以形成六配位阴离子，$[M(AlCl_4)_3]^-$，而往酸性离子液体$[C_2C_1im]Cl$—$AlCl_3$中加入$YbCl_3$，则形成$[M(AlCl_4)_n]^{n-3}$和$[M(AlCl_4)_n]^{n-3}$。据推测，四氯化钛（$TiCl_4$）溶于$[C_4C_1im][Al_2Cl_7]$有可能生成$[Ti(Al_2Cl_7)_4]^{2-}$。最近有一篇文章报道，当中性的氯化亚铜（CuCl）加入离子液体$[Et_3NH][AlCl_4]$（$[Et_3NH]$=三乙基铵）中，路易斯酸性是如何被提升的，并用[27]Al–NMR和ESI–MS证明了新的混合金属物种$[AlCl_4CuCl]^-$的形成。当然，这是一个不寻常的例子，混合金属物种可以被确认。过渡金属盐对物种形成以及氯铝酸盐离子液体和金属盐的催化性质的影响，仍然需要进一步的深入研究。

卤代金属酸盐离子液体中金属物种的测试是一个值得探究的课题，一些光谱学技术手段可以被应用。在这些技术中，^{27}Al–NMR、FTIR和拉曼光谱是最突出和最广泛使用的鉴别物种的技术之一。例如，在$[C_2C_1im]Cl$—$AlCl_3$熔盐中，不论平衡离子是什么，拉曼光谱在解释[AlCl₄]⁻或者[Al₂O₇]⁻配位阴离子是否存在方面，起着十分重要的作用。²⁷Al–NMR测试和纵向磁化技术已经用于[Al₂O₇]⁻物种寿命的鉴定。其他技术，如扩展X射线吸收精细结构（EXAFS）或者X射线光电子谱（XPS），由于分析的复杂性，不常使用。质谱（MS）使用广泛，可能是因为能够准确地为不同的金属物种归属分子式，但由于这一技术干扰离子液体中物种的形成，因此在是否能够单独使用鉴定物种存在争议。在质谱离子化过程中，物种能够形成诸如[MCl₅]⁻（M=Zr、Hf）或者双核阴离子，如[In₂Cl₇]⁻，而用其他技术手段从未在液体中检测到。由于可以区别分子量不同的化学上相似的物种，质谱与其他技术相结合可能在鉴别含有混合卤素离子的卤代金属酸盐离子液体中不同卤素如何分配尤其有用。这一方法已经用于含Bi³⁺卤代金属酸盐离子液体，但仍未用于任何含第三主族卤素卤代金属酸盐体系。

对强路易斯酸离子液体的追求，产生了一类新的卤代金属酸盐离子液体，也就是熟知的加成物离子液体。这些体系可以看作是深度低温共熔混合物，如氯化胆碱和ZnCl₂/尿素混合物的类似物［低共熔液体（DES），由中心分子或者另外的盐混合而得］。依循制备DES的同样概念，将过量的AlCl₃或者GaCl₃（χ_{MCl₃}=0.60）和化学剂量比稍少的简单供体（O供体，比如尿素、AcA、二乙基乙酰胺、P₈₈₈O；S供体，比如硫脲；P供体，比如亚磷酸三辛酯）反应，得到黏稠的液体。由于具有高的金属浓度，这样的液体非常浓稠，有高的热容和高的离子电导率，并且具有大范围的路易斯酸性和氧化还原电势。

使得这类化合物与氯代铝酸盐离子液体相似的最显著的特征是，路易斯酸性取决于金属氯化物的浓度以及像离子液体一样，含Ga体系比含Al或者含In体系具有稍高的Guttmann受体数量（AN，用于量化金属盐的路易斯酸性）。加成物离子液体被发现是比氯代铝酸盐离子液体强的路易斯酸，仍然具有氯代金属盐离子液体的一些优点，比如低蒸汽压和高电导率。最近的研究发现，相对于卤代金属酸盐离子液体，AN=32～107，由盐和卤代金属反应，用复分解法制备得到，加成物离子液体显示出非常高的路易斯酸性，Gutmann受体数达到AN=120~182。虽然加成物离子液体目前是许多研究的焦点，但早在1990年代就有报道，那时$AlCl_3$和二甲酰亚胺（DMF）或者二氯甲烷还用于催化Friedel-Crafts乙酰化反应。在取代苯醌的合成反应中，这些配位络合物的使用，是$AlCl_3$和DMF—$AlCl_3$配位络合物之间的催化活性存在差异的一个很好的例证，因为可以得到两个完全不同的产品。这些离子液体相似物，在无溶剂条件下，由过量的无水金属卤化物和供体化合物反应得到，作为强的液态路易斯酸，由配体辅助金属卤化物异裂分解成离子化合物。金属盐如$AlCl_3$，含有桥联金属中心，在中性配体存在下，可以异裂分解得到分立的金属离子络合物，而不是中性析出物。采用拉曼光谱，可以发现这些混合物含有阳离子、阴离子和中心络合物。然而，这类离子液体类似物仍然比较少见，有待进一步的研究。

2.1.2 催化应用中的第三主族卤代金属酸盐离子液体

在催化剂设计的缓慢进程中，从一个普通催化剂变为理想的催化剂，有一些特定的里程碑，如反应活性、选择性、成本和环境和能量等问题。卤代金属酸盐离子液体归类为路易斯酸离子液体，有一些因素使得这些离子液体非常有趣，可以取代传统的催化剂，包括可控的酸性，可以溶解很多材料，易于分离产品。此外，和其他离子液体一样，卤代金属酸盐离子液体可以用作溶剂。像上面讨论的那样，卤代金属酸盐类离子液体的物种、路易斯酸性，取决于金属离子液体以及卤代盐的亲电性，金属盐$[MX_n]^-$（M=金属，X=卤素）的组成，和不同金属与氯代铝酸盐的加成，形成新的不同酸性的阴离子物种。

2.1.2.1 烷基化反应

在Friedel-Crafts烷基化反应中，底物（如苯）和烯烃（如正癸烯）在酸性催化剂（传统为HF或$AlCl_3$）的存在下，生成烷基化产品。虽然它们在工业上广泛使用，但仍然存在非常大的缺陷，包括毒性、低转化率、选择性差、催化剂的快速失活和高反应物及能量消耗。最先建议使用酸性离子液体（$[C_2C_1im]$ Cl-$AlCl_3$）的反应就是这种类型的反应，随着氯铝酸离子液体中$AlCl_3$摩尔比的增加，苯与正癸烯反应的速率也在增加。

中等的路易斯酸性离子液体体系（χ_{AlCl_3}=0.55）足以产生亲电性物质，是这种类型反应的速控步骤。例如，$[C_4C_1im]Cl$—$AlCl_3$离子液体，当$AlCl_3$的摩尔比为0.5时显示没有活性，但是当$\chi_{AlCl_3}=0.67$时，体系中含有$[Al_2Cl_7]^-$，这种物种在这种类型反应中具有催化活性，可以实现97%的转化率和33%的选择性。机理研究证实，用氯代铝酸盐离子液体催化苯的烷基化服从Friedel-Crafts路易斯酸性催化反应的机理。在这一机理中，正癸烯与Al^{3+}形成碳正离子，而后进一步和苯反应，经过一个不稳定的中间态络合物，最后形成烷基化的产品。酸性氯铝酸盐离子液体能够提供足够极性以及由于高浓度的$[Al_2Cl_7]^-$物种和高的芳烃溶解性为底物提供的非配位环境。采用氯铝酸盐离子液体作为催化剂的主要优点包括更高的反应速率、高的转化率和高的产品选择性。

对于活化芳香底物比如邻苯二酚和苯酚的烷基化，由于相对于苯和正癸烯的烷基化反应，这个反应要求的反应条件相对温和，可以使用比较温和的卤代金属酸盐离子液体$[C_4C_1im]Cl$—$InCl_3$（$InCl_3$摩尔比为0.67）。同样的，苯和苯甲酰氯的烷基化，由于Cl^-是好的离去基团，易形成活性比较高的苄基碳正离子，要求相对温和的反应条件。由于活性$[Al_2Cl_7]^-$的存在，苯和苯甲酰氯在$[C_2C_1im]$ Cl—$AlCl_3$（$AlCl_3$摩尔比为0.67）的烷基化反应具有高度选择性。然而，产率受搅拌速率影响较大，表明反应受传质影响，由于离子液体催化剂黏性较大，与反应物分子的接触不充分。

往体系中加入第二种卤素，形成混合卤素阴离子，是获得中性路易斯酸性的另外一种选择，同时增加分子的极性。往$[C_4C_1im]Br$中加入$AlCl_3$（摩尔比为0.67）所形成的催化体系，相对于$[C_4C_1im][Al_2Cl_7]$或者当把$AlCl_3$加入$[C_4C_1im]I$中形成的体系更加有效。研究发现，当有机阳离子的烷基侧链变长（$[C_8C_1im]^+$和$[C_{12}C_1im]^+$），催化活性降低，可能是由于分子极性和路易斯酸性的差异。然而当用IR探测，发现酸性没有什么差异，而极性结果与期望的相反（小的离子被认为极性更大，而事实是它们更小）。其他的因素，例如物理性质的差异和由于这些离子液体的高的摩尔体积所引起的低浓度的$[Al_2Cl_6Br]^-$是非常重要的，尤其是这些离子液体不溶于反应溶剂苯。尝试采用金属配合物均相溶液的方法和原理处理离子液体必须十分小心。

相比于仅使用$[C_2C_1im]Cl$—$AlCl_3$作为催化剂，在反应混合物中，加入布氏酸以及路易斯酸性$[C_2C_1im]Cl$—$AlCl_3$离子液体（摩尔比为0.67），催化活性得到了加强。有卤代金属酸盐离子液体的存在，溶液的pH值和离子液体的组成决定了体系的布氏酸性，因为发现在氯代铝酸盐离子液体中质子表现为超级酸。在这样的条件下，即使最惰性的底物也可以发生烷基化反应。采用Ga基离子液体，苯的烷基化可以获得显著的催化活性。三辛基氧化膦（$P_{888}O$）和$GaCl_3$（摩尔比为0.6）的加成物，显示出比$[C_2C_1im][Ga_2Cl_7]$更高的催化活性。当小的配体如尿素或者DMA加入高摩尔比的$GaCl_3$中，虽然可以获得高的反应速率，但需要加入尺寸大的、亲脂性的配体（如$P_{888}O$），以便诱导相分离，从反应混合物中分离催化剂。

在异丁烷和2-丁烯的催化烷基化反应中，采用不同的含有混合卤素，摩尔比为0.52的路易斯酸性氯铝酸盐离子液体催化剂，将导致不同的催化活性。研究发现，$[C_4C_1im]Br$—$AlCl_3$（摩尔比为0.52）（通过[27]Al-NMR证实$[AlCl_3Br]^-$阴离子物种）是比$[C_4C_1im]Br$—$AlCl_3$（摩尔比为0.52）（通过[27]Al-NMR证实$[AlCl_4]^-$和$[Al_2Cl_7]^-$阴离子物种）或者$[C_4C_1im]I$—$AlCl_3$（摩尔比为0.52）（通过[27]Al-NMR证实$[AlCl_4]^-$、$[AlCl_3I]^-$和$[AlCl_2I_2]^-$阴离子物种）更有效的催化剂。随着$AlCl_3$摩尔数从0.48增加到0.58，由于在摩尔比为0.58时产生了强的酸性物种$[Al_2Cl_6Br]^-$（通过[27]Al-NMR验证），催化活性同样增强。值得指出的是，随着反应时间的延长，强酸性活性$[Al_2Cl_6Br]^-$阴离子失活。在异丁烷和2-丁烯的烷基化反应中，以$[Et_3NH]Cl$—$AlCl_3$（摩尔比为0.67）为催化剂，当加入添加剂如苯（0.8%，质量分数）（通过[27]Al-NMR证实$[Al_2Cl_7]^-$阴离子物种），催化活性显著增加。

2.1.2.2　乙酰化

在Friedel-Crafts乙酰化反应中，底物（如苯）和乙酰化试剂（如乙酰氯）在强路易斯酸性催化剂（通常为$AlCl_3$）存在下，生成乙酰化产品。其缺点包括催化剂快速失活以及试剂和能量消耗较大。Wilkes等系统研究了不同摩尔比的$[C_2C_1im]Cl$—$AlCl_3$离子液体催化下苯和乙酰氯的Friedel-Crafts乙酰化反应。如预期所料，反应速率取决于离子液体的路易斯酸性（离子液体酸性越强，催化活性越好），也同样取决于离子液体的组成。例如，$[C_2C_1im]Cl$—$AlCl_3$（摩尔比为0.5）（含有$[AlCl_4]^-$阴离子物种）没有催化活性，但当摩尔比为0.67时（含有$[Al_2Cl_7]^-$阴离子物种）可以获得100%的产率，突出了阴离子物种的重要性。氯铝酸盐离子液体催化芳香化合物的乙酰化反应，推测可能的反应机理包含两步。首先，乙酰氯和$[Al_2Cl_7]^-$阴离子物种反应，产生乙酰碳正离子，再进一步和芳香化合物反应，生成乙酰化产品。

以$[C_2C_1im]Cl$—$AlCl_3$（摩尔比为0.5）（含有$[Al_2Cl_7]^-$阴离子物种）催化蒽和乙酰氯的乙酰化反应，可以获得令人满意的产率和二乙酰化产品的选择性。可以观察到初始单乙酰化，由于体系中布氏超级酸的存在，接着是歧化生成想要的二乙酰化蒽。在$[C_4C_1im]Cl$—$AlCl_3$催化蒽和草酰氯的乙酰化反应中，虽然摩尔比为0.5时（$[AlCl_4]^-$是主要阴离子物种）没有催化活性，但当摩尔比为0.67时（含有$[Al_2Cl_7]^-$阴离子物种），产率和选择性都很好。

此外，科学家们还研究了$[C_2C_1im]Cl$—$AlCl_3$离子液体（摩尔比为0.67）催化作用下一系列取代吲哚的乙酰化反应，虽然产率有的比较高，有的还可以，但复杂的工作和离子液体的破坏是这一过程的缺点。

2.1.2.3 低聚反应

低聚反应是工业上在酸性催化剂（通常为$AlCl_3$、HF、硫酸）催化α-烯烃低聚作为基础油，用于升级润滑油质量。在诺贝尔奖获得者Chauvin的"二巯基丙醇过程（Dimersol Process）"之后，科学家又深入细致地考察了氯铝酸盐离子液体催化低聚过程。当用含有$[C_nC_1im]^+$或者$[C_nPyr]^+$有机阳离子的卤代金属酸盐离子液体催化这个反应，低聚的程度随着烷基链长度的增加而增加，能够促进产品的分离、催化剂的回收再利用和防止异构化。氯铝酸盐离子液体中进行低聚基本的动机是产品的易于分离和产品选择性的增加。在正丙烯的低聚化反应中，采用Ni络合物和$[C_4C_1im]Cl$—$EtAlCl_2$（摩尔比为0.7）的混合物作为氯铝酸盐离子液体催化剂，催化活性明显优于$[C_4C_1im]Cl$—$AlCl_3$（摩尔比为0.6）离子液体。而且，当以$[C_4C_1im][AlCl_4]$、$AlCl_3$、$EtAlCl_2$和$TiCl_4$作为催化剂，用于正丁烯的低聚化反应，催化活性明显优于$[C_4C_1im][AlCl_4]$、$AlCl_3$和$EtAlCl_2$混合物。

但不确定过渡金属离子的存在对催化剂的性能和对氯铝酸盐阴离子物种的影响。根据烯烃低聚的机理，Al^{3+}能够稳定烯烃碳正离子，这个中间态物种进一步与烯烃反应，进而生成二聚体、三聚体等。

不同的有机阳离子与阴离子$[Al_2Cl_7]^-$结合取代三氟化硼（BF_3），用于从正癸烯合成多聚α-烯烃。循着以下有机阳离子的亲脂性顺序：$[C_2C_1im]^+ < [P_{4444}]^+ \sim [C_8C_1im]^+ < [P_{66614}]^+$，可以获得最高的转化率。有趣的是，可以用阳离子来调节产品的分布：亲脂性的有机阳离子可以得到最重的低聚物，而$[C_2C_1im][Al_2Cl_7]$产生大量的轻低聚物。当对比加合物卤代金属酸盐离子液体的有效性，它们的催化活性比传统氯铝酸盐离子液体相似或者低一些，但是轻低聚物选择性高。当Ur—$GaCl_3$加成物离子液体中$GaCl_3$的摩尔比从0.5增大到0.75，产品选择性增加。在$GaCl_3$和$AlCl_3$的加成物离子液体中，$AlCl_3$的加成物离子液体显示出稍微高的催化活性。在其他加成物离子液体中，基于$P_{888}O$—$AlCl_3$是合成多聚（α-烯烃）的最佳催化剂。

2.1.2.4 Diels–Alder反应

环戊二烯和丙烯酸甲酯的Diels–Alder反应通常是采用路易斯酸催化剂（通常是$ZnCl_2$、BF_3和$AlCl_3$）。当应用于这种类型的反应，卤代金属酸盐离子液体的组成对选择性和反应性具有显著影响。以$[C_2C_1im]Cl$—$AlCl_3$催化环戊二烯和丙烯酸甲酯的Diels–Alder反应，表明产品产率随着时间的延长而增加，而立体化学选择性（endo/exo比例约为19：1）保持不变。格外引人注目的是，当使用酸性$[C_2C_1im]Cl$—$AlCl_3$（摩尔比为0.67）作为反应介质，比碱性离子熔盐〔摩尔比为0.5（endo/exo比例约为5：1）〕的立体化学选择性增加4倍多。量化计算证实，酸性条件下氯铝酸盐离子液体中的Diels–Alder反应速率更快。当$[C_2C_1im]Cl$—$AlCl_3$（摩尔比为0.67）作为催化剂和反应介质，比传统反应介质中的反应速率和endo/exo选择性更佳。当采用回收和再利用的离子液体作为反应介质，伴随着有机溶剂和催化剂废弃物的一些问题得以消除。

最近，含有硼有机阳离子和第三主族卤代金属酸盐阴离子的混合路易斯酸性离子液体被用于环戊二烯和丙烯酸乙酯的Diels–Alder反应。阴离子和阳离子存在累积效应，可以增强酸性，且有机阳离子起着主要的作用。当硼有机阳离子和甚至是非酸性的阴离子耦合，可以得到酸性的离子液体。最近，$P_{888}O$—MCl_3加成物体系（摩尔比为0.5）被用于环戊二烯和丙烯酸乙酯的Diels-Alder反应。在$P_{888}O$—$AlCl_3$、$P_{888}O$—$GaCl_3$、$P_{888}O$—$InCl_3$这些加成物体系中，只有$P_{888}O$—$AlCl_3$体系显示出14%的催化活性。

2.1.2.5　加氢

芳烃的加氢需要加入几种催化剂进行（过渡金属络合物或者负载金属催化剂），化工过程，尤其是在清洁柴油的生产中有许多应用。金属的流失和产品的分离是这些过程的主要挑战。在电正性金属和质子源存在下，以$[C_2C_1im]Cl$—$AlCl_3$（摩尔比为0.67）为催化剂，进行蒽的立体选择性加氢。非常有趣的是可以用不同电正性的金属调节选择性。在所使用的电正性金属中，Al被发现是非常有效的，因为$AlCl_3$作为一个副产物生成，可以保持氯铝酸盐离子液体的组成不受影响。这是一个典型的氯铝酸盐离子液体中金属溶解还原过程，与Birch还原过程相似。

2.1.2.6　酯化

醇和醋酸的酯化在$[C_4pyr]Cl$—$AlCl_3$催化作用下进行，发现摩尔比为0.5时足够催化反应的进行，催化活性优于传统的硫酸催化剂。氯铝酸盐和氯铟酸盐离子液体分别作为催化剂，用于从蚕豆油通过反式酯化（酯的烷基和一个醇发生交换）制备柴油。将$[C_4C_1im][InCl_4]$用于蚕豆油与甲醇的反式酯化，如果不加另外一种催化剂，发现没有产品生成，表明离子液体本身并不能促进反应。然而，由于离子液体是液体，同样可以用作溶剂，并且允许添加另外一种催化剂，比如$[=(3-$羟基$-2-$甲基$-4-$吡喃酮$)=$水合锡（Ⅱ）络合物，生物柴油的产率确实很好。当用离子液体$[C_4C_1im][BF_4]$取代$[C_4C_1im][InCl_4]$，产率显著下降，表明离子液体的路易斯酸性起到很重要的作用，仍然需要加以阐释。这个反应如果使用回收的离子液体相，产率会发生显著的下降，可能是由于Sn络合物的分解所造成的。

在生物柴油的合成中，如果使用$[AlCl_4]^-$作为催化剂，由于具有高的酸性，可以获得比较高的产率。离子液体的铵基盐被发现也起作用，[Et$_3$NH]Cl—AlCl$_3$（摩尔比为0.7）和氯化甲基咪唑鎓有相似的产率（98.5% vs 96.8%），而溴化十六烷基三甲基铵（[C$_{16}$TA]Br—AlCl$_3$）产率比较低，只有20%。此外，随着咪唑阳离子中烷基碳链长度的增加，产率逐渐减小，可能是因为长的烷基链导致体系中增大的空间位阻和减小的质子传递，共同限制了反应的进行。

采用卤代金属酸盐催化生物柴油合成似乎遵循和路易斯酸催化反酯化反应同样的机理。在这个机理中，甘油三酸酯分子的酯基团和卤代金属酸盐形成一个碳正离子，接着和甲醇反应，最终生成甲基脂肪酸酯产品。相对于硫酸和固体酸催化剂，离子液体催化生物柴油过程有许多优点，比如低的反应温度、催化剂的低成本、高产率、不会皂化和可循环使用，所有这些都说明这是一个更加可持续的过程，具有巨大的发展潜力。仍然需要说明的是，离子液体催化酯化过程的一个大的缺点是，自第三主族卤代金属酸盐离子液体存在时，水作为副产物的生成会干扰反应，因为它们大多对湿气比较敏感。AlCl$_3$摩尔比小于等于0.5时，氯代铝酸盐离子液体能够耐受湿气，不会发生降解，虽然这时离子液体的路易斯酸性下降了。

2.1.2.7 缩合反应

以[C$_4$C$_1$im]Cl—AlCl$_3$和[C$_4$pyr]Cl—AlCl$_3$催化苯甲醛和丙二酸二乙酯的Knoenengel反应，咪唑基离子液体的产率更高一些。在反应过程中，所得到的丙二酸二苄酯再和未反应的丙二酸二乙酯反应，生成迈克尔加成产物，成为反应的副产物。可以通过调节这些离子液体的路易斯酸性（在0.55~0.67之间改变摩尔比），来控制这两个竞争反应的速率。随着路易斯酸性的增加，Knoenengel产物选择性逐渐下降。当醛、丙二酸二乙酯和[C$_4$C$_1$im]Cl—AlCl$_3$（摩尔比为0.67）的摩尔比为1.0∶1.0∶0.5时，Knoenengel和迈克尔反应产物之比（K/M）达到最大。

在不同醇（戊醇、乙二醇和甲醇）的四氢吡喃基化反应中，氯代铟酸盐离子液体可以作为催化剂和反应介质。戊醇的四氢吡喃基化反应中，当5%的InCl$_3$作为催化剂，结合使用[C$_4$C$_1$im][InCl$_4$]作为溶剂，相对于只使用[C$_4$C$_1$im]

[InCl$_4$]，催化活性提高了（从54%增大为87%）。在反应结束之后，得到了双相体系，产品只需简单的倾倒就可以实现分离。[C$_4$C$_1$im][InCl$_4$]同样可以用于苯甲醛、乙酰乙酸乙酯和尿素的Biginelli一锅法缩合反应。反应可以在非常短的时间（25min）内完成，产率达到98%，离子液体在产品分离之后可以重新使用。

当用于3，4-二氢嘧啶酮/硫酮的合成，反应可以在很短的反应时间内完成，并且产率比较高。离子液体在反应产品分离之后回收，再循环使用六次，反应催化活性没有明显下降。有趣的是，虽然有机阳离子在催化反应中的作用仍然有待研究，但在[C$_4$C$_1$im][InCl$_4$]离子液体中存在阴离子和芳香咪唑氢原子之间发现了相互作用。

2.1.2.8 异构化

直链烷烃异构化为支链烷烃，是改善汽油辛烷值的一个主要反应。用[Et$_3$NH]Cl—AlCl$_3$催化正戊烷的异构化已有文献报道，当使用离子液体作为催化剂，转化率和选择性得到了提升。异构化的控制非常重要，比如四氢二环戊二烯（THDCPD）的合成，它的exo-异构体在高能量密度燃料喷气推进剂（JP-10）中，作为燃料用于短程导弹和航空器，且在其他工业化过程中都有应用。endo-THDCPD异构化为exo-THDCPD，是采用四个AlCl$_3$基卤代金属酸盐离子液体[PyrH]Cl—AlCl$_3$、[C$_4$C$_1$im]Cl—AlCl$_3$、[C$_{16}$C$_1$im]Cl—AlCl$_3$和[Et$_3$NH]Cl—AlCl$_3$实现的。虽然四个离子液体都具有催化作用，但异构化的程度遵循以下顺序：[PyrH]Cl—AlC$_{13}$(χ=0.6)>[Et$_3$NH]Cl-AlCl$_3$(χ=0.6)>[C$_4$C$_1$im]Cl-AlCl$_3$(χ=0.6)>[C$_{16}$C$_1$im]Cl—AlCl$_3$(χ=0.6)。红外测试表明，这些离子液体的路易斯酸性同样满足这样的顺序。在卤代金属酸盐离子液体（摩尔比为0.67）存在下，endo-异构体到exo-异构体的异构化，得到了很高的产率和产物选择性，但摩尔比为0.5的碱性离子液体没有催化活性。将AlCl$_3$的摩尔比从0.65增加到0.75，反应时间从1h延长到6h，可以提高转化率；温度升高到70℃，转化率从14.5%增加到39.5%。在endo-异构体的异构化反应中，氯铝酸盐离子液体催化剂循环和再利用四个循环，催化活性不会降低。

此外，研究人员还研究了用同样的三个氯铝酸盐离子液体作为催化剂，催化exo-THDCPD异构化为金刚烷的反应。在这些反应中，转化率满足以下顺序：[PyrH]Cl—AlCl$_3$>[Et$_3$NH]Cl—AlCl$_3$>[C$_4$C$_1$im]Cl—AlCl$_3$。卤代金属酸盐离子液体（摩尔比为0.6）催化exo-异构体异构化为金刚烷，在最优条件下可以获得最高67%的选择性。

2.1.2.9 氧化反应

[C$_2$C$_1$im]Cl–GaCl$_3$（摩尔比为0.5~0.75）能够催化2-金刚烷酮和过氧化氢的Baeyer–Villiger氧化反应。反应速率取决于离子液体的路易斯酸性，离子液体酸性越强意味着比碱性、中性或者弱的酸性更好的催化活性。例如，[C$_2$C$_1$im]Cl—GaCl$_3$（摩尔比为0.5，阴离子为[GaCl$_4$]$^-$）没有活性，但是当GaCl$_3$的摩尔比为0.67时（阴离子为[Ga$_2$Cl$_7$]$^-$），活性达到93%；GaCl$_3$的摩尔比为0.75时（阴离子为[Ga$_3$Cl$_{10}$]$^-$），活性达到99%。在反应过程中，原位生成的[GaCl$_3$OH]物种导致了2-金刚烷酮Baeyer–Villiger氧化反应活性的提升。在同样反应条件下，当[C$_2$C$_1$im]Cl—AlCl$_3$（摩尔比为0.67）用作催化剂，虽然长期可以观察到大约11%的活性，但短时间内观察不到有催化活性。

2.1.3 金属—离子液体调节性的独立机制

2.1.3.1 离子液体有机阳离子的作用

虽然卤代金属酸盐离子液体的催化活性主要取决于组成和金属与卤素离子的比例，但离子液体有机阳离子提供了一个可以对特定卤代金属酸盐体系的活性进行精细调控的有力抓手。事实上，有机阳离子的电化学稳定性导致了一开始研究烷基吡啶卤代金属酸盐熔盐，转变到现在的以1，3-二烷基咪唑阳离子为主。离子液体的有机阳离子能够影响卤代金属酸盐体系的物种形成。阳离子和阴离子相互作用的强度影响自由卤素离子和卤代金属酸盐物种分布平衡，在[PbCl$_3$]$^-$离子液体中，同样影响金属络合物的几何构型。

或许有机阳离子的最大单一化学影响是它可以是质子性的，也可以是非质子性的。含有质子化有机阳离子的离子液体形成一类特殊的质子离子液体，在这类离子液体中，强的氢键供体和有机阳离子的布氏酸性对它们的物理和化学性质起着非常重要的作用。由于质子离子液体有机阳离子通常是强的碱，比如胺，它们同样常形成强的氢键，把两个分子联系起来，而不是完全的质子转移。这使得质子离子液体显得可以作为强酸的替代物，具有潜在的可调控质子—底物相互作用。此外，第三主族卤代金属酸盐阴离子是非常弱的碱，它们能够作为液态反应介质和强化质子化阳离子的酸性，能够开辟一个超过金属离子自身酸性的、全新的催化领域。这方面的例子有：$[Et_3NH]Cl$—$AlCl_3$催化异丁烯转化成三甲基戊烷，与以前报道的1，3-二烷基咪唑氯化铝酸盐催化的反应相比，质子化有机阳离子能够提升三甲基戊烷的选择性，但是质子化铵类离子液体作为可调节强度的布氏酸的研究远远不够。

即使非质子化有机阳离子提供了许多结构可调节性，然而很明显目前只有1，3-二烷基咪唑基离子液体的应用得到系统全面的考察。除了作为潜在的质子源，离子液体有机阳离子有可能在路易斯酸催化反应中有许多潜在的应用，但仍然有许多尚未探索的领域。未来有关离子液体方面的基础研究应以应用为导向，探索新的离子液体，把基础研究与应用研究联系起来，把这个领域继续向前推进。

2.1.3.2　氯铝酸盐离子液体的固定化

由于卤代金属酸盐催化剂的许多优点归功于它们的液态特征，将这些离子液体固定在固态载体上，在一些需要固相催化剂催化的过程中，是非常有前景的策略，使得它们更易获得和可重复使用。而且，负载的离子液体可以产生高比表面积的膜、非常短的扩散距离、避免传质限制和离子液体的体积使用更有效。

高酸性的氯铝酸盐离子液体可以负载到事先处理的硅基载体材料上，产生负载的离子液体相（SILPs）。可以采取两种不同的方法将氯铝酸盐离子液体负载到固态材料上：浸渍（非共价键合）和将有机阳离子接枝（共价键合）到固体的表面。浸渍可以通过"等体积浸渍（incipient wetness）"，即将离子液体加入载体中，直到混合物失去干粉末的外表。而把离子液体接枝到固态载体的表面，意味着离子液体和载体之间的共价键合。在这两种方法中，离子液体接枝在固态载体上更有效，当离子液体[C$_4$C$_1$im]Cl—AlCl$_3$（摩尔比为0.67）被浸渍到氧化硅的表面，用于苯和正硅烷的烷基化反应，发现催化活性相对于离子液体接枝到氧化硅上的降低了，正硅烷的转化率从46.8%降低到10.9%。这可以归因于离子液体的阴离子和氧化硅表面的硅醇羟基的成键作用。为了用外部磁体回收催化剂，Fe$_3$O$_4$纳米颗粒被包裹在氧化硅上，而且通过接枝的方法[AlCl$_4$]$^-$基氯铝酸盐离子液体被负载在氧化硅上。这个催化剂非常有效，而且通过一锅法、多组分和无溶剂反应，可重复用于许多二氢吡喃并[3，2-b]色烯二酮的合成反应。

用聚合物作为氯铝酸盐离子液体的载体，提高它们在Diels-Alder反应的循环使用性。将AlCl$_3$与聚合吡啶和咪唑鎓基离子液体反应获取聚合氯铝酸盐离子液体，这些离子液体中和便利，在催化过程之后的活性损失极小。

在这样的背景下，将吡啶氯铝酸盐离子液体负载到聚苯乙烯上，成为获取多相催化剂的新渠道，这些新型的多相催化剂倾向于综合路易斯酸性离子液体的特征和固态聚合载体的优点。吡啶氯铝酸盐负载到聚合基质上对Knoevenagel反应是有利的。据报道，在苯的烷基化反应中，[C$_4$C$_1$im]NTF$_2$—AlCl$_3$的稳定性和持久性可以得到提升。通过形成一个稳定的和疏水的环境，未配位的[NTf$_2$]$^-$可以提供持久性和水稳定性。为了将离子液体和多相体系的优点结合起来，可以将催化离子液体体系[C$_4$C$_1$im]NTF$_2$—AlCl$_3$负载到介孔材料Santa-Barbara Amorphous15（SBA-15）上。由于具有有序结构和高比表面积，这些固定的催化剂呈现出一些优点：如增强的催化性、路易斯酸性和可重复使用性。

固定的氯铝酸盐离子液体被证实同样适合用于芳烃化合物和烯烃的烷基化反应，路易斯酸性强度对产品的分布起十分重要的作用。研究表明，许多固体如氧化硅、氧化铝、分子筛H-Beta、TiO$_2$和ZrO$_2$可以作为氯铝酸盐离子液体的主体。采用萃余液II作为烯烃源的液相异丁烷的烷基化也可以把酸性离子液体的接枝固定化到硅质MCM-41和多孔硅（FK700级别）上来实现。咪唑和鎓氯铝酸盐基离子液体负载到一些固态载体上，比如氧化硅（FK700），Nafion

专有催化剂SAC-13和沸石多相H-Beta。在这些催化剂中，咪唑鎓和硅主体系统最为有效。[PyrH]Cl—AlCl₃（χ_{AlCl_3}=0.65）浸渍到蒙脱石钠粘土上作为endo-THDCPD异构化为exo-THDCPD的催化剂。所得到的插层黏度能够扩展硅酸盐层间空间，或许可以增强有机兼容性，并最终增加endo-THDCPD异构化为exo-THDCPD的转化率和选择性。

离子液体本身就是分子谜题，开创了与金属盐结合作为路易斯酸催化剂应用的新地平线。这些卤代金属酸盐离子液体拥有额外增加的优点，通过控制卤化金属盐的浓度精细调控它们的性质。由于它们的阴离子物种（可调节的路易斯酸性质），卤代金属酸盐离子液体已经取得了许多应用。尤其在石油化工工业中，一些反应过程，如烷基化、乙酰化、低聚化、异构化和加氢等，需要强酸性条件，按照惯例都是用有毒化学品来调节。有了卤代金属酸盐离子液体，这些过程的可持续性大大增加，因为这些化学品的毒性比较小，一些这样的离子液体能够多次循环使用。通常来说，卤代金属酸盐离子液体与传统路易斯酸催化剂具有同样的反应机理。这对于这类离子液体作为一个整体是一个很重要的优点。可以将它们用于解决一些传统催化剂所遇到的一些挑战，而不会干扰它们的化学问题。卤代金属酸盐离子液体不仅可以催化许多烷基化、低聚化、酯化、反酯化和异构化反应，但也可以用作反应接枝。通过深入理解卤代金属酸盐离子液体的可能性和限制，离子液体催化剂仍然有许多可改进的空间。通过采取一些不同的策略，比如多相化、聚合化，可以使它们疏水，增强和控制它们的路易斯酸性来克服限制并使它们在真实世界得以应用。

由于全球石油储备持续减少，至少在短期内，催化剂在非传统化学资源的高效利用，为化学工业提供动力，将起到十分重要的作用。氯铝酸盐离子液体基于矿藏丰富的元素，可以在全球范围内大规模地回收，但是由于需要专业操作，会产生有毒物和额外的能源负担。基于铟和镓的离子液体是新兴的离子液体，它们对空气不敏感，易于回收，但是这些离子液体是基于更加稀少的金属，当从环境获取或者排放到环境中去或许会产生更大的影响。考察这些离子液体的新应用，应考虑到这些离子液体哪些强哪些弱，可以对过程的可持续性产生真正的影响。最后，有一点需要清醒地意识到，社会正在摆脱对非可再生资源的过分依赖，对这些离子液体的考察应谨记在心，如果并且当不再需要某种催化剂，它们就会被设计用来替代。

在不久的将来，即将出现的新技术将可以在分子水平揭示卤代金属酸盐离子液体，获得更多对这些离子液体性质的精准控制和开辟新的应用。探索新颖基础化学，发现更好的利用氯铝酸盐离子液体的方式和混有两种金属盐的可调节的路易斯酸性离子液体。总是分子水平的结构知识，点燃了新的发现和新的应用可能性。

将不同阳离子和阴离子组合到离子液体的结构中，对它们的催化性质进行调节，是一个非常有前景和传统催化剂的替代品探寻过程中的一个热点研究领域。例如，卤代金属酸盐离子液体（离子液体的一个分支，含有卤化金属或者作为阴离子）在许多不同反应中已经用作反应介质或者活性酸性催化剂。

Chauvin的开创性工作将氯代铝酸盐应用于催化烯烃二聚和复分解反应，被授予了2005年的诺贝尔化学奖。在这之后，这些离子液体被探索用于取代传统有毒的和腐蚀性的路易斯酸，如三氯化铝或者三氟化硼和布氏酸，如氢氟酸或者浓硫酸，作为工业相关化学转化过程的催化剂，例如Friedel-Crafts反应、酯化反应和氧化反应等。事实上，Chevron最近发布了一个规模放大的设备，采用氯铝酸盐离子液体取代有毒的氢氟酸，用于液相烷基化反应。

在过去的几年里，离子液体领域已经经历了快速成长和发展，最新的研究兴趣开始关注于更复杂的含有多于两种离子类型的离子液体，不同的命名包括：双组分混合物、高离子性离子液体和双盐离子液体（DSILs）。与单金属卤代金属酸盐离子液体相比，这些含有多金属中心的离子液体，能够允许对最终离子液体的物理和化学性质进行精细调控。基于氯铝酸盐和CuCl的离子液体已经用作工业异丁烷烷基化的催化剂。研究发现，Al—Zn离子液体体系（$[HN_{222}]_{2x}[(1-x)AlCl_3 + xZnCl_4]$）在贝克曼重排反应中，显示出比单金属催化剂更加优异的催化性能。这一结果表明，这种方法是设计高度关联催化剂的独特策略。受这些研究结果的激励以及发展高活性酸性离子液体的紧迫性，含有多金属中心、可以直接一锅法反应制备的离子液体催化体系是未来值得关注的。

AlCl$_3$和GaCl$_3$是得到认可的路易斯酸，属于同一组，具有相似的配位环境。铝比镓电负性大，表明静电吸引力更大，而Ga原子尺寸比Al大，有助于电子/电荷的离域化。氯铝酸盐和氯镓酸盐离子液体都已经各自在酸催化反应中被证明具有催化活性。可以推测含Al^{3+}和Ga^{3+}的离子液体将具有理想的路易斯酸性，甚至产生协同活性。有趣的是，不论这种类型的混金属离子液体的制备如何容易，但并没有把Al和Ga同时包含进一个离子液体的有关报道。

在惰性气体保护下，无须额外的溶剂直接混合，通过一锅法就可以很容易地制备含Al或Ga的离子液体。在10mL的小瓶子中，把固态氯化三乙基铵（[HN$_{222}$]Cl），AlCl$_3$和GaCl$_3$混合，总的金属氯化物和铵盐的摩尔比为2:1。通过变化Al:Ga的摩尔比，可以得到一系列如下分子式的离子液体：[HN$_{222}$][xAlCl$_3$+(2-x)GaCl$_3$]Cl，x=2.0、1.5、1.33、1.0、0.67、0.5、0。在所有考察的这些摩尔比中，反应物的混合立刻引起放热反应，生成透明的液体。然后，密封这些体系，并在50℃加热24h。

以乙腈为探针，采用傅里叶变化红外光谱考察了[HN$_{222}$][xAlCl$_3$+(2-x)GaCl$_3$]Cl离子液体的路易斯酸性，并与AlCl$_3$和GaCl$_3$进行了对比。离子液体、AlCl$_3$和GaCl$_3$按1:1的摩尔比与CH$_3$CN一起处理，测试它们的红外光谱。纯的CH$_3$CN在2292cm^{-1}和2252cm^{-1}处有两个典型的特征峰，起源于C≡N伸缩振动。对于AlCl$_3$、GaCl$_3$和[HN$_{222}$][xAlCl$_3$+(2-x)GaCl$_3$]Cl，在与CH$_3$CN混合之后，两个新的峰出现在大约2320cm^{-1}和2300cm^{-1}处，可以用于总的金属中心的路易斯酸性的评估。在这些光谱中，配位CH$_3$CN的峰波数越高，代表着配位越强，路易斯酸性越强。与AlCl$_3$和GaCl$_3$相比，所有的[HN$_{222}$][xAlCl$_3$+(2-x)GaCl$_3$]Cl离子液体显示出高的CH$_3$CN峰波数（约2330cm^{-1}），表明每个离子液体路易斯酸性比任意一个纯的金属氯化物都要高。在这些离子液体中，[HN$_{222}$][1.33AlCl$_3$+0.67GaCl$_3$]Cl的酸性最强（v=2335cm^{-1}）。

有趣的是，从[HN$_{222}$][xAlCl$_3$+(2-x)GaCl$_3$]Cl和乙腈的1:1溶液中，一夜就

可以生长出晶体。单晶X射线衍射表明晶体是[Al(CH₃CN)₅Cl][AlCl₄]₂·CH₃CN和[Al(CH₃CN)₅Cl][GaCl₄]₂·CH₃CN（图2-1）。这两个化合物为同构，不对称单元中，含有一个[Al(CH₃CN)₅Cl]⁺正离子和两个[GaCl₄]⁻阴离子。在正离子中，Al原子与一个α和五个CH₃CN分子配位成键，形成变形八面体几何构型。阳离子中四个赤道位置的CH₃CN配体在一个与Al—Cl（1）键垂直的平面内。这个键稍微偏离赤道乙腈配体平面，平均Cl—Al—N键角为94.6°，这是由于Cl的位阻效应所引起的。[GaCl₄]⁻阴离子具有接近四面体的几何构型。

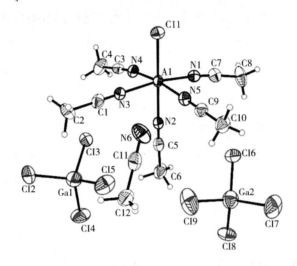

图2-1 [Al（CH₃CN）₅Cl][GaCl₄]₂·CH₃CN的晶体结构图

总体来说，这些结果证实，与路易斯酸前驱体相比，含有两种金属中心的离子液体具有更高的路易斯酸性，也验证了之前的推测。研究人员评价了这些离子液体在经典路易斯酸催化的1，3-二甲氧基苯（DMB）和乙酰氯的Friedel-Crafts乙酰化反应中的催化性能。反应条件为：10%（摩尔分数）的[HN₂₂₂][xAlCl₃+(2-x)GaCl₃]Cl、AlCl₃和GaCl₃，苯为溶剂，反应温度为30℃，反应时间为3h。在所考察的反应条件下，唯一的产品为单乙酰化的产物2′，4′-二甲氧基乙酰苯酮（DMAP）。在所有的酸性催化剂中，[HN₂₂₂][1.33AlCl₃+0.67GaCl₃]Cl的DMAP的产率最高（25.4%）。

为大家所认可的最高水平的AlCl₃和GaCl₃，所得到的产率仅为7.3%和

3.6%。对于全铝基离子液体$[HN_{222}][Al_2Cl_7]$不能将DMB有效转化，在同样的反应条件下，DMAP的产率仅为3.7%，甚至比$AlCl_3$还要低。另外，全镓基离子液体$[HN_{222}][Ga_2Cl_7]$的DMB转化率尚可，DMAP的产率为16.6%。而且，所有的Al/Ga离子液体能够转化48%~70%的DMB，DMAP的产率为13%~25%。

同样考察了混合金属离子液体对苄氯的烷基化反应的催化活性，以苯为溶剂，在惰性气体的保护下，30℃反应15min。二苯基甲烷（DPM）是能够检测到的唯一产品。催化活性变化趋势同乙酰化反应相似，其中$[HN_{222}][1.33AlCl_3+0.67GaCl_3]Cl$的DPM产率最高。而用$AlCl_3$和$GaCl_3$做催化剂，在相同条件下，DPM的产率各为63.6%和64.1%。全铝和全镓基离子液体仅各得到65.5%和57.8%的DPM产率。相对于广泛认可的路易斯酸催化剂，比如$AlCl_3$、$GaCl_3$、$[HN_{222}][Al_2Cl_7]$和$[HN_{222}][Ga_2Cl_7]$，以产率为参考，$[HN_{222}][xAlCl_3+(2-x)GaCl_3]Cl$显示出更好的或者相似的催化性能。

上述研究结果表明，$[HN_{222}][1.33AlCl_3+0.67GaCl_3]Cl$具有最优的催化性能，那么是什么物种引起的协同效应呢？为此，测试了所有这些离子液体的^1H，^{13}C，^{27}Al和^{71}Ga-NMR波谱。^1H和^{13}C-NMR证明了$[HN_{222}]^+$的存在，而不是其他N-配位的物种。$[HN_{222}][Al_2Cl_7]$的^{27}Al-NMR显示一个宽的峰，峰中心位于106ppm处，可以归属于动态平衡中的$[Al_nCl_{3n+1}]$阴离子。含镓的离子液体在98 ppm处，清晰地显示出一个驼峰和一个宽一些的$[Al_nCl_{3n+1}]$峰。这表明，与$[HN_{222}][Al_2Cl_7]$相比，这些离子液体的阴离子中Al的化学环境不一样。这些离子液体的峰形状也不一样，可能是由于阴离子物种的动力学平衡和它们不同的浓度引起的。相信Ga存在，可以调节化学环境，导致形成更强的酸性物种，这也可以解释为什么这些离子液体具有比$[HN_{222}][Al_2Cl_7]$更高的催化活性。^{71}Ga-NMR也被用于表征离子液体，然而并没有监测到信号，与此前报道的含Ga的多核阴离子的^{71}Ga-NMR信号缺失相一致。

为了进一步理解$[HN_{222}][xAlCl_3+(2-x)GaCl_3]Cl$中的物种，采用飞行时间质谱（MALDI-TOF）分析这些离子液体。所有这些离子液体在正离子谱中荷质比（m/z）为102处出现预期的峰，表明$[HN_{222}]^+$阳离子的存在。$[HN_{222}][Al_2Cl_7]$的负离子谱有两个信号，荷质比（m/z）分别为168和302，可以分别归属于$[AlCl_4]^-$和$[Al_2Cl_7]^-$。这与$[Al_nCl_{3n+1}]^-$阴离子的$^{27}Al-NMR$的宽信号峰相一致。对于$[HN_{222}]$$[Al_2Cl_7]$，可以观察到$GaCl_3$和$[GaCl_4]^-$的信号，验证了$GaCl_3$、$[GaCl_4]^-$和$[Ga_2Cl_7]^-$之间的动态平衡。

当用飞行时间质谱（MALDI-TOF）研究$[HN_{222}][1.33AlCl_3+0.67GaCl_3]Cl$，在荷质比为211处，发现了$[GaCl_4]^-$的信号峰，而对应于$[AlCl_4]^-$的峰没有找到。事实上，一个新的峰出现在$m/z = 415$处，表明一个同时含有Al和Ga的阴离子的存在。这个峰在$[HN_{222}][1.0AlCl_3+1.0GaCl_3]Cl$和$[HN_{222}][0.67AlCl_3+1.33GaCl_3]$Cl中同样存在，表明一个同时含有Al，Ga，O，Cl原子的配位多核物种的存在，基于质量和电荷，可以推测该物种有可能是$[Cl_2GaOClAlClOGaCl_2]^-$，其中氧和氯原子被Al和Ga所共有。氧的存在有可能是由于在这个研究中金属氯化物的高度亲水性所引起的，导致了AlOCl或者GaOCl类型单元的生成。这样一种配位模式可以说明观察到的高催化活性；然而，在这些反应条件下，这些大的动态阴离子是非常不稳定的，因此浓度应该是比较低的。多核阴离子$[Cl_2GaOClAlClOGaCl_2]^-$（或是相似物种）的形成能够解释为什么在$^{71}Ga-NMR$上观察不到信号。在一些情况下，比如$[HN_{222}][1.33AlCl_3+0.67GaCl_3]Cl$和$[HN_{222}]$$[0.67AlCl_3+1.33GaCl_3]Cl$，同样观察到了一个信号峰$m/z = 361$，同样表明体系中O原子的存在。由于精确地确认离子液体中所有物种是十分困难的，因此即使没有$[Cl_2GaOClAlClOGaCl_2]^-$离子存在和浓度的确切证据，但从现有数据分析，仍然可以证明这些离子液体中确实存在着动态平衡。

总之，通过混合$[HN_{222}]Cl$、$AlCl_3$和$GaCl_3$固体，按照想要的摩尔比，采用一锅法，可以很容易地合成含有Al和Ga的室温离子液体。相对于它们的前驱体，$[HN_{222}][xAlCl_3+(2-x)GaCl_3]Cl$离子液体具有增强的路易斯酸性。在这些离子液体中，$[HN_{222}][1.33AlCl_3+0.67GaCl_3]Cl$的路易斯酸性最强，也因此在Friedel-Craft乙酰化反应和烷基化反应中得到了最高的催化活性，甚至高于$AlCl_3$、$GaCl_3$、$[HN_{222}][Al_2Cl_7]$和$[HN_{222}][Ga_2Cl_7]$。物种研究（NMR和MALDI-TOF）表明$[Al_nCl_{3n+1}]^-$和$[Ga_nCl_{3n+1}]^-$瞬态阴离子的存在以及一个可能的配位多核物种

$[Cl_2GaOClAlClOGaCl_2]^-$离子，有可能是酸性最强的物种。在一个催化离子液体中含有两种金属中心或者多个金属中心的协同效应，似乎是一个可行的、可以通过设计来调节离子液体催化剂的手段；同时，一锅法反应制备的便利，为离子液体的制备和研究提供一个多功能的平台。

2.1.4　含有类汞离子的离子液体

荧光材料在很多领域都有重要应用，如发光二极管（LEDs）、荧光检测等。近年来，有机-无机杂化发光材料得到了越来越多的关注。许多杂化发光材料是含金属的化合物，通过改变金属中心（MC）可以轻易地调节光致荧光。当前，金属中心通常是f区元素，成本普遍较高。因此，有必要探索基于其他金属中心成本低廉且效率高的替代光致发光材料。电子结构为ns^2的主族金属离子，比如Sb^{3+}，Bi^{3+}和Sn^{2+}，是熟知的类汞离子，在构建杂化发光材料时候却经常被忽视。然而，有限的可利用的研究使我们意识到含氮有机碱在调节主族金属中心化合物的发光性质方面可能比较有效，与有机和无机组分的匹配程度有关。

离子液体具有很多优点，在过去的几十年里，有关离子液体的研究已经广泛开展，不仅广泛用作化学反应的绿色溶剂，而且可以作为各种各样的材料，如催化、分离、光致发光等。重要的是，离子液体可以量身定制，通过改变阳离子或者阴离子组分，以满足特定功能的需求。在发光材料方面，传统的离子液体，比如咪唑基离子液体，显示出内在的$\pi-\pi^*$电子跃迁，但强度和量子产率通常比较低。为了提升离子液体的光致发光性质，阳离子和阴离子都需要进行设计。比如，一些具有大的共轭体系的配位阳离子和阴离子已经设计出来。另外，把具有发光性质的金属中心引入到阴离子中似乎应用比较广泛。直到目前，稀土离子和过渡金属离子，如Tb^{3+}、Eu^{3+}、Mn^{2+}、Au^+、Ag^+，已经被用于含金属发光离子液体的设计。与它们形成对比的是，虽然含主族金属离子液体也有报道，但它们的荧光性质却少有研究。

中科院福建物质结构研究所的研究员报道了一例含锑离子液体化合物，

$[C_4C_1im]_2SbCl_5$。在紫外光照射下，发出亮黄色和白光，固态黄光量子产率高达86.3%。

$[C_4C_1im]_2SbCl_5$由$[C_4C_1im]Cl$和$SbCl_3$在乙醇中反应得到。$[C_4C_1im]_2SbCl_5$的具体合成方法：将$[C_4C_1im]Cl$（6mmol）、$SbCl_3$（3mmol）和1mL乙醇置于一个小瓶子中，加热到70℃，反应10min，得到浅黄透明的溶液。冷却至室温之后，从溶液中缓慢析出$[C_4C_1im]_2SbCl_5$的浅黄色的晶体。产品约1.25g，产率约为72%（基于$SbCl_3$）。

$[C_4C_1im]_2SbCl_5$的晶体学参数：$C_{16}H_{30}N_4SbCl_5$，M_r=577.44g/mol，单斜晶系，Cc空间群，a=15.3778（3）Å❶，b=27.5062（5）Å，c=17.4435（3）Å，β=102.004（2）°，V=7217.0（2）Å³，T=100（2）K，Z=12，D_{calc}=1.594g/cm³，F（000）=3480，收集31310个衍射点，其中14256个为独立衍射点，R_{int}=0.0267。最终R indices [I>2$\sigma(I)$] R_1=0.0227，ωR_2=0.0526。

$[C_4C_1im]_2SbCl_5$具有三维超分子结构，空间群为非心Cc。每个不对称单元中含有六个$[C_4C_1im]^+$阳离子和三个不同的$[SbCl_5]^{2-}$配位阴离子。每个Sb（Ⅲ）离子与五个氯离子配位，形成四角锥几何构型。每个配位阴离子被六个咪唑鎓离子以汉堡形式包围。每个独立的$[SbCl_5]^{2-}$配位阴离子与临近的$[C_4C_1im]^+$阳离子通过分子间C—H···Cl氢键相互作用，形成bc平面内的2D无限层状结构。C···Cl间距在3.671（3）~3.841（3）Å之间，C—H···Cl键角在130°~169°之间变化。事实上，三个不同的阴离子具有三种不同的氢键模式。多数的氢键是由层内的氯离子和氢原子之间形成的。而在$[Sb(3)Cl_5]^{2-}$中，一个氯离子与相邻层中的C—H形成层间氢键。此外，$[Sb(3)Cl_5]^{2-}$中还有两个氯离子与相邻层中的缺电子咪唑环之间形成阴离子—π相互作用。在这些层间氢键和层间阴离子—π相互作用下，形成三维超分子网络结构。

室温下以365nm波长紫外光激发，$[C_4C_1im]_2SbCl_5$发射出亮黄色光。典型的，卤代锑（Ⅲ）酸盐阴离子以$[SbX_4]^-$、$[SbX_5]^{2-}$、$[SbX_6]^{3-}$的形式存在。此前，

---

❶ 1Å=0.1nm。

室温下的卤代锑酸盐光致发光性能总是发生在含有$[SbX_6]^{3-}$阴离子的化合物，而很少发现在含有$[SbX_4]^-$和$[SbX_5]^{2-}$阴离子的化合物中，意味着锑酸盐的光致发光性能与阴离子的结构有关。固态时，$[SbX_6]^{3-}$总是以独立的八面体形式存在，而$[SbX_4]^-$和$[SbX_5]^{2-}$为二聚体和聚合物。以$[SbX_5]^{2-}$为例，Owczarek等分析了它的形成。在67个已知的阴离子中，只有5个具有分立的阴离子结构，16个是$[Sb_2X_{10}]^{4-}$或者相似的二聚体，2个是$[Sb_4Cl_{20}]^{8-}$四聚体，44个是阴离子聚合链。在二聚体和多聚阴离子$[SbX_5]_n^{2n-}$（$n>1$）中，相邻的$[SbX_5]^{2-}$单元足够接近，使得激发态和基态的能量表面之间存在相互作用的可能性，导致非辐射能量损失增加，荧光大幅减弱甚至是淬灭。此前只有一例有关含$[SbX_5]^{2-}$阴离子化合物的荧光性能研究，但对于荧光发射是否源于$[SbX_5]^{2-}$存在不同看法。

在不同波长激发光激发下，$[C_4C_1im]_2SbCl_5$的荧光发射光谱上都有两个发射峰，分别出现在583nm和460nm处。分别以它们为检测波长，在所得的激发光谱上，可以发现当检测波长为583nm时，在250~420nm范围内，激发光谱上有两个很宽的峰，最大峰位置为368nm，还有一个肩峰出现在283nm；而当检测波长为460nm时，对应的激发峰最大峰值为303nm。当激发波长从270nm变化到303nm，或者从368nm变化到303nm，460nm处的发射峰强度增加，伴随着583nm处的发射峰强度减弱。这意味着可以通过改变激发波长来调节它的荧光性质。发射光的颜色可以更好地用CIE色度图来进行量化。当分别用285nm、303nm和368nm激发，对应的色度坐标分别为：（0.409，0.411）、（0.376，0.375）和（0.483，0.489）。其中（0.376，0.375）这个点，刚好落在白光的色域范围内，另外两个点位于黄色光区域。换言之，随着激发波长从250nm增加到450nm，$[C_4C_1im]_2SbCl_5$的发射光颜色从黄色变化到白色，然后又变回到黄色。

$[C_4C_1im]_2SbCl_5$的衰减寿命为4.26μs（$\lambda_{ex,em}$=397nm，583nm）。这样一个数值完全与其他含有$[C_4C_1im]^+$阳离子盐的荧光寿命不同，通常为纳秒数量级。根据文献，$[SbX_n]^{3-n}$基化合物的荧光发射峰比较多变，通常在500~700nm范围内。根据这些可以认为，$[C_4C_1im]_2SbCl_5$在583nm处的发射峰应归属于$[SbCl_5]^{2-}$配位阴离子的荧光发射。对于460nm处的发射峰，以其为检测波长所得的激发光谱峰值波长为303nm。从文献可知，含有[C$_4$C$_1$im]$^+$阳离子的盐通常在300nm处有不可忽视的吸收，这表明这个发射峰来自于[C$_4$C$_1$im]$^+$阳离子。进一步的量化计算也支持这一推论，可以把460nm和583nm处的发射峰分别归属于[C$_4$C$_1$im]$^+$阳离子的配体内电荷迁移（ILCT）和[SbCl$_5$]$^{2-}$配位阴离子的氯到金属的电荷迁移（XMCT）。在阳离子和阴离子之间的氢键和阴离子—π相互作用可以增加[C$_4$C$_1$im]$^+$阳离子的电子密度，可能会使阴离子作为电子供体，并增强460nm处的发射强度，伴随着580nm处的发射减弱。

重要的是，[C$_4$C$_1$im]$_2$SbCl$_5$的固态量子产率达到86.3%（λ_{ex}=370nm），可能是由于其超分子网络结构中多重氢键引起的，使得它的结构更加刚性，减少了原子的热振动。

[C$_4$C$_1$im]$_2$SbCl$_5$的DSC热行为测试表明，它的熔点为76℃，根据离子液体的定义，可以认为[C$_4$C$_1$im]$_2$SbCl$_5$是一个离子液体化合物。TGA热稳定性测试表明，[C$_4$C$_1$im]$_2$SbCl$_5$从约240℃开始失重，应是由于样品分解造成的。变温X射线衍射测试表明，[C$_4$C$_1$im]$_2$SbCl$_5$从室温到338K可以保持高度的结晶态。多晶样品变温荧光测试表明，温度的变化对它的荧光发射性质影响不大，结果表明从室温到约345K之间，[C$_4$C$_1$im]$_2$SbCl$_5$是非常高效的固态发光材料。但当温度升高到349K，样品开始熔化，荧光淬灭了，这或许是因为热碰撞失活和晶体结构破坏所造成的。像一些其他离子液体，在冷却的过程中，即使温度低于熔点，固化也不会立刻发生，除非在溶液中有籽晶存在或者搅动。粉末X射线测试表明，[C$_4$C$_1$im]$_2$SbCl$_5$在固化之后仍然保持完好无损。

从以上可以看出，[C$_4$C$_1$im]$_2$SbCl$_5$是一个性能比较优异的发光材料，而且能在较低温度下形成稳定的熔融态。通过简单的步骤，把UV—LED灯在[C$_4$C$_1$im]$_2$SbCl$_5$的熔盐中蘸一下，在熔盐冷却固化之后，可以得到一个发射亮黄色光的LED灯。由于LED灯的低温发射性能，因此新的LED灯能够在温和条件发射黄光，而温度变化可以忽略。

不奇怪的是，当环境温度高于[C$_4$C$_1$im]$_2$SbCl$_5$的熔点349 K，LED灯的发射光变回紫色，也就是LED灯的自身颜色。然而当温度低于349 K，LED灯又发射黄光。这种循环可以多次重复，意味这种包裹了[C$_4$C$_1$im]$_2$SbCl$_5$熔盐的LED灯是温度敏感、可变色的，能够用于一些高温预警装置。

由于[C$_4$C$_1$im]$_2$SbCl$_5$可以形成比较稳定的熔盐，因此可以将其制备成膜。典型的过程为：首先将[C$_4$C$_1$im]$_2$SbCl$_5$的多晶粉末分散在一个10mm×10mm×1mm的玻璃片上，加热到[C$_4$C$_1$im]$_2$SbCl$_5$的熔点以上，使其熔化。然后，在熔盐的上面依次放置一片塑料和另外一片玻璃。稍微施加压力，使溶液在塑料片和玻璃片之间分布均匀。冷却至室温之后，静置片刻，得到厚度大约为20μm的透明膜。如果需要更薄的膜，可以施加更大的压力。这个膜能够显示[C$_4$C$_1$im]$_2$SbCl$_5$的典型的荧光发射。PXRD测试表明膜仍具有高度的结晶性以及高阶反射的优先取向峰。膜的量子产率为83.1%，与多静态的样品数值相当。

总之，含有分立[SbCl$_5$]$^{2-}$阴离子的离子液体化合物可以很容易地制备得到，而且这些含锑离子液体具有可调控的荧光发射性质、量子产率高、易于操作，有望用于温度敏感的变色LED灯等。

铋是无毒而且相对比较低廉的一种重金属元素，在很多发光材料中用作活化剂。类汞铋（Ⅲ）离子，广泛用于构建荧光金属配位化合物，其荧光调节可以通过从有机配体到金属中心的电荷迁移（LMCT）来实现。基于这一思路，可以在卤素基含铋离子液体中引入有机配体，制备一些具有新颖发光性能的含铋发光离子化合物，即A$_y$[BiX$_n$L$_m$]（A=有机阳离子，X=卤素，L=有机配体）。通过这一策略，有望实现含铋离子液体荧光性质的调控和开关。首先，目标离子化合物可能具有结晶诱导发射（CIE）的性能。作为类离子液体化合物，通常具有比较低的熔点，通过加热和降温在晶态和无定形态之间转换，实现荧光的增强或者减弱（开或者关），进而有望在温度传感或者信息存储等领域提供一种潜在的应用。其次，通过有机阳离子A、有机配体L和卤素离子X的适当组合，调节超分子阴阳离子之间的相互作用，对荧光性能进行调控。最后，由于有机阳离子的旋转，通过形成多晶进一步调节目标化合物的荧光性质。

基于这一思路，黄小荣研究团队制备了两个配位阴离子中含有2,2'-联吡啶的含铋离子盐化合物，即α-和β-[C$_4$C$_1$im][BiCl$_4$（2,2'-联吡啶）]。需要指出的是，这两个离子化合物的熔点都高于100℃，虽然根据离子液体的定义，无法称为离子液体，但考虑到此类离子化合物的一些性质比较有趣，而且熔盐在冷却过程中存在过冷行为，固化温度都低于100℃，这里把它们都放在含主族元素离子液体中加以介绍，希望对此类离子液体的设计和性能研究提供有用的参考。这两个离子化合物都发黄绿色光，而且量子产率高。研究表明，有机阳离子对多晶态的性质具有重要的影响。通过Hirshfeld表面和二维指纹分析，结果表明堆积片段和弱分子间相互作用对两种晶态样品的不同荧光发射性能贡献巨大。

α-和β-[C₄C₁im][BiCl₄（2,2′-bpy）]（图2-2）室温合成：[C₄C₁im]Cl（0.3494g，2mmol），BiCl₃（0.3154g，1mmol），2,2′-bpy（0.1562g，1mmol）和乙腈（5mL）的混合物置于28mL特氟龙内衬的水热反应釜中，密封后在100~140℃反应4天，自然冷却到室温，得均一粉红色溶液，室温下静置挥发，得浅绿色块状晶体。溶剂挥发过程的不同导致两种不同晶相的生成，但无法精确控制。

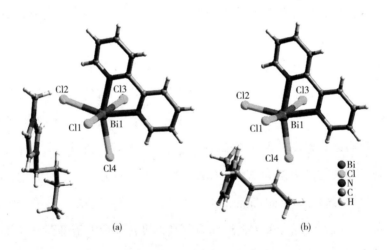

图2-2　α-和β-[C₄C₁im][BiCl₄（2,2′-bpy）]的不对称单元图

α-[C₄C₁im][BiCl₄(2,2′-bpy)]的晶体学参数：C₁₈N₄H₂₃BiCl₄，M_r=646.18g/mol，单斜晶系，$P2_1/c$空间群，a=9.6941(3)Å，b=18.3064(7)Å，c=13.1183(5)Å，β=90.180(3)°，V=2327.53(14)Å³，T=100(2)K，Z=4，D_{calc}=1.844g/cm³，

$F(000)=1240$，收集11397个衍射点，其中4952个为独立衍射点，$R_{int}=0.0244$，GOF=1.008。最终R indices $[I>2\sigma(I)]$ $R_1=0.0230$，$\omega R_2=0.0485$。

β-[C$_4$C$_1$im][BiCl$_4$(2,2′-bpy)]的晶体学参数：C$_{18}$N$_4$H$_{23}$BiCl$_4$，$M_r=646.18$g/mol，单斜晶系，$P2_1/c$空间群，$a=13.6408(6)$Å，$b=8.5651(3)$Å，$c=20.0875(8)$Å，$\beta=103.267(4)°$，$V=2284.28(16)$Å^3，$T=100(2)$K，$Z=4$，$D_{calc}=1.879$g/cm^3，$F(000)=1240$，收集10103个衍射点，其中4920个为独立衍射点，$R_{int}=0.0275$，GOF=1.004。最终R indices $[I>2\sigma（I）]$ $R_1=0.0240$，$\omega R_2=0.0469$。

单晶X射线结构分析表明这两个晶相的晶体结构都属于单斜$P2_1/c$空间群，不对称单元十分相似，都含有一个[C$_4$C$_1$im]$^+$阳离子和一个分立的[BiCl$_4$(2,2′-bipy)]$^-$配位阴离子，但[C$_4$C$_1$im]$^+$阳离子的正丁基链具有不同的构象。如图2-2所示，两个晶相的配位阴离子，Bi离子为六配位，被四个氯离子和2,2′-bipy的两个氮原子配位，形成变形cis-BiN$_2$Cl$_4$八面体几何构型。两个晶相中2,2′-bipy的两个吡啶环二面角相似[α：6.6(4)°；β：3.2(4)°]。α相中Bi-Cl键长为2.6264(9)~2.7253(9)Å，β相中Bi—Cl键长为2.6615(9)~2.6895(8)Å。α-和β-相中的Bi—N键长分别为2.465(3)Å，2.471Å和2.470(3)Å，2.491(3)Å。然而，两个晶相中阳离子和阴离子的堆积片段完全不同。

对于α-相，阳离子和阴离子通过氢键相互作用形成三维超分子网络结构。[C$_4$C$_1$im]$^+$阳离子和[BiCl$_4$(2,2′-bipy)]$^-$配位阴离子交替排列，通过氢键连接，形成沿着c轴的一维无限链。根据位置的不同，可以把链间氢键分为两组：

（1）相邻阴离子的Cl1和来自同一个2,2′-bipy配体的两个氢原子（H12A和H15A）形成两个氢键作用；

（2）一个[BiCl$_4$（2,2′-bipy）]$^-$配位阴离子和两个相邻的[C$_4$C$_1$im]$^+$阳离子之间形成三个氢键：C2—H2···Cl4，C3—H3···Cl2,C5—H5B···Cl1。

每个一维无限链通过氢键作用（C1—H1···Cl4，C4—H4C···Cl4，C5—H5A···Cl3）与周围六条链连接，最终形成三维超分子网络结构。此外，在超分子链之间仍然存在两种类型的弱相互作用：原子Cl1与缺电子的咪唑环之间的距离为3.6188（18）Å，构成一个阴离子···π相互作用；相邻配位阴离子中的

2,2′-bipy配体之间距离为3.8991（19）Å，表明存在π···π相互作用。

与α-相不同的是，β-相为（101）平面内氢键连接的二维超分子层状结构。Cl3和Cl4形成的氢键（C17-H17···Cl3，C9-H9···Cl4，C10-H10···Cl4和C15-H15···Cl4）把相邻的[BiCl$_4$（2,2′-bipy）]$^-$配位阴离子连接起来，形成二维阴离子层。[C$_4$C$_1$im]$^+$阳离子存在于阴离子层之间，通过氢键（C1-H1A···Cl1，C3-H3A···Cl1，C4-H5B···Cl1，C5-H5B···Cl1和C4-H4C···Cl3）与阴离子层相互作用。这些二维超分子层进一步通过Cl2与咪唑环之间的阴离子···π相互作用[3.3273(19)Å]，形成三维超分子网络结构。在吡啶环和相邻阴离子之间同样存在π···π相互作用[3.7454(18)Å]。

[C$_4$C$_1$im]$^+$阳离子无疑是离子液体中较为广泛使用的有机阳离子，通过与不同的阴离子组合可以得到许多离子液体化合物。[C$_4$C$_1$im]$^+$阳离子中的正丁基链的旋转柔性可以产生独特的模板效应，导致不同晶胞的生成。因此，[C$_4$C$_1$im][BiCl$_4$（2,2′-bpy）]的两个晶相应是由[C$_4$C$_1$im]$^+$阳离子的旋转所引起的。在α-相和β-相中[C$_4$C$_1$im]$^+$阳离子的正丁基稍微有些无序，两个位置的占有率分别为：0.771（8）/0.229（8）和0.866（7）/0.134（7）。在α-相中，正丁基采取TG构象，T代表围绕C5—C6键的反式构象，G代表围绕C6—C7键的邻位交叉构象，而β-相中正丁基采取GT构象。在[C$_4$C$_1$im]Cl中，正丁基采取TT和GT构象，而在[C$_4$C$_1$im]PF$_6$中，正丁基采取TG构象。在[C$_4$C$_1$im][BiCl$_4$(2,2′-bpy)]两个晶相中，正是由于正丁基分别采取了TG和GT构象所引起的。在α-相中，[BiCl$_4$(2,2′-bipy)]$^-$配位阴离子与相邻的四个[C$_4$C$_1$im]$^+$阳离子通过氢键相互作用，而在β-相中置于相邻的两个[C$_4$C$_1$im]$^+$阳离子相互作用。

DSC测试表明α-和β-[C$_4$C$_1$im][BiCl$_4$（2,2′-bpy）]的熔点分别为110℃和117℃，随着温度的升高，可以得到稳定的熔盐相。在冷却过程中，当温度低于熔点，然而熔盐并不会立刻结晶，而是出现"过冷"现象，除非受到干扰，比如搅拌。在多次"加热—冷却"循环之后，PXRD测试表明，α-和β-[C$_4$C$_1$im][BiCl$_4$(2,2′-bpy)]都可以保持晶体结构完好无损，说明它们具有很好的热稳定性。但在一些情况下，在熔化重结晶之后，也会发生两个晶相的互相转化，有可能是这两个晶相含有相似的能量，在重结晶过程中，细微的扰动导致了晶体结构的转化。具体的转化过程和机理需要进一步的深入研究。

与$[C_4C_1im]_2SbCl_5$稍有不同，α-和β-$[C_4C_1im][BiCl_4(2,2'-bpy)]$在紫外灯照射下显示出明亮的黄绿色，它们的发射光谱在450~700nm之间有一个非常宽的峰，最大峰值分别为530nm和524nm。在它们对应的激发光谱上，从250~420nm，可以发现非常宽的带，最大峰值位置分别为397nm和372nm。室温下，α-和β-$[C_4C_1im][BiCl_4（2,2'-bpy）]$的CIE（1931）色度坐标分别为（0.337，0.484）和（0.331，0.502）。激发波长的改变，对发射光谱的形成没有影响，但对发射强度有影响，基本随着激发波长的增加而增加。α-和β-相的量子产率分别为26.7%和36.59%，稍微比其他卤代铋酸盐杂化化合物高一些，但是铋[TBA][BiBr_3（bp4mo）]（TBA=四丁基铵，bp4mo=氧化-4，4'-bipy）。α-和β-相的激发态寿命分别为8.045μs和12.56μs，表明它们的发射来自三线态能级，因此为固态磷光。

准确的荧光机理解释是非常困难的，不同的电荷迁移过程或者它们的组合是有可能的。比如，铋（Ⅲ）的羧酸配位聚合物的荧光主要归因于配体内迁移（ILCT），和/或配体—金属电荷迁移（LMCT）。然而对于卤代铋酸盐，它们的发射可能则主要源于金属中心sp激发态和卤素—金属电荷迁移。Mercier等研究了基于烷基取代或者氧化吡啶的杂化含铋配合物的荧光性质，比如具有明确Bi—N和/或Bi—O键的N-甲基-4，4'-bipy，N-甲基-N'-氧化-4，4'-bipy，N-氧化-4，4'-bipy和N-氧化-2,2'-bipy和BiX_3（X=Cl，Br）。根据它们的理论计算，发现最高已占轨道（HOMOs）分布在配合物的无机片段上，而最低未占轨道主要集中在有机配体上。

紫外吸收测试表明，α-和β-$[C_4C_1im][BiCl_4(2,2'-bpy)]$具有相似的宽吸收带，最大吸收位置分别为380nm和387nm，激发光谱比较温和。把它们的吸收光谱和2,2'-bipy的进行对比，发现配体内跃迁可能在吸收过程中起重要作用，与激发光谱中低于350nm的肩峰相一致。同时，室温下激发光谱中大于350nm部分的低吸收应可以归因于从络合物中无机部分（Bi和Cl）到有机配体的电荷迁移过程，这在以前的一些文献中已有报道。这样，虽然Bi^{3+}离子的ns^2电子的金属中心（MC）sp激发态不能忽略，但α-和β-[C_4C_1im][$BiCl_4$（2,2'-bpy）]的磷光发射应主要源于金属到配体的电荷迁移激发态。根据剑桥结构数据库，有大约31个基于2,2'-bpy的含铋杂化络合物，但对于它们的荧光性质少有研究。

α-和β-[C_4C_1im][$BiCl_4$（2,2'-bpy）]的变温（77~400 K）荧光测试表明，随着温度的增加，α-和β-[C_4C_1im][$BiCl_4$（2,2'-bpy）]的荧光光谱的形状保持不变，但荧光强度显著降低，伴随着最大发射峰位置的蓝移。CIE（1931）色度坐标计算表明，随着温度的增加，逐渐从黄光发射变为黄绿色发射。许多具有s^2电子构型的络合物易于发生二阶Jahn-Teller变形效应，显示出变形的几何构型，金属离子占据着基态的离心位置，而在激发态中变形倾向于消失，形成比较对称的几何构型，导致发射的斯托克斯位移比较大。可以推测，随着温度的增加，造成非辐射过程的分子内振动加剧，导致荧光强度的降低。而且，由于分子内振动的加剧，有可能降低激发态的对称性，引起斯托克斯位移的减小和发射峰的蓝移。

聚集诱导发射（AIE）是一种光物理现象，由于聚集态的生成，本来不发光的分子产生荧光发射增强。这样一种发射增强只发生在晶态而不是无定形态，被称为结晶诱导发射增强（CIEE）。结晶诱导发射增强的机理可以归因于结晶态的非共价分子间或者分子内相互作用，有助于锁住和增大分子构象的刚性，阻止激发态的非辐射损失。

进一步的研究经揭示α-和β-[C_4C_1im][$BiCl_4$(2,2'-bpy)]的磷光对环境的刚性比较敏感。当把晶态样品加热到它们的熔点，形成熔融态，黄绿色磷光彻底淬灭。当把熔盐冷却到室温，明亮的磷光还可以恢复。这种现象表明，α-和β-[C_4C_1im][$BiCl_4$(2,2'-bpy)]具有结晶诱导发射行为，也就是说发射只发生在结晶态，而不是无定形态。熔融态时磷光的彻底淬灭应是环境刚性的消失造成的，熔融态时分子可以发生分子内转动和振动迟缓过程，造成非辐射跃迁。反过来，结晶态时，弱的分子间相互作用增加了环境的刚性，有效促进对两个吡啶环的转动限制。这种材料有望在温度传感或者信息存储等领域得到应用。比如，通过加热和降温处理，控制无定形态和晶态的转转换，实现发光的可逆"开"和"关"。由于易于固化和高黏度，α-和β-[C$_4$C$_1$im][BiCl$_4$(2,2$'$-bpy)]具有优异的可铸性，通过加热到100℃以上，然后自然冷却到室温，可以制备成不同的形状。以β-[C$_4$C$_1$im][BiCl$_4$(2,2$'$-bpy)]为例，将其加热融化，置于模具中，经过重结晶和去除模具等过程，不同形状的样品就可以得到了。通常，传统的室温离子液体由于熔点比较低，不易于制备成模型。

变相荧光。与结晶诱导发射增强密切相关的是变相荧光，通过调整多重晶态间的分子间或者分子内相互作用，使发射呈现多样性。α-和β-[C$_4$C$_1$im][BiCl$_4$(2,2$'$-bpy)]所表现出来的不同的磷光效率，应归因于它们的[C$_4$C$_1$im]$^+$阳离子的旋转所造成的不同的弱相互作用。相对于α-相，β-相的[C$_4$C$_1$im][BiCl$_4$(2,2$'$-bpy)]的量子产率更高，寿命更长。通过对两相的晶体结构分析，可以发现结构中存在几种类型的相互作用，比如C—H…Cl和阴离子—π，可以在不同形式下保持三维超分子网络结构，有效阻止非辐射衰减过程。主要的区别在于π…π堆积二聚体的形成，有可能促成不利的激元子的生成。在α-相中，两个相邻的配位阴离子以面对面的方式堆积，一个配位阴离子中的两个吡啶环都与相邻的阴离子形成π…π堆积作用。而在β-相中，配位阴离子中只有一个吡啶环参与形成π…π堆积作用。Hirshfeld表面分析同样表明，α-相中的π…π堆积作用贡献大约是β-相中的两倍。总之，强的π…π堆积作用是造成α-相量子产率低的主要原因。由于大尺寸的有机阳离子的旋转柔性，离子液体中的变相荧光是比较普遍的。虽然α-和β-[C$_4$C$_1$im][BiCl$_4$(2,2$'$-bpy)]两相的荧光性质差异不是太明显，但把含有旋转灵活的长烷基链的离子液体阳离子与含有主族金属的离子液体阴离子组合起来是未来设计和制备变相荧光材料的一种策略。

[C$_4$C$_1$im]$_2$SbCl$_5$中[C$_4$C$_1$im]$^+$阳离子具有TT构象，显示出独立的发射峰，最大峰值位于460nm，荧光的可调性可以归因于无机和有机片段的协同效应。与[C$_4$C$_1$im]$_2$SbCl$_5$不同的是，α-和β-[C$_4$C$_1$im][BiCl$_4$(2,2$'$-bpy)]中的阳离子没有荧光发射，即使它们可以通过参与刚性环境的构建，对荧光施加更大影响。为了对比和分析有机阳离子的影响，研究了[2,2$'$-bpyH][BiCl$_4$(2,2$'$-bipy)]的晶

体结构和荧光性质。发射光谱上有一个很宽的发射峰，最大峰值位于586nm处，相对于α-和β-[C$_4$C$_1$im][BiCl$_4$(2,2'-bpy)]发生了红移。相对于α-和β-[C$_4$C$_1$im][BiCl$_4$(2,2'-bpy)]比较显著的发射，[2,2'-bpyH][BiCl$_4$(2,2'-bipy)]的荧光肉眼观察不到。α-和β-[C$_4$C$_1$im][BiCl$_4$(2,2'-bpy)]中的阴离子形成了$\pi\cdots\pi$堆积二聚体，而在[2,2'-bpyH][BiCl$_4$(2,2'-bipy)]中，交替和平行排列的阴离子和阳离子形成了连续的$\pi\cdots\pi$堆积作用。相对于[C$_4$C$_1$im]$^+$阳离子，[2,2'-bpyH]$^+$更加平坦一些，有利于形成$\pi\cdots\pi$堆积作用。Hirshfeld表面分析和二维指纹图进一步证实[2,2'-bpyH]$^+$的$\pi\cdots\pi$堆积贡献高达8.8%。所以，[2,2'-bpyH][BiCl$_4$(2,2'-bipy)]的荧光强度被丰富的$\pi\cdots\pi$堆积作用导致的非辐射衰减所弱化。相应的，缺电子离子液体阳离子在形成具有刚性环境而少一些$\pi\cdots\pi$堆积作用的杂化离子荧光材料方面更具竞争力。

Schulz等报道了一个基于三核铋配位阴离子的离子液体[C$_4$mim]$_3$[Bi$_3$I$_{12}$]化合物。[C$_4$mim]$_3$[Bi$_3$I$_{12}$]的熔点为98℃，室温下为亮黄色。当温度降到−196℃以下，黄色颜色加深；而当升高温度到250℃，它的颜色逐渐变为红色，最终变成类似金属，几乎为深紫色，而且这些过程都是可逆的。即使这一热致变色行为的原因不是很清楚，但可以确信降温和升温过程中的颜色变化应是由于[C$_4$mim]$_3$[Bi$_3$I$_{12}$]的相转变所引起的。碘化铋类化合物的相转变行为是众所周知的，已经有超过60个此类化合物的晶体结构得以表征，显示出很大的结构多样性。直至今日，已经有大约20种结构类型被报道。研究发现，特定的有机阳离子对晶体的结构影响很大。有机阳离子的模板效应已经确认为主要的结构决定性因素，可以诱导不同的金属卤化物网络结构的形成。对于[2-mIm]BiI$_4$，铋原子的孤对电子活性的变化在相转变机理中同样起到非常重要的作用。

[C$_4$mim]$_3$[Bi$_3$I$_{12}$]易溶于强极性、非质子溶剂，比如乙腈和DMSO，几乎不溶于极性稍弱的溶剂，比如乙醇和甲醇，不溶于非极性溶剂，比如戊烷和己烷以及水中。与[C$_4$C$_1$im]I的核磁共振波谱相比，[C$_4$mim]$_3$[Bi$_3$I$_{12}$]的氢核磁共振波谱上芳香信号向高场位移了0.2ppm，^{13}C化学位移移动了4ppm，而脂肪基团的共振信号向低场位移了相同的数量，表明正电荷芳香体系和[Bi$_3$I$_{12}$]$^{3-}$阴离子之间比

与电离子之间存在更强的电子相互作用，这样就导致了芳香体系中电子密度增加，而脂肪链的电子密度降低。

$[C_4mim]_3[Bi_3I_{12}]$的合成路径如下：

$$[C_4C_1im]I + BiI_3 \longrightarrow [C_4mim]_3[Bi_3I_{12}]$$

$[C_4mim]_3[Bi_3I_{12}]$的合成：14.91g（0.561mol）$[C_4C_1im]$I和27.57g（0.468mol）BiI_3加入500mL乙醇中，室温搅拌5天，过滤，得亮黄色固体，用100mL乙醇洗涤，室温下动态抽真空小心干燥72h。得30.87g产品，产率：77.16%。熔点：98℃。

$[C_4mim]_3[Bi_3I_{12}]$的晶体学参数：$[C_{24}H_{45}Bi_3I_{12}N_6]$，$M_r$=2567.40g/mol，红色晶体，单斜晶系，空间群$P2_1/c$，a=17.5900(9)Å，b=15.9186(7)Å，c=19.3836(9)Å；α=90°，β=96.503(3)°，γ=90°，V=5392.6(4)Å³；Z=4；μ=16.658mm⁻¹；D_{calc}=3.162g/cm³，收集87677个衍射点，其中13458个为独立衍射点R_{int}=0.1193，R_1=0.0423[$I > 2\sigma(I)$]，ωR_2=0.0864（all data）。

$[C_4mim]_3[Bi_3I_{12}]$的红外光谱显示$[C_4C_1im]^+$典型的吸收峰以及在1150cm⁻¹和930cm⁻¹之间的一些额外的尖锐吸收峰，归属于Bi—I伸缩振动峰。

在乙醇中重结晶可以得到$[C_4mim]_3[Bi_3I_{12}]$的单晶。$[C_4mim]_3[Bi_3I_{12}]$的晶体结构为单斜$P2_1/c$空间群（图2-3）。不对称单元中含有三个普通位置上的$[C_4C_1im]^+$有机阳离子和两个特殊位置（倒反中心）上的配位阴离子$[Bi_3I_{12}]^{3-}$，与此前报道的已知的含有聚合阴离子中的多数相似。两个独立的阴离子导致晶胞的所有顶点和面心位置被占据，与立方最密堆积的球相似。然而，它们的各向异性形状，最好描述为三个共面BiI_6八面体的线型排列，阻碍立方对称性的形成，阳离子填充在空隙中。

几个咪唑阳离子中的丁基链具有不同的构象，取决于可填充的空间。Bi—I键长与此前报道的一些含有$[Bi_3I_{12}]^{3-}$、$[Bi_4I_{16}]^{4-}$聚阴离子的数据相吻合。这些聚合阴离子可以看作是含有中性BiI_3片段的中心BiI_6^{3-}八面体单元的两个反向面上盖上帽子。独立的阴离子相互之间大概垂直[Bi11···Bi12/Bi21···Bi22二面角为74.22(1)°]，平行于（100）面。卤素离子之间的相互作用导致平行于这个平

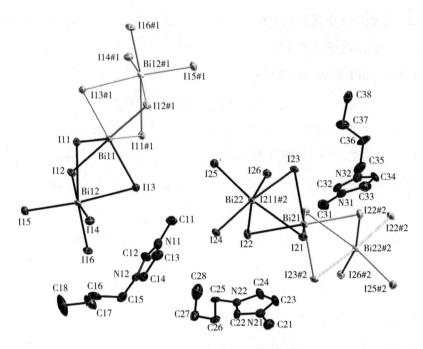

图2-3   [C₄mim]₃[Bi₃I₁₂]的晶体结构

面层的形成。这些层通过阴离子和阳离子之间的非经典氢键连接成三维超分子结构。

[C₄C₁im][BiCl₆]的合成：[C₄C₁im]Cl（1.25g，7.18mmol）和BiCl₃（0.75g，2.37mmol）在120℃搅拌反应4h，得到无色的非常黏稠的液体2.0g，产率100%。

[C₄C₁im][BiCl₆]的晶体参数：$C_{24}H_{45}BiCl_6N_6$，M_r=839.34g/mol，无色晶体，正交晶系，空间群$Pna2_1$，a=32.5929(14)Å，b=12.6604(5)Å，c=16.6457(7)Å；α=90°，β=90°，γ=90°，V=6868.7(5)Å³；Z=8；μ=5.624mm⁻¹；D_{calc}=1.623g/cm³；收集196857个衍射点，其中24997个为独立衍射点，R_{int}=0.0384，R_1=0.0283[$I>2\sigma(I)$]，ωR_2=0.0526（all data）。

[C₄C₁im][BiCl₆]的晶体为正交晶系，空间群为$Pna2_1$，每个不对称单元中有两个分子（图2-4）。BiCl₆³⁻阴离子可以看作是轻微变形的八面体。垂直于a-轴，阴离子形成相互连接的六元环组成的层，与wurzite的结构相似，然而，低

的对称性阻碍了层的进一步wurzite类型的连接。

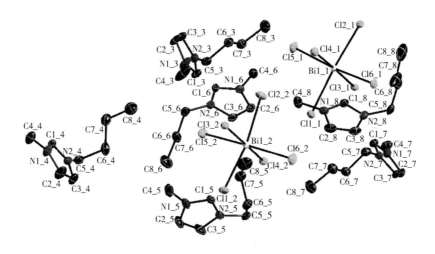

图2-4　[C₄C₁im][BiCl₆]的晶体结构

深入的结构研究表明，处于对位位置的Bi—Cl键长稍有差异（Bi1_1平均键长为：2.693Å和2.729Å，差异在1.6~6.1pm；Bi1_2平均键长为2.686Å和2.740Å，差异在2.4~8.0 pm），而且不同的Bi—Cl键长分类按照fac-形式进行排列。顺式Cl—Bi—Cl键角为85.87(4)°~94.40(4)°（Bi1_1）和83.44(3)°~97.65(4)°（Bi1_2），反式Cl—Bi—Cl键角为174.53(3)°~175.97(4)°（Bi1_1）和169.87(4)°~175.34(4)°（Bi1_2）。$BiCl_6^{3-}$阴离子中偏离线性与文献中报道的其他$BiCl_6^{3-}$阴离子相当。通过对晶体学数据库的统计分析（平均偏差为10.5pm，标准误差为10pm），表明绝对的键长在2.6790(12)~2.7643(12)Å之间，而键角显示出轻微变形八面体的理想数值（平均90.0°和174.17°）。然而，考虑到Bi—Cl键长的标准不确定度和晶体学数据库的标准偏差，这些发现与理论值是比较吻合的，不应过高估计。

$BiCl_6^{3-}$阴离子是一个14电子体系，孤对电子形式上形成一个s特征（立体化学钝性），Bi—Cl键长和Cl—Bi—Cl键角常具有高的偏差。传统上那个对于八面体配位的$BiCl_6^{3-}$阴离子的变形解释为，容纳孤对电子的空间需要，偏离八面体中最短的Bi—Cl键，而最近的研究表明变形指向这个特定的配位阴离子的软处。此外，当存在分子间（弱）氢键作用是，偏差可能会显著加强。Orgel把结构变形归因于阳离子的s和p轨道的混合，Wheeler和Kumar采用加强休克儿计算，根据$BiCl_6^{3-}$阴离子的三角变形，来源于阳离子的s轨道（HOMO）和阳离子的p_z轨道（LUMO）。结果表明，$BiCl_6^{3-}$阴离子的中心原子的孤对电子杂化朝向长的键和大的角。与这一解释相一致，$[C_4C_1im][BiCl_6]$中最短的Bi—Cl键Bi1_1—Cl2/4/6和Bi1_2—Cl1/4/5对应于最小的Cl—Bi—Cl角，而最长的Bi—Cl键对应最大的Cl—Bi—Cl角。或者，$BiCl_6^{3-}$阴离子的成键形式可以形式上描述为不对称四电子三中心键或者$BiCl_3$和其他三个配位的氯离子。

发光材料是当今生活的基本要素之一，在从能源到信息、环境和医疗卫生技术等诸多领域都有应用。慢慢地，发展出了很多类型的发光材料，包括有机和聚合发射器、过渡金属络合物、稀土掺杂磷光体、纳米晶和有机—无机杂化钙钛矿等。高效发光材料和器件的一个重要的设计策略是主客体概念，在这个策略中发光器件被掺入一种惰性的主体基质中。主客体设计的好处是多方面的，比如延缓诱导自吸收和自淬灭以及允许方便快捷的发射光的精细调控。然而，实现高效的客体均匀地分布在主体基质中的主客体系统是重要的，因为为了实现掺杂浓度的优化需要仔细选择主体和客体材料以及材料加工的精确控制。获得完美的发光主客体系统的一个有前景的途径是零维结构材料的大量单晶自组装，发光物种周期性地嵌在一种主体基质中，互相完全隔离，不形成电子带。

晶态固体是一种组成为原子、分子或者离子，排列成一定的有序结构，形成周期性的晶格，向各个方向延伸的材料。结果，无机晶体的性质强烈依赖于它们的尺寸，尤其是当达到纳米级，产生所谓的量子尺寸效应。有机晶体中分子之间的相互作用，使得它们的性质与单一的分子的性质完全不同。单晶材料显示出大量与它们的单一构筑模块或者大量零维材料的组装一致的性质，而没有形成能带结构和量子尺寸效应的是十分少见的。Biwu Ma等报道了一系列含有Sn（Ⅱ）和Sb（Ⅲ）的离子盐化合物，$[C_4C_1pyr][SbCl_5]$和$[CH_3NH_2^+CH_2CH_2NH_2^+CH_3]_4[X]_4[SnX_6]$（X=Br，I）。这些离子盐化合物具有高斯形状和强烈的斯托克斯位移的宽峰发射，量子效率接近于定量。

$[CH_3NH_2^+CH_2CH_2NH_2^+CH_3]_4[Br]_4[SnBr_6]$ 的合成：$SnBr_2$ 和 $[CH_3NH_2^+CH_2$ $CH_2NH_2^+CH_3]Br$ 按照 1：4（摩尔比）溶于 DMF，得到透明的前驱溶液。室温下向该 DMF 溶液中扩散二氯甲烷（DCM），过夜，得到大量无色的晶体。用丙酮洗涤，减压干燥。产率大约为70%。

$[CH_3NH_2^+CH_2CH_2NH_2^+CH_3]_4[I]_4[SnI_6]$ 的合成：SnI_2 和 $[CH_3NH_2^+CH_2CH_2$ $NH_2^+CH_3]I$ 按照 1：4（摩尔比）溶于 γ-丁内酯（GBL），得到透明的前驱溶液。室温下向该 DMF 溶液中扩散二氯甲烷（GBL），过夜，得到大量红色的晶体。用丙酮洗涤，减压干燥。产率大约为70%。

$[C_4C_1pyr][SbCl_5]$ 的合成：$SbCl_2$ 和 $[C_4C_1pyr]Cl$ 按照 1：2（摩尔比）混合，溶于 DMF，形成透明的前驱溶液。室温下向该 DMF 溶液中扩散丙酮，过夜，得到大量无色的晶体，用丙酮洗涤，减压干燥。产率大约为70%。

$[CH_3NH_2^+CH_2CH_2NH_2^+CH_3][Br]_4[SnBr_6]$ 的晶体学参数：$C_{16}H_{56}N_8SnBr_{10}$，M_r=1278.40g/mol，三斜晶系，$P-1$空间群，a=10.2070(4)Å，b=10.6944(4)Å，c=18.5996(6)Å，α=94.043(3)°，β=90.180(3)°，γ=97.904(3)°，V=1949.89(12)Å^3，Z=2，D_{calc}=2.177g/cm^3，μ=10.922mm^{-1}，收集57392个衍射点，其中11532个为独立衍射点，GOF=0.9933，最终 R indices $[I > 2\sigma(I)]$ R_1=0.0651，ωR_2=0.0511。

$[CH_3NH_2^+CH_2CH_2NH_2^+CH_3]_4[I]_4[SnI_6]$ 的晶体学参数：$C_{16}H_{56}N_8SnI_{10}$，M_r=1748.37g/mol，三斜晶系，$P-1$空间群，a=10.7464(7)Å，b=10.8924(7)Å，c=11.1796(7)Å，α=64.2658(7)°，β=80.1825(7)°，γ=72.8331(7)°，V=1124.94(12)Å^3，Z=1，D_{calc}=2.581g/cm^3，μ=7.448mm^{-1}，收集14019个衍射点，其中5710个为独立衍射点，GOF=1.078，最终R indices $[I>2\sigma(I)]$ R_1=0.0178，ωR_2=0.0349。

$[C_4C_1pyr][SbCl_5]$ 的晶体学参数：$C_{18}H_{40}N_2SbCl_5$，M_r=583.54g/mol，单斜晶系，$P2_1/n$空间群，a=8.7562(2)Å，b=27.2439(5)Å，c=10.64230(2)Å，α=90°，β=97.354(2)°，γ=90°，V=2518.02(8)Å^3，Z=4，D_{calc}=1.539g/cm^3，μ=0.633mm^{-1}，收集32635个衍射点，其中8177个为独立衍射点，GOF=0.9984，最终 R indices $[I > 2\sigma(I)]$ R_1=0.0418，ωR_2=0.0542。

单晶X射线衍射分析表明[C_4C_1pyr][$SbCl_5$]和[$CH_3NH_2^+CH_2CH_2NH_2^+CH_3$]$_4$ [X]$_4$[SnX_6]（X=Br，I）都具有零维晶体结构，含有单独的卤代金属配位阴离子 SnX_6^{4-}和SbX_5^{2-}，互相之间完全隔离，分别被大的有机阳离子[$CH_3NH_2^+CH_2CH_2$ $NH_2^+CH_3$]和[C_4C_1pyr]$^+$所包围。值得指出的是，[$CH_3NH_2^+CH_2CH_2NH_2^+CH_3$]$_4$[$X$]$_4$ [SnX_6]可以看作是真正的零维卤代有机金属钙钛矿化合物。光活性的金属卤化 物物种被大的有机配体完全隔离，相邻的两个金属中心之间的距离大于1nm， 导致光活性金属卤化物物种之间没有相互作用或者形成能带结构。从它们的晶 体结构堆积图可以看出，单个的金属卤化物物种完全被有机阳离子覆盖，形成 完美的零维核壳结构。所以，这些零维材料的势能图或者完美的主客体系统， 使得大块材料也能够显示单个金属卤化物物种的内在性质。粉末X射线衍射实 验表明，这些离子盐化合物也可以采用固相球磨合成方法得到。

采用UV-Vis吸收光谱、稳态和时间分辨发射光谱表征了这些零维杂化有 机金属卤化物的光物理性质。在365nm紫外光照射下，[$CH_3NH_2^+CH_2CH_2NH_2^+$ CH_3]$_4$[Br]$_4$[$SnBr_6$]、[$CH_3NH_2^+CH_2CH_2NH_2^+CH_3$]$_4$[$I$]$_4$[$SnI_6$]、[$C_4C_1pyr$][$SbCl_5$]分别发出 黄色、红色和橙色的光。除了低能区的散射，这些零维杂化有机金属卤化物的 吸收光谱和激发光谱非常吻合。配位阴离子SnX_6^{4-}中，当卤素离子从Br变为I， 最大激发峰值从355nm位移到410nm，这是因为I的配体场相对于Br要低一些。 这些零维杂化有机金属卤化物显示出相当大的斯托克斯位移（>200nm）和半 高峰宽（FWHM）（>100nm），与激发态的稀土掺杂的荧光体相似。为了证 实这些发射代表了零维杂化有机金属卤化物的本质性质，测试了室温下的荧光 强度，发现[$CH_3NH_2^+CH_2CH_2NH_2^+CH_3$]$_4$[$Br$]$_4$[$SnBr_6$]的黄色宽发射峰的强度显示出 与激发功率的线性关系，直到500 W/cm²,这表明荧光发射不是源自于材料的永 久缺陷。这些材料77K时的发射，有可能归属于低温下减弱的热振动分布态。 通过拟合这些零维杂化有机金属卤化物的室温和77K宽发射峰的衰减曲线，得 到[$CH_3NH_2^+CH_2CH_2NH_2^+CH_3$]$_4$[$Br$]$_4$[$SnBr_6$]、[$CH_3NH_2^+CH_2CH_2NH_2^+CH_3$]$_4$[$I$]$_4$[$SnI_6$]、 [$C_4C_1pyr$][$SbCl_5$]的寿命分别为：~2.2μs，~1.1μs和~4.2μs。如此长的寿命，和 许多重金属络合物的磷光很相似，表明发射可能来自三线态。室温和77K时的衰减行为很相似，表明辐射和非辐射过程的特征几乎没有区别。这些零维杂化有机金属卤化物的荧光量子效率非常高，室温下$[CH_3NH_2^+CH_2CH_2NH_2^+CH_3]_4[Br]_4[SnBr_6]$为95% ± 5%，$[CH_3NH_2^+CH_2CH_2NH_2^+CH_3]_4[I]_4[SnI_6]$ 为75% ± 4%，$[C_4C_1pyr][SbCl_5]$ 为98% ± 2%，是迄今为止效率最高的发光体之一。在持续的高功率汞灯照射下，这些零维杂化有机金属卤化物还具有非常高的稳定性以及热稳定性。热重分析表明Sn基零维杂化有机金属卤化物直到200℃也不会发射分解。空气中的高稳定性并不奇怪，如果考虑到独特的核壳结构，把光活性的金属卤代物种很好地保护在有机壳中。

具有大的斯托克斯位移的宽发射峰表明，荧光发射不是来自于直接的激发态，而是来自其他低的能量激发态。由于这些零维杂化有机金属卤化物事实上是非常完美的主客体系统，荧光分子物种周期性地嵌在一个惰性基质中，而没有分子间的相互作用或者能带形成，因此大块材料的发射是来自独立的金属卤化分子物种，SnX_6^{4-}和SbX_5^{2-}中。分子激发态结构再重组是比较有名的机理，能够解释许多发光材料的大的斯托克斯位移，包括溶液中的溴代锡络合物，$[N_{2222}]SnBr_3$，典型的金属中心sp过渡态。所以，这些零维杂化有机金属卤化物的激发态过程可以用构型配位图来解释。一旦吸收光子之后，金属卤化物种被激发到高的能级态，发生非常快的激发态结构再重组到低的能级态，产生发射峰的强烈斯托克斯位移，和毫秒级的寿命。另外，由于激子自捕捉，在一些二维共轭和一维金属卤化钙钛矿已经发现了相似的带下宽发射。众所周知，对于金属卤化物定域自捕捉激发态严格依赖于晶体体系的维度，低的维度使得激子自捕捉比较容易。零维体系具有最强的限域自捕捉激发态，因此认为有利于自捕捉激发态的形成是比较合理的。事实上，$[CH_3NH_2^+CH_2CH_2NH_2^+CH_3]_4[Br]_4[SnBr_6]$的黄色发射与低温下（12K）$SnBr_2$晶体的自捕捉2.2eV发射十分相似。与波纹状的二维和一维钙钛矿不同，由于金属卤化八面体和结构变形之间的联系形成能带，其室温下的发射既来自于自由激子，又来自于自捕捉激发态，这些锡基零维钙钛矿$[CH_3NH_2^+CH_2CH_2NH_2^+CH_3]_4[X]_4[SnX_6]$（X=Br，I）没有形成能带，发射仅来自于非直接重组激发态。所以对于这些零维杂化有机金属卤化物，可以将经典的固态理论"激子自捕捉"与分子光物理术语"激发态结构重组"相关联，金属卤化物构筑模块可以被认为是"晶胞点"或者"分子物种"。应当指出的是真正的零维钙钛矿化合物根本不同于以前报道的一些类似化合物，比如Cs_4PbBr_6和Cs_2SnI_6，这些钙钛矿化合物具有非常小的限域独立的金属卤代八面体，并且显示出直接的激发态发射。

由于具有相当高的荧光量子效率，这些储量丰富的固态无铅材料在许多应用中是非常有前景的发光器件。不同于许多发光器件，如有机发光器件和胶体量子点，需要掺杂以阻止固态聚集诱导淬灭，这些零维杂化有机金属卤化物本身是非常完美的主客体系统。尤其有趣的是，将这些无自吸收强斯托克斯位移的宽峰发射用于下转换白光发射荧光日光集线器。

为了研究这些材料用于发光体的可能性，以商业紫外LED（340nm）光泵聚二甲基硅烷（PDMS）膜与球磨黄色发光材料和商业蓝色发光铈掺杂钡镁铝酸盐（$BaMgAl_{10}O_{17}:Eu^{2+}$）的混合物，组装成下转换发光二极体（LEDs）。之所以选择紫外LED（340nm）是因为黄色和蓝色荧光体的激发都在紫外区。通过控制两种荧光比的混合比例，可以得到一系列令人满意的"冷"到"暖"色白光。当蓝/黄质量比为1∶1时，CIE坐标为（0.35，0.39），相关色温（CCT）为4946K，显色指数（CRI）为70。在不同的操作电流下，优异的光稳定性。这可以归因于从蓝色发光体到黄色发光体的能量传输很少，甚至没有，黄色荧光体的激发和蓝色荧光体的发射的重叠极少。所得到的白光LED同样在空气中显示出很高的稳定性，在初步的测试中，在同样条件下把装置在~400 cd/m²亮度系数下一直开着多于6h，亮度和颜色几乎不改变。

在许多类型的离子液体中，含有氯金属酸阴离子的离子液体在工业上保持着高度的重要性。氯铝酸体系已经应用于重要的工业生产过程中，包括IFP Difasol工艺、Degussa法碳双界硅氢化反应、BP芳烃烷基化。其他氯金属酸离子液体的催化性质（尤其由于它们的路易斯酸性）也已经在许多有机反应中进行测试，包括与氯铁（Ⅲ）酸的芳基交叉偶联、用氯镓（Ⅲ）酸体系进行烯烃的低聚化反应和用氯铟酸体系催化酚的烷基化等。不管它们的内在应用性，许多氯金属酸盐离子液体存在一些严重的操作问题：基于Al（Ⅲ）和Ga（Ⅲ）的体系对湿气敏感，而含有Ga（Ⅲ）或者In（Ⅲ）的体系比较昂贵。

氯锡酸，相对廉价，而且在有湿气存在时稳定。1972年，Parshall等采用低熔点的氯锡酸四烷基铵盐，作为溶剂用于钯催化烯烃反应，比如加氢、异构化、氢甲酰化和碳烷基化反应。Wasserscheid和Waffenschmidt采用相似的含有锡和钯的双金属体系，虽然室温条件下也为液体，用于氢甲酰化反应。最近，氯锡（Ⅱ）酸离子液体已经用于从尿素和甲醇合成碳酸二甲酯以及碳酸次乙酯的开环聚合反应。此外，还测试了它们在连续过程，比如，Wasserscheid等研究了1-十二烷基-3-咪唑鎓盐和氯化锡（Ⅱ）的等摩尔混合物，负载在氧化铝上，用于庚烷的脱硫氯化。

氯金属酸盐离子液体典型地是通过直接混合金属氯化物和有机氯化物盐（比如，氯化-1-烷基-3-甲基咪唑，$[C_nC_1im]Cl$，$n=1\sim18$）反应得到。氯金属酸离子液体的催化性质和它们的路易斯酸性，取决于离子液体中所包含的金属的本质和金属氯化物与有机氯化物盐的比例。这样，通过调节金属氯化物和有机氯化物盐的比例（表示为金属氯化物的摩尔分数，χ_{MCl_x}），就可以调整铝金属酸阴离子的配位化学，进而调整离子液体的路易斯酸性。

许多氯金属酸体系中的阴离子物种已经得到非常清晰的鉴定，比如氯铝（Ⅲ）酸，氯铟（Ⅲ）酸，氯镓（Ⅲ）酸，或者氯锌（Ⅱ）酸离子液体。研究表明所形成的物种与路易斯酸性直接相关，表示为Gutmann受体数。Swadzba-Kwaśny等通过测试它们的受体性质和酸性与物种之间的关系，量化了氯锡酸离子液体的路易斯酸性，对比了氯锡（Ⅱ）酸体系固态和液态时的阴离子物种。一系列基于1-辛基-3-甲基咪唑鎓或者1-乙基-3-甲基咪唑鎓阳离子的、组成不同（$0.25 \leq \chi_{SnCl_2} \leq 0.75$）的氯锡酸离子液体$[C_nC_1im]Cl$—$SnCl_2$（$n=2\sim8$）体系的合成（表2-2）。在手套箱中，称量适量的$[C_nC_1im]Cl$置于一个配有聚四氟乙烯包裹搅拌棒的样品瓶中（$10cm^{-3}$），再加入适量的$Sn^{II}Cl_2$。然后，用塞子密封，置于一个多壁加热搅拌器中，剧烈搅拌过夜。所得样品储存在手套箱中。

表2-2　合成[$C_nC_1$im]Cl-SnCl$_2$（n=2~8）体系的反应试剂的质量

χ_{SnCl_2}	n=2		χ_{SnCl_2}	n=8	
	$m_{[C_2C_1im]Cl}$	m_{SnCl_2}		$m_{[C_8C_1im]Cl}$	m_{SnCl_2}
0.10	2.6253	0.3721	0.10	7.1746	0.6648
0.20	2.2466	0.7259	0.20	6.6144	1.3587
0.25	2.0789	0.8960	0.25	6.2783	1.7195
0.30	1.9239	1.0701	0.30	5.8945	2.0767
0.33	1.8326	1.1580	0.33	5.6284	2.2776
0.40	1.6026	1.3792	0.40	5.1513	2.8215
0.45	1.4575	1.5356	0.45	4.9075	3.2991
0.50	1.3082	1.6521	0.50	4.3052	3.5376
0.55	1.1665	1.8335	0.55	3.9915	4.0087
0.60	1.0204	1.9800	0.60	3.3734	4.8120
0.63	0.9265	2.0645	0.63	3.5275	4.3975
0.67	0.8274	1.9314	0.67	2.9689	4.9721
0.75	0.6123	2.3764	0.75	2.2944	5.6568

　　氯锡酸离子液体的合成。对于含有[C_8C_1im]$^+$离子的氯锡酸离子液体，当 χ_{SnCl_2}≤0.63时，所得到的样品室温下为液体。当 χ_{SnCl_2}=0.67和0.75时，样品中可以发现有少量无色的未反应的SnCl$_2$粉末。这两个样品在缓慢降温过程中，可以形成大量的针状晶体。这些针状晶体的拉曼光谱192(m)，160(s)，126(s)cm^{-1}，对应于纯的SnCl$_2$的拉曼光谱190(s)，160(s)，126(s)cm^{-1}。所有含有[C_2C_1im]$^+$离子的氯锡酸离子液体室温下为固体。值得指出的是，当 χ_{SnCl_2}=0.75时，刚开始出现针状晶体时的温度为约60℃（与[C_8C_1im]Cl—SnCl$_2$体系相类似），进一步降温，样品全部固化为晶体。

　　两个体系[C_8C_1im]Cl—SnCl$_2$和[C_2C_1im]Cl—SnCl$_2$的相转变行为都是可逆的，即加热 χ_{SnCl_2}=0.67和0.75组分，形成完全的液化，接下来降温又形成针状晶体。[C_8C_1im]Cl—SnCl$_2$体系的路易斯酸性和碱性。Parshall建议当 χ_{SnCl_2}>0.50时，熔盐中存在两种氯锡酸配位阴离子：[SnCl$_3$]$^-$和[Sn$_2$Cl$_5$]$^-$。最近，Illner等在采用^{119}Sn和^{1}H-NMR光谱研究[C_4C_1im]Cl—SnCl$_2$体系时，指出在偏碱性的组分中，还存在[SnCl$_4$]$^{2-}$配位阴离子。形成这三个配位阴离子所发生的化学反应见表2-3。

表2-3 氯锡酸离子液体中可能发生的三个化学反应

χ_{SnCl_2}	不同比例时形成不同的组分
0.33	$Cl^- + [SnCl_3]^- \longleftrightarrow [SnCl_4]^{2-}$
0.50	$Cl^- + SnCl_2 \longrightarrow [SnCl_3]^-$
0.67	$[SnCl_3]^- + SnCl_2 \longrightarrow [Sn_2Cl_5]^-$

众所周知，氯锡酸离子液体像其他氯金属酸体系一样，可能是路易斯酸，虽然它们的路易斯酸性从来没有量化过。此外，不同于其他普通的氯金属酸盐，氯锡酸阴离子含有一个或者两个孤电子对（图2-5），影响离子的几何构型和路易斯碱性。

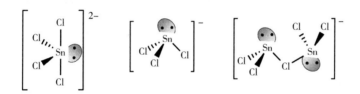

图2-5 氯锡酸离子液体体系中三个氯锡酸阴离子的结构示意图

通过检测1-丁基-3-甲基咪唑鎓离子中咪唑环C-2位置的质子的^{1}H-NMR化学位移值，可以考察碱性的变化，因为更加碱性环境的质子受到的屏蔽越小（向低场位移）。Gutmann受体数是一个可以量化的路易斯酸性的尺子。为了测试Gutmann受体数，在纯的液体中引入探针分子（tepo），测试^{31}P-NMR化学位移值。用式（2-1）计算受体数。

$$AN=2.348\delta_{inf} \tag{2-1}$$

式中：δ_{inf}为无限稀释tepo溶液的^{31}P-NMR化学位移值。

通过测试δ_{inf}研究$[C_8C_1im]Cl$—$SnCl_2$的路易斯酸性，通过测试纯离子液体中咪唑环C-2位置质子的^{1}H-NMR化学位移值，研究它的路易斯碱性。对于有针状$SnCl_2$晶体沉淀的样品，在测试之前通过过滤除去沉淀。

对于咪唑基离子液体，咪唑环C-2位置质子的^{1}H-NMR化学位移值，强烈取决于阴离子的碱性，也就是它们形成氢键的能力。对于纯[C$_8$C$_1$im]Cl，这一化学位移值是非常高的，大约10ppm，符合氯离子的高路易斯碱性的特征（强的氢键受体性质）。随着SnCl$_2$含量的逐渐增加，化学位移值逐渐降低，当χ_{SnCl_2}=0.50时，化学位移值大约为8.3ppm。这一行为与阴离子逐渐减弱的氢键受体性质相关。这可以用碱性稍弱的[SnCl$_3$]$^-$和或者[SnCl$_4$]$^{2-}$的生成加以解释。当χ_{SnCl_2}=0.50和0.55时的化学位移值似乎在8.3ppm处形成一个平台，当χ_{SnCl_2}=0.60~0.75时，化学位移值达到7.7 ppm。很有可能在χ_{SnCl_2}=0.50和0.55之间的第一个平台，表明弱路易斯碱性的[SnCl$_3$]$^-$是主要的阴离子。第二个平台，在χ_{SnCl_2}=0.60 ~ 0.75，可能对应于路易斯碱性更弱的[Sn$_2$Cl$_5$]$^-$的生成。由于在χ_{SnCl_2}>0.63的样品中，SnCl$_2$沉淀出来，这些体系中只有液态部分用于测试，似乎χ_{SnCl_2}> 0.63的样品的组成保持不变。这与之前的氯铟酸体系类似，也就是在χ_{SnCl_2}≥0.50的样品，液相组成不变。

路易斯酸性探针（tepo）无限稀释溶液的^{31}PNMR信号，δ_{inf}，[C$_8$C$_1$im]Cl—SnCl$_2$体系的受体性质显示出两个独立的区间：弱χ_{SnCl_2}< 0.50和强χ_{SnCl_2}> 0.50，分界线位于χ_{SnCl_2}=0.50。这意味着两种氯锡酸阴离子的存在：[SnCl$_3$]$^-$和[Sn$_2$Cl$_5$]$^-$。由于[SnCl$_4$]$^{2-}$的存在，如同Parshall所建议的那样，在受体数vs χ_{SnCl_2}关系图中χ_{SnCl_2}=0.33处，可以观察到一个大的变化，这在此前的氯锌（Ⅱ）酸离子液体中也有发现。

从所得到的δ_{inf}，利用式（2–1）可以计算出受体数，并将它们与其他氯金属酸盐体系进行对比。通过对比，可以发现氯锡酸盐体系属于中等强度的路易斯酸性，比基于铟或者其他多数氯锌（Ⅱ）酸盐体系更为酸性一些，但比氯铝（Ⅲ）酸盐体系和氯镓（Ⅲ）酸盐体系酸性偏弱，氯锡酸盐黏度更小，对于一些接近室温的反应可能更重要。

氯锡（Ⅱ）酸体系的阴离子物种。鉴于文献中矛盾的数据，有必要对氯锡酸体系中的阴离子物种进行深度的研究。测试了一系列不同组成的（所有样品均为纯的液体）[C$_8$C$_1$im]Cl—SnCl$_2$体系的^{119}Sn-NMR光谱，在所有情况中，只观察到一个峰。而且，^{119}Sn-NMR信号峰的宽度随着组成的不同而变化，峰的宽度主要取决于介质的黏度和溶液物种的对称性。为了分离这两个因素，以黏度和^{119}Sn-NMR信号的半高峰宽度分别与组成作图。

对于强碱性的组成，样品的黏度比较高，当χ_{SnCl_2}达到0.50，黏度剧烈降低到最低点。$\Delta v_{1/2}$的值遵循同样的趋势，这样，强碱性样品的宽的^{119}Sn-NMR信号峰应可以归属于黏度增加。因为，相对于仅含有[SnCl$_3$]$^-$的体系，氯离子或者[SnCl$_4$]$^{2-}$浓度的增加，可能会造成黏度的增加，在没有额外数据的情况下，不可能再得到更多的在这个区域关于阴离子物种的结论。

在酸性区域，当达到χ_{SnCl_2}=0.63区域最大值，黏度降低到一个非常低的水平，大约0.2Pa·s。与此同时，^{119}Sn-NMR的缝宽度显著增加。在这种情况下，可以推测$\Delta v_{1/2}$值的降低是因为氯锡酸阴离子从[SnCl$_3$]$^-$变成[Sn$_2$Cl$_5$]$^-$，对称性降低所造成的。同样的现象在氯铝（Ⅲ）酸盐体系中也有发现。

因为NMR光谱结果在是否存在[SnCl$_4$]$^{2-}$的问题上是非确定的，采用了新的光谱探测手段。XPS被用于研究[C$_8$C$_1$im]Cl—SnCl$_2$体系的三个不同的组分，χ_{SnCl_2}=0.33，0.50，0.63。

采用XPS全谱测试和高分辨光谱对每个样品进行了研究，从而确定了它们的样品组分和纯度。XPS全谱证实所测量的化学剂量比与每个样品的理论计算值的误差处于可接受的水平。在XPS谱上观察到了所有预期的XPS信号，没有证据表明存在富集的污染物，比如硅酮、碳氢化合物或者氧化物。并对每个元素的结合能数据进行了精确鉴定。这些数据提取自高分辨、元素特定的扫描，通过设置易于识别的C$_{aliphatic}$ 1s组分的实测结合能为285.0 eV，对所有的结合能进行了电荷校正。

结合能的绝对误差大概为±0.1eV，所以，校正的结合能任何大于0.2eV误差可以认为是真实的。为了比较方便，同时测试了纯的[C$_8$C$_1$im]Cl的结合能数据（即χ_{SnCl_2}=0）。

对三个样品（χ_{SnCl_2}=0.33，0.50，0.63）的Cl 2p的高分辨XPS光谱进行了研究。对这些光谱进行了归一化处理，全都归一化到χ_{SnCl_2}=0.50组分中N1s峰的面积，作为参比目的，同时包含了纯的[C$_8$C$_1$im]Cl 中的Cl 2p XPS光谱。

对于 χ_{SnCl_2}=0.67的样品，其Cl 2p XPS光谱展示出一个Cl的单电子环境，结合能为198.6eV，这一光发射归属于[SnCl$_3$]$^-$阴离子。类似的，对于 χ_{SnCl_2}=0.50的样品，其XPS光谱显示一个单氯组分，结合能处于实验误差范围之内。χ_{SnCl_2}=0.33样品的XPS光谱显示两个独立的电子环境，表明这一组分事实上是一个混合物。低结合能的贡献（Cl 2p$_{3/2}$，*BE*=197.2eV）与高结合能的贡献（Cl 2p$_{3/2}$，*BE*=198.5eV）的面积比为1∶3。这些贡献的光发射峰都是自旋轨道耦合二重峰，能量间隔为一致的1.6eV。低结合能组分的XPS光谱与纯的[C$_8$C$_1$im]Cl相似，当然实验误差处于可接受的范围之内。高结合能贡献（Cl 2p$_{3/2}$，*BE*=198.5eV）所对应的XPS光谱与 χ_{SnCl_2}=0.50，0.67样品的一致。

根据所测试的Cl 2p$_{3/2}$结合能，考虑两个组分的面积比，表明这一样品是等摩尔的氯离子（低结合能）和[SnCl$_3$]$^-$阴离子（高结合能）的混合物，没有证据证明样品中存在[SnCl$_4$]$^{2-}$。基于现有的XPS数据，也不太可能证明在 χ_{SnCl_2}=0.67的样品中存在或者不存在[Sn$_2$Cl$_5$]$^-$。

对于 χ_{SnCl_2}=0.33的样品，其XPS光谱显示存在一个锡的单电子环境峰，结合能为487.0 eV。对于 χ_{SnCl_2}=0.50的样品，其XPS光谱与 χ_{SnCl_2}=0.33的样品非常相似，这些样品的Sn 3d5/2结合能均在实验误差范围之内。这支撑了Cl 2p XPS光谱所观察到的数据，强烈表明在这两个样品中都存在一种氯锡酸阴离子[SnCl$_3$]$^-$。对于 χ_{SnCl_2}=0.67的样品，从其XPS光谱可见发生了向高结合能方向位移。然而，结合能的变化比较小，不能完全地量化，因为仍然处于 χ_{SnCl_2}=0.50的样品的光谱实验误差范围之内。因此，基于现有数据不能做出更进一步的结论，因为这些结合能数据在统计学上是非常相似的。

因为结合能测试的实验误差大概在±0.1eV级别，很难去区分只有0.2eV差异的结合能。万一结合能的位移只有微小的变化，一个可以采用的替代方法，是比较每个样品的*AP*（Auger参数）。光发射位移*AP*变化可以相差3倍之多，而且测试误差的水平非常小，为±0.05eV。而其*AP*不受样品的电荷影响，这一点在其他离子液体体系中没有指出来。从[C$_8$C$_1$im]Cl—SnCl$_2$体系的三个组分的*AP*数据来看，这些数据证实 χ_{SnCl_2}=0.33，0.50的样品中，锡的电子环境是相同的，进一步证明了这两个样品中[SnCl$_3$]$^-$是唯一的氯锡酸阴离子。χ_{SnCl_2}=0.67的样品中Sn的AP值出现在高能区，表明有一个缺电子的环境，支持阴离子[Sn$_2$Cl$_5$]$^-$的存在。[C$_2$C$_1$im]Cl—SnCl$_2$体系的DSC测试。

[C$_8$C$_1$im]Cl—SnCl$_2$体系中有机阳离子的长烷基链阻碍了结晶，因此得到的是室温离子液体。这使得得到一个非常明确的相图十分困难，因为观察到的是玻璃化转变温度而不是熔点。[C$_2$C$_1$im]Cl—SnCl$_2$体系的DSC曲线显得比较复杂，多数具有多个峰。对于碱性样品中的每个样品，在第一次扫描过程中，可以观察到低的熔点峰，在接下来的扫描中，熔点变高。这可以归因于要么是多晶现象，要么是物种的变化，形成[SnCl$_4$]$^{2-}$阴离子。为了进一步深入研究，将χ_{SnCl_2}=0.20的样品在DSC测试六次加热—降温循环之后，立刻从样品盘中取出进行拉曼测试，并与初始样品进行比较。

除了由于样品非常少造成质量稍差之外，拉曼光谱没有明显区别，支持相I和相II的归属以及相IV和相V多晶相。相图在χ_{SnCl_2}=0.50处显示一个包晶点，对应于纯的[C$_2$C$_1$im][SnCl$_3$]和一个共熔点出现在χ_{SnCl_2}=0.33（等摩尔的[SnCl$_3$]$^-$和Cl$^-$）。对于酸性的样品，共熔点出现在大约χ_{SnCl_2}=0.64，此时[SnCl$_3$]$^-$和[Sn$_2$Cl$_5$]$^-$是主要的阴离子组分。

[C$_2$C$_1$im]Cl—SnCl$_2$体系的拉曼光谱。光谱研究表明，氯锡酸离子液体含有三种互相平衡的阴离子：Cl$^-$，[SnCl$_3$]$^-$和[Sn$_2$Cl$_5$]$^-$。同时，文献中对于此类离子液体中的物种并不明确。[C$_2$C$_1$im]Cl—SnCl$_2$体系的三个组分（χ_{SnCl_2}=0.33，0.50，0.63）的拉曼光谱（固态）以及密度泛函理论计算表明，前两个样品中存在[SnCl$_3$]$^-$阴离子，而最后一个样品中含有[SnCl$_3$]$^-$和[Sn$_2$Cl$_5$]$^-$，没有检测到[SnCl$_4$]$^{2-}$的存在。有趣的是，通过晶体学数据库的晶体结构搜索，发现此前从未有仅含有[Sn$_2$Cl$_5$]$^-$阴离子的氯锡酸盐的文献报道，仅有一个结构含有独立的[Sn$_2$Cl$_5$]$^-$阴离子，但同时还含有[SnCl$_3$]$^-$（图2-6）。然而，有一个晶体结构[C$_4$C$_1$im]$_2$[SnCl$_4$]，含有一个具有变形C_{2v}对称性的阴离子。这一体系是从[C$_4$C$_1$im]Cl—SnCl$_2$体系χ_{SnCl_2}=0.33的样品中得到的，晶体是在乙醚溶液中245K下生长出来的。而且一系列其他氯锡酸烷基铵盐晶体也是从溶液中生长得到

的，并且用拉曼光谱、X射线吸收晶体结构和X射线衍射（粉末和单晶）表征，此时[SnCl₄]²⁻阴离子是唯一可检测到的氯锡酸物种，光谱和晶体学表征都是如此。

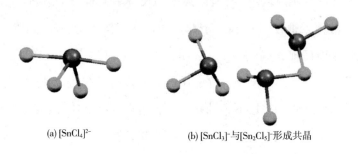

(a) [SnCl₄]²⁻   (b) [SnCl₃]⁻与[Sn₂Cl₅]⁻形成共晶

图2-6 氯锡酸盐阴离子的晶体结构

在室温测试了一系列不同组成的[C₂C₁im]Cl—SnCl₂样品的拉曼光谱。对于 χ_{SnCl_2} < 0.50的样品，唯一可检测到的氯锡酸阴离子是[SnCl₃]⁻，其中 v（Sn—Cl）振动位于（365 ± 1）cm⁻¹，与文献值吻合。尽管测试了好几个含有高浓度氯离子的样品，但在固态并没有检测到[SnCl₄]²⁻[没有观察到 v_1（Sn—Cl）=332cm⁻¹]。很有可能在液态时[SnCl₃]⁻是主要的物种，并且以这种形式从熔盐结晶出来，但在分子溶剂中结晶，怎能够促进[SnCl₄]²⁻的形成。

事实上，根据Kapustinskii方程，含有[SnCl₄]²⁻的盐具有高的晶格能，由于阴离子带有两个负电荷，因此易于结晶。在极性溶剂中，如乙腈，能够促进结晶，部分筛查了自由离子对锡原子的影响，溶解了带有两个电荷的[SnCl₄]²⁻阴离子。如前面所讨论的，在 χ_{SnCl_2}=0.67的样品中过量的SnCl₂会在体系固化之前从中结晶，析出针状晶体。为了测试体相的拉曼光谱，采取升高温度的方法，此时针状晶体下沉到瓶子的底部，而体相熔化，然后降低温度，体相样品固化。这样可以从固化的氯锡酸离子液体固化的上层样品取样，用于拉曼光谱的测试。

所有 χ_{SnCl_2}> 0.50的样品的拉曼光谱非常相似，含有两组峰，分别对应于[SnCl₃]⁻和[Sn₂Cl₅]⁻。[SnCl₃]⁻的 v_1（Sn—Cl）振动仍然存在，当出现一组新的振动峰，包括[Sn$_2$Cl$_5$]$^-$的 v_1（Sn—Cl）振动。似乎，虽然二氯化锡可以溶解在热的氯锡酸离子液体中，摩尔分数最高达 χ_{SnCl_2}=0.67，但这一体系有强烈的保持氯锡酸盐阴离子物种混合物的倾向，无论是液态还是固态都是如此。这可以从当 χ_{SnCl_2}> 0.60时观察到的SnCl$_2$针状晶体和以及晶体学数据库中所发现的晶体结构得到证实，数据库中唯一的晶体结构含有一个[Sn$_2$Cl$_5$]$^-$单元，还有一个[SnCl$_3$]$^-$单元，摩尔比为1∶1，与 χ_{SnCl_2}> 0.60的样品类似，似乎是强烈热力学倾向性。

化合物[C$_2$C$_1$im][SnCl$_3$]的晶体学参数为：C$_6$H$_{11}$SnCl$_3$N$_2$，M_r=336.21g/mol，正交晶系，$P2_12_12_1$空间群，a=8.333(3)Å，b=9.134(4)Å，c=14.611(7)Å，α=90°，β=90°，γ=90°，V=1112.1(8)Å^3，Z=4，λ=0.71073Å，T=170(2)K，D_{calc}=2.008g/cm^3，μ=2.971mm^{-1}，F(000)=648.0，收集6619个衍射点，其中独立衍射点2537个，GOF=0.996，R_1/R_2=0.0274/0.0424[I>2$\sigma(I)$]。

化合物[C$_2$C$_1$im]$_2$[SnCl$_6$]的晶体学参数为：C$_{12}$H$_{22}$SnCl$_6$N$_4$，M_r=553.73g/mol，正交晶系，Pcba空间群，a=430(3)Å，b=14.241(5)Å，c=15.465(5)Å，α=90°，β=90°，γ=90°，V=2.77.0(11)Å^3，Z=4，T=170(2)K，D_{calc}=1.771g/cm^3，μ=2.004mm^{-1}，F(000)=1096，收集15301个衍射点，其中独立衍射点2384个，GOF=0.939，R_1/R_2=0.0319/0.1212[I>2$\sigma(I)$]。

[C$_2$C$_1$im][SnCl$_3$]的晶体结构。[SnCl$_3$]$^-$阴离子被三个咪唑阳离子所包围，形成C—H⋯Cl氢键相互作用，C⋯Cl间距为2.770~3.031Å。因为 [SnCl$_3$]$^-$阴离子拥有一对孤对电子，三个不等的氯原子，显示出三角锥几何构型，Sn—Cl键长为2.507(1)~2.572(1)Å，符合典型的氯锡酸阴离子的键长(2.502 ± 0.056)Å。

氧化稳定性。很久以来，氯锡酸离子液体不管是液态还是固态，都易与空气中的氧气发生氧化反应，尤其是对于路易斯碱性的样品，存在过量的氯离子。比如[C$_2$C$_1$im]Cl—SnCl$_2$体系的 χ_{SnCl_2}=0.20的样品，暴露在空气中过夜，其拉曼光谱在310cm^{-1}处出现一个峰，对应于[SnCl$_6$]$^{2-}$阴离子的v_1（Sn—Cl）振动峰。同时，在未氧化样品中在298cm^{-1}处出现一个强峰，归属于[SnCl$_3$]$^-$阴离子的 v_1（Sn—Cl）振动峰，在氧化后消失了。在氧化后样品中得到了一个氧化的产物[C$_2$C$_1$im]$_2$[SnCl$_6$]。

[C₂C₁im]₂[SnCl₆] 的晶体结构。[C₂C₁im]₂[SnCl₆] 的晶体结构含有独立的 [C₂C₁im]⁺阳离子和[SnCl₆]²⁻阴离子。[SnCl₆]²⁻阴离子被8个咪唑阳离子所包围，形成C—H···Cl氢键相互作用，C···Cl间距为2.801~2.882Å。有趣的是，烷基链中只有α氢原子和咪唑环上的H-4和H-5质子参与形成氢键，而咪唑环上最酸的 *H*-2没有形成氢键。轻微变形的八面体[SnCl₆]²⁻阴离子含有三个不等的氯原子，Sn—Cl键长为2.430(1)~2.437(1)Å，Cl—Sn—Cl键角为89.61(3)°~90.38(3)°，与文献值相当。

2.2　全氟醇

阴离子的弱碱性常限制着阳离子簇合物的探索。长期以来，弱配位阴离子 （WCAs）吸引了无机化学领域的众多关注。由Strauss创造的"超弱阴离子"强调这些阴离子有极微弱的配位能力。一些熟知的弱配位阴离子，如金属酸多氟烷基酯或者芳香酯，通式为[M(OR_F)₄]⁻或者[M(OR_F)₆]⁻，M=B^Ⅲ，Al^Ⅲ，Nb^Ⅴ，Ta^Ⅴ，Y^Ⅲ，La^Ⅲ。一些极弱配位阴离子，如多氟铝酸烷基酯，起初由Strauss课题组合成，后来Krossing课题组广泛深入地研究。由于它们极弱的碱性，所以经常在分离和结构表征一些活性强的阳离子物种（强酸性气相物种，高亲电金属和非金属阳离子以及金属阳离子的弱键合路易斯酸碱络合物）时，被用作平衡离子来研究。在合成过程中，即使一些弱配位溶剂，如二氯甲烷，也可能会与阳离子物种发生配位。这种情况可以用铝酸全氟烷基酯取代传统有机溶剂加以克服。如上所述，传统溶剂通常配位能力或者碱性比铝酸全氟烷基酯高，导致阳离子（簇）物种严重的不稳定。[M(OR_F)₄]基离子液体的另外一个优点是它们的阴离子有非常高的电化学稳定性，可以用于一些高氧化还原活性阳离子的合成和稳定。所以含有弱配位和弱碱离子的离子液体，像[M(OR_F)₄]基离子液体，有望作为反应介质开创新的合成路径和化学研究领域。

[C₄C₁im] [Al(hfip)₄]、[C₄C₁pyr] [Al(hfip)₄]、[C₄C₁im] [Al(nftb)₄]和[C₄C₁pyr]

[Al(nftb)$_4$]（hfip=[OCH(CF$_3$)$_2$]$^-$；nftb=[OC(CF$_3$)$_3$]$^-$）的合成：所有操作均在惰性气体保护的Schlenk管和手套箱中进行。将等摩尔的[C$_4$C$_1$im]Cl或者[C$_4$C$_1$pyr]Cl分别与Li[Al(hfip)$_4$]或者Li[Al(nftb)$_4$]分散在50mL无水二氯甲烷中，室温搅拌24h，静置数小时，过滤，除去生成的LiCl，减压除去二氯甲烷，得到各目标产物。[C$_4$C$_1$im][Al(hfip)$_4$]：产率：80.88%，密度：1.56g/cm^3；[C$_4$C$_1$pyr][Al(hfip)$_4$]：产率：78.65%，密度：1.47g/cm^3；[C$_4$C$_1$im][Al(nftb)$_4$]：产率：75.28%；[C$_4$C$_1$pyr][Al(nftb)$_4$]：产率：75.26%。

[C$_4$C$_1$im][Al(hfip)$_4$]晶体学参数：C$_{20}$H$_{19}$AlF$_{24}$N$_2$O$_4$，M_r=834.35g/mol，a=16.204(2)Å，b=11.0870(13)Å，c=17.977(3)Å，α=90.00°，β=90.868(12)°，γ=90.00°，V=3229.3(8)Å^3，Z=4，D=1.716g/cm^3，$F(000)$=1656，μ=0.232mm^{-1}，收集3020个衍射点，478个独立衍射点GOF=0.886，fina R indices [$I>2\sigma(I)$] R_1=0.0451，ωR_2=0.0957，R indices（all data）R_1=0.0901，ωR_2=0.1073。

热分析显示[C$_4$C$_1$im][Al(hfip)$_4$]的熔点大约为34℃，降温后大约在-19℃开始固化。[C$_4$C$_1$pyr][Al(hfip)$_4$]的熔点为47℃。存在强烈的过冷现象（21℃）。室温时，[C$_4$C$_1$im][Al(hfip)$_4$]和[C$_4$C$_1$pyr][Al(hfip)$_4$]比较黏稠，60℃时动力学黏度分别为：7.85mm^2/s和12.92mm^2/s。奇怪的是，这些黏度比相同温度下一些经典的离子液体，如[C$_4$C$_1$im][PF$_6$]和[C$_4$C$_1$im][BF$_4$]的黏度还要低。它们的电化学窗口很宽，大约为8V。[C$_4$C$_1$im][Al(nftb)$_4$]和[C$_4$C$_1$pyr][Al(nftb)$_4$]的熔点都高于100℃，都有强烈的形成过冷溶液的倾向。[C$_4$C$_1$im][Al(nftb)$_4$]的熔点为149℃，[C$_4$C$_1$pyr][Al(nftb)$_4$]熔点为202℃。这些化合物非常稳定，直至300℃都没有分解，对水和空气也比较稳定。离子液体/低温熔盐中经常可以发现过冷现象，这些化合物也不例外。[C$_4$C$_1$im][Al(nftb)$_4$]过冷达35℃，[C$_4$C$_1$pyr][Al(nftb)$_4$]过冷达15℃仍然是低熔点盐化合物，有望用作"熔盐"反应介质。

[C$_4$C$_1$im][Al(hfip)$_4$]的不对称单元中含有一个有机阳离子和一个配位阴离子（图2-7），可以看作是严重变形的CsCl类型的排列；阳离子以及阴离子互相被8个平衡离子所包围。[C$_4$C$_1$im]$^+$有机阳离子中丁基侧链展示出gauche—anti—anti构型。相对于Li[Al(hfip)$_4$]和Li[C$_2$C$_1$im][Al(hfip)$_4$]$_2$，由于[C$_4$C$_1$im][Al(hfip)$_4$]中

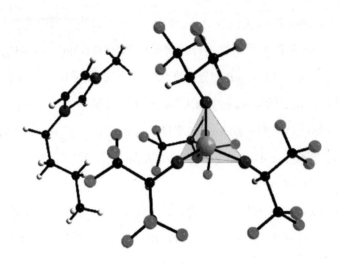

图2-7 [C₄C₁im][Al(hfip)₄]的晶体结构

阳离子—阴离子相互作十分微弱，[Al(hfip)₄]配位阴离子只是轻微的偏离理想状态，Al—O键长为1.72~1.74Å，O—Al—O键角为108.3°和112.1°，非常接近于理想的四面体角度。hfip阴离子中存在分子间氢键H···F距离为2.42~2.57Å。hfip阴离子中的F原子和有机阳离子中的氢原子之间的氢键甚至更弱，原子间距离在2.66~2.80Å之间。

[Al(hfip)₄]⁻对水是敏感的，但[Al(hfip)₄]⁻是对水稳定的，所以存在一些Brønsted酸[H(OEt)₂][Al(nftb)₄]和[H(THF)₂][Al(nftb)₄]。另外，需要指出的是[Al(hfip)₄]⁻的配位能力比[Al(hfip)₄]⁻还要弱。

由于弱配位阴离子（WCAs）在基础研究和应用化学领域的潜在应用，在过去的几十年里已经吸引了广泛的关注。它们广泛应用于均相催化、电化学、有机化学和无机化学领域。此外，弱配位阴离子还可以用作超级酸的平衡离子。截至目前，许多弱配位阴离子已经被合成出来，在这些弱配位阴离子中，全氟取代烷氧基铝酸盐阴离子[Al(OR_F)₄]⁻（OR_F=全或者多氟代烷氧基取代）是最早由Strauss课题组报道，Krossing和其他课题组广泛研究和大力发展，称为目前最常用的一类弱配位阴离子。

[Al(OC(CF₃)₃)₄]⁻阴离子是最常用的多氟代烷氧基铝酸盐阴离子之一，由于负

电荷分散在阴离子表面36个氟原子上和大体积的OC(CF$_3$)$_3$基团对Al—O键的立体保护，使得其具有非常高的对水和路易斯酸亲电性进攻的稳定性。

由于氯原子具有和氟原子相类似的电子性质，氯原子部分取代氟原子应该会具有相似的化学性质。以尺寸更大的—CCl$_3$基团取代三氟甲基，会使得[Al(OC(CCl$_3$)(CF$_3$)$_2$)$_4$]$^-$阴离子比[Al(OC(CF$_3$)$_3$)$_4$]$^-$阴离子体积更大，进而以有利的方式改变阴离子的熵，在碳氢化合物溶剂中的溶解度增大。此外，当一些氟原子被氯取代后，使得阴离子中Al原子的对称性下降，这或许会解决全氟化合物中常见的晶体学无序问题。南京大学的王新平教授报道了一例—CCl$_3$基团部分取代的烷氧基铝酸盐阴离子[Al(OC(CCl$_3$)(CF$_3$)$_2$)$_4$]$^-$，研究表明这一阴离子可以稳定Ph$_3$C$^+$正离子，得到稳定的[Ph$_3$C][Al(OC(CCl$_3$)(CF$_3$)$_2$)$_4$]。

Li[Al(OC(CCl$_3$)(CF$_3$)$_2$)$_4$] + Ph$_3$CCl $\longrightarrow$ [Ph$_3$C][Al(OC(CCl$_3$)(CF$_3$)$_2$)$_4$] + LiCl

室温下，等摩尔的Li[Al(OC(CCl$_3$)(CF$_3$)$_2$)$_4$]和Ph$_3$CCl在二氯甲烷中进行复分解反应，可以高产率地得到[Ph$_3$C][Al(OC(CCl$_3$)(CF$_3$)$_2$)$_4$]，产率约为80%。在二氯甲烷溶液中，两种反应物混合之后，颜色立刻从无色变为黄色。在正己烷中，这个反应也可以进行。由于产品在正己烷中的溶解度比较小，所以最好以二氯甲烷为溶剂。反应结束之后，[Ph$_3$C][Al(OC(CCl$_3$)(CF$_3$)$_2$)$_4$]以黄色晶体形式析出，易溶于脂肪烷烃溶剂中。热力学稳定性研究表明，[Ph$_3$C][Al(OC(CCl$_3$))(CF$_3$)$_2$)$_4$]室温下在惰性气体保护下，至少可以稳定好几个月。[Ph$_3$C][Al(OC(CCl$_3$))(CF$_3$)$_2$)$_4$]的晶体结构研究表明，其Ph$_3$C$^+$正离子的中心碳原子采取三角平面几何构型，三个苯基团具有类似螺旋桨的排列方式，和其他含有[Ph$_3$C]$^+$的化合物相似。由于[(OC(CCl$_3$)(CF$_3$)$_2$)$_4$]$^-$中的氧原子不再与锂离子配位，[Ph$_3$C][Al(OC(CCl$_3$))(CF$_3$)$_2$)$_4$]中Al—O键长[平均键长为1.735(3)Å]明显比Li[Al(OC(CCl$_3$)(CF$_3$)$_2$)$_4$]的短[1.808(8)~1.793(7)Å]。能够很容易地制备出[Ph$_3$C][Al(OC(CCl$_3$)(CF$_3$)$_2$)$_4$]，说明[(OC(CCl$_3$)(CF$_3$)$_2$)$_4$]$^-$能够稳定[Ph$_3$C]$^+$正离子。

[Ph$_3$C][Al(OC(CCl$_3$)(CF$_3$)$_2$)$_4$]的制备：在手套箱中，将Li[Al(OC(CCl$_3$)(CF$_3$)$_2$)$_4$]（0.266g，0.24mmol）和Ph$_3$CCl（0.067g，0.24mol）置于50mL Schlenk瓶中，室温下用针管导入二氯甲烷（30mL），搅拌过夜。过滤所得悬浮液，除去生成的

LiCl盐。滤液浓缩到5mL，在−20℃静置24h，得黄色晶体，用注射器吸干上清液，真空干燥几个小时。得0.23g产品，0.16mmol，产率：80%。

$[Ph_3C][Al(OC(CCl_3)(CF_3)_2)_4]$的晶体学参数为：$C_{35}H_{15}AlCl_{12}F_{24}O_4$，$M_r=$ 1407.85g/mol，$a=12.1349(16)$Å，$b=12.8478(17)$Å，$c=16.5531(12)$Å，$\alpha=91.786°$，$\beta=92.263(3)°$，$\gamma=108.141(2)°$，$V=2448.0(5)$Å^3，$Z=2$，$D=1.910$g/cm^3，$F(000)=1380$，$\mu=0.829$mm^{-1}，收集19701个衍射点，其中9500个为独立衍射点，GOF=1.022，最终R indices $[I>2\sigma(I)]$ $R_1=0.0547$，$\omega R_2=0.1430$。

2.3　酚类

将有机官能团引入离子液体中，可以引起与平衡离子之间显著的相互作用（比如额外的范德瓦耳斯力或者氢键作用），进而能直接影响离子液体的性质，比如黏度、溶解行为或者熔点（<100℃）。尤其是，氰基由于在催化反应中的配位和固定化作用，而在催化反应或者含能材料中的应用，因此将氰基引入离子液体体系仍然是一个较大的研究兴趣。通过杂环阳离子的芳基或者烷基取代物/链（如咪唑、吡啶或者吡唑离子）的氰化，可以将氰基引入离子液体的有机阳离子中或者阴离子中。合成含有氰基官能团的离子液体的另外一种方法是利用小的含有氰基的阴离子，如二氰基亚胺（DCA），三氰基甲基化物（TCM）或者四氰硼酸阴离子（TCB）或者是含有类似氰基的阴离子等。由于氰基是好的供体配体，这些阴离子的碱性可以显著地通过加入路易斯酸，比如$B(C_6F_5)_3$，产生$\{E[CN·B(C_6F_5)_3]_n\}^-$（E=B，C，N；$n=4$，3，2）类型的阴离子。这个概念的进一步扩展是在E—CN键之间加入分割物，如在$[E(O—C_6X_4—CN)_4]^-$（E=B，Al；X=H，F）。含有这种阴离子的盐能够形成配位聚合物和路易斯酸路易斯碱加合物离子。而且$[E(O—C_6X_4—CN)_4]^-$（E=B，Al；X=H，F）类型的阴离子应该适合于新的含氰基离子液体的设计。例如，卤化铝和有机卤化物盐的混合物形成第一代离子液体；或者弱配位阳离子和阴离子，例如全氟四烷基铝

酸盐和烷氧基铝酸盐等。

这里看几例含有铵、鏻、咪唑阳离子和[Al(O—C₆H₄—CN)₄]⁻阴离子的离子液体化合物。

[Al(O—C₆H₄—CN)₄]⁻阴离子的碱金属和银盐可以在惰性气体保护下，由氢化铝锂（LAH）和四倍的对氰基苯酚反应得到，规模在10~20g之间，产率>80%。对应的银盐Ag[Al(O—C₆H₄—CN)₄]，以Li[Al(O—C₆H₄—CN)₄]作为起始原料，在四氢呋喃中，通过和三氟乙酸银的复分解反应（图2-8），得到无色的沉淀，加入四氢呋喃除去杂质和未反应的起始原料，过滤即可，产率约80%。

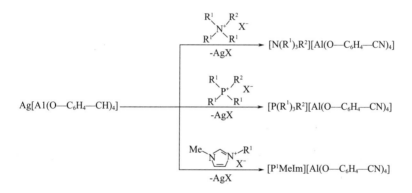

图2-8 [Al(O—C₆H₄—CN)₄]盐的合成示意图（R=烷基或者芳基，X=Cl，Br）

[Al(O—C₆H₄—CN)₄]⁻阴离子的铵、鏻、咪唑阳离子盐的合成，可以在乙腈中通过相应的卤代盐和稍过量的Ag[Al(O—C₆H₄—CN)₄]反应得到。除去溶剂，粗产品溶于二氯甲烷，过滤，除去过量的Ag[Al(O—C₆H₄—CN)₄]。最后，纯化的产品用乙醚洗涤三次，真空干燥24h。多氰基离子液体，也可以采取类似的复分解反应，将有机卤代盐和Ag[Al(O—C₆H₄—CN)₄]反应，形成相应的铝酸盐离子液体。

[Al(O—C₆H₄—CN)₄]⁻阴离子的碱金属、铵、咪唑和银盐既不对空气敏感，也不对水分敏感。这些铝酸盐易溶于非质子、极性溶剂中，比如四氢呋喃、二氯甲烷和乙腈中，但微溶于非极性溶剂，如苯或者正己烷中。有趣的是，它

们在乙醚中的溶解度也有限，虽然乙醚是比较极性的一个溶剂。随着氰基的增加，这些化合物在二氯甲烷中的溶解度变小。

红外和拉曼光谱在2200~2250cm^{-1}区间显示尖锐的信号峰，归属于氰基的υ_{CN}伸缩振动吸收峰。吸电子中心，例如阳离子或者甚至路易斯酸，比如B(C$_6$H$_5$)$_3$与NC—R物种的配位，可以导致吸收峰的显著蓝移。红外和拉曼光谱尤其适合用于研究配位效应，对于含有弱配位阳离子的铝酸盐，只能观察到非常弱的相互作用。这些盐中氰基的伸缩振动峰出现在2213~2218cm^{-1}区间。对于含有金属离子的盐，峰稍微向高波数方向移动（大约2225cm^{-1}）。

差示扫描量热（DSC）测试表明，对于四烷基铵盐，烷基链短的盐熔点通常高于100℃，甚至更高。对于长烷基链的盐，观察不到熔点，而只有玻璃化转变温度。TGA测试表明，这些盐的热稳定性较好，通常可以稳定到200℃，而铝酸铵盐可以稳定到380℃，取决于烷基链的长度。随着阳离子中烷基链长度的增加，稳定性下降。例如在一系列[Al(O—C$_6$H$_4$—CN)$_4$]$^-$阴离子的四正烷基铵盐中，当阳离子才能够[N(CH$_3$)$_4$]$^+$变化到[N(C$_4$H$_9$)$_4$]$^+$，分解温度从400℃变化到250℃。液态区间出现在200~350℃之间。不对称取代的铵盐，稳定性似乎稍有下降。磷基铝酸盐的稳定性比烷基链铵盐的稳定性要好，而咪唑基铝酸盐离子液体的稳定性比铵基盐的差。液态区间大约为200℃。这可能是因为咪唑阳离子比铵离子的反应活性高所造成的。可能的分解路径是在高温下C2位置的酸性质子和阴离子中一个取代酚之间发生的反应。

[N$_{1111}$][Al(O—C$_6$H$_4$—CN)$_4$]的晶体可以从过饱和的乙腈溶液中室温缓慢挥发得到，阴离子中中心铝原子处于一个由四个取代苯酚形成的变形四面体配位环境中。从离子之间的距离来看，在阴阳离子之间存在非常弱的离子间相互作用。

[N$_{2221}$][Al(O—C$_6$H$_4$—CN)$_4$]的晶体学参数：C$_{35}$H$_{34}$AlN$_5$O$_4$，三斜晶系，$P-1$空间群，M_r=615.65g/mol，a=11.722(1)Å，b=11.850(1)Å，c=13.765(1)Å，α=82.815(2)°，β=69.466(2)°，γ=67.822(2)°，V=1658.1(1)Å^3，Z=2，D=1.233g/cm^3，μ=0.11mm^{-1}，收集42734个衍射点，其中10510个为独立衍

射点，R_{int}=0.043，$F(000)$=648，GOOF=1.08，R indices $[I > 2\sigma(I)]$ R_1=0.048，ωR_2=0.130。

[N$_{2221}$][Al(O—C$_6$H$_4$—CN)$_4$]的晶体结构为三斜晶系，空间群为P–1，每个单胞中有2个分子，每个不对称单元包含一个分子单元，由一个[N$_{2221}$]$^+$阳离子和一个[Al(O—C$_6$H$_4$—CN)$_4$]$^-$阴离子组成。在晶体结构中只存在弱的阳离子—阴离子和阴离子—阴离子相互作用。阳离子—阴离子之间的最短距离为3.085Å，表明氰基和铵基阳离子中甲基之间的范德瓦耳斯力相互作用非常弱。此外，在阴离子和阴离子之间的相互作用导致了中心对称二聚体和由两个铝酸盐阴离子交错排列的形成。在阴离子—阴离子相互作用中，可以发现存在弱的C—H···O相互作用。

[Al(O—C$_6$H$_4$—CN)$_4$]$^-$配位阴离子为变形四面体几何构型，O—Al—O键角为107°~114°，表明阴离子存在一定的伸缩性。Al—O键长平均值为1.736Å，处于典型极性共价Al—O单键的正常范围之内（1.73~1.74Å），与全氟阴离子[Al(O—(CH(CF$_3$)$_2$)$_4$]$^-$、相应的锂或者银盐中的键长数值相当。C—N平均键长为1.146Å，与其他乙腈报道的类似碱金属盐一致。

[N$_{2222}$][Al(O—C$_6$H$_4$—CN)$_4$]的晶体是从饱和的乙腈溶液中生长得到的，[N$_{2222}$][Al(O—C$_6$H$_4$—CN)$_4$]的晶体学参数：C$_{36}$H$_{36}$AlN$_5$O$_4$，正交晶系，$Pna2_1$空间群，M_r=629.68g/mol，a=11.722(1)Å，b=11.850(1)Å，c=13.765(1)Å，α=90°，β=90°，γ=90°，V=3337.1(3)Å^3，Z=4，D=1.253g/cm^3，μ=0.11mm^{-1}，收集44876个衍射点，其中11553个为独立衍射点，R_{int}=0.041，$F(000)$=1328，GOOF=1.03，R indices $[I > 2\sigma(I)]$ R_1=0.039，ωR_2=0.092。

[N$_{2222}$][Al(O—C$_6$H$_4$—CN)$_4$]的晶体结构为正交晶系，空间群为$Pna2_1$，每个单胞中有四个分子，每个不对称单元中含有一个阴阳离子对。阳离子—阴离子距离为3.368Å，稍微比范德瓦耳斯半径之和（3.25Å）要大，与[N$_{2221}$][Al(O—C$_6$H$_4$—CN)$_4$]不同，[N$_{2222}$][Al(O—C$_6$H$_4$—CN)$_4$]中不存在阴离子—阴离子二聚体。阴离子通过弱的O···H—C相互作用连接起来。O···C11距离约为3.367(2)Å，稍微比范德瓦耳斯半径之和大(3.25Å)。

2.4　类β-二酮

2.4.1　双三氟甲磺酰亚胺(Tf₂N)

β-二酮是极佳的制备含金属离子液体的配体，此外一些可以形成螯合五元环的配体，也可以用作制备含金属离子液体的配体，如经典的双三氟甲磺酰亚胺（Tf₂N），这里看一下几个含第二主族元素的含金属离子液体：$[C_4C_1pyr]_2[Ca(Tf_2N)_4]$、$[C_4C_1pyr]_2[Sr(Tf_2N)_4]$、$[C_4C_1pyr][Ba(Tf_2N)_3]$。

$[C_4C_1pyr]_2[Ca(Tf_2N)_4]$的合成：CaI₂(0.17mmol，50 mg)和$[C_4C_1pyr][Tf_2N]$（4mmol，1.63g，1.1mL）置于石英管中，抽真空，封管。在393K反应48h，缓慢冷却至室温（2K/min），得无色透明晶体。产率：80%。

$[C_4C_1pyr]_2[Sr(Tf_2N)_4]$的合成方法与$[C_4C_1pyr]_2[Ca(Tf_2N)_4]$相同：SrI₂(1mmol，340 mg)和$[C_4C_1pyr][Tf_2N]$（4mmol，1.63g，1.1mL），产率：80%。

$[C_4C_1pyr][Ba(Tf_2N)_3]$的合成方法与$[C_4C_1pyr]_2[Ca(Tf_2N)_4]$相同：BaI₂(1mmol，390 mg)和$[C_4C_1pyr][Tf_2N]$（4mmol，1.63g，1.1mL），产率：25%。

$[C_4C_1pyr]_2[Ca(Tf_2N)_4]$晶体学参数：$C_{24}H_{36}CaF_{24}N_6O_{16}S_8$，单斜晶系，$M_r$=1417.15g/mol，$a$=11.200(1)Å，$b$=22.447(3)Å，$c$=22.390(2)Å，$\beta$=107.74(1)°，$V$=5361.6(1)Å³，$Z$=4，$D$=1.756g/cm³，$\mu$=0.576mm⁻¹，收集59083个衍射点，其中11669个为独立衍射点，R_{int}=0.1553，GOF=0.818，最终R indices $[I>2\sigma(I)]$ R_1=0.0543，ωR_2=0.1057，R indices(all data) R_1=0.1673，ωR_2=0.1414。

$[C_4C_1pyr]_2[Sr(Tf_2N)_4]$晶体学参数：$C_{24}H_{36}CaF_{24}N_6O_{16}S_8$，单斜晶系，$M_r$=1446.69g/mol，$a$=11.488(1)Å，$b$=22.151(1)Å，$c$=23.534(1)Å，$\beta$=105.73(1)°，$V$=5764.8(6)Å³，$Z$=4，$D$=1.688g/cm³，$\mu$=1.362mm⁻¹，收集78537个衍射点，其中12677个为独立衍射点，R_{int}=0.0784，GOF=0.904，最终R indices $[I>2\sigma(I)]$

R_1=0.0625，ωR_2=0.1559，R indices(all data) R_1=0.1522，ωR_2=0.1985。

[C_4C_1pyr] [Ba(Tf_2N)_3]晶体学参数：$C_{14}H_{18}BaF_{18}N_4O_{12}S_6$，正交晶系，$Pbca$ 空间群，M_r=11106.02g/mol，a=12.376(1)Å，b=24.043(1)Å，c=23.052(1)Å，V=7144.7(6)Å^3，Z=8，D=2.056g/cm^3，μ=1.613mm^{-1}，收集102336个衍射点，其中7984个为独立衍射点，R_{int}=0.0633，GOF=1.001，最终R indices $[I > 2\sigma(I)]$ R_1=0.0281，ωR_2=0.0625，R indices(all data) R_1=0.0456，ωR_2=0.0691。

[C_4C_1pyr]_2 [Ca(Tf_2N)_4]和[C_4C_1pyr]_2 [Sr(Tf_2N)_4]为单斜晶系，空间群为$P2_1/c$，每个单胞里面含有四个分子。这两个化合物结构非常相似，但并不同构，部分配位和晶胞参数稍有不同。单斜角度，从[C_4C_1pyr]_2 [Ca(Tf_2N)_4]中的107.74(1)° 变化到[C_4C_1pyr]_2 [Sr(Tf_2N)_4]中的105.73° 。两个化合物的不对称单元都是碱土 (Ⅱ)离子与四个Tf_2N-阴离子配位，形成变形反四方棱柱(图2-9)几何构型，两个有机阳离子作为平衡电荷。Ca—O键长为2.370(4)~2.482(4)Å，平均键长为 2.41Å，比Ca(H_2O)_4(Tf_2N)_2 [2.466(4)~2.502(4)Å]中的Ca—O键长短。这可能是因为在 [C_4C_1pyr]_2[Ca(Tf_2N)_4]中Ca^{2+}为Tf_2N-均一配位，而在Ca(H_2O)_4(Tf_2N)_2中Tf_2N-阴离子需要与配位能力更强的水分子竞争配位，使得Ca—O键长更长，Ca—O键比较弱。

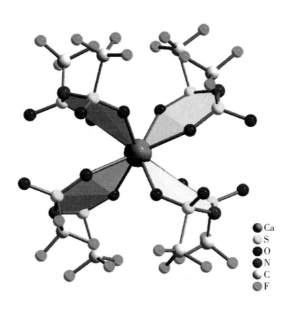

图2-9　[C_4C_1pyr]_2[Ca(Tf_2N)_4]的配位阴离子

由于C—S—N—S—C骨架中负电荷的高度离域化和构型灵活性，Tf_2N阴离子被认为是弱配位阴离子(WCA)。这可以从一些事实得到支持，直至目前位置，多数已知含Tf_2N阴离子的化合物，S—O原子间距离等于或者接近于自由阴离子的键长数据。这对于含有未配位阳离子的结构来说仍然正确。与此不同的是，$[C_4C_1pyr]_2[Ca(Tf_2N)_4]$中$Tf_2N$阴离子键合位置的S—O原子间距明显比未键合位置的S—O原子间距要长[1.447(4)~1.458(4)Å vs 1.421(4)~1.436(4)Å]。这种效应显得非常显著，尤其是这种配位位置和未配位位置S—O原子间距的明显差异在$Ca(H_2O)_4(Tf_2N)_2$中不存在。这支持我们的假设，也就是Ca—O(Tf_2N)键由于强配位的水分子的存在而被弱化，而当只有纯Tf_2N存在的时候，Ca离子被迫与Tf_2N^-配体的氧原子配位。同样的现象，也存在于$[C_3C_1pyr]_2[Ln(Tf_2N)_5]$ (Ln=Pr，Nd，Tb)、$[C_3C_1pyr]_2[Ln(Tf_2N)_5]$ (Ln=Tm，Lu)和$La(Tf_2N)_3(H_2O)_3$中。

$[C_4C_1pyr]_2[Ca(Tf_2N)_4]$中，所有的$Tf_2N^-$配体显示出相对于—$CF_3$基团的顺式构象，沿b轴方向挤压$[Ca(Tf_2N)_4]^{2-}$反棱柱。S—N原子间距[$d_{mean}$(N—S)=1.57Å]以及S—N—S键角[$\angle$mean(S—N—S)=128°]与自由配体的数值非常相似，与理论计算值非常一致。$[C_4C_1pyr]_2[Ca(Tf_2N)_4]$的晶体结构与$[C_4C_1pyr]_2[Yb(Tf_2N)_4]$很相似（虽不是同构），阴离子部分被有机阳离子包围形成蜂巢状晶胞。

$[C_4C_1pyr]_2[Sr(Tf_2N)_4]$中，Sr—O键长为2.542(4)~2.576(4)Å，平均值为2.56Å，比二元化合物$Sr(Tf_2N)_2$的数值要小[d(S—O)=2.58Å]。然而，当将具有同样配位模式的配体中的金属—氧间距进行对比，$Sr(Tf_2N)_2$中双齿螯合配位Tf_2N配体，可以发现与$[C_4C_1pyr]_2[Sr(Tf_2N)_4]$相似的距离，而桥联模式的$Tf_2N$配体的S—O键长似乎通常长一些。配位对S—O键长的影响，远比类似的含钙化合物的要小。如同在$[C_4C_1pyr]_2[Ca(Tf_2N)_4]$、$[C_4C_1pyr]_2[Sr(Tf_2N)_4]$中的N—S键长(1.56Å)和S—N—S键角（128°）未受配位影响。

由于Sr^{2+}半径比Ca^{2+}要大，$[C_4C_1pyr]_2[Sr(Tf_2N)_4]$中Sr—O键长明显比$[C_4C_1pyr]_2[Ca(Tf_2N)_4]$中的金属氧键长大。这样，与$[C_4C_1pyr]_2[Ca(Tf_2N)_4]$相比，$[C_4C_1pyr]_2[Sr(Tf_2N)_4]$中螺旋桨形状排列的阴离子分得更开一些。因此，杂环有机阳离子有

更多的空间在氟原子隔开的层内沿a轴方向堆积。$[C_4C_1pyr]_2[Sr(Tf_2N)_4]$中，有机阳离子位于由$Tf_2N$配体的全氟烷基所形成的憎水孔道里面。对于显著的氢键来说，这里C—H···F距离太长$[d(C—H···F) \approx 2.6Å]$。而且有机阳离子，虽然从傅里叶差异图能够清晰识别，但即使在低温情况下各向异性位移参数仍然很大。这可以作为结构中有机阳离子和阴离子之间弱相互作用的指示。

上面两个化合物中，Ca^{2+}和Sr^{2+}都是与来自4个Tf_2N配体的8个氧原子配位，形成分立的阴离子片段。与它们相比，更大的金属阳离子Ba^{2+}倾向于9配位。Ba—O键长为2.698(2)~2.818(2)Å，平均值为2.77Å，明显比$Ba(H_2O)(Tf_2N)_2$中的平均$Ba—O_{(Tf_2N)}$键长要短。如之前已经指出的$[C_4C_1pyr]_2[Ca(Tf_2N)_4]$和$Ca(H_2O)_4(Tf_2N)_2$的比较，$Ba—O_{(Tf_2N)}$键在有配位水存在下，明显减弱。

$[C_4C_1pyr][Ba(Tf_2N)_3]$中，碱土金属离子与3个Tf_2N阴离子的6个氧原子以双齿螯合方式配位以及另外三个单点配位的氧原子形成配体—金属作用。这些单点配位的配体把Ba^{2+}连接成沿着a轴方向的一维无限链状结构。这些$[Ba(Tf_2N)_3]$链形成六角排列，$[C_4C_1pyr]$有机阳离子沿着这些阴离子链堆积。Tf_2N配体中S—O原子间距离在配位后变长(1.43Å vs 1.42Å)，而N—S(1.57Å)和S—N—S键角（127°）事实上与自由配体相比保持不变。同样的，这些Tf_2N阴离子配体采取顺式构型。

此前，有推论认为如果金属阳离子尺寸足够大，像Ba^{2+}、Tf_2N^-阴离子配体可能会采取螯合配位模式，以氧原子包括N原子与金属成键。但事实上无论是在$[C_4C_1pyr][Ba(Tf_2N)_3]$中，还是在$Ba(H_2O)(Tf_2N)_2$中，没有发现任何N–金属成键情况，这可以通过单晶X射线和拉曼光谱加以验证。

2.4.2　六氟乙酰丙酮

六氟乙酰丙酮(hfac)是一种配位能力比较强的β–二酮配体，以hfac为阴离子配体可以制备得到疏水的离子液体。这些离子液体可以用于从水相中萃取金属离子。当离子液体中金属离子浓度达到饱和，无水的阴离子六氟乙酰丙酮络合物就会从溶液中沉淀出来，因此这种溶液系统提供了一种制备此类金属络合物的新的途径。

六氟乙酰丙酮离子液体可以通过乙腈中氯代有机盐和六氟乙酰丙酮的铵盐的复分解反应得到。过滤除去生成的氯化铵沉淀，减压蒸出溶剂乙腈。残留物重新溶于二氯甲烷，水洗除去氯化铵杂质，直到对氯离子的$AgNO_3$监测结果为阴性。蒸除二氯甲烷溶剂可得到纯的hfac基离子液体。由于六氟乙酰丙酮配体易于和碱金属离子配位，因此，这个反应最好用六氟乙酰丙酮的铵盐而不是用钠盐和钾盐。需要指出的是，由于阴离子中电荷的高度离域，六氟乙酰丙酮基离子液体在熔融态通常为黄色或者黄绿色。除了六氟乙酰丙酮，一些其他的β-二酮配体也可以用于β-二酮基离子液体的初始原料，比如乙酰丙酮、苯甲酰基三氟丙酮和2-噻砜三氟丙酮。研究发现，含有乙酰丙酮阴离子的离子液体可以与水互溶。另外，苯甲酰基三氟丙酮和2-噻砜三氟丙酮基离子液体为疏水的，但是由于β-二酮阴离子配体在水溶液中的缓慢分解，这些离子液体稳定性欠佳。

$[C_4C_1im]_2[Na(hfac)_3]$是在用无水硫酸钠干燥$[C_4C_1im][Tf_2N]$的二氯甲烷溶液的过程中得到的。$[C_4C_1im]_2[Na(hfac)_3]$的晶体学参数：$C_{31}H_{33}F_{18}N_4NaO_6$，$M_r$=922.66g/mol，单斜晶系，$P2_1/n$空间群，$a$=11.6351(5)Å，$b$=16.6309(7)Å，$c$=20.594(1)Å，$\alpha$=90°，$\beta$=103.070(2)°，$\gamma$=90°，$V$=3881.8(3)Å³，$Z$=4，$D_{calc}$=1.579g/cm³，$\mu$=1.590mm⁻¹，$F(000)$=1872，收集32095个衍射点，其中7162个为独立衍射点，R_{int}=0.0708，GOF=1.033，最终R indices $[I > 2\sigma(I)]$ R_1=0.0449，ωR_2=0.1202，R indices(all data)，R_1=0.0526，ωR_2=0.1282。

$[C_4C_1im]_2[Na(hfac)_3]$的晶体结构为单斜晶系，空间群为$P2_1/n$，每个单胞中含有4个分子，每个不对称单元中含有两个有机阳离子和一个配位阴离子(图2-10)。在配位阴离子中，钠离子被三个六氟乙酰丙酮配体螯合配位，Na—O键长为2.3166(14)~2.3968(16)Å，相邻O—Na—O键角为75.07(5)°~157.08(6)°(表2-4)，因此所形成的配位多面体为变形八面体。

表2-4 [C₄C₁im]₂[Na(hfac)₃]中一些重要的键长和键角数据

	Na1–O1	2.3861(14)	Na1—O4	2.3749(14)
键长/Å	Na1–O2	2.3166(14)	Na1—O5	2.3200(14)
	Na1–O3	2.3968(16)	Na1—O6	2.3895(15)
键角/(°)	O2– Na1–O5	156.88(6)	O4—Na1—O6	88.16(5)
	O2– Na1–O4	86.42(5)	O1—Na1—O6	120.39(5)
	O5–Na1–O4	114.25(5)	O2—Na1—O3	99.56(5)
	O2–Na1–O1	76.12(5)	O5—Na1—O3	95.93(5)
	O5– Na1–O1	89.68(5)	O4—Na1—O3	75.07(5)
	O4–Na1–O1	147.19(5)	O1—Na1—O3	80.65(5)
	O2–Na1–O6	94.77(5)	O6—Na1—O3	157.08(6)
	O5–Na1–O6	76.57(5)		

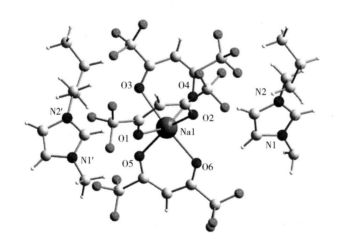

图2-10 [C₄C₁im]₂[Na(hfac)₃]的晶体结构图

含有弱配位阴离子，比如Tf_2N^-、PF_6^-、$(CN)_2N^-$的离子液体室温下倾向于以液态形式存在，因为阳离子和阴离子之间相互作用比较弱，影响晶格中阳离子和阴离子的有效堆积。基于弱配位阴离子的离子液体的一个缺点是它们对金属盐的溶解能力比较差，使得它们在一些需要高浓度金属盐的场合用处不大(比如金属的电沉积)。有一些方法能够克服这个问题。一个方法是用含强配位阴离子的离子液体取代，然而，基于强配位阴离子的离子液体通常本质上是亲水的，而且黏度比较高。比如$[C_4C_1im]Cl$，氯离子是一个强配位阴离子，20℃时黏度为41000mPa·s。另外一个含有强配位阴离子(溴离子)的离子液体$[C_4C_1im]Br$，在室温下为固体。另外，基于弱配位阴离子的离子液体$[C_4C_1im][Tf_2N]$在相同条件下的黏度只有63mPa·s。$[C_4C_1im]Cl$在本质上是亲水的，而$[C_4C_1im][Tf_2N]$是疏水的离子液体。另外一个选择是在离子液体中引入功能基团，可以与金属盐相互作用，增加金属盐在其中的溶解度。含有官能团的离子液体称为功能化离子液体。功能化离子液体的合成包含几个步骤。这些离子液体的黏度相对于含有简单烷基基团的离子液体要高一些。比如，3-氰基丙基-1-甲基咪唑鎓双三氟甲磺酰胺20℃的黏度为363mPa·s，是$[C_4C_1im][Tf_2N]$的6倍。虽然，金属盐在功能化离子液体中的溶解度比较高，但是它们的热稳定性相对于功能化的对应离子液体欠佳。

已有文献报道，低黏度的离子液体可以从强配位的阴离子制备而来，比如六氟乙酰丙酮[hfac]阴离子。以前有关[hfac]的研究限于质子或者亲水性的离子液体。2009年，Mehdi等报道了一些疏水性的基于[hfac]的离子液体。他们采用含有不同烷基基团（C_2~C_{18}）的N-甲基-N-烷基吡咯烷鎓离子和1-烷基-3-甲基咪唑鎓离子作为阳离子。这些基于强配位阴离子[hfac]的离子液体的黏度与基于弱配位阴离子的离子液体没有显著的差异。比如$[C_4C_1im][hfac]$的黏度与$[C_4C_1im][Tf_2N]$的黏度相似，在20℃时的黏度为63mPa·s。这些离子液体的钠、铷和钴离子配位络合物已有文献报道。

一些文献中把含有金属的离子液体称为液态金属盐(LMS)，如含有银(Ⅰ)、铜(Ⅰ)、钴(Ⅱ)和锌(Ⅱ)的液态金属盐，可以用于高电流密度电沉积。这里看一例基于$[Mg^{II}(hfac)_3]$配位阴离子的离子液体。虽然离子液体具有宽的电化学窗口和内在的电导率，以简单的离子液体用于电沉积存在一些弊端，比如由于黏度比较高，使得它们在电化学过程中的电流密度比较低。此外，金属盐在离子液体中的溶解度非常低。然而，由于含卤镁盐的使用，这些过程不是环境友好的，会导致卤素气体的生成。此前，以非卤代镁盐用于离子液体中镁的电沉积已有报道。然而，那些过程操作并不简便，而且由于THF蒸汽压比较高和格氏试剂与水的剧烈反应活性，提高了安全风险。但这些问题，可以通过使用含金属离子液体可以得到有效解决。因为金属沉积是通过含金属离子液体的阴极降解实现的，所以可以获得非常高的电流密度。

[hfac]基前驱离子液体的合成。通过平衡离子的交换，采用一步法从相应的溴代前驱离子液体和六氟乙酰丙酮的铵盐[NH₄][hfac]反应，可以获得含有不同有机阳离子的[hfac]基离子液体，比如[C₄C₁im] [hfac]、[C₄C₁pyr] [hfac]、[C₄C₁pip] [hfac] (N-丁基-N-甲基哌啶六氟乙酰丙酮盐)、[C₆C₁mor] [hfac] (N-己基-N-甲基吗啡六氟乙酰丙酮盐)和[C₄py][hfac] (N-丁基吡啶六氟乙酰丙酮盐)，产率可以达到65%~79%。把适当量的溴代离子液体水溶液加入六氟乙酰丙酮的铵盐中，生成相应的疏水性[hfac]基离子液体，作为一个单独的相与水分离，用去离子水洗涤几次，除去卤代杂质。六氟乙酰丙酮的铵盐[NH₄] [hfac]由六氟乙酰丙酮与氨水在0~5℃反应得到。所合成的[hfac]基离子液体室温下是浅黄色液体。

把[hfac]基前驱离子液体加入双三氟甲磺酰亚胺的镁盐水溶液中来制备含镁离子液体，这一反应过程也是一个萃取过程。反应方程式如下：

$$Mg(Tf_2N)_2 + 3[C_4C_1im] [hfac] \longrightarrow [C_4C_1im] [Mg(hfac)_3] + 2[C_4C_1im] [Tf_2N]$$

将混合物静置过夜，由于萃取过程发生在Mg(Tf₂N)₂水溶液和离子液体两个液体相的界面，所以无须搅拌。Mg(Ⅱ)离子被3倍的[hfac]阴离子配位萃取进离子液体相。每个[hfac]阴离子作为一个螯合配体以其两个氧原子与Mg(Ⅱ)离子配位。在萃取过程中，可以观察到离子液体相的体积增大了。通过Mg²⁺萃取进离子液体相，两个[C₄C₁im]⁺阳离子单元进入水相，与两个[Tf₂N]⁻阴离子结合，形成疏水的[C₄C₁im][Tf₂N]离子液体。几小时后，目标产物[C₄C₁im] [Mg(hfac)₃]从离子液体相沉淀出来。由于[hfac]阴离子配体与其他金属离子也可以发生类似的配位反应，比如钠、钕、钴和钌等，因此也可以用类似的方法来制备其他的基于[hfac]的含金属离子液体。所得含镁(II)离子液体可以利用¹H、¹³C-NMR和单晶X射线衍射方法来进行表征。

[hfac]基离子液体的通用制备方法。在一个配有冷凝管的二颈烧瓶中，用注射器将六氟乙酰丙酮缓慢加入等摩尔比的冷（0~5℃）氨水中，搅拌，立刻产

生六氟乙酰丙酮的铵盐[NH$_4$] [hfac]无色沉淀。将卤代前驱离子液体的水溶液，加入固体[NH$_4$] [hfac]中，立刻形成两相。倾倒分离水相，离子液体相用去离子水洗涤多次，直到用硝酸银水溶液检测不出有卤素离子存在。真空除去残余的水，得[hfac]基前驱离子液体，在真空线上50℃干燥24h。

含镁离子液体的通用制备方法。将一倍当量的双三氟甲磺酰亚胺的镁盐，Mg(Tf$_2$N)$_2$的水溶液，缓慢加入三倍当量的六氟乙酰丙酮的各前驱离子液体中，静置过夜，生成含镁离子液体的晶体。

[C$_4$C$_1$im] [Mg(hfac)$_3$]的晶体学参数：三斜晶系，$P-1$空间群，$M_r=$784.7g/mol，$a=$9.0058(8)Å，$b=$17.6783(15)Å，$c=$20.1473(17)Å，$\alpha=$74.180(2)°，$\beta=$107.74(1)°，$\gamma=$89.008(2)°，$V=$3081.6(5)Å^3，$Z=$4，$\mu=$0.21mm^{-1}，收集77620个衍射点，其中11140为独立衍射点，$R_{int}=$0.061，GOF=1.02，最终R indices [$I > 2\sigma(I)$] $R_1=$0.054，$\omega R_2=$0.124。

[C$_4$C$_1$pip] [Mg(hfac)$_3$]的晶体学参数：单斜晶系，$M_r=$801.77g/mol，$P2_1/n$空间群，$a=$18.549(2)Å，$b=$18.597(2)Å，$c=$20.171(2)Å，$\alpha=$90°，$\beta=$111.444(2)°，$\gamma=$89.008(2)°，$V=$6476.4(12)Å^3，$Z=$8，$\mu=$0.2mm^{-1}，收集54735个衍射点，其中16076个为独立衍射点，$R_{int}=$0.027，GOF=1.02，最终R indices [$I > 2\sigma(I)$] $R_1=$0.066，$\omega R_2=$0.204。

[C$_6$C$_1$mor] [Mg(hfac)$_3$]的晶体学参数：单斜晶系，$P2_1/n$空间群，$M_r=$831.79g/mol，$a=$9.4523(8)Å，$b=$18.8574(16)Å，$c=$18.6567(16)Å，$\alpha=$90°，$\beta=$91.129(2)°，$\gamma=$90°，$V=$3324.8(5)Å^3，$Z=$4，$\mu=$0.2mm^{-1}，收集24991个衍射点，其中6109个为独立衍射点，$R_{int}=$0.038，GOF=1.03，最终R indices [$I > 2\sigma(I)$] $R_1=$0.045，$\omega R_2=$0.119。

[C$_4$py] [Mg(hfac)$_3$]的晶体学参数：三斜晶系，$P-1$空间群，$M_r=$781.7g/mol，$a=$9.5379(7)Å，$b=$10.9322(8)Å，$c=$15.1147(10)Å，$\alpha=$81.617(1)°，$\beta=$86.002(1)°，$\gamma=$72.564(1)°，$V=$1486.97(18)Å^3，$Z=$2，$\mu=$0.21mm^{-1}，收集44959个衍射点，其中11358个为独立衍射点，$R_{int}=$0.03，GOF=1.05，最终R indices [$I > 2\sigma(I)$] $R_1=$0.039，$\omega R_2=$0.108。

^{1}H和^{13}C-NMR波谱能够清晰地证明[hfac]与Mg(Ⅱ)的配位，由于[C$_4$C$_1$im] [Mg(hfac)$_3$]的形成，在高场区（>1.5ppm），会出现典型的咪唑H-2质子的^{1}H-NMR位移。前驱离子液体[C$_4$C$_1$im] [hfac]中咪唑H-2质子的^{1}H-NMR位移与[C$_4$C$_1$im] [Mg(hfac)$_3$]中的位移值存在明显差异，这种差异是由于前驱离子液体中酸性H-2质子与[hfac]阴离子的氧原子之间可以形成氢键作用所引起的。咪唑酸性H-2质子与强配位阴离子之间可以形成氢键。但[hfac]/H-2氢键作用由于[hfac]与镁离子的配位而被切断，所以在高场H-2质子位移会反映出来。由于[C$_4$C$_1$im] [Mg(hfac)$_3$]的形成，N-甲基咪唑质子同样显示出小的高场位移，这可以用这样质子的酸性本质和可能的弱的氢键作用来解释。H-4和H-5咪唑质子酸性较小，所引起的化学位移改变较小。不同的是，[hfac]中的C—H质子[C$_4$C$_1$im][Tf$_2$N] (δ=5.58ppm)，在形成[C$_4$C$_1$im] [Mg(hfac)$_3$] (δ=6.03ppm)后，由于[hfac]阴离子与镁离子的配位产生了去屏蔽作用，引起低场位移（0.45ppm）。

含镁离子液体的形成对咪唑环中CH-2碳的^{13}C-NMR也有类似的影响(从δ=139.52ppm变化到δ=136.25ppm)。在与Mg(Ⅱ)络合之后，[hfac]的羰基碳(从δ=173.87ppm变化到δ=178.45ppm)和中间CH碳(从δ=89.42ppm变化到δ=84.76ppm)^{13}C-NMR化学位移也发生了位移。其他含镁离子液体，与它们的[hfac]基前驱离子液体，[C$_4$C$_1$im] [hfac]、[C$_4$C$_1$pyr] [hfac]、[C$_4$C$_1$pip] [hfac]、[C$_6$C$_1$mor] [hfac]和[C$_4$py] [hfac]相比，也发现了类似的变化。

在这些含镁离子液体的配位阴离子中，三个六氟乙酰丙酮阴离子配体以各自的两个氧原子与中心Mg离子螯合配位。除了[C$_6$C$_1$mor] [Mg(hfac)$_3$]，三氟甲基-CF$_3$基都出现了不同程度的无序。[C$_6$C$_1$mor] [Mg(hfac)$_3$]和[C$_4$py] [Mg(hfac)$_3$]的不对称单元中包含一个阴离子—阳离子对，而[C$_4$C$_1$im] [Mg(hfac)$_3$]和[C$_4$C$_1$pip] [Mg(hfac)$_3$]中含有两个阴离子—阳离子对，这两个离子对之间存在着比较小但是比较显著的差异。弱的氢键(C—H···O)相互作用存在于所有的结构中，可能是晶体堆积中的主要导向力，因为没有其他明显的分子间相互作用或者堆积作用力存在。

[C$_4$C$_1$im] [Mg(hfac)$_3$]中一个有机阳离子[C$_4$C$_1$im]$^+$的丁基存在两个构象的无序，而另外一个阳离子的丁基构象轮廓清晰。每个阴离子—阳离子对中咪唑环的C—H原子和阴离子中的氧原子形成两个氢键。

相对于其他含镁离子液体，[C$_4$py] [Mg(hfac)$_3$]的晶体质量较好，有机阳离子不存在无序情况，在整个晶体中均一性较好，因而晶体结构可以得到很好的解析。[C$_4$C$_1$pip] [Mg(hfac)$_3$]晶体结构的不对称单元含有两个阴离子—阳离子对。每个阴离子中的三氟甲基都显示出一定程度的无序。一个哌啶阳离子存在两个构象的无序，比例为0.87/0.13。占位最多的构象中丁基占据哌啶氮的近赤道位置，而占位少的构象中丁基占据着轴向位置。这与[C$_6$C$_1$mor] [Mg(hfac)$_3$]的情况相反，烷基链优先占据六元环的轴向位置。

[C$_6$C$_1$mor] [Mg(hfac)$_3$]中，吗啡阳离子同样存在两种构象的无序，占位比为0.76/0.24。占位多的构象中己基处于氮原子的轴向位置，而占位少的占据着近赤道位置。占位少的构象中己基严重无序，难以解析，需要对C—C键长和原子取代参数进行限制，以获得物理上有意义的模型。

[hfac]基含镁离子液体的晶体结构与其他含钠、钴、铜和钕离子液体相比，有相似之处，也有不同的地方。在所有这些含金属离子液体中，[hfac]阴离子配体都是采取螯合配位方式，咪唑环和[hfac]阴离子的氧原子之间形成氢键作用。对于含镁、钴和铜的离子液体化合物，阴离子中是三个[hfac]阴离子配体与一个中心金属离子螯合配位，形成八面体几何构型。含钠的离子液体与此类似，而对于含钕的离子液体，是四个[hfac]阴离子围绕中心钕离子配位，形成反四方棱柱结构几何构型。

2.5　羧酸

以普通离子液体为溶剂，将金属盐溶于其中，由于反应体系中存在大量的离子液体的阴离子配体，经配位取代反应，得到新的含金属离子液体，如

$[C_2C_1im]_n[Sr(OAc)_3]_n$。将$Sr(NO_3)_2$与纯净的$[C_2C_1im][OAc]$反应，从热的反应混合物中可以得到无色的$[C_2C_1im]_n[Sr(OAc)_3]_n$晶体，合成路径如下：

$$Sr(NO_3)_2 \cdot 4H_2O + \left[\begin{array}{c} \end{array} \right] \xrightarrow{90℃} [C_2C_1im]_n[Sr(OAc)_3]_n$$

$[C_2C_1im]_n[Sr(OAc)_3]_n$的晶体学参数：正交晶系，$P2_12_12_1(19)$空间群，$M_r$=375.92g/mol，$a$=7.483(3)Å，$b$=12.034(5)Å，$c$=17.230(6)Å，$\alpha$=81.617(1)°，$\beta$=86.002(1)°，$\gamma$=72.564(1)°，$V$=1551(1)Å^3，$T$=173(2)，$Z$=4，$\rho$=1.609g/cm^3，$\mu$=3.502mm^{-1}，$F(000)$=768，$\theta$range=2.1°~22.7°，收集9257个衍射点，其中2061个为独立衍射点，R_{int}=0.0949，GOF=0.987，R_1，$\omega R_2[I_0>2\sigma(I)]$=0.035，0.071，$R_1$；$\omega R_2$(all data)=0.048，0.077。

$[C_2C_1im]_n[Sr(OAc)_3]_n$的晶体结构。$[C_2C_1im]_n[Sr(OAc)_3]_n$结晶于正交晶系$P2_12_12_1$空间群，$Z$=4。化合物含有线型的，由$[Sr(OAc)_3]^-$重复单元组成的聚合阴离子链，$[C_2C_1im]^+$阳离子为平衡离子。所有的醋酸根离子采取螯合—桥联配位模式。每个Sr^{2+}中心与9个氧原子配位，其中6个来自于3个螯合的醋酸根离子，剩下3个为额外的桥联氧原子(图2–11)。

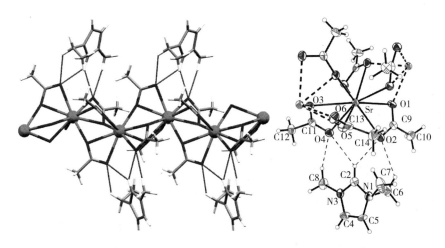

图2–11　$[C_2C_1im]_n[Sr(OAc)_3]_n$的聚合链和基本重复单元的热椭球图(50%的可能性)

只有一个晶体学独立的Sr^{2+}离子，所有的Sr—O键是独立的，所以Sr^{2+}离子的配位圈不能用任何晶体学对称性简化。Sr^{2+}离子是手性中心，配位多面体为变形三盖帽三棱柱，醋酸配体的这种分布使得这个多面体的任何不合理的对称性操作变得不可能。配位阴离子自身是一个配位聚合物，存在与a轴平行的晶体学2次螺旋轴。聚合物中相邻的单元通过一个单一的2_1螺旋轴操作相互关联。Sr^{2+}离子稍微偏离螺旋轴，所以聚合阴离子是螺旋的。

含有不对称二烷基咪唑鎓离子的离子液体在配位化合物的合成中通常用作模板剂，但这是一个有趣的反向工作的例子，这里配位聚合物作为模板指引离子液体的平衡离子堆积。$[C_2C_1im]_n[Sr(OAc)_3]_n$的结构与此前报道的一个基于三氟乙酸$Sr^{2+}$配位聚合物阴离子和$[C_5H_5NH]^+$平衡阳离子，并且含有吡啶晶胞溶剂分子的化合物，$[C_5H_5NH]_n[\{Sr(CF_3COO)_3\}_n] \cdot nC_5H_5N$，很相像。两个化合物的结构中都含有螺旋，聚合阴离子沿着螺旋轴扩增，都堆积于正交单胞，晶体学参数相似，总的堆积方式相似。然而，$[C_2C_1im]_n[Sr(OAc)_3]_n$的空间群为手性空间群，$P2_12_12_1$，三氟乙酸根络合物以非心但非手性空间群堆积。可以看到$[C_2C_1im]_n[Sr(OAc)_3]_n$的堆积，由于乙基对接到配位聚合物的疏水性部分，阳离子互相之间不能通过镜面对称性关联。在其他结构中，吡啶鎓平衡离子，相反，具有内部的对称性，所以不能把配位聚合物的手性转化到总的堆积结构中。

中性、阴离子和混合配体结构的范围已经知道，表明离子液体能够用于探索混合配体络合物的配位化学，比如把$Sr(OAc)_2$与含有不同阴离子的离子液体反应。CSD中只能搜索到四个含有醋酸根的Sr^{2+}络合物：$Sr(OAc)_2 \cdot 0.5H_2O$，混合水合/醋酸溶剂化物 $Sr(OAc)_2(HOAc)_2(OH_2)_2$和$Sr(OAc)_2(HOAc)(OH_2)_2 \cdot HOAc$ 和混合硝酸/醋酸根络合物$Sr_2(OAc)_2(NO_3)_2(OH_2)_3$。虽然醋酸根络合物在它们的内层配位圈都含有混合配体，$[CF_3COO]^-$均配的盐包含前面提到的吡啶鎓盐和中性的$Sr(CF_3COO)_2$可以从传统的溶剂中获得。与后者相反，离子液体的使用，导致易于分离得到无水的具有手性空间群的聚合物$[C_2C_1im]_n[Sr(OAc)_3]_n$。

参考文献

［1］Gale R J, Gilbert B, Osteryoung R A. Raman Spectra of Molten Aluminum Chloride: 1-Butylpyridinium Chloride Systems at Ambient Temperatures［J］. Inorg. Chem., 1978, 17: 2728-2729.

［2］Julien Estager, Alexander A. Oliferenko, Kenneth R. Seddon, et al. Chlorometallate(Ⅲ) ionic liquids as Lewis acidic catalysts-a quantitative study of acceptor properties［J］. Dalton Trans., 2010, 39: 11375-11382.

［3］Frank H Hurley, Thomas P Wler Jr. The Electrodeposition of Aluminum from Nonaqueous Solutions at Room Temperature［J］. J. Electrochem. Soc., 1951, 98: 207-212.

［4］Zenon J Karpinski, Robert A. Osteryoung. Determination of equilibrium constants for the tetrachloroaluminate ion dissociation in ambient-temperature ionic liquids ［J］. Inorg. Chem., 1984, 23: 1491-1494.

［5］Matthew Currie, Julien Estager, Peter Licence, et al. Chlorostannate(Ⅱ) Ionic Liquids: Speciation, Lewis Acidity, and Oxidative Stability［J］. Inorg. Chem., 2013, 52: 1710-1721.

［6］Ying Liu, Ruisheng Hu, Chunming Xu, et al. Alkylation of isobutene with 2-butene using composite ionic liquid catalysts［J］. Appl. Catal., A, 2008, 346: 189-193.

［7］John S. Wilkes. A short history of ionic liquids—from molten salts to neoteric solvents ［J］. Green Chem., 2002,4: 73-80.

［8］Lei Wang, Ji-JunZou, Xiangwen Zhang, et al. Isomerization of etrahydrodicyclopentadiene using ionic liquid: Green alternative for Jet Propellant-10 and adamantine［J］. Fuel, 2012,91: 164-169.

［9］Chong pin HUANG, Zhi chang LIU, Chun ming XU, et al. Effects of additives on the properties of chloroaluminate ionic liquids catalyst for alkylation of isobutane and butane［J］. Appl. Catal., A2004, 277: 41-43.

[10] Manuel Loor, Georg Bendt, Julian Schaumann, et al. Synthesis of Sb_2Se_3 and Bi_2Se_3 Nanoparticles in Ionic Liquids at Low Temperatures and Solid State Structure of $[C_4C_1lm]_3[BiCl_6]$ [J]. Z. Anorg. Allg. Chem., 2017, 643: 60-68.

[11] Loor M, Bendt G, Hagemann U, et al. Synthesis of Bi_2Te_3 and $(BixSb_{1-x})_2Te_3$ nanoparticles using the novel IL $[C_4mim]_3[Bi_3I_{12}]$ [J]. Dalton Trans., 2016, 45: 15326-15335.

[12] Matthew Currie, Julien Estager, Peter Licence, et al. Chlorostannate(II) Ionic Liquids: Speciation, Lewis Acidity, and Oxidative Stability [J]. Inorg. Chem., 2013, 52: 1710-1721.

[13] Tudor Timofte, Slawomir Pitula, Anja-Verena Mudring. Ionic Liquids with Perfluorinated Alkoxyaluminates [J]. Inorg. Chem., 2007, 46: 10938-10940.

[14] Arash Babai, Anja-Verena Mudring. Homoleptic Alkaline Earth Metal Bis(trifluoromethanesulfonyl)imide Complex Compounds Obtained from an Ionic Liquid [J]. Inorg. Chem., 2006, 45: 3249-3255.

[15] Hasan Mehdi, Koen Binnemans, Kristof Van Hecke, et al. Hydrophobic ionic liquids with strongly coordinating anions [J]. Chem. Commun., 2010, 46: 234-236.

[16] Kallidanthiyil Chellappan Lethesh, Sigurd Øien-Ødegaard, Kaushik Jayasayee, et al. Synthesis of magnesium complexes of ionic liquids with highly coordinating anions [J]. Dalton Trans., 2019, 48: 982-988.

[17] Chenkun Zhou, Haoran Lin, Yu Tian, et al. Luminescent zero-dimensional organic metal halide hybrids with near-unity quantum efficiency [J]. Chem. Sci., 2018, 9: 586-593.

[18] Kai Li, Hemant Choudhary, Manish Kumar Mishra, et al. Enhanced Acidity and Activity of Aluminum/Gallium-Based Ionic Liquids Resulting from Dynamic Anionic Speciation [J]. ACS Catal., 2019, 9: 9789-9793.

[19] Rajkumar Kore, Paula Berton, Steven P. Kelley, et al. Group IIIA Halometallate Ionic Liquids: Speciation and Applications in Catalysis [J]. ACS Catal., 2017, 7: 7014-7028.

[20] Ze ping WANG, Jin yun WANG, Jian rong LI, et al. $[Bmim]_2SbCl_5$: a main group metal-containing ionic liquid exhibiting tunable photoluminescence and white-light

emission［J］. Chem. Commun., 2015, 51: 3094-3097.

［21］Nannan Shen, Jianrong Li, Zhaofeng Wu, et al. α- and β-[Bmim][BiCl$_4$(2,2' - bpy)]: Two Polymorphic Bismuth-Containing Ionic Liquids with Crystallization-Induced Phosphorescence［J］. Chem. Eur. J., 2017, 23: 15795- 15804.

［22］Henrik Lund, Jörg Harloff, Axel Schulz, et al. Synthesis and Structure of Ionic Liquids Containing the [Al(OC$_6$H$_4$CN)$_4$]$^-$ Anion［J］. Z. Anorg. Allg. Chem., 2013, 639(5): 754-764.

［23］Andreas Eich, Ralf Koppe, Peter W. Roesky, et al. The Bromine-Rich Bromido Metallates [BMIm]$_2$[SnBr$_6$] · (Br$_2$) and [MnBr(18-crown-6)]$_4$[SnBr$_6$]$_2$ · (Br$_2$)$_{4.5}$ ［J］. Eur. J. Inorg. Chem., 2019: 1292-1298.

［24］Volodymyr Smetana, Steven P. Kelley, Hatem M. Titi, et al. Synthesis of Anhydrous Acetates for the Components of Nuclear Fuel Recycling in Dialkylimidazolium Acetate Ionic Liquids［J］. Inorg. Chem., 2020, 59: 818-828.

［25］Olga Bortolini, Cinzia Chiappe, Tiziana Ghilardi, et al. Dissolution of Metal Salts in Bis(trifluoromethylsulfonyl)imide-Based Ionic Liquids: Studying the Affinity of Metal Cations Toward a "Weakly Coordinating" Anion［J］. J. Phys. Chem., A2015, 119: 5078-5087.

第3章 含过渡金属离子液体

d区元素是指元素周期表第ⅢB~ⅦB、Ⅷ族元素，不包括镧系元素和锕系元素；ds区元素是指IB和IIB两副族元素。d区和ds区元素合称为过渡元素。对于含过渡元素的离子液体的研究开始较早，主要的研究兴趣集中在晶体结构和理化性质研究以及磁性、荧光、催化等性质研究。近年来先后涌现出一些新的有趣的性质，如气体吸附、生物降解等。所采用的阴离子配体种类繁多，从常见的卤素离子、β-二酮配体、全氟磺酸、羧酸等配体，到氮杂环、席夫碱等。所得到的含金属离子液体中，金属离子不再仅局限于配位阴离子中，也有一些为在配位阳离子中。以下按照配体的不同，分类介绍一些常见的含d区和ds区元素离子液体化合物的制备、结构和性能研究。

3.1 卤素

科学家很早已注意到过渡元素金属卤化物和相应离子液体的反应，无论是否加溶剂都可以合成含金属离子液体，这些卤代金属酸盐具有比较新奇的物理、化学性质，如黏度、氧化还原性、催化活性等。1992年，P. S. GRÉGORE 等报道了三个以四乙基铵为阳离子的四氯金属酸盐，$[N_{2222}]_2[MCl_4]$，M=Zn、Cd、Hg。这些化合物为同构，四方晶系，空间群为$P4_2/nmc$，在每个不对称单元中含有两个$[N_{2222}]^+$和一个$[MCl_4]^{2-}$。它们的晶体结构可以看成是A、B两层沿着[110]芳香交替堆积排列而成。A层为[MCl$_4$]$^{2-}$配位阴离子，B层为[N$_{2222}$]$^+$阳离子。每个[MCl$_4$]$^{2-}$配位阴离子，被[N$_{2222}$]$^+$阳离子占据准立方体的八个顶点；反过来，每个[N$_{2222}$]$^+$阳离子占据四个[MCl$_4$]$^{2-}$配位阴离子形成的四面体的中心位置。[N$_{2222}$]$^+$阳离子和[MCl$_4$]$^{2-}$配位阴离子这种特殊的几何构型，导致其空间群对称性低（$P4_2/nmc$），但仍然是萤石结构空间群的次级群。

中心二价金属离子处于一个特殊位置四重轴上（$-1/4$，$1/4$，$1/4$），氯原子处于配位阴离子的镜面上，而不是像[N$_{2222}$]$_2$[CuCl$_4$]和[N$_{2222}$]$_2$[NiCl$_4$]那样，偏离配位阴离子的镜面。Cl—M—Cl键角在108°~110°之间，接近理想的四面体数值。N原子处于一个特殊位置（$1/4$，$1/4$，0.5888）4_2轴上，而四个乙基中与N原子连接的C原子处于普通位置（除了C11和C22，分别处于$x=1/4$，$y=1/4$轴上）。这三个化合物的主要区别在于配位阴离子四面体的尺寸和结构的紧凑型。事实上，三个化合物的a轴轴长互相比较接近，而c轴轴长随着配位阴离子的增加而增加，从Zn—Cl=2.265（2），c=14.964（2）Å到Hg—Cl=2.458（3）Å，c=15.439（3）Å。

[N$_{2222}$]$_2$[HgCl$_4$]：四方晶系，$P4_2/nmc$空间群，M_r=602.89g/mol，a=8.962（2）Å，c=15.439（3）Å，V=1240.1（5）Å^3，Z=2，D=1.615 g/m^3，μ=6.638mm^{-1}，无色。

[N$_{2222}$]$_2$[CdCl$_4$]：四方晶系，$P4_2/nmc$空间群，M_r=514.70g/mol，a=9.034（2）Å，c=15.297（3）Å，V=1248.5（5）Å^3，Z=2，D=1.369 g/m^3，μ=1.304mm^{-1}，无色。

[N$_{2222}$]$_2$[CdCl$_4$]：四方晶系，$P4_2/nmc$空间群，M_r=467.67g/mol，a=9.0147（10）Å，c=14.964（2）Å，V=1216.1（3）Å^3，Z=2，D=1.277g/m^3，μ=5.437mm^{-1}，无色。

2007年日本东京大学的Zhong等报道了一系列的含过渡金属离子液体：[C$_4$C$_1$im]$_2$[SnCl$_4$]、[C$_4$C$_1$im]$_2$[CuCl$_4$]、[C$_4$C$_1$im]$_2$[NiCl$_4$]、[C$_4$C$_1$im]$_2$[MnCl$_4$]、[C$_4$C$_1$im]$_2$[FeCl$_4$]、[C$_4$C$_1$im]$_2$[CoCl$_4$]、[C$_4$C$_1$im]$_2$[ZnCl$_4$]、[C$_4$C$_1$im]$_2$[PtCl$_4$]、[C$_4$C$_1$im]$_2$[ZrCl$_6$]。在这些化合物中[C$_4$C$_1$im]$_2$[SnCl$_4$]和[C$_4$C$_1$im]$_2$[CuCl$_4$]室温下为液

体，而其他的盐为固体。除了$[C_4C_1im]_2[SnCl_4]$和$[C_4C_1im]_2[CuCl_4]$，其他的盐都是在适当的温度用乙腈重结晶得到的。$[C_4C_1im]_2[CuCl_4]$的晶体在223K下用干燥的乙腈结晶得到，$[C_4C_1im]_2[SnCl_4]$的晶体是用干燥的乙醚在245K下结晶得到。$[C_4C_1im]_2[SnCl_4]$的晶体是用液氮冷却它的乙腈溶液，在所得到的固体上面加乙醚，把这个固—液混合物保持在245K，几天后得到晶体。为了促进结晶，得到合适的晶体，可以加入小的籽晶。$[C_4C_1im]_2[SnCl_4]$还可以把它涂覆在Schlenk管壁上，保持温度为245K，大约一个月后可以得到晶体。

这九个化合物都属于单斜晶系，但空间群不同，$[C_4C_1im]_2[SnCl_4]$为$P2_1/a$；$[C_4C_1im]_2[CuCl_4]$、$[C_4C_1im]_2[NiCl_4]$、$[C_4C_1im]_2[MnCl_4]$、$[C_4C_1im]_2[FeCl_4]$、$[C_4C_1im]_2[CoCl_4]$、$[C_4C_1im]_2[ZnCl_4]$均为Cc；$[C_4C_1im]_2[PtCl_4]$为$P2_1/n$，$[C_4C_1im]_2[ZrCl_6]$为$P2_1$。前七个化合物的不对称单元中都是含有两个有机阳离子和一个配位阴离子，$[C_4C_1im]_2[PtCl_4]$含有一个有机阳离子和半个配位阴离子，$[C_4C_1im]_2[ZrCl_6]$含有四个有机阳离子和两个配位阴离子。

这些化合物中形成很多C—H···Cl氢键，键长短于2.95Å，刚好是氢原子和氯原子范德瓦耳斯半径之和。除了$[C_4C_1im]_2[NiCl_4]$中的一个氯离子，其他所有的氯离子都参与形成三维超分子氢键网络。咪唑环中C2、C4、C5上的氢原子以及丁基中的α-碳上的氢原子能够与氯离子形成很强的C—H···Cl氢键。在所有这些化合物中，3位的甲基氢原子无法形成强的氢键。所有的有机阳离子的五环为平面结构，丁基的构象取决于阴离子。

$[C_4C_1im]_2[CuCl_4]$、$[C_4C_1im]_2[NiCl_4]$、$[C_4C_1im]_2[MnCl_4]$、$[C_4C_1im]_2[FeCl_4]$、$[C_4C_1im]_2[CoCl_4]$、$[C_4C_1im]_2[ZnCl_4]$中平均M—Cl键长分别为2.254Å、2.249Å、2.360Å、2.311Å、2.274Å、2.267Å。在$[C_4C_1im]_2[MnCl_4]$、$[C_4C_1im]_2[FeCl_4]$、$[C_4C_1im]_2[CoCl_4]$、$[C_4C_1im]_2[ZnCl_4]$这几个化合物中，配位阴离子具有近似四面体T_d对称性。由于Jahn-Teller效应，$[CuCl_4]^{2-}$配位阴离子显示为近似D_{2d}对称性的变形四面体几何构型，Cl—Cu—Cl键角平均为127.2°。通过对62个含有$[CuCl_4]^{2-}$配位阴离子的晶体结构的调查发现，平均Cl—Cu—Cl键角在105.2°~180.0°之间。$[NiCl_4]^{2-}$配位阴离子具有变形四面体几何构型，Cl_1—Ni—Cl_3和Cl_1—Ni—Cl_4

平均键角为115.8°。[PtCl$_4$]$^{2-}$配位阴离子为平面四方几何构型，[ZrCl$_6$]$^{2-}$配位阴离子为八面体几何构型。[SnCl$_4$]$^{2-}$配位阴离子显示出近似C_{2v}对称性的准三角双锥几何构型。Sn（Ⅱ）离子和氯离子可以形成三角锥几何构型的[SnCl$_3$]$^-$配位阴离子和准三角双锥几何构型的[SnCl$_4$]$^{2-}$配位阴离子。在三角锥[SnCl$_3$]$^-$配位阴离子中，Cl—Sn—Cl键角接近90°，Sn—Cl键长为2.42~2.49Å。[Co(NH$_3$)$_3$][SnCl$_4$]Cl中[SnCl$_4$]$^{2-}$配位阴离子也为准三角双锥几何构型，赤道位置Sn—Cl键长为2.526Å和2.467Å，顶点位置键长为3.003Å和2.669Å，Cl—Sn—Cl键角为89.98°（赤道）和164.69°（顶点）。在[C$_4$C$_1$im]$_2$[SnCl$_4$]中，赤道位置Sn—Cl键长为2.502Å和2.487Å，顶点位置的两个Sn—Cl键长度不同，分别为2.682Å和2.866Å。赤道平面中的Cl—Sn—Cl键角为95.21°，顶点位置的角度为176.07°。

氢键在分子识别过程和晶体工程中起着重要的作用，C—H···Cl是一种比较弱的氢键作用，可以通过H···Cl距离（低于2.95Å）和C—H···Cl角度来判断。此外，在固体样品和溶液中还有一种C—H···π氢键作用。在这种氢键中C-H基团可以和芳香环的中心或者是一个或者多个独立的成环碳原子相互作用。与传统典型的共价键（170kJ/mol）和范德瓦耳斯力（1kJ/mol）相比，上面所述弱氢键作用键能大约每摩尔几十千焦耳。虽然它们相对比较弱，但它们在晶体堆积中对结构的影响不可忽视。在这九个含金属离子液体化合物中，存在三种类型的相互作用，分别是：C—H···Cl氢键、C—H···π（咪唑环）和π···π堆积作用。

[C$_4$C$_1$im]$^+$阳离子中丁基的构象列于表3-1中。在上述九种盐的阳离子中，烷基链的β-碳完全突出咪唑环平面不同的角度。在四种可能出现的构象组合中，可以发现存在三种组合：anti/gauche、gauche/anti和anti/anti，没有发现gauche/gauche这种组合，应是立体位阻太大的原因。拉曼散射可以用于分析[C$_4$C$_1$im]Cl的构象。[C$_4$C$_1$im]Cl是一种单斜结构和正交结构的多晶相，分别显示出anti/anti和gauche/anti构象组合。在液相中，用拉曼散射发现同时存在anti/anti和gauche/anti两种构象组合。上述九种盐的晶态结构中，[C$_4$C$_1$im]$^+$阳离子中丁基存在多种构象组合。

表3-1　有机阳离子[C_4C_1im]⁺中丁基的构象

离子液体	构象	
	$C^6 \sim C^7$	$C^7 \sim C^8$
[C_4C_1im][$SnCl_4$]	邻位交叉	交叠
	交叠	邻位交叉
[C_4C_1im][$CuCl_4$]	交叠	邻位交叉
[C_4C_1im][$NiCl_4$]	交叠	交叠
[C_4C_1im][$MnCl_4$]	交叠	邻位交叉
[C_4C_1im][$FeCl_4$]	交叠	邻位交叉
[C_4C_1im][$CoCl_4$]	交叠	邻位交叉
[C_4C_1im][$ZnCl_4$]	交叠	邻位交叉
[C_4C_1im][$PtCl_4$]	交叠	邻位交叉
[C_4C_1im]$_2$[$ZrCl_6$]	邻位交叉	交叠

　　离子液体的熔点受有机阳离子的对称性、阳离子中的电荷分布、阴离子的尺寸等因素的影响。[C_4C_1im]$_2$[$SnCl_4$]熔点为278K，远低于$SnCl_2$—氯化丁基吡啶鎓体系的熔点（295.4K）。[C_4C_1im]$_2$[$CuCl_4$]熔点为296K，同样低于一些含有独立配位阴离子的盐，比如四氯合铜（Ⅱ）酸·N-（2-氨基乙基）吗啡（熔点为463K），[($C_{10}H_{21}$)$_2$Cl-im]$_2$[$CuCl_4$]·H_2O，熔点为403K。[C_4C_1im]$_2$[$NiCl_4$]、[C_4C_1im]$_2$[$MnCl_4$]、[C_4C_1im]$_2$[$FeCl_4$]、[C_4C_1im]$_2$[$CoCl_4$]、[C_4C_1im]$_2$[$ZnCl_4$]的熔点都大约为333K。这些盐熔化之后再降温，如果不摩擦容器的表面进行干扰，室温下都可以保持过冷态。比如[C_4C_1im]$_2$[$NiCl_4$]，可以保持过冷态40天。[C_4C_1im]$_2$[$PtCl_4$]和[C_4C_1im]$_2$[$ZrCl_6$]熔点分别为372K和391K，而且不存在过冷态。在各种离子液体中都曾经发现过稳定的过冷态。根据离子液体的定义，在这九种盐中，除了[C_4C_1im]$_2$[$ZrCl_6$]，其余都是离子液体化合物。

　　离子传导率：在相同温度下，[C_4C_1im]$_2$[$CuCl_4$]、[C_4C_1im]$_2$[$NiCl_4$]、[C_4C_1im]$_2$[$MnCl_4$]、[C_4C_1im]$_2$[$FeCl_4$]、[C_4C_1im]$_2$[$CoCl_4$]、[C_4C_1im]$_2$[$ZnCl_4$]具有相似的

离子电导率，可能和它们具有相似的晶体结构和阴离子尺寸有关。值得注意的是$[C_4C_1im]_2[SnCl_4]$的离子电导率大概比上述六种盐高出3倍左右。对于均一电解质，阿累尼乌斯离子电导率图通常是直线或者弧形的。而这几个盐的阿累尼乌斯离子电导率图更接近于直线，表明它们是非阿累尼乌斯行为。这些盐的热稳定性非常高，分解温度都在550℃以上。这些盐的蒸汽压非常低，甚至低于仪器的监测最低限，因此可以用于一些比如气/液催化体系和真空条件下的薄膜制备，用于表面科学研究。

$[C_4mim]_2[CrCl_3]_3[OMe]_2$的合成：将5g（0.0286mol）$[C_4C_1im]Cl$和4.529g（0.0286mol）无水$CrCl_3$溶于20mL无水甲醇中。为了促进无水$CrCl_3$的溶解，在溶液中加入$CrCl_2$（由$CrCl_3$还原得到）。将甲醇溶液滴加到干燥的异丙醇中，黑色多晶材料析出，所得沉淀用干燥的异丙醇洗涤直至溶液变为无色。用干燥的甲醇重结晶，得$[C_4mim]_2[CrCl_3]_3[OMe]_2$的单晶。元素分析（%）理论计算值：C 26.51，H 4.45，N 6.87；实测值：C 25.58，H 4.36，N 6.54。熔点为（晶态材料熔化起始温度，T_m）=107.1℃。

$[C_4mim]_2[CrCl_3]_3[OMe]_2$的晶体学参数：$C_{18}H_{36}Cl_9Cr_3N_4O_2$，$M_r$=815.56g/mol，正交晶系，$Pccn$（no.56）空间群，$a$=20.517(3)Å，$b$=8.353(2)Å，$c$=19.928(3)Å，$\alpha=\beta=\gamma=90°$，$V$=3415(1)Å^3，$2\theta_{max}$=25.00°，$\lambda$=0.71073Å，$T$=298(2)K，$D$=1.586g/cm^3，$\mu$=1.665mm^{-1}，$F(000)$=1652。收集25408个衍射点，其中3015个为独立衍射点（R_{int}=0.2233），GOF=0.693，R_1/R_2=0.0450 /0.1384 [$I>2\sigma(I)$]。

近年来，离子液体作为一类新的溶剂，已经得到了广泛关注。它们展示出诸如可以忽略不计的蒸汽压、宽液程、热稳定性高、离子电导率高、电化学窗口宽等一大批具有潜在应用前景的优点。然而，作为溶剂它们主要用于有机合成。仅有很少将其用于无机合成的例子，虽然传统熔盐在固体合成领域广泛作为熔剂材料使用。

离子液体也可以用于合成和稳定分子三氯化铬。氯化铜作为盐基质稳定非传统磷和其他第VA和第VIA族化合物已经得到广泛深入的研究，很少有人注意日益成长的离子液体这方面的应用。最近才有人注意到离子液体可以用作基质捕获非寻常金属配位环境。然而，[C₄C₁im][OMe]基质可以稳定分子三核CrCl₃（OMe=甲氧基）。这个新颖的化合物，成分为[C₄mim]₂[CrCl₃]₃[OMe]₂，CrCl₃单元具有十分新奇的结合和成键特征。甲醇中，在CrCl₂存在的条件下，离子液体[C₄C₁im]Cl和CrCl₃反应可以高产率合成[C₄mim]₂[CrCl₃]₃[OMe]₂。

十分奇怪的是，[C₄mim]₂[CrCl₃]₃[OMe]₂的晶体结构（图3-1）显示为分子单元为Cr₃Cl₉嵌在[C₄C₁im][OMe]基质中。这种结构次级单元可以看作是CrCl₃的一种新的修正。在体相CrCl₃中，从未观察到这种结构和成键特征。

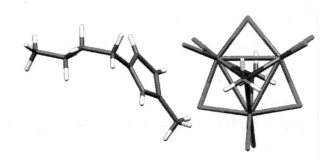

图3-1　[C₄mim]₂[CrCl₃]₃[OMe]₂的晶体结构图

[C₄mim]₂[CrCl₃]₃[OMe]₂的分子式也可以写为（CrCl₃）₃@2[C₄C₁im][OMe]，以强调[C₄C₁im][OMe]事实上为分子（CrCl₃）₃提供了一种离子主体基质。通过严重变形的CrCl₄四面体的三边共享，形成中性Crᴵᴵᴵ簇。[C₄mim]₂[CrCl₃]₃[OMe]₂中，Cr—Cl平均键长为2.314Å，稍微比CrCl₃的短，Crᴵᴵᴵ离子为氯离子八面体配位[平均d（Cr—Cl）=2.348Å]。然而，考虑到[C₄mim]₂[CrCl₃]₃[OMe]₂中Crᴵᴵᴵ离子配位数比较低，这一键长也算是合理。[C₄mim]₂[CrCl₃]₃[OMe]₂中Crᴵᴵᴵ—Cl（桥联氯离子，2.367Å）原子间距离稍微比Crᴵᴵᴵ—Cl（端基氯离子，2.263Å）长。有趣的是，(CrCl₃)₃三角单元中每个Crᴵᴵᴵ离子两侧还有两个金属离子，距离比较短，分别为2.943Å和2.952Å。

自从发现金属—金属四偶极键以来，Cr—Cr金属—金属键受到了广泛关注。最近，甚至含有Cr—Cr四重键的化合物也已被合成出来。过渡金属化合物中，含有金属—金属单键的离子比较多。尤其是，还原态前过渡金属卤化物，比如d^1-TiI$_3$或者d^2-TiI$_2$等温度相关d电子相互作用，已经成为研究的焦点。然而键级小于4的Cr—Cr相互作用则少有人研究。通常，当Cr—Cr原子间距离处于2.65~2.97之间时，就认为是Cr—Cr单键。在[C$_4$mim]$_2$[CrCl$_3$]$_3$[OMe]$_2$的等电子体系化合物中，如tris(μ_2-chloro)-tris(η^5-cyclopentadienyl)(μ_3-methylidene)-trichromium-(Ⅲ)和结构相似的8电子簇合物bis(μ_3-sulfido)-tris(μ_2-sulfido)-tris[bis(1,2-dimethylphosphino)-ethane-P, P']trichromium，Cr—Cr原子间距离为2.558Å，已经发现存在d电子的反铁磁耦合，并讨论了Cr—Cr键。

磁性测试表明，[C$_4$mim]$_2$[CrCl$_3$]$_3$[OMe]$_2$具有反铁磁耦合性质。通过高温区外推法，可以估算出居里温度T_c大约为55.3K，低于50K时，摩尔磁化率逐渐增加，可以观察到铁磁贡献。高温时，有效磁矩为3.54μ_B/Cr^{Ⅲ}离子，稍微比仅存在自旋的三角d电子数值（3.88μ_B）小。

随着温度的下降，有效磁矩下降，直至达到1.88μ_B，与每个Cr$_3$Cl$_9$单元中含有一对未成对电子的理论值十分吻合。温度对有效磁矩的影响，可以用d电子相互作用的逐渐增加，Cr$_3$Cl$_9$单元中金属—金属键电子的限域化加以解释。最后，低温时化学键的所有9个d电子中，除了一个电子，其余所有电子都成对。这一结果可以从理论计算中得到支持。通过加强休克儿计算，可以得到态密度（DOS）、Cr—d以及Cl—p PDOS（规划态密度）分析，显示出存在显著的Cr贡献以及费米能级下方的一些Cl—p混合。

然而，Cr—Cr相互作用，从低能级到高能级，首先是强的Cr—Cr成键，然后是轻微的反键。单占据分子轨道（SOMO）存在一定程度的金属—金属成键。从Cr$_3$Cl$_9$单元的5个已占前线分子轨道来看，所有轨道主要是Cr—d特征和Cr三角的拉伸。这样，低温时Cr—Cr的相互作用来自三中心两电子键（3c—2e）电子的限域化。[C$_4$mim]$_2$[CrCl$_3$]$_3$[OMe]$_2$是一个非常新颖的化合物，三角铬簇(CrCl$_3$)$_3$能够以三聚CrCl$_3$的分子形式被捕获，嵌在[C$_4$C$_1$im][OMe]基质中。根据实验和理论计算考察，三价铬离子与它们的9个d电子相互作用。随着温度的升高，d电子的反铁磁耦合作用增强，直至除了一个电子之外的所有电子在三中心两电子

（3c—2e）键中成对。

卤化汞络合物由于它们有趣的且复杂的结构特征已经被广为研究，这些化合物常形成复杂的超结构和调整的结构。从这一方面讲，含有无机Cs^I作为平衡离子的卤化汞络合物被研究的最多。在$Cs^I/Hg^{II}/Cl^{I-}$这一体系中，已知存在组成为Cs_3HgCl_5，Cs_2HgCl_4，$CsHgCl_3$，$CsHg_2Cl_5$，$CsHg_5Cl_{11}$的化合物，它们的晶体结构已经得到表征。对于$Cs^I/Hg^{II}/Br^{I-}$这一体系，Cs_3HgBr_5，Cs_2HgBr_4，$CsHgBr_3$和$CsHg_2Br_5$的晶体结构已经被清楚地鉴定出来。混合卤素化合物如$CsHgCl_2Br$和$CsHgClBr^2$同样也已经被报道。

含有有机平衡离子的卤代碘化汞（Ⅱ）络合物的结构多样性更加多种多样。在这些化合物中，Hg^{II}的最优先配位数是4。除了单体结构的四氯化汞合二甲基铵盐，缩合的多阴离子。

从以上可以看出Hg^{II}配位卤化物表现出花样繁多的结构多样性，那么是否可以通过合理选择大的、不对称的和电荷分散的有机阳离子，将Hg（Ⅱ）卤化物发展成可控的离子液体呢？离子液体可以用于溶液中金属离子的萃取，在这样的背景下，疏水性的离子液体被认为是适合用作萃取剂用于水中汞离子的萃取。同样的，用离子液体从气相去除汞也已有文献报道。如果有一天，某一个离子液体用于汞离子的萃取工艺成为现实，那么了解所得盐的物理化学性质是非常有必要的。此外，含金属离子液体是非常有趣的，这是因为它们具有一些特殊的优点，也就是金属的一些性质比如磁性、荧光、催化等，可以被引入离子液体中。许多金属氯化物基离子液体，如$SnCl_2$、$SnCl_4$、$LaCl_3$、YCl_3、$TiCl_4$、$MnCl_2$、$FeCl_3$、$CoCl_2$、$NiCl_2$、$PdCl_2$、$PtCl_4$、$IrCl_4$、$CuCl$、$AgCl$、$AuCl_3$、$ZnCl_2$、$CdCl_2$和$InCl_3$，已经被合成出来，一些已经进行了结构表征。

含汞离子液体不仅在萃取和环境化学领域非常有趣，而且对于基础研究也是非常有意义的，这是因为汞是除了金之外，化学中相对论效应最为明显和重要的。汞化学和离子液体成对，可以把经典熔盐化学拓展到低温区域。通过反歧化反应制备多原子物种，可以让人们深入洞察化学成键以及到底是如何影响的。德国波鸿鲁尔大学的Mudring教授制备了系列$[C_nC_1im][HgX_3]$（n=3、4；X=Cl、Br）化合物，并报道了这些含汞离子液体的一些重要性质。

目标化合物$[C_nC_1im][HgX_3]$（n=3、4；X=Cl、Br）可以通过两种合成方法获得：一种是离子热合成法，在升高温度下，将各自的卤化汞盐直接与想要的卤化烷基咪唑前驱离子液体反应。反应需要在干燥氮气气氛保护的标准手套箱和Schlenk技术中进行。另一种是经典的溶液法，将各自的咪唑卤化物和相应的卤化汞在水和或者乙醇中反应。

方法1：$[C_nC_1im][HgX_3]$（n=3、4；X=Cl、Br）。在12mm的玻璃管中，加入$HgCl_2$或者$HgBr_2$和等摩尔的各咪唑卤化盐，在动态真空条件下，封管，在130℃烘箱中反应，直到形成透明均一的无色液体。然后缓慢冷却到室温（–3℃/h），得到高质量的单晶，定量即可得到产品。

$[C_3C_1im][HgCl_3]$：熔点为69.3℃；玻璃化转变温度为–66.4℃。

$[C_4C_1im][HgCl_3]$：熔点为39.5℃，无玻璃化转变温度。

$[C_3C_1im][HgBr_3]$：熔点为93.9℃，玻璃化转变温度为–60.5℃。

$[C_4mim][HgBr_3]$：熔点为58.3℃，玻璃化转变温度为–73.2℃。

方法2：$[C_4C_1im][HgCl_3]$的合成。将等摩尔的$[C_4C_1im]Cl$和$HgCl_2$分别溶于去离子水中。混合后，在室温下静置，挥发，得无色晶体，产率约100%。$[C_4C_1im][HgBr_3]$：1.00mmol $[C_4C_1im]Br$和$HgBr_2$各溶于100mL的EtOH中，混合，室温下静置挥发，过夜，得无色晶态物质，产率为28%。

化合物$[C_3C_1im][HgCl_3]$的晶体学参数为：$C_7H_{13}HgCl_3N_2$，M_r=432.14g/mol，单斜晶系，Cc空间群，a=16.831(4)Å，b=10.7496(15)Å，c=7.4661(14)Å，α=90°，β=105.97(2)°，γ=90°，V=1298.7(4)Å^3，Z=4，λ=0.71073Å，T=298(2) K，D_{calc}=2.210g/cm^3，μ=12.43mm^{-1}，$F(000)$=800.0，收集3755个衍射点，其中独立衍射点2231个（R_{int}=0.095），GOF=0.859，R_1/R_2=0.0527/0.1193[I>2$\sigma(I)$]，R_1/R_2=0.0869/0.1280(all data)。

化合物$[C_4C_1im][HgCl_3]$的晶体学参数为：$C_8H_{15}HgCl_3N_2$，M_r=446.2g/mol，单斜晶系，Cc空间群，a=17.3178(28)Å，b=10.7410(15)Å，c=7.4706(13)Å，

$\alpha=90°$，$\beta=105.590(4)°$，$\gamma=90°$，$V=1338.5(4)Å^3$，$Z=4$，$\lambda=0.71073Å$，$T=170(2)K$，$D_{calc}=2.214g/cm^3$，$\mu=12.07mm^{-1}$，$F(000)=831.8$，收集4381个衍射点，其中独立衍射点2368个（$R_{int}=0.052$），GOF$=1.036$，$R_1/R_2=0.035/0.089[I>2\sigma(I)]$，$R_1/R_2=0.040/0.090$(all data)。

化合物$[C_3C_1im][HgBr_3]$的晶体学参数为：$C_7H_{13}HgBr_3N_2$，$M_r=432.14g/mol$，单斜晶系，$P2_1/c$空间群，$a=10.2043(10)Å$，$b=10.7332(13)Å$，$c=14.5796(16)Å$，$\alpha=90°$，$\beta=122.47(2)°$，$\gamma=90°$，$V=1347.2(4)Å^3$，$Z=4$，$\lambda=0.71073Å$，$T=293(2)$K，$D_{calc}=2.788g/cm^3$，$\mu=20.29mm^{-1}$，$F(000)=1016.0$，收集8716个衍射点，其中独立衍射点2308个（$R_{int}=0.054$），GOF$=0.857$，$R_1/R_2=0.025/0.043[I>2\sigma(I)]$，$R_1/R_2=0.044/0.045$(all data)。

化合物$[C_4C_1im][HgBr_3]$的晶体学参数为：$C_8H_{15}HgBr_3N_2$，$M_r=579.52g/mol$，单斜晶系，Cc空间群，$a=17.093(3)Å$，$b=11.0498(15)Å$，$c=7.8656(12)Å$，$\alpha=90°$，$\beta=106.953(2)°$，$\gamma=90°$，$V=1421.1(4)Å^3$，$Z=4$，$\lambda=0.71073Å$，$T=170(2)K$，$D_{calc}=2.709g/cm^3$，$\mu=19.24mm^{-1}$，$F(000)=1048.0$，收集4118个衍射点，其中独立衍射点2375个（$R_{int}=0.059$），GOF$=1.174$，$R_1/R_2=0.055/0.164[I>2\sigma(I)]$，$R_1/R_2=0.061/0.170$(all data)。

$[C_3C_1im][HgCl_3]$、$[C_4C_1im][HgCl_3]$、$[C_4C_1im][HgBr_3]$事实上为同构的化合物，结晶于单斜非心空间群Cc（No.9），每个单胞中含有四个分子。为了验证是否存在反对称中心，尝试用中心对称$C2/c$空间群解析结构，但是不能得到合理解。$[C_3C_1im][HgBr_3]$结晶于中心对称的空间群$P2_1/c$（No. 14），每个单胞中含有四个分子。

$[C_3C_1im][HgCl_3]$、$[C_4C_1im][HgCl_3]$、$[C_4C_1im][HgBr_3]$都含有一个平面结构的HgX_3^-配位阴离子，接近于理想的C_{3v}对称性（图3-2）。在三角平面阴离子中，$[C_3C_1im][HgCl_3]$、$[C_4C_1im][HgCl_3]$、$[C_4C_1im][HgBr_3]$的Hg—X平均键长分别为2.43(8)Å、2.44(4)Å和2.56(3)Å，比具有线型结构X—Hg—X的卤化汞（Ⅱ）的键长长4%~7%。这些三角平面HgX_3^-配位阴离子通过两个长的X···Hg相互作用连接成一个沿着晶体学c轴的一维无限链，围绕Hg（Ⅱ）中心形成轴向三角双锥

几何构型。这种排列方式在[SMe$_3$][HgI$_3$]中也有发现。这些三角双锥通过它们最短的边连接成沿着（001）方向的线型一维链，相邻的这些链被咪唑阳离子分隔开。

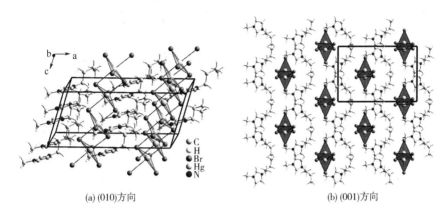

(a) (010)方向   (b) (001)方向

图3-2 [C$_4$C$_1$im][HgBr$_3$]沿着（010）和（001）方向的晶体结构图

[C$_3$C$_1$im][HgCl$_3$]、[C$_4$C$_1$im][HgCl$_3$]、[C$_3$C$_1$im][HgBr$_3$]、[C$_4$C$_1$im][HgBr$_3$]中咪唑阳离子中的键长和键角都在理想的范围（表3-2）。然而，它们的相对构象还是存在一些显著区别。如预料，阳离子中的咪唑环是平面的，区别存在于烷基链中。[C$_3$C$_1$im][HgCl$_3$]、[C$_4$C$_1$im][HgCl$_3$]、[C$_3$C$_1$im][HgBr$_3$]、[C$_4$C$_1$im][HgBr$_3$]中烷基链与咪唑环之间的夹角分别为102.2(2)°、113.4(5)°、111.4(1)°、109.1(2)°。[C$_3$C$_1$im][HgCl$_3$]和[C$_3$C$_1$im][HgBr$_3$]中，丙基相对于咪唑环的取向是不同的，在丙基这一端，沿着C—C键采取反式构象。而在[C$_4$C$_1$im][HgCl$_3$]和[C$_4$C$_1$im][HgBr$_3$]中，丁基相对于咪唑环的取向是一致的，而构象是不一样的。在[C$_4$C$_1$im][HgCl$_3$]中，丁基采取一个全反式构象（与[C$_3$C$_1$im][HgCl$_3$]和[C$_3$C$_1$im][HgBr$_3$]一样）。相反，[C$_4$C$_1$im][HgBr$_3$]中的丁基链采取的是反式（C$_5$~C$_6$）和邻位交叉的（C$_6$~C$_7$）构象。典型的，烷基链全反式排列是能量上优先的。由于[C$_4$C$_1$im][HgBr$_3$]不存在相转变，可以推测是堆积效应导致它的丁基具有反-邻位交叉构象，以达到$^1_\infty$[HgX$_3$]链和有机阳离子的有效排列的目的。由于[C$_4$C$_1$im][HgCl$_3$]和[C$_4$C$_1$im][HgBr$_3$]中丁基阳离子的构象，可以排除形成氢键的

可能性。

表3-2　[C$_3$C$_1$im][HgCl$_3$]、[C$_4$C$_1$im][HgCl$_3$]、[C$_4$C$_1$im][HgBr$_3$]中的键长和键角

[C$_3$C$_1$im][HgCl$_3$]	键长/Å	Hg—Cl$_3$	2.38（2）	Hg—Cl$_1$	2.384（5）
		Hg—Cl$_2$	2.514（3）	Hg—Cl$_2$	2.86（2）
		Hg—Cl$_3$	3.25（3）		
	键角/（°）	Cl—Hg—Cl$_2$	112.2（2）	Cl$_2$—Hg—Cl$_1$	112.8（2）
		Cl—Hg—Cl$_3$	134.0（3）		
[C$_4$C$_1$im][HgCl$_3$]	键长/Å	Hg—Cl$_2$	2.412（3）	Hg—Cl$_3$	2.42（3）
		Hg—Cl$_1$	2.49（2）	Hg—Cl$_1$	2.96（2）
		Hg—Cl$_3$	3.02（2）		
	键角/（°）	C$_2$—Hg—Cl$_3$	125.8（2）	Cl$_2$—Hg—Cl$_1$	114.4（2）
		Cl—Hg—Cl$_3$	119.7（2）		
[C$_3$C$_1$im][HgBr$_3$]	键长/Å	Hg—Br$_2$	2.498（8）	Hg—Br$_3$	2.49（1）
		Hg—Br$_1$	2.794（1）	Hg—Br$_1$	2.807（4）
	键角/（°）	Br$_1$—Hg—Br$_3$	103.12（2）	Br$_3$—Hg—Br$_1$	105.15（3）
		Br$_1$—Hg—Br$_2$	102.91（2）	Br$_2$—Hg—Br$_1$	103.12（2）
[C$_4$C$_1$im][HgBr$_3$]	键长/Å	Hg—Br$_1$	2.537（2）	Hg—Br$_2$	2.54（2）
		Hg—Br$_3$	2.59（2）	Hg—Br$_3$	314（2）
	键角/（°）	Br$_1$—Hg—Br$_3$	125.42（7）	Br$_3$—Hg—Br$_1$	115.24（7）
		Br$_3$—Hg—Br$_2$	119.23（8）		

　　基于可接受的原子间数据，[C$_3$C$_1$im][HgCl$_3$]、[C$_4$C$_1$im][HgCl$_3$]、[C$_3$C$_1$im]
[HgBr$_3$]、[C$_4$C$_1$im][HgBr$_3$]中的氢键作用是非常弱的。由于氢原子是采取理论计算
的方法加在理论位置，供体…受体距离或许是比较合适的。很明显，咪唑环中
2号位置的质子（2–H）在所有四个化合物中都参与形成了氢键；酸性不太强
的质子，也就是咪唑环的4位和5位氢原子在[C$_3$C$_1$im][HgCl$_3$]、[C$_4$C$_1$im][HgCl$_3$]、
[C$_4$C$_1$im][HgBr$_3$]中形成了氢键，而在[C$_3$C$_1$im][HgBr$_3$]中，没有发现存在这样的相
互作用。烷基侧链中的一些质子也参与形成一些非常弱的氢键作用。

$[C_3C_1im][HgCl_3]$、$[C_4C_1im][HgCl_3]$的远红外和拉曼光谱上主要是不对称的 Hg—Cl伸缩振动，出现在~275cm^{-1}波数附近。在同构的$[C_4C_1im][HgBr_3]$中，对称 Hg—Br伸缩振动出现在170cm^{-1}，不对称的振动吸收峰出现在约180cm^{-1}处。这 对应于端基溴的Hg—Br伸缩。在$[C_3C_1im][HgBr_3]$中，含有$[Hg_2Br_6]^{2-}$二聚体，含有 两个共边四面体，对称Hg—Br振动涉及端基溴出现在185cm^{-1}不对称地出现在 213cm^{-1}处。在135cm^{-1}处的峰对应于桥联溴Hg—Br的对称振动吸收，与其他一 些含有相似阴离子的卤化汞（Ⅱ）络合物的数值吻合。100cm^{-1}以下的δ（X— Hg—X）已经与络合阴离子的变形振动相关联，可能会和弱Hg—X的伸缩振动 发生重叠。

$[C_3C_1im][HgCl_3]$、$[C_4C_1im][HgCl_3]$、$[C_3C_1im][HgBr_3]$、$[C_4C_1im][HgBr_3]$的ESI— MS测试得到了一些有趣的结果。在含有氯的化合物$[C_3C_1im][HgCl_3]$、$[C_4C_1im]$ $[HgCl_3]$中，没有检测到氯离子，而在含溴的化合物$[C_3C_1im][HgBr_3]$、$[C_4C_1im]$ $[HgBr_3]$中检测到了溴离子。在所有四个化合物中，都可以检测到$[HgX_3]^-$阴离 子，但是没有发现更高的聚集体的存在。此外，既没有发现分子峰，也没有发 现大量的簇合物的峰。

DSC测试表明，$[C_3C_1im][HgCl_3]$、$[C_4C_1im][HgCl_3]$、$[C_3C_1im][HgBr_3]$和$[C_4C_1im]$ $[HgBr_3]$的熔点都低于100℃（表3-3），所以它们都属于离子液体化合物。其中 同构的$[C_3C_1im][HgCl_3]$、$[C_4C_1im][HgCl_3]$和$[C_4C_1im][HgBr_3]$，具有相似的热行为。 这里以$[C_3C_1im][HgCl_3]$为例，当从熔融态开始降温，在一个很大温度范围内可 以发现存在过冷现象，直至固化形成玻璃态。继续加热，能够再次结晶并形 成晶态材料。这种热行为在离子液体中是比较常见的。当降温速率非常慢时 （<3℃/h），可以观察到结晶现象。随着烷基侧链从丙基变为丁基，离子液体 的熔点降低，相对于含氯的离子液体，含溴的离子液体化合物的熔点降低得少 一些。$[C_3C_1im][HgBr_3]$的热行为与其他三个不一样，当从熔融态开始降温，直 接发生结晶，而没有形成玻璃态。而且，过冷液体的温度范围保持在约40℃， 明显少于其他化合物。相对于含有三角平面阴离子HgX_3^-，通过X…Hg氢键作 用可以形成聚合链的$[C_3C_1im][HgCl_3]$、$[C_4C_1im][HgCl_3]$和$[C_4C_1im][HgBr_3]$，含有

$[Hg_2Br_6]^{2-}$配位阴离子的$[C_3C_1im][HgBr_3]$，似乎更易于结晶。

表3-3　$[C_3C_1im][HgCl_3]$、$[C_4C_1im][HgCl_3]$、$[C_3C_1im][HgBr_3]$和
$[C_4C_1im][HgBr_3]$的DSC测试数据

测试参数		$[C_3C_1im]$ $[HgCl_3]$	$[C_4C_1im]$ $[HgCl_3]$	$[C_4C_1im]$ $[HgBr_3]$	$[C_4C_1im]$ $[HgBr_3]$
第一次加热	熔点/℃	69.3	93.9	39.5	58.3
第一次降温	玻璃化转变温度/℃	−66.4	−60.5		−73.2
	结晶/℃			1.7	
第二次加热	玻璃化转变温度/℃	−43.7	−45.1		−52.2
	结晶/℃	−0.9	−8.4		−5.2
	熔化/℃	67.3	92.1	40.9	56.8

　　循环伏安测试表明，所有的含汞离子液体化合物显示出两步电子迁移机理（表3-4）。当向负电压方向扫描，首先发现一个单电子$Hg^{2+} \rightarrow Hg_2^{2+}$还原峰，接着是另外一个单电子还原峰$Hg^{I} \rightarrow Hg^{0}$。当电压反过来，可以发现各氧化峰。然而氧化峰和还原峰步骤间隔太远，以至于很难判断为一个可逆的电化学反应。似乎离子液体的阳离子和配位阴离子的卤素对所测试的半波电势有影响。当离子液体的阳离子从$[C_3C_1im]^+$变为$[C_4C_1im]^+$导致Hg^{II}/Hg^{I}和Hg^{I}/Hg^{0}的半波电势都向更负的方向位移。含氯的离子液体的Hg^{II}/Hg^{I}氧化还原电对的半波电势比含溴的离子液体的更负。这与Hg^{I}/Hg^{0}氧化还原电对的半波电势的变化趋势刚好相反。所有离子液体中，Hg^{II}/Hg^{I}和Hg^{I}/Hg^{0}氧化还原电对的电势差异比在水溶液中的要大。

　　离子液体是当今凝结相领域研究较为广泛的。起先研究的兴趣来自铝的还原、电池和电镀。那时研究的离子液体是$AlCl_3$和季铵盐的低温熔盐，这些低温熔盐含有配位阴离子，如$AlCl_4^-$和$Al_2Cl_7^-$。在过去的20年里，离子液体得到了快速发展，这期间配位阴离子已经被分立的、闭壳的阴离子，如BF_4^-，PF_6^-和$(CF_3SO_2)_2N^-$所取代。这些盐通常具有比较低的黏度、高的电导率和宽的电化学窗口。这些离子液体已经被提议用于许多领域，从燃料的脱硫到金属的处理。

然而，直至目前很少有实现实际应用的，虽然一些已经处于试验性规模，部分原因是合成和纯化的复杂性。

表3-4 $[C_3C_1im][HgCl_3]$、$[C_4C_1im][HgCl_3]$、$[C_3C_1im][HgBr_3]$和 $[C_4C_1im][HgBr_3]$的电化学数据

电化学势	$[C_3C_1im][HgCl_3]$	$[C_4C_1im][HgCl_3]$	$[C_3C_1im][HgBr_3]$	$[C_4C_1im][HgBr_3]$
E_{Ox}^1（Hg_2^{2+}/Hg^{2+}）/V	−0.3292	−0.3999	−0.2417	−0.2608
E_{Red}^1（Hg^{2+}/Hg_2^{2+}）/V	−0.6612	−0.7374	−0.6337	−0.6245
$E_{1/2}^1$/V	−0.4952	−0.56865	−0.4377	−0.44265
ΔE^1/V	0.332	0.3375	0.392	0.3637
E_{Ox}^2（Hg_2^{2+}/Hg^{2+}）/V	−0.6783	−0.7024	−0.752	−0.7784
E_{Red}^2（Hg^{2+}/Hg_2^{2+}）/V	−0.7979	−0.8769	−0.8751	−0.8736
$E_{1/2}^2$/V	−0.7381	−0.78965	−0.81355	−0.826
ΔE^2/V	0.1196	0.1745	0.1231	0.0952
E_{Ox}（X^-/X_2）/V	0.413	0.357	0.1549	0.098

在努力制备更加简单的离子液体，并将其大规模地应用于金属表面的加工过程中，一些课题组考察了一些低温熔盐类的离子液体，发现铝基低温熔盐的思路同样适用于其他金属，如Zn和Sn。这些思路可以拓展到使用水合金属盐和甚至氢键供体（HBT），与季铵盐的卤素阴离子络合。这导致存在许多不同的序列。为了区分这些低温熔盐，英国莱斯特大学的Wilson教授等设计了一种简单的分类体系。低温熔盐类离子液体可以表示成如下通式：

$R_1R_2R_3R_4N^+X^-\cdot Y^-$。

类型 I 低温熔盐：Y=MCl_x，M=Zn、Sn、Fe、Al、Ga

类型 II 低温熔盐：Y=$MCl_x\cdot yH_2O$，M=Zn、Sn、Fe、Al、Ga

类型 III 低温熔盐：Y=R^5Z，Z=$CONH_2$、COOH、OH

离子液体的一个困难在于离子物种的大尺寸和液体中的小尺寸空隙。这对离子液体的黏度和电导率有影响。然而，离子液体的数量是有限的，离子半径

可以减小，但它会影响离子液体的凝固点。当然也可以不使用季铵或者季鏻类盐制备离子液体。可以从金属盐和简单的有机醇或者胺来制备低温熔盐，这些都含有含金属的阴离子或者阳离子，它们的物理性质与其他离子液体一致。

截至目前，许多室温下为液态的离子体系所采用的有机阳离子，基本上都是铵、鏻和硫鎓离子物种。无机阳离子由于它们的高电荷密度，一般不会形成室温离子液体。前期的工作表明，尿和碱金属卤化物的混合物能够形成低温熔盐，熔点通常低于150℃，只有碘和硝酸盐体系的熔点接近室温。Wilson等系统研究了类型 I 的低温熔盐体系。

图3-3为尿素/ZnCl$_2$体系随着组成改变的相行为。研究发现，当尿素/ZnCl$_2$摩尔比（低温熔盐的组成）为3.5∶1时，体系具有最低凝固温度（T_f）。ZnCl$_2$和尿素的凝固点分别为293℃和134℃。起初认为，这种类型的液体仅是上面所述类型 I 和类型 III 低温熔盐的杂化物，但仅是一些数量有限的金属盐和甚至更少的供体之间才能形成这些低温熔盐。尿素可以和SnCl$_2$、FeCl$_3$形成室温低温熔盐，而与AlCl$_3$不能。研究人员也考察了许多其他供体，但发现仅有限数量的胺和二醇能够有效形成室温离子液体。这其中包括乙酰胺、乙二醇和1，6-己二醇。奇怪的是，羧酸不能像季铵盐一样与ZnCl$_2$形成室温低温熔盐。这表明配位阴离子不是通过氢键，而很有可能是通过供体和金属之间的共价配位键连接。

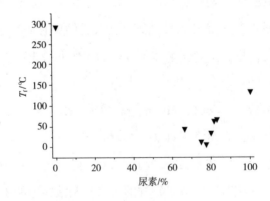

图3-3　尿素/ZnCl$_2$体系相图

通过研究$ZnCl_2$和不同胺及二醇所形成低温熔盐的相行为（表3-5），这些低温熔融盐混合物明显与类型 I 和 III 的不同，因此可以认为是第四种低温熔盐。

表3-5　$ZnCl_2$和不同胺及二醇低温熔盐的相行为数据

供体	供体/$ZnCl_2$的摩尔比	低温熔盐熔点T_f/℃	纯组分熔点$T_f{}^*$/℃
尿素	3.5	9	134
乙酰胺	4	−16	78
乙二醇	4	−30	13
己二醇	3	−23	43

前期，有关$ZnCl_2$和季铵盐[比如氯化胆碱（ChCl）]混合物的研究工作，表明低温熔盐中ChCl/$ZnCl_2$的摩尔比为1∶2，凝固点温度（T_f）为23℃。而作为对比，尿素/$ZnCl_2$低温熔盐的凝固点温度T_f仅为9℃。这一数值是合理的，因为低温熔盐溶剂的凝固点部分受纯组分熔点的影响，$T_f{}^*$（尿素的熔点为134℃；氯化胆碱的熔点为303℃）。从图3-3可以看出凝固点（相对于两种组分低温熔盐摩尔比的理想混合物）的降低值为150℃。凝固点的降低值比相应的ChCl/$ZnCl_2$体系要小（272℃）。凝固点的降低与两种组分之间的相互作用大小有关，氯离子和$ZnCl_2$之间的相互作用要比相应的与尿素之间的相互作用要强。这些液体的上限研究温度取决于供体分子的稳定性。当温度接近于纯组分的沸点，混合物不会分解，但倾向于失去有机组分。

为了研究类型 I 、III 和 IV 低温熔盐体系的区别，有必要确定溶液中的离子组分。此前，FAB质谱已经用于离子物种的鉴定。ChCl/$ZnCl_2$低温熔盐显示出存在一些Zn的络合阴离子，包括：$[ZnCl_3]^-$、$[Zn_2Cl_5]^-$、$[Zn_3Cl_7]^-$和许多低强度的高核簇合物。位移的阳离子物种是胆碱正离子$[Ch]^+$。

类似物（尿素/$ZnCl_2$摩尔比为3.5）的质谱测试，得到的峰为m/z：171、307和442，表明$[ZnCl_3]^-$、$[Zn_2Cl_5]^-$、$[Zn_3Cl_7]^-$的存在，在ChCl/$ZnCl_2$低温熔盐中同样存在这些配位阴离子。然而，不同于ChCl基离子液体，+ve FAB质谱同样显示含锌阳离子组分的存在。一些信号出现在159，219和279，是典型的Zn同位数分裂图案。这些信号可以归属于以下物种的存在：[ZnCl]⁺、[ZnCl(urea)]⁺、[ZnCl(urea)₂]⁺、[ZnCl(urea)₃]⁺基阳离子。这是低温熔盐基离子液体中形成金属基阳离子的最早的例子，这在沉积研究中是一个非常重要的因素，意味着含金属阳离子将出现在阴极电势双电层中。含有其他供体的类似物实验，也得到了类似的结果。对于所有其他供体分子，–ve FAB质谱显示存在同样的含锌配位阴离子。阳离子光谱同样显示锌的分裂图案信号峰：158、217和276，这些信号峰已经被鉴定为[ZnCl(acetamide)]⁺、[ZnCl(acetamide)₂]⁺和[ZnCl(acetamide)₃]⁺。对于乙二醇体系，存在的阳离子物种分别是[ZnCl(ethylene glycol)]⁺和[ZnCl(ethylene glycol)₂]⁺。对于己烷二醇体系，除了预期的锌物种之外，还发现另外一个分裂图案，指明可能存在二锌阳离子物种[Zn₂Cl₃(1，6–hexanediol)₂]⁺。

尿素/ZnCl₂在25℃时的黏度为11.34 Pa·s，明显低于此前文献中所报道的ZnCl₂/ChCl液体的黏度，25℃时黏度为85.0 Pa·s。黏度的降低意味着质子传导的提升，并引起电阻的降低。黏度h随温度的改变，可以用下式来描述：

$$\ln\eta = \ln\eta_0 + \frac{E_\eta}{RT} \tag{3-1}$$

式中：η_0为一个常数；E_η是黏性流活化能。

此前研究表明离子液体的E_η显著大于传统液体和高温熔盐。这是由于离子液体中有机阳离子和空穴半径之比较大所造成的。供体对黏度也有显著的影响。当供体为尿素和乙酰胺时，所得到液体的黏度存在显著的差异，即使这两个供体分子的尺寸比较相似。两种离子液体的差异一定是由于尿素能够通过它的两个氨基形成氢键，而乙酰胺只有一个氨基。这可以通过液体密度和表面张力来加以证实。

尿素/ZnCl₂低温熔盐液体的传导率明显高于ChCl/ZnCl₂体系。一个与方程式（3–1）相似的方程式可以有效用于描述电导率（κ）随温度的变化规律，即：

$$\ln\kappa = \ln\kappa_0 + \frac{E_\Lambda}{RT} \tag{3-2}$$

315K时，$ZnCl_2$/3.5尿素和$2ZnCl_2$/氯化胆碱体系的电导率分别为180μS/cm和60μS/cm。采用乙酰胺为供体时，电导率大概是采用尿素时的3倍，与两种液体的黏度差异一致。这种性质的差异，如以前所指出的，可能是由于两个体系中不同程度的氢键差异所导致的液体密度差异。最奇怪的结果是，1，6-己二醇的电导率数据。从1，6-己二醇体系的黏度数据来看，其预期的传导性能应该会优于尿素基离子液体体系，然而事实并非如此。这个离子液体的低传导率可能是由于其金属簇比较大，这一点已经为FAB—MS数据所证实或者可能源自于其低的离子解离度。对于ChCl/$ZnCl_2$低温熔盐体系，存在如下平衡：

$$ZnCl_2 + ChCl \longrightarrow Ch^+ + ZnCl_3^-$$

由于氯离子是强路易斯碱，$ZnCl_2$是强路易斯酸，因此这个平衡偏向等式右侧。而对于平衡：

$$2\ ZnCl_2 \longrightarrow ZnCl^+ + ZnCl_3^-$$

平衡的位置取决于胺或者醇稳定阳离子的程度。如果体系没有完全离子化，电导率将低于预期。不幸的是，FAB质谱不能给出体系中存在的中性分子的信息。

乙酰胺/$ZnCl_2$和尿素/$ZnCl_2$低温熔盐体系的密度存在一定的差异，表明两种离子液体中堆积方式存在差异。此前的研究已经指出离子液体中存在空穴或者孔洞，这些空穴或者孔洞的尺寸决定了离子液体的密度。乙酰胺/$ZnCl_2$低温熔盐溶剂的密度为1.36g/cm³，而尿素/$ZnCl_2$低温熔盐体系的密度为1.63g/cm³。这两种液体的密度比纯的有机组分（乙酰胺为1.16g/cm³，尿素为1.32g/cm³）密度要大，但两种液体的密度比和两种固体的密度比相似。尿素/$ZnCl_2$低温熔盐升高的密度表明体系中空穴半径减小了，因此传质性能下降，黏度增加。

前期研究将Hole原理模型用于解释低温熔盐溶剂和离子液体的密度。当低温熔盐熔化，液体中所产生的空位和位置是随机的尺寸，而且持续在运动。这一原理认为，如果一个离子是与一个相同或者稍大一些尺寸的空穴相邻，那么这个离子只能在离子液体中移动。离子液体本质上具有高的黏度，这是因为离子的平均尺寸约为0.4nm，而空穴的平均尺寸只有约0.2nm。所以，由于没有足够数量且尺寸合适的空位，离子液体中在同一时间只有很少一部分离子在运动。液体中平均孔洞尺寸 r，可以用下式描述：

$$4\pi<r^2> = 3.5\frac{kT}{\gamma} \qquad\qquad (3-3)$$

式中：γ 为液体的表面张力；k 为玻尔兹曼常数。

可以发现四种供体/ZnCl$_2$低温熔盐体系中，黏度最高的其表面张力和密度也最大。对于乙酰胺和尿素基离子液体，平均孔洞尺寸分别为1.47Å和1.26Å。这些液体中阴离子物种相同，阳离子组分区别在于尿素被乙酰胺取代。主要的离子物种是[ZnCl(acetamide)$_2$]$^+$（r=3.57Å），[ZnCl(urea)$_2$]$^+$（r=3.57Å）和[ZnCl$_3$]$^-$（r=2.86Å）。

如果将黏度作为一个物种在液体中移动的难易程度的一个量度，那么含有相似尺寸的物种和相似密度的液体，具有相似的黏度。胆碱[Ch$^+$]离子小于供体/ZnCl体系中发现的阳离子，是造成后者黏度稍高的原因（ChCl/HBDs η=0.05~5Pa·s）。事实上，尿素和乙酰胺基液体黏度大小差异存在一个次序。为了理解低温熔盐溶剂的传输性质差异，测试了它们的表面张力。

25℃时，尿素/ZnCl$_2$低温熔盐液体的表面张力为72mN/m。乙酰胺基混合物的表面张力稍小一些，大约为53mN/m。25℃时，乙二醇/ZnCl$_2$和1，6-己二醇/ZnCl$_2$液体表面张力分别为56.9mN/m和49mN/m。虽然这些数据比普通分子溶剂的大，但与此前发现的高温熔盐相似（KBr的γ=77.3mN/m，900℃；离子液体，比如[C$_4$C$_1$im][BF$_4$]的γ=38.4mN/m，63℃；低温熔盐，如丙二酸/ChCl的γ=65.8mN/m，25℃）。

通过比较25℃时四种供体/ZnCl$_2$低温熔盐液体的平均空隙半径，可以发现这些低温熔盐溶剂存在大的离子半径/孔洞半径之比。这意味着在这些液体中存在有限的、尺寸可用的、合适的孔洞，限制着离子的运动，是造成它们天生黏稠的原因。由于乙酰胺/ZnCl$_2$的R$^+$/R$_h$比例小于尿素/ZnCl$_2$的，离子运动受限较小，这也能够解释这两个体系黏度的差异。

乙酰胺/ZnCl$_2$和尿素/ZnCl$_2$低温熔盐液体的孔洞尺寸存在差异，是由于两个体系氢键的键合程度不同。伯胺是中等的氢键供体，而甲基是非常弱的氢键供体。乙酰胺含有一个伯胺和一个弱的氢键供体甲基。在尿素/$ZnCl_2$低温熔盐体系中，每个尿素含有两个氨基基团，可以容易地与液体中的其他离子形成氢键。这导致尿素/$ZnCl_2$低温熔盐体系的结构中存在额外的维度，在液体中形成一个以氢键键合的网络。这种高度的氢键键合降低了液体中的空隙尺寸，所以密度增加，进而导致传质减弱，可以观察到黏度增加。液体的黏度受到可用尺寸合适孔洞的限制，黏性流的活化能E_η与R_+/R_h成正比。通过对比四种供体/$ZnCl_2$熔盐体系、一些前期研究的离子液体和高温熔盐体系的黏性流数据，可以发现供体/$ZnCl_2$熔盐体系比较符合，证明它们的黏度受到R_+/R_h成比例控制，也就是可用尺寸合适的孔洞。

可以发现，离子液体和一些低温熔盐溶剂体系的特征是活化能比较大，这源自于形成和扩大控制传质空隙尺寸的需要。这些体系中物种的移动受到空隙中移动难易程度的控制，相应地受到空位维度的控制。通过分析这些体系的传导数据，可以鉴定传导是否受到液体中尺寸合适空位的可用性的控制。供体/$ZnCl_2$熔盐体系的E_Λ在25~77kJ/mol之间。这些数据比高温熔盐的数据要大，但与HBD/ChCl低温熔盐溶剂的数据相当（E_Λ=29 ~ 54kJ/mol）。

类型IV的$ZnCl_2$体系的E_Λ值比较大，同样可以用孔洞原理来解释。离子液体的电导率受到体系中尺寸合适的孔洞限制。如果可以假设对于室温离子液体孔洞几乎是无限稀释的，它们的迁移相互之间是独立的，那么它们的电导率可以用Stokes-Einstein方程衍生的一个公式来计算，即方程式（3-4）：

$$k = \frac{z^2 F \cdot e}{6\pi\eta}\left(\frac{1}{R_+}+\frac{1}{R_-}\right)\frac{\rho}{M_w} \qquad (3-4)$$

式中：z为离子的电荷；F为法拉第常数；e为电荷；ρ为密度；M_w为分子量；η为液体的黏度。

如果类型IV$ZnCl_2$低温熔盐的电导率受到可用尺寸合适空位限制，那么从式（3-4）计算所得的电导率应该等于实验测试所得到的数据。结果表明对于类型IV$ZnCl_2$低温熔盐，实测的电导率和式（3-4）计算得到的数据高度相关，证实类型IVZnCl$_2$低温熔盐的电导率受离子流动性限制，相应地受到可用尺寸合适空位的限制。与E_η类似，大的E_Λ数值是由于空隙的形成和扩展的需要，限制传质。离子液体和离子溶液的区别在于前者中电荷迁移被孔洞密度限制，而后者是受离子密度限制。因此可以进一步得出结论类型IVZnCl$_2$低温熔盐事实上是一类离子液体而不是简单的溶液。

从尿素/ZnCl$_2$（3.5∶1）低温熔盐溶剂中Pt微电极的循环伏安图可以看出，液体的电势窗口为2V，受到阴极端的Zn沉积和阳极端的氯生成限制。乙二醇/ZnCl$_2$（4∶1）低温熔盐溶剂中Pt微电极的循环伏安测试表明，电化学窗口同样为2V。有证据表明，在−0.180 V存在欠电位沉积，与ChCl/2ZnCl$_2$体系的行为相类似。尽管液体中锌的摩尔比和锌物种的显著差异，但是电化学窗口同样与类型I的对应物相似。类型I和类型IV液体的主要区别在于锌的剥离过程，后者的可逆性欠佳。这一区别可能是由于双电层中的离子物种不同。在ChCl/ZnCl$_2$体系中，在双电层中存在相当多的氯离子配体（可能是以ZnCl$_3^-$的形式存在），能够与氧化态的锌离子在界面络合。前期研究采用ChCl/2ZnCl$_2$离子液体表明可逆沉积Zn的可能性。在乙酰胺/ZnCl$_2$低温熔盐中（外加电压5V，电流密度10mA·cm^2，50℃，20min），可以沉积得到非微碎裂晶态Zn。EDAX分析表明样品表面为纯的锌，含有痕量的氯残余。与类型I的低温熔盐所报道的相比，样品形貌更加紧密，颗粒状比较少。

不像类型Ⅰ和Ⅲ低温熔盐，类型Ⅳ低温熔盐对于一些金属卤化物的溶解度小一些。AgCl和NiCl$_2$在类型Ⅳ的ZnCl$_2$低温熔盐中的溶解度比较低，表明体系中没有真正形成卤代金属络合物，如AgCl$_2^-$。然而SnCl$_2$却可以溶于ZnCl$_2$/乙酰胺低温熔盐中，可能是因为它可以自动电离，形成SnCl$^+$和SnCl$_3^-$。这表明类型Ⅳ低温熔盐有望用于合金的沉积。

以上研究表明，ZnCl$_2$和一系列胺和二醇可以形成新颖的低温熔盐基离子液体。这些低温熔盐基离子液体都有含金属阳离子和阴离子。它们的物理性质与其他离子液体相似，它们的性质可以用Hole原理解释。这些体系的固有黏度是由于它们具有大的离子∶孔洞尺寸比和黏性流活化能和离子半径/孔洞半径比之间的关系。研究表明液体的电化学行为与其他锌基低温熔盐类似，可以用于电极表面的高效的锌层致密沉积。

发展新型含金属离子液体是化学和材料科学的一个新兴领域，这些化合物的性质和性能兼有离子液体、含金属盐和络合物的优点。含金属离子液体具有许多潜在的应用前景，包括催化、生物医药、光电、气体固化、能量储存和转化材料，而且正在向新领域快速扩展。含金属离子液体的一个分支是含有卤代金属阴离子和卤素金属簇的离子液体，这些离子液体具有令人着迷的性质、化学结构和分子结构。尤其是，最近含有碘代铜酸盐簇配位阴离子的卤素金属簇离子液体获得了极大的关注，由于它们的超分子结构和非常有前景的独特的光致发光性质，适合用于发展高效光催化剂和能量转化材料。尽管碘化亚铜广泛用于催化碳—碳耦合，Buchwald's N-芳基化、环烷烃的氧化C—H功能化、炔烃转化成醇和许多其他催化反应中，但有关碘代铜酸的化学活性研究却很少，没有碘代铜酸盐用于氧化或者燃烧催化剂的报道。

以色列特拉维夫大学的Michael Gozin等制备了一系列碘代铜酸盐基离子液体，$[C_2C_1im]_4[Cu_4I_8]$、$[C_2C_1im]_3[Cu_4I_7]$、$[C_2C_1im]_2[Cu_5I_7]$和$[C_2C_1im][CuI_2]$，并研究它们作为新型燃烧催化剂的性能。

值得注意的是，许多含能离子液体（EILs）被称为"绿色"二元推进剂燃料，具有低蒸汽压的特点，是有毒肼的高密度热稳定替代品。当接触发烟硝酸或者四氧化二氮（N_2O_4）氧化剂，含能离子液体会自燃。然而，这些氧化剂的毒性和腐蚀性以及燃烧过程中形成氮氧化物（NO_x）气体，仍然是一个具有挑战性的问题，必须加以解决。含能离子液体燃料的一种"绿色"自燃氧化剂可以是高浓度双氧水（HTP），作为发烟硝酸和四氧化二氮的替代品。直到最近，将HTP作为"绿色"的自燃氧化剂的尝试仍不多，Natan和同事发现通过加入催化颗粒胶体状碳氢燃料能够被HTP自燃引燃。Rarata和同事发现金属卤素剂能够促进HTP引燃煤油、甲醇、乙醇、异丙醇、乙二醇和乙酸乙酯自燃，而Schneider等报道了HTP能够引燃四硼氢化铝酸三己基十四烷基膦$[P_{66614}]$ $[Al(BH_4)_4]$含能离子液体的自燃。Choi和同事同样发现采用促进剂HTP能够引燃一系列杂环有机盐的自燃。此外还有一些报道，用四氯合铁酸-1-丁基-3-甲基咪唑鎓[C_4C_1im] [$FeCl_4$]作为催化剂促进HTP和无硼含能离子液体的自燃反应，比如叠氮酸-1-丁基-3-甲基咪唑鎓[C_4C_1im] [N_3]、硝酸-2-羟基乙基肼[HEH][NO_3]、三氟乙酸二甲基氨基乙二叠氮[DMAZ] [TFA]和二氰基胺二甲基氨基乙二叠氮[DMAZ] [DCA]。

通常如果不使用促进剂，无法实现含能离子液体和双氧水的快速自燃引燃，这些促进剂应该具有一些额外的基本性质，包括能和含能离子液体燃料形成和保持稳定的溶液，在含能离子液体的分解温度以上具有热稳定性（不会影响燃料的固有热稳定性），乙基不会影响燃料的黏度性质。

采用溶剂热方法高产率（>92%）制备了四个碘代铜酸盐离子液体促进剂，包含两个多核簇（[C_2C_1im]$_4$[Cu_4I_8]和[C_2C_1im]$_6$[Cu_8I_{14}]）和两个配位聚合物（[C_2C_1im]$_2$[Cu_5I_7]和[MATA][CuI_2]）。具体合成路线如下：

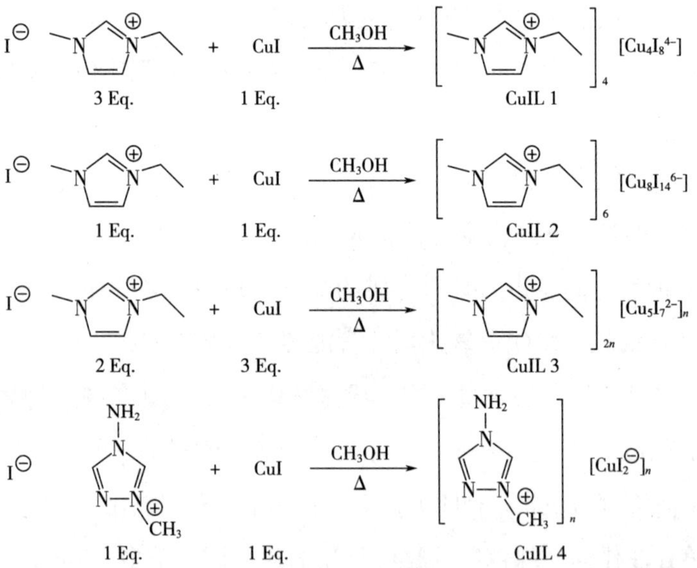

[C_2C_1im]$_4$[Cu_4I_8]的合成：CuI粉末（0.95g，5mmol）分散在[C_2C_1im][I]（3.57g，15mmol）和10mL甲醇中，封装在玻璃反应器中，混合物加热到90℃，反应30min。反应混合物冷却到室温之后，形成两相，分离出含有目标产物的下层，用冷甲醇（3×3mL）洗涤。在洗涤过程中，液体产品固化成纯

[C$_2$C$_1$im]$_4$[Cu$_4$I$_8$]的白色粉末，得到2.10g产品，产率约98%（基于Cu），熔点为69℃。

[C$_2$C$_1$im]$_6$[Cu$_8$I$_{14}$]的合成：CuI 粉末（1.90g，10mmol）分散在[C$_2$C$_1$im][I]（2.38g，10mmol）和10mL甲醇中，封装在玻璃反应器中，混合物加热到90℃，反应30min。冷却至室温之后，形成两相，分离出含有目标产物的下层，用冷甲醇（3×3mL）洗涤。在洗涤过程中，液体产品固化成纯的[MATA][CuI$_2$]的白色粉末，得到3.39g产品，产率约92%（基于Cu），熔点为73℃。

[C$_2$C$_1$im]$_2$[Cu$_5$I$_7$]的合成：CuI 粉末（2.85g，15mmol）分散在[C$_2$C$_1$im][I]（2.38g，10mmol）和10mL甲醇中，封装在玻璃反应器中，混合物加热到90℃，反应30min。冷却至室温之后，形成两相，分离出含有目标产物的下层，用冷甲醇（3×3mL）洗涤。在洗涤过程中，液体产品固化成纯[MATA][CuI$_2$]的白色粉末，得到4.23g产品，产率约99%（基于Cu），熔点为80℃。

[MATA][CuI$_2$]的合成：CuI 粉末（1.90g，10mmol）分散在[MATA][I]（2.26g，10mmol）和10mL甲醇中，封装在玻璃反应器中，混合物加热到90℃，反应30min。冷却至室温之后，形成两相，分离出含有目标产物的下层，用冷甲醇（3×3mL）洗涤。在洗涤过程中，液体产品固化成纯[MATA][CuI$_2$]的白色粉末，得到4.11g产品，产率约99%（基于Cu），熔点为84℃。

对于[C$_2$C$_1$im]$_4$[Cu$_4$I$_8$]、[C$_2$C$_1$im]$_6$[Cu$_8$I$_{14}$]和[C$_2$C$_1$im]$_2$[Cu$_5$I$_7$]，不同的CuI和[C$_2$C$_1$im][I]摩尔比，可以得到不同化合物；而对于[MATA][CuI$_2$]，无论如何变换CuI和[C$_2$C$_1$im][I]的摩尔比和反应条件，都得到[MATA][CuI$_2$]。这些发现表明，平衡离子对于控制物种的形成和特定的碘代铜酸盐簇或者配位聚合物的结构具有史无前例的影响。

单晶X射线衍射分析[C$_2$C$_1$im]$_4$[Cu$_4$I$_8$]表明，晶体密度为2.491g/cm^3，具有三斜P–1空间群。在每个不对称单元中含有两个不同的铜（I）离子，四个碘离子和两个[C$_2$C$_1$im]$^+$阳离子。Cu1金属中心与三个碘离子三角配位，形成一个平面三角CuI$_3$基团，而Cu2金属中心与四个碘离子四面体配位，形成四面体CuI$_4$基团。Cu—I键长为2.517(1)~2.919(1)Å。相邻的CuI$_3$和CuI$_4$基团共边相互连接形成

$[Cu_4I_8]^{4-}$簇，CuI_3基团的面指向CuI_4四面体的面，$Cu1\cdots I1$间距为2.919(1)Å。负电荷的$[Cu_4I_8]^{4-}$簇与四个$[C_2C_1im]^+$阳离子电荷平衡，这些簇通过$I\cdots H—C$氢键与四周的阳离子相互作用，$I\cdots C$间距为3.103(2)~3.158(3)Å。

无色的$[C_2C_1im]_6[Cu_8I_{14}]$晶体，密度为2.673g/cm³。在不对称单元中，有四个不同的铜离子（Cu1，Cu2，Cu3和Cu4），七个碘离子和三个$[C_2C_1im]^+$阳离子。每个铜金属中心与四个碘离子配位，形成四面结构，Cu—I键长为2.517(2)~2.919Å。相邻的CuI_4四面体通过共边和共面模式相互连接，形成线型排列的$[Cu_8I_{14}]^{6-}$多核阴离子。或者，$[Cu_8I_{14}]^{6-}$多核簇阴离子可以看作是由四个共边连接的$[Cu_2I_5]^{3-}$三角双锥连接而成，每个三角双锥由两个CuI_4四面体共面连接而成。

无色的$[C_2C_1im]_2[Cu_5I_7]$晶体，密度为3.235g/cm³，具有正交$Pnma$空间群。每个不对称单元中含有两个半晶体独立的铜离子，三个半碘离子和一个$[C_2C_1im]^+$阳离子。含有$[Cu_5I_7]^{2-}$重复单元的多核配位阴离子的结构是基于CuI_3和CuI_4片段，三个CuI_4四面体通过共边相互连接，Cu—I键长为2.575(2)~2.750(2)Å。相邻的平行链$[Cu_5I_7]^{2-}$通过$[C_2C_1im]^+$平衡阳离子形成$I\cdots H—C$氢键相互作用，$I\cdots C$间距为3.689(2)~3.940(3)Å。

无色的$[MATA][CuI_2]$晶体，密度为2.885g/cm³，具有单斜$P2_1/n$空间群。不对称单元中含有一个晶体学独立的铜离子、两个碘离子和一个$[MATA]^+$阳离子。每个铜离子与四个相邻的碘离子配位，形成CuI_4四面体。而且，含有$[CuI_2]^-$重复单元的配位聚合阴离子是基于相邻的CuI_4四面体的共边相互作用而形成的。Cu—I键长为2.648(2)~2.611(2)Å。值得注意的是，$[MATA]^+$平衡阳离子的排列呈沿着晶体结构的（001）方向一维线型孔道，这些孔道中填充着$[CuI_2]^-$配位聚合物链。

通过DSC测试，得到$[C_2C_1im]_4[Cu_4I_8]$、$[C_2C_1im]_6[Cu_8I_{14}]$、$[C_2C_1im]_2[Cu_5I_7]$和$[MATA][CuI_2]$的熔点分别为69℃，73℃，80℃和84℃，考虑到它们的晶体结构，这些物质的熔点出奇的低。TGA测试证实了DSC曲线上的吸热峰为熔点峰，而不是分解过程。$[C_2C_1im]_4[Cu_4I_8]$、$[C_2C_1im]_6[Cu_8I_{14}]$和$[C_2C_1im]_2[Cu_5I_7]$的分

解温度分别为295℃，298℃和303℃，对应的从室温开始计算的失重值分别为56.3%，43.9%和39.8%。$[C_2C_1im]_2[Cu_5I_7]$的热稳定性稍微高一些，这可能是由于$[Cu_5I_7]^{2-}$配位聚合阴离子的存在，形成更加刚性的"加固混凝土"类型的分子结构。$[C_2C_1im]_4[Cu_4I_8]$、$[C_2C_1im]_6[Cu_8I_{14}]$和$[C_2C_1im]_2[Cu_5I_7]$的化学组成相似，是造成它们具有相似热行为的主要原因。与它们不同的是，化合物$[MATA][CuI_2]$的热稳定性比较差，从室温到500℃的热失重为53.1%。通过文献检索，可以发现含有$[C_2C_1im]^+$阳离子的离子液体的热稳定性至少比含有$[MATA]^+$阳离子的离子液体类似物高很多。比如，$[C_2C_1im][I]$和$[C_2C_1im][DCA]$离子液体的分解温度分别为249℃和275℃，而对应的$[MATA][I]$和$[MATA][DCA]$离子液体的分解温度分别为136℃和175℃。这些结果与上面的四个含铜离子液体的数据高度吻合。$[MATA][CuI_2]$的分解温度比$[C_2C_1im]_4[Cu_4I_8]$、$[C_2C_1im]_6[Cu_8I_{14}]$和$[C_2C_1im]_2[Cu_5I_7]$的低140℃，清楚地表明有机阳离子组分对这类化合物的热稳定性的影响，而不是阴离子部分的结构。

密度、黏度、热稳定性、燃烧热和比脉冲是推进剂燃料的重要性质。加入不同含铜离子液体促进剂对离子型和非离子型"绿色"液体自燃燃料进行研究，（质量分数）两种含铜离子液体分别加入$[C_2C_1im][H_3BCN]$和$[C_1im][BH_3]$中。$[C_2C_1im][H_3BCN]$和$[C_1im][BH_3]$的密度分别为0.980g/cm³和0.930g/cm³。在加入促进剂后，燃料的密度稍有增加。尤其是当混入10%的$[C_2C_1im]_2[Cu_5I_7]$后，$[C_2C_1im][H_3BCN]$和$[C_1im][BH_3]$的密度增加到1.025g/cm³和1.010g/cm³。虽然加入10%的含铜离子液体到考察的$[C_2C_1im][H_3BCN]$和$[C_1im][BH_3]$中，同样导致了所得混合物黏度的增加，但它们的黏度在40~90mPa之间，远低于一些其他已经深入研究的无促进剂含能离子液体。尽管促进剂—燃料混合物的总体热稳定性有所下降，但添加了含铜离子液体的$[C_2C_1im][H_3BCN]$燃料混合物的分解温度仍然高于214℃（前驱体燃料的分解温度为247℃），明显显示出上述四个含铜离子液体添加剂的稳定性，有望未来取得更大的发展。当采用¹H-NMR研究燃料—促进剂混合物四周的稳定性，发现在考察期内，这些检测的混合物没有可检测出的杂质和降解产物。从纯燃料和考察的促进剂—燃料混合物的I_{sp}数值来看，相对于[C_2C_1im][H_3BCN]和[C_1im][BH_3]纯燃料，计算得到的促进剂—燃料混合物的I_{sp}数值稍低1.6%~2.8%，这可以用EXPLO5（v6.02）程序的算法加以解释，没有考虑引入低I_{sp}促进剂之后可能发生的燃烧机理的改变。

考察了[C_2C_1im]$_4$[Cu_4I_8]、[C_2C_1im]$_6$[Cu_8I_{14}]、[C_2C_1im]$_2$[Cu_5I_7]和[MATA][CuI_2]作为自燃引燃促进剂和高浓度的双氧水（95%）引燃自燃燃料[C_2C_1im][H_3BCN]和[C_1im][BH_3]的性能。所有的引燃实验采用"氧化剂到燃料"滴加方法，在环境条件下进行。

典型实验如下：用微吸液管加入一滴H_2O_2（15μL）到盛有150μL[C_2C_1im][H_3BCN]和[C_1im][BH_3]燃料和10%含铜离子液体促进剂的Eppendorf塑料管中，所有的引燃实验用高速摄像机记录，6000帧/s，评价引燃迟豫（ID）时间，精度为0.17ms。引燃时间为从H_2O_2液滴与促进剂—燃料混合物开始接触到产生明显的可观察的火苗的时间。在对比引燃实验中，一滴H_2O_2（95%）加入无促进剂的[C_2C_1im][H_3BCN]和[C_1im][BH_3]燃料中，显示出相对长的引燃时间，分别为多于1000ms和300ms。作为对比，Shreeve和Zhang报道的混有WFNA氧化剂的自燃燃料[C_2C_1im][H_3BCN]和[C_1im][BH_3]的引燃迟豫时间分别为4ms和6ms。

当以[C_2C_1im]$_4$[Cu_4I_8]为促进剂，高浓度双氧水引燃自燃燃料[C_2C_1im][H_3BCN]和[C_1im][BH_3]，发现引燃迟豫时间缩短，只有原来的1/10（相对于不含促进剂的引燃），分别为37ms和30ms。以[C_2C_1im]$_6$[Cu_8I_{14}]为促进剂时，引燃迟豫时间可以分别缩短到39ms和23ms，而性能表现最佳的促进剂是[C_2C_1im]$_2$[Cu_5I_7]，[C_2C_1im][H_3BCN]和[C_1im][BH_3]的引燃迟豫时间分别为24ms和14ms。以[MATA][CuI_2]为促进剂时，引燃迟豫时间可以分别缩短到38ms和28ms。从以上四个含铜离子液体的引燃自燃燃料燃烧实验可以看出，[Cu_5I_7]$^{2-}$的聚合阴离子结构最适合用于碘代铜酸盐基促进H_2O_2引燃的自燃燃烧反应。

在不同浓度（1%、2%、5%、8%、10%、15%，质量分数）含铜离子液体促进自燃燃料[C_2C_1im][H_3BCN]和[C_1im][BH_3]引燃实验中，发现当[MATA][CuI_2]的浓度超过10%时，[C_2C_1im][H_3BCN]和[C_1im][BH_3]的引燃迟豫时间都没有显著改变，表明这个浓度是最优的浓度条件，用于未来此类二元促进剂体系的发展。

假设以上引燃自燃反应与此前Liebhafsky和Furrow等建议的非自由基反应模型相似，这个反应模型是一个HI和H_2O_2摩尔比为1∶2的两步反应。起初，HI和第一个等当量的H_2O_2反应，产生HOI和H_2O式（3–5）；第二步HOI和第二当量的H_2O_2反应，产生O_2和另一个H_2O分子，并再生成HI式（3–6）。

$$\text{HI} + H_2O_2 \longrightarrow \text{HOI} + H_2O \tag{3–5}$$

$$\text{HOI} + H_2O_2 \longrightarrow O_2 + H_2O + \text{HI} \tag{3–6}$$

与上述反应相反，在上述含铜离子液体促进自燃燃料引燃反应中，是含铜离子液体和双氧水反应，而不是HI。为了检查这一机理观点从热力学的角度是否讲得通，采用密度泛函理论（DFT）在wB97XD/def2–SVP水平上，利用Stuttgart–Dresden ECP基组处理碘和铜的相对论效应，对H_2O_2和2[C_2C_1im][CuI_3]的反应进行理论模拟计算（图3–4），吉布斯自由能为相对于起始材料的数值。显著的，[C_2C_1im][CuI_3]被选为含铜离子液体的单核模型，避免计算的复杂性。基于这些计算，第一步：H_2O_2与2[C_2C_1im][CuI_3]预配位，得到中间态1，作为碘原子和双氧水质子氢键作用的结果，这一步是放热的，ΔG=−7.6kcal/mol。第二步：在铜金属中心碘被H_2O_2取代，导致中间态2的生成，这一步是稍微吸热的，ΔG=8.1kcal/mol。计算得到的中间态2的形成活化能垒为8.8kcal/mol。接下

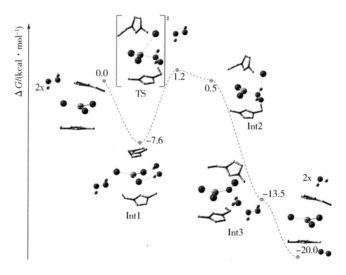

图3–4　建议的双氧水在含铜离子液体模型促进剂2[C_2C_1im][CuI_3]存在时的分解反应机理

来的两步严格遵循Liebhafsky和Furrow的机理。这两步中的第一步是电离子和中间态2中的与铜金属中心配位的H_2O_2反应，形成$2[C_2C_1im][I_2CuOI]$和水，这是强烈放热的，$\Delta G = -14.0kcal/mol$。两步反应中的第二步是中间态3和第二个当量的H_2O_2反应，得到H_2O、O_2和再生的$2[C_2C_1im][CuI_3]$，同样是放热的，$\Delta G = -6.5kcal/mol$。总之，这一过程是强烈放热的，释放出20kcal/mol吉布斯自由能。

通过这个工作，可以看出基于咪唑鎓阳离子和碘代铜酸盐配位阴离子的含铜离子液体具有有趣的分子结构和物理性质。通过控制起始原料的摩尔比和改变有机阳离子的结构，高产率地得到这些具有特定结构的含铜离子液体。其中，$[C_2C_1im]_6[Cu_8I_{14}]$中的$[Cu_8I_{14}]^{6-}$簇和$[C_2C_1im]_2[Cu_5I_7]$中的$[Cu_5I_7]^{2-}$配位聚合物是史无前例的，而$[C_2C_1im]_4[Cu_4I_8]$中的$[Cu_4I_8]^{4-}$簇和$[MATA][CuI_2]$中的$[CuI_2]^-$配位聚合物在成百上千的碘代铜酸盐化合物中是非常罕见的。考虑到所得含铜离子液体化合物中的大分子结构，这些材料具有不寻常低的熔点（<85℃），而$[C_2C_1im]_4[Cu_4I_8]$、$[C_2C_1im]_6[Cu_8I_{14}]$和$[C_2C_1im]_2[Cu_5I_7]$的分解温度接近300℃。这些含铜离子液体的热稳定性主要受平衡阳离子的本质决定，而不是碘代酮酸配位阴离子或者配位聚合物阴离子。这些含铜离子液体可以用于含硼自燃燃料（$[C_2C_1im][H_3BCN]$和$[C_1im][BH_3]$）引燃的促进剂，当促进剂浓度为10%时，$[C_2C_1im]_2[Cu_5I_7]$的引燃迟豫时间最短，分别为24ms和14ms。在同样浓度时，$[C_2C_1im]_2[Cu_5I_7]$能够保持促进剂燃料混合物的黏度为50mPa·s，并在$[C_2C_1im][H_3BCN]$燃料中保持至少四周而不会分解或者降解燃料，显示出促进剂燃料混合物十分优异的化学稳定性。这些含铜离子液体作为促进剂在H_2O_2引燃自燃燃料实验中所显示出的优异性能和有前景的性质，尤其是$[C_2C_1im]_2[Cu_5I_7]$，为基于H_2O_2的新型绿色二元促进剂体系在空间科学中的应用奠定了基础。

氯代金属酸盐类离子液体具有丰富的化学结构，能够在很大程度上通过调节熔盐的组分进行控制。这形成了许多实际和潜在的应用基础，尤其是在催化领域，精确控制重要的化学性质，比如路易斯酸性，是非常重要的。氯酮酸类离子液体，由于它们的氧化还原行为、配位化学以及与其有关的催化性质，尤其重要。氯酮酸配位阴离子是离子液体整体的一部分，而不是溶质，这些离子液体在温和条件下具有高催化活性或者能与许多反应性气体结合。因此，它们已经用作催化剂、前驱体、气体存储媒介或者萃取剂。铜（Ⅰ）基离子液体的优点是通过络合的一氧化碳化学吸附，构建具有催化活性的铜—氧化碳化合物，用于从气流中回收一氧化碳。

这些化合物可以很容易地通过混合一个氯化有机阳离子的盐，许多情况下是铵、膦或者咪唑鎓和CuCl或者$CuCl_2$制备得到。上面提到的许多应用的主要化学参数是路易斯酸性，可以通过改变无机和有机盐的比例来调节。在路易斯中性混合物中，所有的铜离子被氯离子所饱和，但熔盐中不存在自由的氯离子。相应的，在混合物中加入过量的氯离子，可以形成路易斯碱性熔盐，而加入氯化铜则形成含有不饱和或者低聚铜簇络合物的路易斯酸性液体。

常用的离子液体，氯化-1-丁基-3-甲基咪唑鎓盐（$[C_4C_1im]Cl$）和氯化铜（Ⅱ）的混合物，当熔盐的总的组成为$[C_4C_1im][CuCl_4]$，此时达到路易斯中性点。如预期所料，这些混合物形成化学剂量比的晶态化合物，含有配位阴离子$[CuCl_4]^{2-}$。相应的，$CuCl_2$在许多氯基离子液体中的稀释溶液，形成相同的铜物种。含有长烷基链的阳离子可能会有例外，倾向于形成单电荷的配位阴离子。对于类似的铜（Ⅰ）体系，在路易斯中性离子液体中$[CuCl_2]^-$是推测的阴离子物种。Gero Frisch等研究了不同比例的$[C_4C_1im]Cl$和CuCl的混合物，发现2∶1混合物形成化学剂量比的化合物$[C_4C_1im]_2[CuCl_3]$。这一含铜离子液体可以形成玻璃态和不同的晶相。

$[C_4C_1im]_2[CuCl_3]$的合成。在氩气保护下，将2∶1（摩尔比）的$[C_4C_1im]Cl$和CuCl混合物，加热到323 K，搅拌反应直至形成黄色均一液体，冷却至室温，仍然为黄色过冷液体。在冷却过程中黏度明显增加，在室温下剧烈搅拌可以引发结晶，1h后，可以观察到小的晶体的形成，10min内完全固化，形成晶态的$[C_4C_1im]_2[CuCl_3]$。当暴露于空气中，只需几分钟，黄色固体变成黑色浆状物，典型的氯化Cu（Ⅰ）和Cu（Ⅱ）的混合物。几个小时后，在其表面形成绿色沉淀，可能是氢氧化铜（Ⅱ）。所以$[C_4C_1im]_2[CuCl_3]$对水和氧化都比较敏感，必须在干燥惰性气氛下操作和保存。

高温相$[C_4C_1im]_2[CuCl_3]$的晶体学参数为：$C_{16}H_{30}Cl_3CuN_4$，M_r=448.33g/mol，单斜晶系，$C2$空间群，a=12.990(6)Å，b=11.404(4)Å，c=8.386(4)Å，α=90°，β=106.30(3)°，γ=90°，V=1113.8(9)Å³，Z=2，λ=0.71073Å，T=233K，D_{calc}=2.709g/cm³，μ=1.35mm⁻¹，$F(000)$=1048.0，收集3438个衍射点，其中独立衍射点2170个（R_{int}=0.036），GOF=1.04，R_1/R_2=0.048/0.111[$I>2\sigma(I)$]，R_1/R_2=0.061/0.170(all data)。

中间温度相$[C_4C_1im]_2[CuCl_3]$的晶体学参数为：$C_{16}H_{30}Cl_3CuN_4$，M_r=448.33g/mol，单斜晶系，$C2$空间群，a=12.983(4)Å，b=11.352(3)Å，c=15.982(5)Å，α=90°，β=110.11(3)°，γ=90°，V=2212.1(12)Å³，Z=2，λ=0.71073Å，T=213K，D_{calc}=2.709g/cm³，μ=1.36mm⁻¹，$F(000)$=1048.0，收集6529个衍射点，其中独立衍射点3932个（R_{int}=0.036），GOF=1.14，R_1/R_2=0.048/0.131[$I>2\sigma(I)$]。

低温相$[C_4C_1im]_2[CuCl_3]$的晶体学参数为：$C_{16}H_{30}Cl_3CuN_4$，M_r=448.33g/mol，单斜晶系，$P2_1$空间群，a=12.854(2)Å，b=11.2524(13)Å，c=15.806(4)Å，α=90°，β=109.355(16)°，γ=90°，V=2156.9(9)Å³，Z=2，λ=0.71073Å，T=90K，D_{calc}=2.709g/cm³，μ=1.39mm⁻¹，$F(000)$=1048.0，收集19229个衍射点，其中独立衍射点8389个（R_{int}=0.037），GOF=1.05，R_1/R_2=0.033/0.084[$I>2\sigma(I)$]。

DSC测试表明，在加热和降温过程中，223K和207K附近存在两个很微弱的可逆的信号，是典型的结构相转变峰。对于降温和加热过程，总的相转变焓分别为2.5J/g和2.9J/g。在加热曲线上，320K（起始）附近可以观察到一个大的吸热信号峰，对应于$[C_4C_1im]_2[CuCl_3]$的熔点。从熔点峰的面积可以计算得到融化焓为57.4J/g，也就是25.7kJ/mol，假设分子单元为$[C_4C_1im]_2[CuCl_3]$。这一数值高于$[C_4C_1im]Cl$的熔化焓（21kJ/mol）。

通过合成过程中宏观地观察，熔化过程是不可能可逆的，形成过冷相在离子液体中并不是不常见的。非常黏稠的液体由于离子扩散缓慢和没有足够多的晶核，常阻碍了结晶。所以，这些化合物倾向于形成过冷，并最终在远低于它们熔点的温度转化成玻璃态。所观察到的晶相丁基链的无序，也会减缓结晶过程。如预期，在DSC测试过程中当样品从熔点以上温度开始降温观察不到结晶峰。总的组成为[C_4C_1im]$_2$[$CuCl_3$]的离子液体可以看作是室温下的介稳态液相。为了测定[C_4C_1im]$_2$[$CuCl_3$]的固化温度，将5g熔盐样品置于Schlenk管中，缓慢降温。为了避免过冷现象的发生，当温度达到330K时，加入[C_4C_1im]$_2$[$CuCl_3$]的小晶体，引发结晶。样品的结晶伴随着温度的轻微上升，当温度达到324K，可以发现有一个平台，这个平台的温度可以作为化合物的固化温度。

在DSC测试过程中，当样品冷却到低一点的温度，并没有出现规律的固化温度峰。当温度为221K，在热流曲线上可以发现一个台阶，表明存在一个玻璃化转变过程。DSC曲线上台阶的拐点可以鉴定为玻璃化转变温度。在玻璃形成过程中，热容从1.1J/(g·K)变化到0.7J/(g·K)。

玻璃化转变总是伴随着放热信号，发生在218K和209K，取决于冷却速率。峰面积相对较小，同样取决于扫描速率，对应的焓变为0.1~0.7J/g。这可能表明一小部分样品正在结晶，而多数转变成玻璃态。在DSC的加热曲线上，玻璃化转变温度发生在222K，与文献中相似的化合物的温度相当。当升温速率为2K/min，在玻璃化转变之后没有再发现信号。然而，当升温速率为1K/min，在267K附近可以发现一个大的放热信号，峰面积对应的焓变为22.1kJ/mol。这与熔化焓变相近，信号峰出现在267K可能是由于[C_4C_1im]$_2$[$CuCl_3$]从过冷态结晶造成的。这一发现可以支撑我们的猜测，也就是一小部分样品在玻璃化转变过程中发生了结晶。这可以引起籽晶的生成，当加热时引发过冷熔盐的结晶，而冷却过程中的结晶被阻碍了。

DSC测试表明存在三个不同的晶相，这三个晶相可能拥有近似的晶格能，可能通过结构相转变相互连接。单晶X射线衍射测试表明，在233K、213K和90K存在三种不同的晶体结构，这里可以称为高温、中温和低温相。这三个晶相具有非常相似的晶体结构，而且对称性相互关联。这与DSC测试中发现的微小的相转变能相一致。

材料的体相粉末X射线衍射图案证实了高温相是在室温条件的结晶实验中形成的。在223K数据集的理论计算衍射和室温X射线衍射数据之间存在偏移，而且随着衍射角的增加而增加。这是意料之中的，因为晶胞参数取决于温度。基于233K衍射数据套的粉末衍射图案的Rietveld精修证实了室温下体相材料中这一相的同一性。

所有的三个相含有三角$[CuCl_3]^{2-}$配位阴离子和两倍的$[C_4C_1im]^+$阳离子，表明分子式为$[C_4C_1im]_2[CuCl_3]$，与结晶这个化合物的熔盐的组成一致。高温相单胞含有两个这样的分子，而中间温度相和低温相含有四个分子单元。

高温相的不对称单元结构图如图3-5所示。中心铜离子与三个氯离子配位形成具有平面配位几何构型的$[CuCl_3]^{2-}$配位阴离子。Cu—Cl键长为2.219(3)~2.255(2)Å，处于理想范围之内；Cl—Cu—Cl键角为115.06(11)°~122.47(6)°。对于高温相，咪唑阳离子的所有丁基碳原子都是无序的，由于烷基链的柔性，这种类型化合物中无序是比较常见的。两套位置的相对占有率分别精修为0.38（2）和0.62（2）。随着温度的降低，烷基链逐渐变得不那么无序。

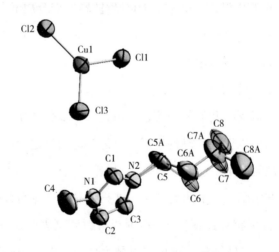

图3-5 高温相的不对称单元结构图

对于离子的堆积，由于在阳离子和阴离子之间存在多重C—H···Cl相互作用，使得C—H···Cl相互作用显得非常重要。H···Cl间距为2.58~2.97Å，与文献中报道的数据一致。意料之中，这些相互作用中最短的H···Cl间距为2.584(5)Å，由最酸性的质子形成，也就是咪唑环上2-位CH基团的质子。这与类似物氯铜（Ⅱ）酸盐离子液体[C$_4$C$_1$im]$_2$[CuCl$_4$]的情况一样，在[C$_4$C$_1$im]$_2$[CuCl$_4$]的晶体结构中，最短的H…Cl间距为2.50Å。其他的短距离相互作用原子间距各有不同，但在H…Cl间距约3Å处存在一个明显的空档。

考虑到这些C—H…Cl相互作用，晶体结构可以描述为一个分子网络，[CuCl$_3$]$^{2-}$配位阴离子沿着所有的三个晶轴堆积。[C$_4$C$_1$im]$^+$阳离子在相互交错的阴离子之间排列成一条线，避免烷基链的空间位阻影响。

当降低温度，在227K发生结构相转变，与DSC测试结果一致。在这个转变过程中，氯原子所形成的平面，在高温相结构中相互之间几乎是平行的，有一个2.63°的倾斜夹角。咪唑片段相应地作出位移，得到两个晶体学独立的阳离子。这些阳离子仍然处于交替变化方向的位置上，但是由于上面所述的倾斜和位移，单胞体积变为了两倍。两种晶体结构之间可以同一空间群的两次同构对称性转换相关联。DSC测试表明在203K还存在一个晶相。当降温到90K，晶体结构经历了一个两次轴Klassengleiche对称转换，变为P2$_1$，得到两个晶体学独立的酮酸盐离子和四个独立的咪唑片段。铜酸盐配位阴离子之间的倾斜角增加到3.95°~15.33°。而且，铜离子偏离Cl$_3$配位平面距离比较小，最大值为0.0447(5)Å。当晶体结构从高温相变到低温相，发生了对称性收缩，丁基链的无序随着温度的降低而逐渐变好。

一氧化碳是许多商业上重要化工过程的原料。通常是作为合成气，从化石燃料生产而来的一种CO/H$_2$混合物，比如甲烷的蒸汽重整或者部分氧化。取决于应用的不同，合成气的组分分离可能是必需的，以便得到高纯度的甲烷。这常通过低温分离的办法获得，可以大规模地生产高纯度的一氧化碳。然而，这一过程是非常高能耗的，而且由于一氧化碳和氮气沸点十分接近，对于含有大量氮气的气体混合物也是不理想的。

一氧化碳纯化的替代技术通常是基于化学吸附，最常用的是采用铜（Ⅰ）化合物，可以可逆地结合一氧化碳。铜（Ⅰ）羰基络合物化学已经很好地建立，这些物种的结构和成键已经得到深入广泛地讨论。利用铜（Ⅰ）

进行一氧化碳分离的策略包括（i）采用负载铜（Ⅰ）盐的固体载体（如氧化硅、氧化铝、碳和沸石）进行变压/变温吸收（PSA/TSA）；（ii）将CuCl溶于氨水中的氨处理过程；（iii）CuCl—AlCl$_3$溶于甲苯中的COSORB过程。这些过程显现出了一些潜在的和显著的缺点，阻碍了它们在工业上的大规模应用。PSA/TSA类型过程受到相对低的一氧化碳回收率的限制，而氨处理过程要求使用腐蚀反应媒介，COSORB过程使用高度水敏感的吸附剂。由于回收的一氧化碳可能会被吸附剂的挥发性物质污染，因此所有的溶液基方法都受到限制。

一个可替代的方法是采用非挥发性溶剂，尤其是离子液体，作为铜（Ⅰ）物种的溶剂。离子液体是低熔点盐，在过去一些年里在包括催化和分离等许多应用中作为溶剂吸引了广泛关注。由于组分离子之间的静电相互作用，它们具有非常低的蒸气压。虽然在高真空条件下，它们不是完全的无挥发性，但是在一氧化碳纯化过程中它们的蒸气压可以认为是微不足道的。

1963年，Tollin等最先报道了低熔点铜（Ⅰ）盐，他们发现摩尔比为1∶1的[NEt$_3$H]Cl和CuCl熔融反应可以得到室温液体。进一步研究发现，这个以及其他含咪唑鎓和鏻有机阳离子的熔盐中，铜（Ⅰ）可以许多配位阴离子[Cu$_n$Cl$_m$]$^{(m-n)-}$的形式存在，如[CuCl$_3$]$^{2-}$、[CuCl$_2$]$^-$、[Cu$_2$Cl$_3$]$^-$。对于[C$_2$C$_1$im]Cl和CuCl体系，当摩尔比为1∶1时，黏度最小，离子电导率最大，对应着[CuCl$_2$]$^-$是主要的阴离子物种。当CuCl的摩尔分数高于或者低于50%时，移动性欠佳的铜物种[CuCl$_3$]$^{2-}$、[Cu$_2$Cl$_3$]$^-$逐渐累积。

含铜离子液体在气体吸附领域的潜在应用在最近的工作中，如烯烃/炔烃分离、NH3和PH3的吸附和天然气中汞蒸气的洗涤已经得到展示。利用离子液体中噻砜与铜（Ⅰ）的配位，用于汽油的脱硫也有报道。最新的工作是Urtiaga等将CuCl溶于[C6C1im]Cl。研究发现，一氧化碳的吸附随着CuCl和[C6C1im]Cl的摩尔比在（0~0.75）∶1范围内的增加而增加。一氧化碳的吸附展示出饱和类型的压力相关，对应于单羰基铜（Ⅰ）物种的形成。一氧化碳与铜（Ⅰ）的结合平衡常数被发现是随着温度的增加而降低，络合焓为放热（−13.4kJ/mol）。

在 [C6C1im]Cl/CuCl体系中，Urtiaga等研究了一氧化碳的吸附动力学、传质和流变学性能以及负载离子液体膜（SILMs）用于促进一氧化碳和氮气混合物的分离。

Anthony Haynes等基于卤化1-烷基-3-甲基咪唑鎓盐和卤化亚铜，考察了一氧化碳和室温离子液体反应中铜羰基物种的形成。原位高压红外（HPIR）光谱的使用，使得通过检测它们的v（CO）吸附，直接观察铜（Ⅰ）羰基化合物的可逆形成成为可能。这是这些体系中最早的，用于检测金属羰基物种中一氧化碳键合的光谱检测。这些溶液能够选择性地从CO/H2和CO/N2气体混合物中吸附CO，同样可以利用红外光谱对顶部空间一氧化碳的含量进行量化。

含铜离子液体$[C_nC_1im][CuX_2]$的合成。典型的合成步骤如下所示。

在氮气保护下，将$[C_nC_1im]X$直接称量后加入一个干燥的球形烧瓶中，然后加入相应的卤化铜（Ⅰ）（等摩尔比）。将混合物加热到80~100℃大约1h，直至形成均一的熔盐。当冷却到室温，产物变得非常黏稠，但仍然是液体，无须纯化，可以直接用于一氧化碳的吸附研究。这些含铜离子液体 $[C_nC_1im][CuX_2]$的制备通常为1g规模，用于低压一氧化碳实验或者10~15g规模用于HPIR实验（CIR池需要8mL液体）。

采用UV/Vis吸收光谱评定任何由于氧化而生成的铜（Ⅱ）。对于通过直接混合$[C_6C_1im]Br$和$CuBr_2$而产生的铜（Ⅱ）盐，其1.0mmol/L硝基甲烷溶液显示出非常强的吸收，最大吸收波长为642nm和435nm。而$[C_6C_1im]Br/CuBr$的1∶1熔盐的10mmol/L乙腈溶液仅在相应的波长处显示非常弱的吸收，从这一点可以估算铜的总浓度大约为0.1%，表明氧化的可能性很小。对于$[C_6C_1im]Cl/CuCl$体系，也有类似发现。

含铜离子液体$[C_nC_1im][CuX_2]$与一氧化碳反应的测试起初是把一氧化碳气

流通过离子液体大约2min。每一次，红外光谱（薄膜）显示一个对应于Cu（CO）物种生成的v（CO）吸收信号。接下来在离子液体中通入氮气，或者抽真空几分钟，引起彻底的v（CO）吸收信号峰的衰减。使用相同的样品，重复这个顺序，可以观察到相同的结果，证明一氧化碳的吸附是可逆的。对于红外光谱最简单的解释是一氧化碳与占有多数的$[CuX_2]^-$配位阴离子结合，得到三配位的$[Cu(CO)X_2]^-$配位阴离子。$[C_6C_1im][CuCl_2]$与CO的反应中，v（CO）吸收信号峰出现在2076cm^{-1}处，与CuCl在四氢呋喃（2085cm^{-1}）、盐酸（2100cm^{-1}）溶液中形成的羰基物种以及固态的"Cu(CO)Cl"（2120cm^{-1}）相近。虽然由于媒介效应所引起的频率位移同样可能有贡献，这里观察到的偏低频率与富电子物种的情况一致。虽然这些数据没有排除中心对称卤素桥联二聚体$[Cu_2(CO)_2X_4]^-$存在的可能性，但在没有直接证据证明这些物种存在的情况下，可以把它归属于单核羰基物种$[Cu(CO)X_2]^-$。相似的，$[C_6C_1im]X$和CuX的混合物（摩尔比为2:1）熔盐的UV/Vis吸收实验，v（CO）吸收峰出现在比1:1熔盐频率低25cm^{-1}处。这表明有可能形成了更加富电子的羰基物种，暂时归属为二价阴离子$[Cu(CO)X_3]^{2-}$。

对于含有不同卤素离子的含铜（Ⅰ）离子液体$[C_6C_1im][CuX_2]$，v（CO）吸收峰随着Cl<Br<I顺序而增加。这与基于Cl、Br、I的电负性顺序作出的判断结果相反，使人想起Ir（Ⅰ）Vaska类型络合物，$[Ir(PPh_3)_2(CO)X]$的顺序。小的卤素离子的低v（CO）吸收峰数值被认为是源于卤素孤电子对和已占金属d轨道之间强的"满—满"排斥（"filled–filled" repulsive）相互作用，导致CO配体的反馈增加。相似的效应应该是造成$[Cu（CO）X_2]^-$物种中观察到的v（CO）吸收峰变化趋势的原因。改变咪唑阳离子中烷基链的长度对$[C_nC_1im]$$[CuBr_2]$系列含铜离子液体的$v$（CO）吸收峰影响较小。在含铜（Ⅱ）离子液体的相似实验中，由$[C_6C_1im]X$和CuX$_2$的混合物（摩尔比为1:1）制备而来，没有证明有铜（Ⅱ）羰基络合物生成。只是在约2125cm^{-1}处发现有一个弱的峰，应是自由CO。

采用^{13}C–NMR对$[C_6C_1im][CuCl_2]$和$[C_6C_1im][CuBr_2]$离子液体中的铜羰基物种

进行了验证。每一种情况下，当往纯的离子液体中通^{13}CO气流约30s后，一个新的^{13}C-NMR单峰出现在大约δ170ppm附近。与CO反应后，咪唑阳离子的^{13}C共振没有明显的变化。同样，在液体中通氮气流约5min足以引起Cu（CO）络合物的信号峰消失。[C$_6$C$_1$im]$_2$[CuCl$_3$]的一个单共振峰出现在比[C$_6$C$_1$im][CuCl$_2$]稍微高的化学位移处，可能是因为[Cu（CO）Cl$_3$]$^{2-}$配位阴离子的生成所造成的。在与^{13}CO反应之后，混合卤素体系[从[C$_6$C$_1$im]Cl和CuBr$_2$（摩尔比为1：1）的熔盐反应而来]可能会显示单独的[Cu(CO)Cl$_2$]$^-$，[Cu(CO)Br$_2$]$^-$，[Cu(CO)ClBr]$^-$的^{13}C信号，但只有一个^{13}C共振峰出现在δ171.7ppm附近，可能是由于快速的卤素无序造成的。

原位高压红外测试。在高压条件下，利用配有圆柱形内反射（CIR）池的原位高压红外（HPIR）光谱检测含铜（I）离子液体的CO吸附，可以探测一氧化碳的压力、温度和气/液混合速率的影响。

将[C$_6$C$_1$im][CuCl$_2$]样品暴露在一氧化碳压力气氛（18bar❶）中，从其原位红外光谱图，可以看到2076cm^{-1}处一个单ν（CO）吸收峰逐渐增强，同样的频率在1.01×10^5Pa的一氧化碳中也可以观察到。从这个峰的吸收—时间图，可以发现约1h之后，达到平衡。当体系达到平衡时，在样品池中通入氮气流，加热到110℃，5min之内ν（CO）吸收峰彻底消失。在氮气气氛下，当温度降到25℃，重新给样品池通入一氧化碳，在2076cm^{-1}处的吸收峰重新增强。这一顺序可以重复很多次，不会造成明显的改变。在一系列的一氧化碳吸附/脱附循环之后，对离子液体的考察表明它的外观没有变化，也没有金属沉积现象。ES—MS分析表明，一氧化碳吸附研究之前可以观察到同样的物种（[C$_6$C$_1$im]$^+$和[CuCl$_2$]$^-$）的存在。一个离子液体样品可以用于多个实验，且很多天不会变质，如果样品池中始终充有氮气或者一氧化碳气氛。这表明在这些条件下任何氧化变成铜（Ⅱ）的概率均是非常小的。

---

❶ 1bar=100kPa。

通过作$[C_6C_1im][CuCl_2]$的一氧化碳吸附紫外吸收—时间曲线图，一氧化碳初始压力为4~18bar。很明显，高的一氧化碳初始压力导致平衡时ν（CO）吸收峰强度增加，表明一氧化碳结合平衡被向右推动。从每条线的初始梯度变化，可以发现一氧化碳吸附随着压力的增加而增加。增加搅拌速率同样可以增加一氧化碳的吸附速率，但不会影响特定压力下的平衡时ν（CO）吸收峰的强度。温度升高，特定压力下的ν（CO）吸收峰减弱。比如，55℃时ν（CO）吸收峰强度达到平衡时的强度大约是25℃时的一半，与此前报道的一氧化碳络合温度相关和发热反应焓一致。

每次实验，在一氧化碳吸附过程中，样品池的顶部空间压力显著下降。比如，一氧化碳初始压力为18bar，所观察到的压力下降（8.5bar）与吸附足够的一氧化碳几乎占据离子液体中一半的铜位置（假设只有单羰基物种）一致。假设一氧化碳在$[C_6C_1im]Cl$和CuCl液体中的物理吸附量与Urtiaga等报道的N_2吸附量相近[（20℃时，Henry's规则常数为$4.7 \times 10^{-3}mol/(kg \cdot bar)$]，那么可以估算一氧化碳与铜的平衡常数约为$K_{eq}=0.02m^3/mol$（或25kg/mol）。我们所得到的$K_{eq}$的数值与Urtiaga等所报道的20℃时2∶1的$[C_6C_1im]Cl$和CuCl体系的相近（$K_{eq}=12.05kg/mol$）。

对于其他的含铜离子液体，通过对比25℃时一氧化碳初始压力为16bar时的ν（CO）吸收峰强度，可以发现三个$[C_nC_1im][CuBr_2]$离子液体的吸收强度都低于$[C_6C_1im][CuCl_2]$，而$[C_6C_1im][CuI_2]$的峰强度更低。如果含有$[Cu(CO)X_2]$物种的ν（CO）吸收峰的衰减系数相似，那么这些数据表明平衡时Cu（CO）络合物的浓度遵循Cl≥Br≫I的顺序。这与ν（CO）吸收峰频率所反映出的Cu—CO的键合相对强度（Cl < Br < I）一致。当然这些体系中，对平衡常数的量化需要一氧化碳的物理吸附数据。

气体混合物中一氧化碳的选择性吸附。上面已经确定通过原位高压红外光谱可以探测$[C_nC_1im][CuX_2]$中铜（I）羰基物种，接下来看一下气体混合物中一氧化碳的选择性吸附。典型的实验如下：在圆柱形内反射（CIR）池中加入离子液体样品，搅拌，通入已知压力比为1∶1的CO∶H_2或者CO∶N_2混合物气体。当达到吸附平衡［通过原位红外光谱显示Cu（CO）络合物的形成］，排出顶部空间气体，排出的气体盛于气体池中，用于傅里叶转换红外测试。圆柱形内反射池重新密封，并且加热到110℃，把液体中吸附的气体赶到顶部空间。这可以从Cu（CO）物种的ν（CO）吸收峰的衰减得到验证。一旦脱附完毕，停止搅拌以尽量防止气体重新扩散到离子液体中，样品池冷却到25℃。用气体池重新收集顶部空间的气体，用于傅里叶转换红外光谱测试。通过测试在2250~1975cm^{-1}范围内的ν（CO）振动吸收峰的积分强度，判定每个气体样品的一氧化碳的百分含量，对比同一气体样品池中不同压力下100%和50%一氧化碳气体样品的Beer-Lambert图。

离子液体在气体吸附前和吸附后，一氧化碳的百分含量%CO。在不加CuCl情况下，以CO：H$_2$（1∶1）和[C$_6$C$_1$im]Cl进行控制实验，吸附—排空—脱附循环之后，样品池顶部空间的气体样品中没有发现H$_2$。这源于H$_2$在[C$_6$C$_1$im]Cl中的物理溶解度较高，对于其他离子液体尤其如此。与此形成对比的是，对于其他所有含铜离子液体，相对于初始气体混合物，发现平衡时顶部空间气体样品中CO耗尽，表明样品对一氧化碳的选择吸附。

而且，脱附之后所收集的气体样品，一氧化碳含量更高，一些甚至达到高于95%。对于CO：N$_2$（1∶1）的混合气体，一个单吸附—排空—脱附循环之后样品池顶部空间的气体中一氧化碳含量高于90%。对于每个考察的离子液体，CO/N$_2$混合气体中，对于一氧化碳的选择性，显著高于CO/N$_2$混合气体。这可能是由于这三种气体在离子液体中的物理吸附差异所造成的，在同样条件下，对于气体混合物中N$_2$的吸附少于对于H$_2$的吸附。此外，以[C$_6$C$_1$im][CuCl$_2$]处理一氧化碳初始含量为80%的CO/H$_2$和CO/N$_2$的气体混合物，脱附的气体中一氧化碳含量分别为96%和98%。可以想象适当条件下通过连续的吸附/脱附循环，可以实现一氧化碳与氢气和氮气的有效分离。

离子液体中，最常见的有机阳离子是二烷基咪唑鎓、烷基吡啶鎓、二烷基吡咯离子、季铵、季鏻鎓离子等，将配位官能团引入有机阳离子中，用于含金属离子液体的合成，对所制备的物种的结构和性能有什么影响呢？这里先来看一下两个氰基官能团化的有机阳离子：[CMMIM]Cl和[CBMIM]Cl，结构式如下所示。

[CMMIM]Cl　　　　　　　　　　　[CBMIM]Cl

[CMMIM][CdCl$_4$]的合成。将[CMMIM]Cl和CdCl$_2$按照摩尔比2∶1混合放入Schlenk管中，搅拌、加热到120℃，反应2h，直至得到透明均一的反应混合物，然后冷却至室温，得无色块状晶体。C$_{12}$H$_{16}$CdCl$_4$N$_6$：理论值：C28.91，H3.24，N16.86；实测：C29.02，H3.21，N16.99。IR(cm^{-1})：3152(m)，3109(m)，3083(m)，2973(m)，2939(w)，1625(w)，1584(s)，1557(s)，1425(s)，1173(vs)，1112(m)，1090(m)，934(m)，851(m)，834(s)，754(vs)，674(w)，622(s)，610(s)，473(m)。熔点：105.5℃。

化合物[CMMIM][CdCl$_4$]的晶体学参数为：C$_{12}$H$_{16}$CdCl$_4$N$_6$，M_r=498.51g/mol，正交晶系，$Pbca$空间群，a=7.750(2)Å，b=14.500(3)Å，c=34.670(7)Å，V=3896(1)Å^3，Z=8，$2\theta_{max}$=56.18°，λ=0.71073Å，T=293(2) K，ρ=1.700g/cm^3，μ=1.675mm^{-1}，F(000)=1968，收集23930个衍射点，其中独立衍射点4296个（R_{int}=0.1091），GOF=0.631，R_1/R_2=0.0404/0.0940[I>2$\sigma(I)$]。

[CBMIM][CdCl$_4$]的合成方法和[CMMIM][CdCl$_4$]相同，但无法得到单晶，而是玻璃态物质，玻璃化转变温度为-35℃。C$_{18}$H$_{28}$CdCl$_4$N$_6$(582.67)：calcd. C 37.10，H 4.84，N 14.42；found C 36.77，H 4.85，N 14.68。IR(cm^{-1})：3145(w)，3102(m)，2946(w)，2876(vw)，2245(w)，1562(s)，1456(m)，1424(m)，1387(w)，1363(w)，1337(w)，1160(vs)，1089(w)，837(m)，747(s)，697(w)，650(m)，621(vs)，412(vw)。

[CMMIM][CdCl$_4$]为正交晶系，空间群为$Pbca$（no.61），每个单胞中含有8个分子。不对称单元中含有一个[CdCl$_4$]$^{2-}$配位阴离子和两个3-氰甲基-1-咪唑 [CMMIM]$^+$阳离子（图3-6），分子式为[CMMIM][CdCl$_4$]。Cd—Cl键长介于2.428(2)~2.483(2)Å之间，Cl—Cd—Cl键角在103.13(6)~114.29(6)°之间（表3-6）和其他含[CdCl$_4$]$^{2-}$配位阴离子的化合物相当。

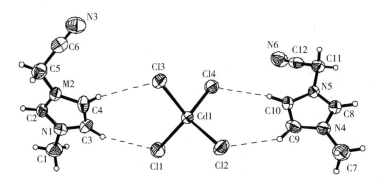

图3-6　[CMMIM][CdCl₄]中不对称单元的热椭球图（50%概率椭球）

表3-6　[CMMIM][CdCl₄]中部分键长和键角

键长/Å	Cd(1)–Cl(2)	2.428(2)	Cd(1)–Cl(4)	2.468(2)
	Cd(1)–Cl(1)	2.435(2)	Cd(1)–Cl(3)	2.483(2)
键角/（°）	Cl(2)–Cd(1)–Cl(1)	107.68(6)	Cl(2)–Cd(1)–Cl(3)	109.79(6)
	Cl(2)–Cd(1)–Cl(4)	113.58(6)	Cl(1)–Cd(1)–Cl(3)	114.29(6)
	Cl(1)–Cd(1)–Cl(4)	108.48(7)	Cl(4)–Cd(1)–Cl(3)	103.13(6)

在晶体结构中存在许多分子内和分子间C—H···Cl氢键。这些氢键在阳离子和阴离子的组装过程中起到了非常重要的作用。两个[CMMIM]⁺和一个[CdCl₄]²⁻配位阴离子之间形成了分子内氢键[C(3)—H(3A)···Cl(1)，3.654(7)Å；C(4)—H(4A)···Cl(3) 3.756(6)Å；C(9)—H(9A)···Cl(2)，3.558(7)Å和C(10)—H(10A)···Cl(4)，3.805(7)Å]，进而形成离子对，对应于一个分子单元[CMMIM]₂[CdCl₄]（图3-6和表3-7）。结果使得咪唑环的C—C指向[CdCl₄]²⁻配位阴离子。很明显咪唑环的C(3)—C(4)边与[CdCl₄]²⁻配位阴离子中的Cl(1)—Cl(3)边平行，而且C(9)—C(10)边与Cl(2)—Cl(4)边平行。这些离子对通过分子间C—H···Cl氢键进一步连接成3D超分子结构[C(1)—H(1B)···Cl(3)，3.738(7)Å；对称代码：$x-1/2$，$-y+3/2$，$-z$；C(11)—H(11B)···Cl(3)，3.735(7)Å；对称代码：$x-1/2$，y，$-z+1/2$；C(5)—H(5B)···Cl(4)，3.815(8)Å；对称代码：$-x$，$-y+1$，$-z$；C(2)—H(2A)···Cl(4)，3.564(6)Å；对称代码：$-x$，$-y+1$；咪唑环盐c轴交替指向相反方向[图3-7(a)]。

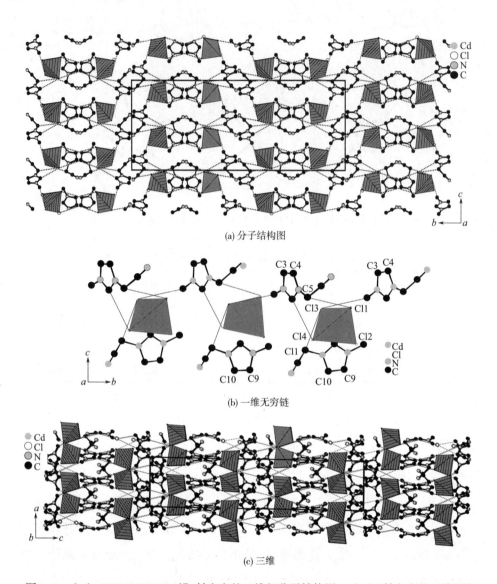

(a) 分子结构图

(b) 一维无穷链

(c) 三维

图 3-7　（a）[CMMIM][CdCl₄] 沿 *a* 轴方向的三维超分子结构图；（b）*b* 轴方向的一维无穷
链；（c）*b* 轴方向的三维超分子结构图
CdCl₄四面体为中度灰色带条纹，Cd、C、N、Cl原子颜色分别为浅灰、黑色、中等灰色带条纹和圆圈

　　当然也可以认为，整个结构可以看作有许多双链组装而来。[CMMIM]⁺阳
离子和[CMMIM]⁺ [CdCl₄]²⁻配位阴离子通过分子间氢键的连接形成双链结构[图
3-7(b)]，这些双链进一步通过分子内氢键连接成3D超分子结构[图3-7(c)]。同时
也发现，相邻的双链中的两个阳离子处于倒反中心，与分子内氢键相比，分子

间氢键也不是很弱（表3-7）。

表3-7　[CMMIM][CdCl₄]中的氢键

D—H···A	键长 /Å D—H	键长 /Å H···A	键长 /Å D···A	键角 /（°） D—H···A
C(3)—H(3A)···Cl(1)	0.93	2.76	3.654(7)	160.4
C(4)—H(4A)···Cl(3)	0.93	2.89	3.756(6)	155.7
C(9)—H(9A)···Cl(2)	0.93	2.74	3.558(7)	147.4
C(10)—H(10A)···Cl(4)	0.93	2.89	3.805(7)	169.2
C(1)—H(1B)···Cl(3)#1	0.96	2.92	3.738(7)	143.4
C(11)—H(11B)···Cl(3)#2	0.97	2.83	3.735(7)	155.2
C(5)—H(5B)···Cl(4)#3	0.97	2.93	3.815(8)	152.1
C(2)—H(2A)···Cl(4)#3	0.93	2.73	3.564(6)	149.8

注　对称性代码：#1 $x-1/2$, $-y+3/2$, $-z$；#2 $x-1/2$, y, $-z+1/2$；#3 $-x$, $-y+1$, $-z$。

图3-8为[CMMIM][CdCl₄]的DSC曲线。该化合物的熔点为105.3℃，在熔化之前，在98.8℃附近有一个强度稍弱的吸热峰，与熔点峰部分重叠，有可能这是由于固—固相转变所引起的。在降温过程中没有观察到凝固点，在-20℃（初始）附近可以观察到一个玻璃化转变温度。对于化合物[CBMIM][CdCl₄]，加热和降温曲线上都只有玻璃化转变温度，分别在-36.1℃和-41.8℃（图3-9）。

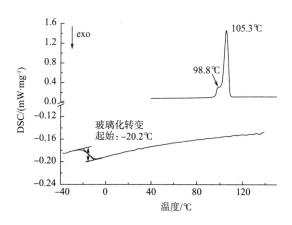

图 3-8　[CMMIM][CdCl₄]的DSC曲线

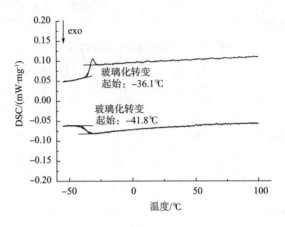

图 3-9　[CBMIM][CdCl₄]的DSC曲线

表3-8　$[C_nC_1im]_2[MnX_4]$，$n=2$，3，4，6；X=Cl，Br的相转变参数

化合物	降温过程			加热过程		
	玻璃化转变温度/℃	结晶温度/℃	玻璃化转变温度/℃	结晶温度/℃	玻璃化转变温度/℃	结晶温度/℃
$[C_2C_1im]_2[MnCl_4]$	—	39.2	14.8	—	77.3	
$[C_3C_1im]_2[MnCl_4]$	−65.8	−7.8	−27.5	−54.5	52.0	—
$[C_4C_1im]_2[MnCl_4]$	−54.0	—	—	−49.2	62.0	—
$[C_6C_1im]_2[MnCl_4]$	−51.8	—	—	−50.1		
$[C_2C_1im]_2[MnBr_4]$	—	39.5	9.9	—	72.0	
$[C_3C_1im]_2[MnBr_4]$	—	18.2	−54.1	—	53.8	−24.8
$[C_4C_1im]_2[MnBr_4]$	−55.4	—	—	−49.9	44.2	
$[C_6C_1im]_2[MnBr_4]$	−54.2	—	—	−49.5		

　　四卤代锰酸咪唑鎓离子液体。Mn²⁺具有十分有趣的光物理性质，如荧光和磷光，比较著名的有$[Zn(Mn)]_2SiO_4$。取决于配位环境的不同，简单的卤化物也可以发射绿色（四面体配位）或者红色到粉色（八面体配位）。

　　四卤代锰酸咪唑鎓离子液体，$[C_nC_1im]_2[MnX_4]$，$n=2$，3，4，6；X=Cl，Br。可以通过以下反应路径获得。

$$2\,[C_nC_1im]X + MnX_2 \longrightarrow [C_nC_1im]_2[MnX_4],\ n=2,\ 3,\ 4,\ 6;\ X=Cl,\ Br$$

将干燥的[C_nC₁im]X和MnX₂按照2∶1（摩尔比）混合置于Schlenk管中，加热、搅拌，80℃反应一定的时间，直至MnX₂全部溶解，生成透明均一的溶液。90℃干燥一天，可以几乎定量地得到黄绿色–棕色的离子液体产品。这些反应也可以在无水甲醇/异丙醇中进行，然后除去溶剂，用异丙醇洗涤几次，用甲醇/异丙醇1∶（0.5~1）重结晶。

以361nm波长激发光直接激发Mn^{2+}离子的$^6A_1$能级到^4E（D）、$^4T_2$（D）能级，在发射光谱上，450~650nm之间，能够观察到一个很宽的发射峰，最大峰值为524nm，归属于典型的四面体配位的Mn^{2+}的$^4T_1$（G）$\rightarrow ^6A_1$辐射跃迁，显示出黄绿色光（图3–10）。在所有样品中，碳链长度短于C6的样品展示出适当强度的光致发光。所有样品的发射峰半高峰宽大约为50nm（200cm^{-1}）。

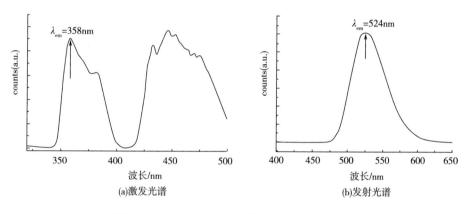

图3–10　[C₂C₁im]₂[MnCl₄]的激发光谱和发射光谱

这些含锰离子液体的荧光衰减曲线均可以用单指数方程拟合，表明样品中只有一个光学活性的Mn^{2+}物种。这些四溴代锰酸盐在室温时的荧光寿命都大约为0.4ms以上，和文献值相符合。而四氯代锰酸盐的室温荧光寿命为3~5ms（表3–9）。与四氯代锰酸盐相比，四溴代锰酸盐化合物中共价成分高，导致共振耦合的程度也高，所以激发态的寿命就短一些。这一假设可以通过比较红外共振吸收光谱中两种样品的Mn—X的模式来验证。

表3-9　系列含锰离子液体的室温和77K荧光寿命　　　　单位：ms

化合物	室温	77K
$[C_2C_1im]_2[MnCl_4]$	1.5	3.4
$[C_3C_1im]_2[MnCl_4]$	4.6	5.5
$[C_4C_1im]_2[MnCl_4]$	3.9	4.2
$[C_6C_1im]_2[MnCl_4]$	1	4.0
$[C_2C_1im]_2[MnBr_4]$	0.4	0.4
$[C_3C_1im]_2[MnBr_4]$	0.4	0.4
$[C_4C_1im]_2[MnBr_4]$	0.4	0.4
$[C_6C_1im]_2[MnBr_4]$	1	0.4

$[ChCl]_m[ZnCl_2]_n$离子液体的X射线吸收精细结构光谱结构分析。基于氯化胆碱和金属的室温离子液体易于制备，而且成本低廉。这一类型的离子液体可以用于电镀和电池中。不同$ZnCl_2$摩尔比的$ChCl—ZnCl_2$室温离子液体的组分和性质吸引了较多的关注。Abbott等采用FAB—MS（负离子快速原子轰炸质谱）发现在这种离子液体中存在两种主要的阴离子，即$ZnCl_3^-$和$Zn_2Cl_5^-$。该课题组测试了离子液体的电势、熔点、黏度和氯化锌阴离子的摩尔分数。Wu等考察了这种类型离子液体的熔点和晶形，并发现熔点和晶形取决于$ZnCl_2$的比例。Hsiu等用FAB—MS研究了离子液体$ZnCl_2—[C_2C_1im]Cl$的组分，同样发现离子液体中有许多种Zn阴离子，但最主要的两个物种是$ZnCl_3^-$和$Zn_2Cl_5^-$。Abbott等同样考察了许多金属氧化物在$ChCl—ZnCl_2$离子液体中的溶解度。虽然已有许多有关$ChCl—ZnCl_2$离子液体的研究，XAFS很少用于研究室温离子液体的离子结构。Jensen等考察了室温离子液体中Sr原子的配位环境。Clotilde Gaillard考察了随着氯离子的加入三价铈离子在室温离子液体中的存在状态。中科院上海应用物理研究所的吴国忠等采用XAFS研究了含有不同摩尔比的$ZnCl_2$的$ChCl—ZnCl_2$离子液体的组成和结构，在测试过程中没有破坏离子液体。XAFS能够用于检测核心原子的局部结构。

为了开展这一研究，制备了四种含有不同摩尔比的$x（ZnCl_2）=0.4$、0.5、0.6、0.667、0.714、0.75的室温离子液体。室温下30℃真空干燥，除去挥发性的杂质（水等），把所制备的离子液体密封在不透气的玻璃管中，在−16℃静置两天培养晶体。当$ZnCl_2$的摩尔比为0.4时，离子液体的熔点为22.5℃，而当$ZnCl_2$的摩尔比为0.5时，在DSC曲线上可以观察到三个峰，分别为21.2℃，39.6℃，57.7℃。当$ZnCl_2$的摩尔比增加到0.667时，DSC曲线上仅在36.5℃处显示一个宽的熔点峰。当$ZnCl_2$的摩尔比为0.714、0.75时，没有熔点峰。

测试了六个离子液体以及浓$ZnCl_2$水溶液的XAFS谱。这七个样品的XAFS谱比较相似，表明Zn原子周围的配位壳层和原子是非常相似的。XAFS谱对Zn的内配位圈的变化是非常灵敏的。强烈的边共振位于9664eV，来自从一个1s芯态到一个空的4p终态电子跃迁。$ZnCl_2$的摩尔比为0.4的室温离子液体的白线峰明显高于其他室温离子液体的白线峰，当$ZnCl_2$的摩尔比从0.4变化到0.5表明Zn物种的配位环境明显改变。在两个离子液体中从1s芯态到一个空的4p终态电子跃迁的概率是不一样的。从DSC测试也可以看出这一点。当$ZnCl_2$的摩尔比为0.4时，DSC曲线上只有一个峰在21℃，而当$ZnCl_2$的摩尔比为0.5时，原来21℃的峰几乎消失，但在39℃出现了另外一个峰。这表明当$ZnCl_2$的摩尔比从0.4变化到0.5，离子液体中主要的物种发生了变化，与XANES谱的变化相对应。当$ZnCl_2$的摩尔比从0.5变化到0.7，没有明显的变化，意味着五个室温离子液体具有非常相似的配位环境。由于室温离子液体中Zn物种是独立的阴离子，而且室温离子液体体系是一个中等无序的体系，六个室温离子液体的XANES谱几乎是无序的。

从六个ChCl—$ZnCl_2$室温离子液体中的Zn物种的傅里叶转换EXAFS数据，可以发现长程无序，同时表明室温离子液体中阴离子是独立的。q空间的反傅里叶转化的拟合曲线表明拟合结果是可接受的。室温离子液体x（$ZnCl_2$）=0.4、0.5、0.6、0.667、0.714、0.75中Zn物种的配位数分别为3.0、2.9、2.8、2.6、2.5、2.4。当$ZnCl_2$的摩尔比为0.4时，配位数是3.0，表明室温离子液体中Zn物种的配位数为3.0。对比DSC测试和其他文献，这个离子液体中主要的Zn物种应该是$ZnCl_3^-$。当$ZnCl_2$的摩尔比为0.5时，XANES谱和DSC曲线与当$ZnCl_2$的摩尔比为

0.4时的结果不一样，所以当$ZnCl_2$的摩尔比为0.5时，主要的Zn物种为$Zn_2Cl_5^-$，Zn的配位数为3.0。随着$ZnCl_2$摩尔比的增加，配位数持续减小。可以推测当$ZnCl_2$的摩尔比较高时，室温离子液体中存在一个新的主要的物种。当$ZnCl_2$的摩尔比增加到0.75时，由于配位数降到2.4，可以推测新的Zn物种是Cl—Zn—Cl离子对，配位数为2。这种形式的Zn物种与配位数以及离子和电荷平衡相当吻合。同时，Cl—Zn—Cl离子对也可以给DSC曲线一个很好的解释。

从DSC和XAFS分析，$ZnCl_3^-$是当$ZnCl_2$的摩尔比为0.4时的单独物种，$Zn_2Cl_5^-$是当$ZnCl_2$的摩尔比为0.6时的最主要物种，当$ZnCl_2$的摩尔比为0.667时，Cl—Zn—Cl离子对成为占有优势的Zn物种。根据熔化转变熵和配位数，可以推测和计算出不同摩尔比$ZnCl_2$离子液体中不同的组成和Zn物种。从以上分析，可以看出Cl—Zn—Cl离子对在室温离子液体的结构中起着十分重要的作用。可以推测不同$ZnCl_2$摩尔比含量的ChCl—$ZnCl_2$室温离子液体中存在三种不同的局部结构。在$ZnCl_3^-$阴离子中，三个氯原子形成一个赤道三角，Zn原子位于赤道三角的中心位置。由于离子间的库仑作用力，胆碱Ch^+阳离子和$ZnCl_3^-$阴离子通过氢键阴离子相互作用。这些相互作用虽然相对较弱，但似乎可以指引离子之间的方向，可以支配总的组装。在$Zn_2Cl_5^-$阴离子中，一个桥联氯原子连接着两个Zn原子，另外四个氯原子被平均分配给另外两个Zn原子。在胆碱Ch^+阳离子和$Zn_2Cl_5^-$阴离子之间主要的相互作用同样是氢键。由于Zn原子之间的桥联键和氯原子能够旋转，体系的结构似乎比较无序。当Cl—Zn—Cl离子对存在于ChCl—$ZnCl_2$室温离子液体中，可以与$ZnCl_3^-$、$Zn_2Cl_5^-$以及分解的氯离子通过库仑力相互作用。分解的氯离子可以出现在几个Cl—Zn—Cl离子对胆碱Ch^+阳离子中。

卤代金属酸盐化合物，由金属氯化物和有机金属盐反应而来，展示非常有趣的性质，比如强的路易斯酸性、顺磁和新颖的电化学或者催化性质，取决于其中所含金属离子的本质和浓度。这些材料的一个分支是磁性离子液体（MILs），定义为熔点低于100℃的顺磁盐。这种磁性离子液体能够结合离子液体的一些特征和额外的功能，比如热致变色、磁电致变色、荧光和磁致电阻，取决于所含的顺磁离子。

当前所发表的研究论文中缺乏能够提供实验和理论考察温度对于含有咪唑有机阳离子的卤代金属酸盐的固相结构的影响。这一事实可能是由于这些体系的相对低的熔点（这些盐中多数在室温下为液体）或者热力学复杂性。这些材料展示出多种多样的相互作用，从非特异和各向共性力、弱相互作用，如范德瓦耳斯力（vdW）、疏溶作用、色散力和强相互作用（库仑力），到特异和各向异性力，如氢键、卤素键、偶极—偶极、磁偶极、电对供体/受体相互作用，它们中的一些受到温度而不是其他的影响。所以，有必要研究这些参数对于晶体结构的影响。

四氯合铁酸（1-乙基-2，3-二甲基咪唑）鎓盐（$[C_2C_1mim][FeCl_4]$）合成：热处理化学剂量比的$FeCl_3$和$[C_2C_1mim]Cl$，将得到的多晶样品用2-丙醇和1-庚醇混合溶剂重结晶，得到单晶。不同温度下单晶X射线衍射数据如下：

$[C_2C_1mim][FeCl_4]$(100K）的晶体学参数为：$C_7H_{13}Cl_4FeN_2$，$M_r=322.84g/mol$，单斜晶系，空间群为$P2_1/n$，$a=9.5889(2)Å$，$b=14.3617(2)Å$，$c=9.6727(2)Å$，$\alpha=90°$，$\beta=94.215(2)°$，$\gamma=90°$，$V=1328.45(5)Å^3$，$Z=4$，$T=100K$，$\rho=1.641g/cm^3$，$\mu=1.906mm^{-1}$，收集10920个衍射点，其中独立衍射点3000个，GOF=1.070，$R_1/R_2=0.0301/0.0572 [I>2\sigma(I)]$，$R_1/R_2=0.0396/0.0621$（all dta）。

$[C_2C_1mim][FeCl_4]$(250K)的晶体学参数为：$C_7H_{13}Cl_4FeN_2$，$M_r=322.84g/mol$，单斜晶系，空间群为$P2_1/n$，$a=9.6914(2)Å$，$b=14.5300(3)Å$，$c=9.7789(2)Å$，$\alpha=90°$，$\beta=94.212(5)°$，$\gamma=90°$，$V=1373.31(5)Å^3$，$Z=4$，$T=250K$，$2\theta=1.104°$ ~ $43.092°$，$\lambda=0.61969Å$，$\rho=1.561g/cm^3$，$\mu=1.844mm^{-1}$，收集11306个衍射点，其中独立衍射点3111个，GOF=1.103，$R_1/R_2=0.0424/0.0778 [I>2\sigma(I)]$，$R_1/R_2=0.0718/0.0919$(all dta)。

$[C_2C_1mim][FeCl_4]$(293K)的晶体学参数为：$C_7H_{13}Cl_4FeN_2$，$M_r=322.84g/mol$，单斜晶系，空间群为$P2_1/n$，$a=9.7694(5)Å$，$b=9.8343(8)Å$，$c=9.8343(6)Å$，$\alpha=90°$，$\beta=94.969(5)°$，$\gamma=90°$，$V=1402.41(14)Å^3$，$Z=4$，$T=293K$，$\rho=1.529g/cm^3$，$\mu=1.805mm^{-1}$，收集11338个衍射点，其中独立衍射点3152个，GOF=1.054，$R_1/R_2=0.0612/0.1295 [I>2\sigma(I)]$，$R_1/R_2=0.1185/0.1656$（all dta）。

[C$_2$C$_1$mim][FeCl$_4$](304K)的晶体学参数为：C$_7$H$_{13}$Cl$_4$FeN$_2$，M_r=322.84g/mol，单斜晶系，空间群为$P2_1/n$，a=9.8177(12)Å，b=14.6786(17)Å，c=9.8489(14)Å，α=90°，β=93.258(13)°，γ=90°，V=1417.0(3)Å^3，Z=4，T=304K，ρ=1.513g/cm^3，μ=1.787mm^{-1}，收集11306个衍射点，其中独立衍射点3111个，GOF=1.103，R_1/R_2=0.0829/0.2135 [$I>2\sigma(I)$]，R_1/R_2=0.2101/0.2972（all dta）。

[C$_2$C$_1$mim][FeCl$_4$](310 K)的晶体学参数为：C$_7$H$_{13}$Cl$_4$FeN$_2$，M_r=322.84g/mol，单斜晶系，空间群为$P2_1/m$，a=6.8741(3)Å，b=14.6758(6)Å，c=7.1003(3)Å，α=90°，β=90.430(5)°，γ=90°，V=716.28(5)Å^3，Z=2，T=310K，ρ=1.497g/cm^3，μ=1.767mm^{-1}，收集11306个衍射点，其中独立衍射点3111个，GOF=1.103，R_1/R_2=0.0863/0.2868 [$I>2\sigma(I)$]，R_1/R_2=0.1112/0.3247（all dta）。

同步辐射粉末X射线衍射数据：

[C$_2$C$_1$mim][FeCl$_4$](100K)的晶体学参数为：单斜晶系，空间群为$P2_1/n$，a=9.57821(7)Å，b=14.35539(11)Å，c=9.67396(8)Å，α=90°，β=94.2410(5)°，γ=90°，V=1326.52(9)Å^3，Z=4，T=100K，2θ=1.104°～43.092°，λ=0.61969Å，ρ=1.617g/cm^3，收集6167个衍射点，其中独立衍射点1968个，R_{wp}=0.060，R_{exp}=0.011，$\chi_{\text{Rietveld/Matching}}$=1.345。

[C$_2$C$_1$mim][FeCl$_4$](300K)的晶体学参数为：单斜晶系，空间群为$P2_1/n$，a=9.76402(6)，b=14.62698(10)，c=9.82870(7)Å，α=90°，β=93.9129(5)°，γ=90°，V=1400.4(1)Å^3，Z=4，T=300K，2θ=0.726°～42.846°，λ=0.61872Å，ρ=1.531g/cm^3，收集5250个衍射点，其中独立衍射点1343个，R_{wp}=0.065，R_{exp}=0.035，$\chi_{\text{Rietveld/Matching}}$=1.387。

[C$_2$C$_1$mim][FeCl$_4$](320K)的晶体学参数为：单斜晶系，空间群为$P2_1/m$，a=6.90162(8)Å，b=14.67524(18)Å，c=7.10431(9)Å，α=90°，β=90.5307(8)°，γ=90°，V=719.51(2)Å^3，Z=2，T=320K，2θ=0.726°～42.846°，λ=0.61872Å，ρ=1.490g/cm^3，收集6084个衍射点，其中独立衍射点1057个，R_{wp}=0.060，R_{exp}=0.036，$\chi_{\text{Rietveld/Matching}}$=1.402。

[C$_2$C$_1$mim][FeCl$_4$](335K)的晶体学参数为：单斜晶系，空间群为$P2_1/m$，

a=7.0636(2)Å，b=14.6120(3)Å，c=7.0702(2)Å，α=90°，β=90.975(1)°，γ=90°，V=729.63(4)Å³，Z=2，T=335K，2θ=0.726°~42.846°，λ=0.61872Å，ρ=1.469g/cm³，收集4500个衍射点，其中独立衍射点473个，R_{wp}=0.044，R_{exp}=0.034，$\chi_{\text{Rietveld/Matching}}$=1.219。

[C$_2$C$_1$mim][FeCl$_4$]的相转变。此前这一化合物的DSC测试显示该化合物有两个吸热峰，分别对应于从相I到相II的转变和样品熔化峰。第二个峰的特征是比较宽（ΔT=23K），几乎与第一个重叠。当加热速率和样品质量分别为5K/min和5mg时，一个弱的吸热峰（325K），对应于一个新的固—固相转变（相II→相III），区别与前一个固—固相转变（I/II相转变）和后面的样品熔化峰（347K）。相I的晶体结构是在100K通过单晶X射线衍射解析的，相II的晶体结构是在310K测定的。高于这个温度，数据质量比较差，妨碍正确的晶体结构解析。为了克服这个困难，采用中子X射线衍射手段测试了310K以上的晶体衍射数据。尽管中子衍射数据显示单胞参数发生了显著的变化，但相II的空间群在相III中得到了保留。通过Rietveld精修解析晶体结构，可以将弱的II/III相转变归属为受到熔点附近的热扰动所促进的咪唑分子的重新取向。最后，DSC曲线上340 K附近的峰对应于样品的熔点峰，晶体结构解析结构一致。从DSC测试的降温曲线可以发现，所有的相变化（I/II/III/液体）都是可逆的，而液/III相转变向低温区位移，是由于样品形成过冷现象所引起的。

同步辐射衍射分析和磁结构鉴定。收集了300K，100K和10K的中子粉末衍射图样。可以发现，当温度降低到10K，在中子衍射图样中没有检测到结构相转变。100K的衍射数据采用$P2_1/n$空间群进行指标化，所得到的晶胞参数[a=9.654(1)Å，b=14.361(1)Å，c=9.571(1)Å，β=94.24(2)°]与100K的单晶X射线衍射数据解析结构数据相似。在10K时，由于热晶胞收缩，布拉格衍射发生了轻微的位移。收集了10~1.5K的中子衍射图样（λ=2.52Å）。温度低于3K的数据显示出额外的弹性强度，与磁力测定结果（尼尔温度T_N=2.9K）相容。通过顺磁态（10K）和磁有序态（2K）图样的对比，可以发现四个新的尖锐的布拉格峰，与三维磁排序相关，弱的曼散射在2θ=15°附近重叠。低温下背景的增强，在$[C_1C_1im][FeCl_4]$中也有发现，这里采用极化同步辐射衍射排除这一背景的磁原点。背景的增强是由于不连贯的散射信号的增加所引起的。

磁相转变之下的Rietveld精修显示，晶体结构的$P2_1/n$对称性在温度低于1.5K时也得以保留。采用100K单晶X射线衍射解析的部分的原子坐标和各向异性温度因子用于Rietveld精修。额外的弹性强度可以用传播矢量k=（-0.5，0，0.5）进行指标化，结果表明磁单胞沿着各自的核单胞a轴和c轴有一个两倍的增加。将$P2_1/n$空间群转换为标准的$P2_1/c$（a'=-a-c，b'=b，c'=a），传输矢量将被调整为（0.5，0，0）。由于时间反演对称性，传输矢量k≠（0，0，0）的发生包含一个严格的反铁磁结构。值得注意的是，指标化的传输矢量与此前的从磁性离子液体（$[C_1C_1im][FeX_4]$，X=Cl，Br）得到的矢量不同，直至目前为止，传输矢量总是为k=（0，0，0）（对应于同样的磁和核胞）。

为了鉴定磁结构，采用Bertaut's对称性分析方法考察了与传输矢量兼容的不可约表示。这一方法可以用于鉴定磁单胞中Fe^{3+}离子不同的磁矩之间的对称性限制。总的磁表示传输矢量群能够分解为四个不可约的表示。在所有情况中，每个Fe^{3+}位置有三个自由度。最好的磁模型表示为不可约表示Γ_3，对应于在ac平面内延伸的反铁磁层，沿着b轴方向反铁磁耦合。模型允许沿着b轴可能的方向倾斜。然而，同步辐射衍射数据不能保证精修的足够精确性。所以，为了避免过度的参数化，以及由于沿着b轴方向的磁矩组分第一次精修的数值可以忽略不计，所以它的数值被固定为零，引起反铁磁与包含在ac平面内的磁矩共线行为。精修的磁结构与$Pa2_1/c(14.80)$磁空间群相容，a=19.075(1)Å，b=14.260(1)Å，c=14.043(1)Å，β=136.84(1)°，而且与宏观摩尔磁化率分析结果完全一致。铁单胞的1.5K D1B数据的最优拟合得到R_{tetha}=76(1)°和磁矩4.11(1)μ_B，稍微比Fe^{3+}的理论值5μ_B低一些。然而，这一数值与此前相似的四卤代铁酸盐化合物的结果一致，DFT计算估算的自旋密度没有严格定域在铁离子上而是部分离域到金属络合物离子中最近的卤素离子上。

根据同步辐射衍射数据的磁模型，$[C_2C_1mim][FeCl_4]$的主要磁耦合是通过直接的超级交换，铁离子和它的第一配位圈之间的阴离子-阴离子相互作用(Fe—

$Cl\cdots Cl-Fe$）。有两个面内相互作用，$J_{\perp}$（J_1和J_2），连接着铁离子，形成一维链，链与链之间相互连接，形成ac平面。10K时，对于J_1，$Cl\cdots Cl$间距为3.834(1)Å，对于J_2，$Cl\cdots Cl$间距为3.948(1)Å。在这一交换耦合中所涉及的原子显示超级交换角的混合，(i) $Fe-Cl\cdots Cl$ 146.5° 和139.6°，(ii) $Cl\cdots Cl-Fe$ 108.9和79.3°，J_1和J_2的τ数值分别为123.8° 和160.2°。根据精修的磁结构，J_1和J_2分别显示出反铁磁和铁磁性行为。通过对比距离，它们中间的强的磁交换常数应是J_1，与短的$Cl\cdots Cl$间距有关。对于角度，比较显著的是，$[C_1C_1im][FeX_4]$，(X=Cl，Br) 中的J_1连接铁离子，形成沿着(1，0，1)方向的线性铁磁链。基于$[C_1C_1im]$阳离子的化合物都同样显示接近90° 的$X\cdots X-Fe$角度数值（Cl和Br角度分别为88° 和91°）。所以当$Cl\cdots Cl-Fe$角度增加到108.9°，从磁相互作用（铁磁反铁磁耦合）角度说足够影响这个正交角度发生改变。

最后，J_3磁耦合或者面间超级交换相互作用，形成之字形链，产生梯形排列沿着b轴方向延伸。$Cl\cdots Cl$间距为4.209(2)Å，$Fe-Cl\cdots Cl$和$Cl\cdots Cl-Fe$键角为153.1° 和169.5°，τ值为60.57°。芳香环和$[FeCl_4]^-$配位阴离子之间存在$\pi-d$相互作用，显示出通过咪唑阳离子（$Fe-Cl\cdots Tm\cdots Cl-Fe$）的弱非直接超级交换阴离子—阴离子相互作用。

单晶—单晶相转变。采用单晶X射线衍射方法探测了相I在温度从100K升高到304K（相Ⅰ）过程中的结构转变。进一步升高样品的温度，促进了从相Ⅰ到相Ⅱ的单晶—单晶相转变，意味着晶体学a和c轴的收缩，以及空间群转换成$P2_1/m$(相Ⅱ)。相转变之后分子构象和堆积排列的改变没有严重到足以引起晶体的断裂，因此采用单晶X射线衍射研究两个相的结构是可行的。有机和无机片段之间的相对弱的相互作用(氢键、库仑作用力和范德瓦耳斯力)使得阳离子和阴离子在温和的热能输入下分子移动成为可能，导致相I中无序程度的增加，和可逆单晶—单晶转换生成相II，这与以前报道的单晶—单晶转换的例子一致。

分别在100K，250K，293K，305K和310 K收集了X射线衍射数据，并进行了晶体结构解析和精修。随着温度的升高，热扰动破坏了衍射数据的质量，相应的，品质因子(FOM)变坏。高于312K收集得到的数据质量较差，不适合用于结构解析。所以，接近熔点(340K)的结构分析采用变温同步辐射X射线衍射分析完成。在单晶X射线衍射所考察的温度范围内，100~310K，分子内键长和键角与剑桥结构数据库中的类似物数据类似。

晶相Ⅰ和Ⅱ都可以描述为四面体[FeCl$_4$]$^-$配位阴离子所形成的阴离子层和[C$_2$C$_1$mim]$^+$所形成的阳离子层沿着晶体学(010)方向连续组装而成。层与层之间主要是通过弱的分散和静电相互作用形成复杂的三维超分子网络。此前，100K的相Ⅰ晶体结构是利用同步辐射X射线衍射数据解析的，这里通过收集单晶衍射数据能够提供更加精确的分辨率，从而更好地考察分子构筑单元中的无序，以及它们的热演变和相Ⅰ和相Ⅱ单晶—单晶转换的关系。100K相Ⅰ的咪唑平衡离子存在一个位置无序，分裂成两部分，精修占位比为0.923(2)：0.077(2)。这一无序可以解释为咪唑阳离子环的滑移。中间温度，250K相Ⅰ和293K相Ⅰ，由于热扰动无法精确解析有机阳离子的无序。在更高的温度，304K相Ⅰ，热扰动使得结构无序更加明显，不仅有机平衡离子而且[FeCl$_4$]$^-$配位阴离子都无序。值得指出的是，在304K对配位阴离子和有机阳离子采用相同的无序参数，得到的精修占位比为0.801(6)：0.199(6)。继续升高温度，伴随从低温时的$P2_1/n$(相Ⅰ：100~304K)到高温时的$P2_1/m$（相Ⅱ：310K）的单晶—单晶转换。后者结构的无序是由于对称面和倒反中心所引起的，使得两个氯离子（Cl3和Cl4）发生分裂，而且咪唑有机阳离子分裂成两个对称性相关的位置，占位比各为0.5。所以相Ⅰ/相Ⅱ单晶—单晶转化与随温度的升高，阳离子和阴离子的无序度增加有关，导致原子位置取代，并影响它们完整的固态排列；所以，一些晶体学对称性元素被转换，导致所看到的由于热诱导的空间群转换。

晶体结构无序的程度在293K时似乎被冻住了，如果要增加它需要咪唑环的进一步滑移。然而，在高一些的温度，热扰动似乎足够克服与环滑移相关的空间位阻障碍，在304~310K温度区间无序具有一个突然的增加。通过比较金属中心、氯离子和咪唑阳离子的等价各向同性位移参数的演变，这样一个趋势变得清晰。它们都是在100~293K温度区间内单调地增加，之后突然增加。而且，热扰动和环滑移意味净的单胞膨胀，310 K时相对于100K时比体积增大约8%。

温度的上升不仅对各向同性参数而且对阴离子—阴离子距离有显著的影响。例如，把[FeCl$_4$]$^-$配位阴离子的金属中心考虑为一个节点，阴离子层就可以描述为一个4-连接四方平面网。平均金属—金属间距从100K的6.86Å持续增加到310K的6.99Å。

关于热扰动对分子内成键的影响，必需指出的是在所有实例中阳离子中的咪唑环都保持平面结构，C—C和C—N键长处于理想的范围，与其他咪唑化合物的数据相似。而且，咪唑阳离子具有相对于乙基NCC角度的邻位交叉(非平面)构象平衡，与其他含有1-乙基-3-甲基咪唑鎓阳离子的离子液体中所呈现出来的构象一致。100K的C2—N1—C6—C7扭转角为83(1)°，当温度升到310K后降为76(2)°。与前面提到的单胞膨胀相反，Fe—Cl键长随着温度的上升而持续下降[100K，250K，293K，304K和310K的平均Fe—Cl键长分别为：2.198(6)Å，2.190(6)Å，2.187(5)Å，2.187(3)Å和2.177(9)Å]。这一出乎意料的行为与当热扰动增加非共价相互作用的损害紧密相关，导致分子内Fe—Cl键加强。在[FeCl$_4$]$^-$配位阴离子和[C$_2$C$_1$mim]$^+$阳离子之间存在着一些弱相互作用。

通过四面体的顶点(Cl1)和相邻四面体中三个氯离子(Cl2，Cl3，Cl4)所形成的闭合面的中心之间弱的静电相互作用，[FeCl$_4$]$^-$配位阴离子自组装成一维超分子链(Cl1···中心，3.647Å，角度：83.9°)（图3-11）。除了内聚性，超分子结构进一步通过C$_{ar}$—H氢键(C4—H4···Cl3，2.913Å；C5—H5···Cl4，2.904Å)和弱的卤素···π相互作用（Cl1···C4，3.412Å；Cl2···C4，3.534Å）加强，与其他含咪唑阳离子的离子液体相似。在310 K，这些相互作用的间距变长，而且在之前提到的[FeCl$_4$]$^-$···[FeCl$_4$]$^-$(Cl2···Cl1，Cl3，Cl4—中心，4.460Å)和卤素···π相互作用中比在氢键作用(C4—H4···Cl3，3.102Å；C5—H5···Cl4，2.822Å)中更为显著。

变温同步辐射粉末衍射（SXPD）。SXPD被用于详细考察在常压条件下从100K到340K [C$_2$C$_1$mim][FeCl$_4$]的热膨胀过程。而且，在代表性的温度300K和320K的晶体结构采用此前报道的单晶晶体结构的模型相Ⅰ和相Ⅱ进行精修。最后，从同步辐射X射线衍射数据解析了相Ⅲ（335K）的晶体结构($P2_1/m$)

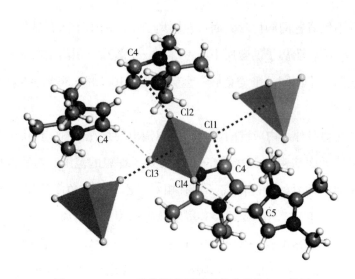

图3-11　[FeCl₄]⁻配位阴离子周围的非共价相互作用

[a=7.0636(2)Å，b=14.6120(3)Å，c=7.0702(2)Å，β=90.975(1)°]。相Ⅲ(335K)的粉末衍射数据的结构解析显示[C₂C₁mim][FeCl₄]与相Ⅱ（320K）同构，但是与它的区别是有机阳离子的旋转。

为了详细考察常压条件下从100K到340K [C₂C₁mim][FeCl₄]的热膨胀，分析了同步辐射X射线粉末衍射数据。从由Rietveld分析100K同步辐射X射线粉末衍射数据实验坐标开始，利用FullProf Suite从实验数据对晶胞参数进行了拟合。相Ⅰ的热膨胀参数从100K到300K是各向异性的，b轴长增加了0.1050Å，a和c轴长分别增加了0.0633Å和0.0616Å。单胞体积增加了27.1Å³，意味着占100K时总体积的2.04％。所以，在这个温度区间，所有的单胞参数显示正热膨胀，几乎是线性增加。而且，β角基本保持不变，低于250K时差异最小，之后它快速降低（0.3°）直到300K。在307K相变之后，单胞尺寸表现出不同的变化行为。从310K到330K相Ⅱ，b轴指数级降低了0.04Å，而a参数增加了0.20Å，b轴保持几乎不变直到322K，之后在330K附近突然降低了0.02Å。体积增加了16.0Å³，占305K时总体积的2.3%。最后，330K和340K之间的相Ⅲ，单胞参数的差异再一次表现出近乎线性变化，体积增加了约4Å³，b轴降低了0.01Å，a和c轴增加了0.02Å，β角增加了约0.07°。

基于这些同步辐射X射线衍射数据，计算主要轴(X)长在不同相中随温度的变化。在这样的背景下，在所有相中X_1轴向晶体学a轴倾斜大概15°；X_2大概等于b轴，X_3轴向晶体学c轴倾斜10°。通过PASCal程序线性拟合估算主要的热膨胀（TE）系数，计算公式为$\alpha=(1/l)(\delta l/\delta t)_p$。采用主要轴的归一化的组分作为参数与晶体学轴进行作图。对于相I，从100~300K，主要轴的TE值是$\alpha_{X1}=76(1)K^{-1}$，$\alpha_{X2}=98(1)K^{-1}$，$\alpha_{X3}=108(2)\times10^{-6}K^{-1}$，体积热膨胀系数$\alpha_V=[229(3)]\times10^{-6}K^{-1}$。比较明显的是，同一咪唑阳离子阴离子的取代（$FeCl_4^-$取代$Cl^-$）造成主要正交轴长的变化，$TE$值为100~350K。而对于$[C_2C_1mim]Cl$，$\alpha_V$值几乎保持不变（$[184(3)]\times10^{-6}K^{-1}$），配位阴离子取代卤素离子造成长度的位移，沿着$b$轴从正变为负（$\alpha_{X2}=-[12.8(2)]\times10^{-6}K^{-1}$，轴向负热膨胀）和$\alpha_{X1}$的降低（$\alpha_{X1}=-[12.8(2)]\times10^{-6}K^{-1}$）以及$\alpha_{X2}$的升高（$\alpha_{X2}=-[12.8(2)]\times10^{-6}K^{-1}$）。在第一次固态相转变之后(相II和相III)，主要轴的方向几乎不变，但热变量表现出更加复杂的行为，诱导轴向负热膨胀。所以，对于相II和相III所获得的数值分别为：$\alpha_{X2}=-[213(30)]\times10^{-6}K^{-1}$和$\alpha_{X2}=-[51(18)]\times10^{-6}K^{-1}$；$\alpha_{X3}=-[190(18)]\times10^{-6}K^{-1}$和$\alpha_{X2}=-[126(18)]\times10^{-6}K^{-1}$。这一轴向负热膨胀在$\alpha_V$值中表现不明显，在307~340K之间几乎线性变化，约为$[864(13)]\times10^{-6}K^{-1}$。

这一材料的热膨胀分子机理可以通过对比100~340K不同的晶体结构进行推理。从X射线原子平衡位置来看，当温度升高到304K，咪唑阳离子中N—C和C—C和Fe—Cl键长持续降低。而且，晶体结构的无序程度似乎在293K被冻住了，但是在高一些的温度，无序在304~340K温度区间内又突然增加，显著改变了咪唑阳离子和$[FeCl_4]^-$配位阴离子的三维分子构象。热扰动和环滑移意味着单胞的膨胀，明显大于其他有机、无机杂化化合物的热膨胀。由于分子移动要求有更多的可用空间，所以需要增加相邻分子之间的距离，以便允许这些滑移和振动移动。这一效应的结果是单胞参数增加，其中最大的变动是沿着a轴。为了估计平衡离子$[C_2C_1mim]^+$的构象随着温度的变化，有必要鉴定相I和相II中咪唑平面之间的角度以及相II和相III中咪唑平面之间的角度。由于相I和相II的单胞参数不好直接比较，需要把相II的通过矩阵转（$a'=c-a$，$b'=b$，$c'=-a-c$）为相I。通过这一计算，相Ⅰ和相Ⅱ两个等效的分子之间的角度为21.74(15)°，相Ⅱ和相Ⅲ中同样两个分子之间的角度由于分子的滑移明显比较大，为164.4(4)°。这一差异能够解释为什么上一个相转变之后会出现双轴负热膨胀。所以，分子之间可以沿着b轴和c轴方向相互靠近，导致沿着这些轴的微小收缩。

3.2 类β–二酮

德国波鸿鲁尔大学Slawomir Pitula和Anja–Verena Mudring通过加成法，制备了一系列基于二（三氟甲磺酰）亚胺配体的含Mn离子液体。反应方程通式为：

$$(C_nC_1im)(Tf_2N) + Mn(Tf_2N)_2 \rightarrow [C_nC_1im][Mn(Tf_2N)_3] \ (n=2, \ 3, \ 4, \ 6)$$

把不同烷基取代的前驱离子液体和无水Mn(Tf$_2$N)$_2$加入Schlenk管中，加入无水乙腈溶解，于60℃搅拌1~2天，之后减压除去溶剂，在80℃干燥两天，产率接近定量。

根据DSC测试，可以看出这些含锰化合物的熔点/玻璃化转变温度都低于100℃（表3–10），所以它们都是离子液体。所有短碳链（C2—C4），可以得到晶态物种，而C6显示出强烈的形成过冷或者玻璃化倾向。所以含C6烷基链的物种都无法结晶，无论是采取均相或者多相结晶技术。

表3-10　[C$_n$C$_1$im][Mn(Tf$_2$N)$_3$]（n=2，3，4，6的相转变参数）

化合物	降温过程			加热过程		
	玻璃化转变温度	结晶温度/℃	固—固转变/℃	玻璃化转变温度/℃	熔点/℃	固—固转变/℃
[C$_2$C$_1$im][Mn(Tf$_2$N)$_3$]	−45.2	39.2	14.8	−47.2	—	
[C$_3$C$_1$im][Mn(Tf$_2$N)$_3$]	−44.4	−7.8	−27.5	−44.1	36.7	0.7
[C$_4$C$_1$im][Mn(Tf$_2$N)$_3$]	−48.5	—		−40.3	66.0	—
[C$_6$C$_1$im][Mn(Tf$_2$N)$_3$]	−56.4	—	—	−50.8	—	—

在这些化合物中可以发现存在三种类型的热行为。含有C2和C3烷基链的

化合物归属于第一种类型，在加热和降温过程中它们具有明确的熔点和结晶温度。在熔点之前的峰可以归属于固—固相转变行为。有时，一些样品部分固化成玻璃，一加热在熔化之前又重结晶。含有C4烷基链的样品，在晶态样品(从溶液中结晶得到)熔化之后，在冷却的过程中只能观察到玻璃化转变温度。当再次加热的时候，这些玻璃形成过冷液体，没有均相结晶的趋势。最后，第三种含有C6烷基链的离子液体，甚至不能从溶液中结晶得到，它们没有真正的熔化或者凝固点，只有玻璃化转变温度。当烷基链从C2变成C3，导致这种四卤代锰酸盐熔点的降低，再增加烷基链的长度，似乎会阻止样品的结晶，而倾向于形成玻璃。不仅烷基链的增长，而且阴离子对称性的降低，都倾向于形成玻璃。这可能是因为堆积受挫导致的这种行为，有机阳离子越是不对称，越是倾向于形成玻璃而不是晶态物质。

在$[C_3C_1im][Mn(Tf_2N)_3]$的激发光谱上（图3-12），可以观察到典型的八面体几何构型Mn^{2+}的d—d电子跃迁。以352~366nm激发光，直接激发Mn^{2+}离子的$^6A_1$能级到$^4E(D)$、$^4T_2(D)$能级，在发射光谱上400~700nm范围内可以观察到构型内电子跃迁，最大发射峰在511~523nm，可以归属于$^4T_1(G)\rightarrow^6A_1$辐射电子跃迁，典型的四面体配位Mn^{2+}的黄绿色发射。而对于八面体配位的Mn^{2+}的发射峰出现在563~594nm，显示为弱的红色光。在这些化合物中，Mn^{2+}具有八面体点对称性。这些Tf_2N基含锰离子液体的在目前文献报道的数值中，荧光寿命最长。这

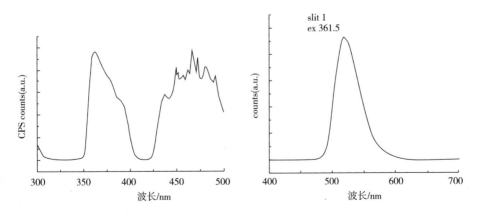

图3-12 $[C_3C_1im][Mn(Tf_2N)_3]$激发和发射光谱

些晶态的化合物，Mn^{2+}具有八面体点对称性，由于Laporte禁阻和自旋禁阻共同作用，使得它们的荧光寿命非常长，室温下达到25ms左右，而在77K下更是达到了34ms左右（表3-11）。这些离子液体由于金属和配体之间共价成分少，荧光寿命受温度的影响比较大。非辐射衰减过程在高温情况下更容易发生，所以77K时激发态荧光寿命比298K是要长。

表3-11 系列含锰离子液体的室温和77K荧光寿命 单位：ms

含锰离子液体	室温	77K
$[C_2C_1im][Mn(Tf_2N)_3]$	22.79	29.74
$[C_3C_1im][Mn(Tf_2N)_3]$	25.28	33.89
$[C_4C_1im][Mn(Tf_2N)_3]$	18.78	32.39
$[C_6C_1im][Mn(Tf_2N)_3]$	—	32.66
$Mn(Tf_2N)_2$	16.05	14.29

3.3 硫氰根

一价铸币金属离子，如Cu^I，Ag^I和Au^I，具有闭合的d^{10}电子构型，在过去数十年里吸引了众多的关注，尤其是发现这些材料所显示的一些独特的性质：自组装形成超分子结构、催化活性、罕见的配位几何构型和强荧光发射。考虑到它们荧光的可能应用，尤其是在有机发光二极管（OLED）中作为掺杂发射体，金(I)络合物吸引了众多研究人员的研究兴趣。Au^I离子由于具有非常大的相对效应，它的"亲金相互作用"非常强，因此金(I)配合物可以用作多维几何构型的建构单元，比如一维链、螺旋、二聚体、三聚体、四聚体、六聚体、环或者柱状堆积。白色发光化合物在许多发光材料中扮演着十分重要的作用，其中，准一维配位几何构型，由于它们的电子本质能够发射宽的荧光光谱。而且，在不大的配体存在时，其几何构型得到的是非常近的$Au^I{\cdots}Au^I$亲金相互作用。这可以用自组装链和配体间的排斥之间的电势平衡解释。通过配体桥联，可以控制原子之间的距离。

虽然各种各样的低熔点离子液体已经被报道，但基于硫氰根的含金属离子液体的数量仍然很少。硫氰根配体可以表现为硬供体，以N为配位原子与三价镧系离子配位或者铀酰离子配位，所以是硬路易斯酸。硫氰根作为一种"两可配体(ambidentate ligand)"可以用于有机溶液中溶解软的贵金属。而且，硫氰根可以用于设计比氰根更短的$Au^I\cdots Au^I$亲金相互作用。这里以一系列室温含金离子液体$[C_nC_1im][Au(SCN)_2](n=1，2，4，6)$为例，介绍基于硫氰根含金属离子液体的合成、结构和性质表征，反应式如下所示。

$[C_1C_1im][Au(SCN)_2]$的合成。KSCN(6.24mmol，0.606g)溶于50mL乙腈，向其中滴加[Au(THT)]Cl，THT=四氢噻砜(3.12mmol，1.000g)和$[C_1C_1im]$Cl(3.12mmol，0.414g)的100mL乙腈溶液，混合物在室温下搅拌270min，过滤除去产生的KCl沉淀。减压蒸除溶剂乙腈，然后在298K干燥48h，得到纯的浅粉固体。产率：91%(1.16g)。

$[C_2C_1im][Au(SCN)_2]$的合成。将KSCN(10.075mmol，0.979g)溶于30mL乙腈中，向其中滴加$[Au(SMe_2)]$Cl(5.038mmol，1.484g)的乙腈溶液，混合物于室温搅拌90min，过滤除去产生的KCl沉淀。向滤液中加入$[C_2C_1im]$Br（5.038mmol，0.963g）的少量乙腈溶液，混合物搅拌90min，过滤除去KBr，减压蒸除溶剂，于298K真空干燥产品，得透明粉色液体，产率：63%(1.34g)。摩尔吸收系数$\varepsilon=0.617$L/(mol·cm)(483nm)。

$[C_4C_1im][Au(SCN)_2]$的合成。将KSCN(10.075mmol，0.979g)溶于30mL乙腈，向其中滴加$[Au(SMe_2)]$Cl(5.038mmol，1.484g)的乙腈溶液，室温搅拌90min，过滤除去产生的KCl沉淀，向滤液中加入$[C_4C_1im]$Br（5.038mmol，1.1040g）的乙腈溶液，搅拌90min，过滤除去KBr沉淀，减压蒸除溶剂，产率：83%(1.93g)。摩尔吸收系数$\varepsilon=0.551$L/(mol·cm)(483nm)。

[C₆C₁im][Au(SCN)₂]的合成。将KSCN（10.075mmol，0.979g）溶于30mL乙腈，向其中滴加[Au(SMe₂)]Cl(5.038mmol，1.484g)的乙腈溶液，室温搅拌90min，过滤除去生成的KCl沉淀，向滤液中加入[C₆C₁im]Br（5.038mmol，1.2453g）的乙腈溶液，搅拌90min，过滤除去KBr沉淀，减压蒸除溶剂，产率：80%(2.11g)。摩尔吸收系数$\varepsilon=$ 0.703L/(mol·cm)(483nm)。

[C₁C₁im][Au(SCN)₂]的晶体学参数(紫外灯关)：$C_7H_9AuN_4S_2$，$M_r=$410.26g/mol，三斜晶系，P–1空间群，$a=6.3546(5)$Å，$b=8.1890(6)$Å，$c=11.3041(9)$Å，$\alpha=77.928(2)°$，$\beta=82.174(3)°$，$\gamma=89.557(2)°$，$V=569.75(8)$Å³，$Z=2$，$\lambda=0.71075$Å，$T=100$K，$D_{calc}=2.391$g/cm³，R_1(observed data)=0.0481，$\omega R_2=0.1094$，GOF=1.499。

[C₁C₁im][Au(SCN)₂]的晶体学参数(紫外灯开)：$C_7H_9AuN_4S_2$，$M_r=$410.26g/mol，三斜晶系，P–1空间群，$a=6.3317(6)$Å，$b=8.1709(8)$Å，$c=11.313(1)$Å，$\alpha=77.949(3)°$，$\beta=82.181(3)°$，$\gamma=89.668(3)°$，$V=566.92(9)$Å³，$Z=2$，$\lambda=0.71075$Å，$T=100$K，$D_{calc}=2.403$g/cm³，R_1(observed data)=0.0573，$\omega R_2=0.1501$，GOF=0.969。

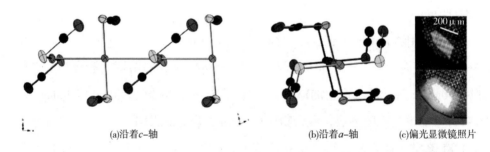

(a)沿着c-轴　　　　　　(b)沿着a-轴　　(c)偏光显微镜照片

图3-13　[C₁C₁im][Au(SCN)₂]中的两个二聚连续的[Au(SCN)₂]单元[开(下)和关(上)]

[C₁C₁im][Au(SCN)₂]结晶于三斜晶系P-1空间群，其晶体结构为金(Ⅰ)离子的线型链(图3-13)。结构中连续的Au—Au—Au键角为180℃，结构中存在重复的二聚体结构单元[Au(SCN)₂]⁻，置[Au(SCN)₂]⁻络合物阴离子于一个平面上。事实上，在阳离子比较小的(如碱金属或者铵离子)金(I)的化合物中，经常形成二聚体。另外，由于Au—Au相互作用不可忽略，[Au(SCN)₂]⁻络合物阴离子的奇异构

象进一步考虑其电荷分步是合理的。紫外灯照射下，[C₁C₁im][Au(SCN)₂]的激发态结构中一些晶体学参数发生了有迹可循的变化，比如Au⋯Au等。

由于在可见光区缺乏d—d跃迁，因此许多d^{10}金属离子是无色的。然而，以上所述金(I)化合物是有颜色的。EXAFS LCF分析表明在所合成的化合物中没有可检测数量的Au^0纳米离子。因此，所呈现出的颜色是由于硫氰根配体内或者配体之间的相互作用所引起的，这些硫氰根阴离子通过与Au^I中心配位，可以比自由阴离子更加相互靠近。其他可能的解释是金到配体的电荷跃迁(MLCT)和价间电荷迁移(intervalence charge transfer)过程。这些含金化合物的紫外吸收光谱均为最大吸收峰值为483nm的宽峰(图3-14)，暂时不能归属为胶体金颗粒，而是硫氰根阴离子之间的相互作用。也就是说，在没有Au(I)离子存在时，对于系列[CₙC₁im][SCN]离子液体，在472~476nm之间有一个宽的单峰。[CₙC₁im][Au(SCN)₂](n=2，4，6)的玻璃化转变温度都在200K附近，而[C₁C₁im][Au(SCN)₂]室温下为固体。随着咪唑阳离子中烷基链中碳原子数的增加，化合物的相转变温度线性增加。这些低熔点的固体是相对稳定的，可以在室温条件下保存好几个月，而不会发生沉淀形成Au^0金属，虽然在水可溶离子液体中与水分子发生歧化反应可以生成Au^0金属。这显示出了硫氰根离子液体相对于其他有机溶剂，作为溶剂溶解Au(I)硫氰根络合物具有优越性。

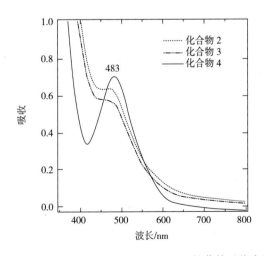

图3-14 [CₙC₁im][Au(SCN)₂](n=2，4，6)的紫外吸收光谱

这些含金离子液体的柔性结构，使得它们具有特殊的光学性质，如溶致发光和甲醇溶液中的浓度致变色(图3-15)。将适当数量的[C_nC_1im][Au(SCN)$_2$](n=2，4，6)加入有机溶剂中，调节Au(I)总浓度C_{Au}=50mmol/L，所得溶液可以分别显示蓝色、绿色和黄色荧光。浅蓝颜色是由于咪唑阳离子的S_1荧光和金(I)络合物中Au⋯Au相互作用的T_1磷光的叠加引起的。从发射激发矩阵(EEM)等高线图上可以看到，发射的颜色取决于激发波长。室温下，[C_1C_1im][Au(SCN)$_2$]的荧光量子产率约为1.0%(λ_{ex}=340nm)。此外，在77K冷冻溶液中，量子产率变得更高。对于[C_nC_1im][Au(SCN)$_2$](n=2，4，6)，调节亲金磷光可以导致发射光颜色从橙色变化到白色。T_1磷光激发态显示斯托克斯位移较大，约为12000cm^{-1}(图3-15)，磷光寿命为2.55~226μs，显示为橙色发光。相反，S激发态发射白光或者浅蓝色荧光，荧光寿命在0.17~2.76ns之间。虽然，室温下S_1激发态的激发子相互作用对荧光的微小贡献可能会出现在λ_{ex}=370nm以外区域，但很难将Au^I⋯Au^{I}亲金相互作用所形成的高能发射峰与咪唑阳离子的背景荧光区分开来。事实上，不含金属的离子液体[C_nC_1im][SCN]的荧光发射峰出现在450nm附近。这些荧光寿命很短，大约只有1ns，在有金属存在的时候会发生淬灭。来自S_1激发态的

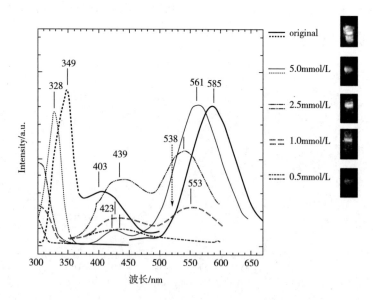

图3-15 [C_2C_1im][Au(SCN)$_2$]在稀释的甲醇溶液中的激发(λ_{em}=600nm)和发射(λ_{ex}=320nm)光谱

荧光在室温下随着咪唑阳离子中烷基链的长度增加而得到加强。在发射激发矩阵（EEM）等高线图上存在三个区域的发光体，可以归属为λ_{ex}=340~500nm咪唑阳离子的π···π*跃迁。这些区域的磷光在77K变得更强和更窄。另外，位于λ_{em}=580nm和λ_{ex}=340nm的T_1磷光激发态存在一个244nm的大的斯托克斯位移，表明激态基态复合物$\{[Au(SCN)_2]^-\}_n$*可能存在一个高度变形的结构，这一位移等同于HOMO—LUMO能带。

3.4　羧酸

离子液体的大电化学稳定性窗口使得它们可以用于金属和金属氧化物薄膜和涂层的电化学沉积的溶剂。除了允许与传统的水基化学浴沉积不相容的前驱体化学之外，这一优点使得可以在无须高温或者真空条件下制备半导体材料。有关使用离子液体基体系用于金属硫族化物的直接沉积的报道很少，这可以归因于传统方法所采用的这些材料的溶液基沉积路径，金属硫化物是通过含硫脲、黄原酸或者二硫代氨基甲酸（dtc）配体的金属配合物的热分解得到，而金属硒化物是采用金属硒代硫脲和二硒代氨基甲酸盐作为前驱体热分解得到的。含有黄原酸金属盐或者二硫代氨基甲酸盐络合物的离子液体可以在液相(和无溶剂)沉积金属硫化物。这省去了卤代或者有毒试剂的使用，卤代或者有毒的试剂经常用来溶解金属黄原酸盐或者二硫代氨基甲酸盐络合物，如果它们污染了产品，可能会产生负面效应。无溶剂沉积方法对于光电器件中金属硫化物的沉积，如n-类型硫化镉薄膜嵌入最高效的CIGS和太阳能电池。而且，通过消除额外的参数采用整洁的含金属离子液体可以简化沉积过程的优化，比如引入一种溶剂调节前驱体浓度。Mudring等报道的低熔点二烷基二硫代氨基甲酸铀表明，将离子液体与其他二硫代氨基甲酸盐络合物的优良性能结合来形成金属硫化物是可能的。Anthony S. R. Chesman等将三（二烷基二硫代甲酸）合镉阴离子$[Cd(R_2dtc)_3]^-$与刚性大尺寸的有机阳离子结合制备出了最早的二烷基二硫代氨基甲酸盐类含镉离子液体，并表征了它们的物理和热分解性能，研究表明它们适合用作硫化镉前驱体。

把(cat)(R$_2$dtc)(cat=四甲基铵，[N$_{1111}$]$^+$；四丙基铵，[N$_{3333}$]$^+$；1-丁基-1-甲基吡咯，[C$_4$C$_1$Pyr]$^+$；1-丁基-1-甲基咪唑锡离子[C$_3$C$_1$im]$^+$)的盐加到中性[Cd(R$_2$dtc)$_2$]络合物([Cd(MeBudtc)$_2$]，[Cd(iBu$_2$dtc)$_2$]和[Cd(nPr$_2$dtc)$_2$])的丙酮溶液中，可以很容易地得到目标化合物。这一直截了当的方法适合于不同的体系，可以用于许多阳离子和二硫代氨基甲酸盐阴离子组合的探索。采用这一方法，可以得到27种基于均配和混配配位阴离子的新化合物。

二硫代氨基甲酸盐类含镉离子液体的制备。边搅拌边把Cd(R$_1$R$_2$dtc)$_2$](0.458mmol)缓慢加入前驱离子液体(cat)(R$_2$dtc)的丙酮/甲醇溶液(体积比为8∶2)中，[Cd(R$_1$R$_2$dtc)$_2$]缓慢溶解在溶液中，直至得到透明澄清溶液，室温下再搅拌1.5h。过滤，除去任何不溶的[Cd(R$_1$R$_2$dtc)$_2$]，冷却到-20℃，促进沉淀(通常需要3~5天)。2~3天后，产品或者是晶体从溶液中结晶出来，室温下用甲醇洗涤，除去残留的配体；或者得到的是油状物，倒掉清液，将所得油状物置于通风橱中挥发至干。

(N$_{1111}$)[Cd((BuMe)dtc)$_3$]：无色块状晶体，产率：56%；热重分析：分解起始温度为180.5℃，分解结束温度为340.5℃；形成CdS理论失重：78.5%；实测失重：75.0%。

(N$_{3333}$)[Cd((BuMe)dtc)$_3$]：无色块状晶体，产率：40%；热重分析：分解起始温度为136℃，分解结束温度为340.5℃；形成CdS理论失重：81.5%；实测失重：81.0%。

(C$_4$C$_1$pyr)[Cd((BuMe)dtc)$_3$]：浅黄色油状物；(C$_3$C$_1$im)[Cd((BuMe)dtc)$_3$]：黄色油状物；(N$_{1111}$)[Cd((i-Bu)$_2$dtc)$_3$]：无色晶态粉末，产率：45%；热重分析：分解起始温度为107℃，分解结束温度为345℃；形成CdS理论失重：82.0%；实测失重：81.5%。

(N$_{3333}$)[Cd((i-Bu)$_2$dtc)$_3$]：无色晶态粉末，产率：40%；热重分析：分解起始温度为145℃，分解结束温度为345℃；形成CdS理论失重：84.0%；实测失重：78%。

$(C_4C_1pyr)[Cd((i\text{-}Bu)_2dtc)_3]$：无色晶体，产率：60%；热重分析：分解起始温度为150℃，分解结束温度为330℃；形成CdS理论失重：83.0%；实测失重：82%。

$(C_3C_1im)[Cd((i\text{-}Bu)_2dtc)_3]$：黄色油状物。

$(N_{1111})[Cd((n\text{-}Pr)_2dtc)_3]$：细的无色针状晶体，产率：50%；热重分析：分解起始温度为153℃，分解结束温度为355.5℃；形成CdS理论失重：80.0%；实测失重：79.5%。

$(N_{3333})[Cd((n\text{-}Pr)_2dtc)_3]$：无色晶体，产率：45%；热重分析：分解起始温度为174℃，分解结束温度为330.0℃；形成CdS理论失重：82.5%；实测失重：82.0%。

$(C_4C_1pyr)[Cd((n\text{-}Pr)_2dtc)_3]$：细的针状晶体，产率：65%；热重分析：分解起始温度为153℃，分解结束温度为355.5℃；形成CdS理论失重：80.0%；实测失重：79.5%。

$(C_3C_1im)[Cd((n\text{-}Pr)_2dtc)_3]$：黄色油状物。

$(N_{1111})[Cd((n\text{-}Pr)dtc)_2((i\text{-}Bu)_2dtc)]$：细的针状晶体，产率：18%；热重分析：分解起始温度为160℃，分解结束温度为335℃；形成CdS理论失重：80.5%；实测失重：79.5%。

$(N_{3333})[Cd((n\text{-}Pr)_2dtc)_2((i\text{-}Bu)_2dtc)]$：细的薄片晶体，产率：30%；热重分析：分解起始温度为130℃，分解结束温度为315℃；形成CdS理论失重：83.0%；实测失重：82.5%。

$(C_4C_1pyr)[Cd((n\text{-}Pr)_2dtc)_2((i\text{-}Bu)_2dtc)]$：无色块状晶体，产率：45%；热重分析：分解起始温度为167℃，分解结束温度为345℃；形成CdS理论失重：82%；实测失重：80%。

$(C_3C_1im)[Cd((n\text{-}Pr)_2dtc)_2((i\text{-}Bu)_2dtc)]$：黄色油状物。

$(N_{1111})[Cd((Bu)(Me)dtc)_2(n\text{-}Pr)_2dtc]$：无色小薄片，产率：45%；热重分析：分解起始温度为155℃，分解结束温度为341.5℃；形成CdS理论失重：82.0%；实测失重：78%。

$(N_{3333})[Cd((BuMe)dtc)_2(n-Pr)_2dtc]$：细的无色针状晶体，产率：74%；热重分析：分解起始温度为155℃，分解结束温度为348.5℃；形成CdS理论失重：82.0%；实测失重：80%。

$(C_4C_1pyr)[Cd((BuMe)dtc)_2(n-Pr)_2dtc]$：细的无色晶体，产率：74%；热重分析：分解起始温度为158℃，分解结束温度为330.5℃；形成CdS理论失重：81.0%；实测失重：80.5%。

$(C_3C_1im)[Cd((BuMe)dtc)_2(n-Pr)_2dtc]$：黄色油状物。

$(N_{1111})[Cd((i-Bu)_2dtc)_2(MeBu)dtc]$：无色块状晶体，产率：30%；热重分析：分解起始温度为152℃，分解结束温度为345℃；形成CdS理论失重：83.5%；实测失重：77.5%。

$(N_{3333})[Cd((i-Bu)_2dtc)_2(MeBu)dtc]$：奶油色晶体；热重分析：分解起始温度为145℃，分解结束温度为320℃；形成CdS理论失重：80.0%；实测失重：82.5%。

$(C_4C_1pyr)[Cd((i-Bu)_2dtc)_2(MeBu)dtc]$：无色晶体；产率：75%；热重分析：分解起始温度为151℃，分解结束温度为340.0℃；形成CdS理论失重：82.5%；实测失重：89%。

$(C_3C_1im)[Cd((i-Bu)_2dtc)_2(MeBu)dtc]$：无色油状物。

$(N_{1111})[Cd((n-Pr)_2dtc)_2(MeBu)dtc]$：无色块状晶体；产率：40%；热重分析：分解起始温度为152℃，分解结束温度为340.5℃；形成CdS理论失重：80.0%；实测失重：78.5%。

$(N_{3333})[Cd((n-Pr)_2dtc)_2(MeBu)dtc]$：无色针状晶体；产率：55%；热重分析：分解起始温度为152℃，分解结束温度为340.5℃；形成CdS理论失重：82.5%；实测失重：79%。

$(C_4C_1py)[Cd((n-Pr)_2dtc)_2(MeBu)dtc]$：细的晶态粉末；产率：73.5%；热重分析：分解起始温度：166℃，分解结束温度348℃；形成CdS理论失重81.0%；实测失重：85%。

$(C_3C_1im)[Cd((n-Pr)_2dtc)_2(MeBu)dtc]$：黄色油状物。

(N$_{1111}$)[((BuMe)dtc)$_2$(i−Bu)$_2$dtc]：无色晶体；产率：35%；热重分析：分解起始温度为152℃，分解结束温度为320.0℃。形成CdS理论失重：80.5%；实测失重：78.0%。

(N$_{3333}$)[((BuMe)dtc)$_2$(i−Bu)$_2$dtc]：无色晶体；产率：20%；热重分析：分解起始温度为142℃，分解结束温度为330.0℃。形成CdS理论失重：82.5%；实测失重：80.0%。

(C$_4$C$_1$pyr)[((BuMe)dtc)$_2$(i−Bu)$_2$dtc]：无色晶体；产率：60%；热重分析：分解起始温度为167℃，分解结束温度为344.0℃. 形成CdS理论失重：82.7%；实测失重：83%。

(C$_3$C$_1$im)[Cd((Bu)(Me)dtc)$_2$(i−Bu)$_2$dtc]：黄色油状物。

(C$_4$C$_1$pyr)[Cd((n−Pr)$_2$dtc)$_2$(MeBu)dtc]的晶体学参数：C$_{28.67}$H$_{59.34}$N$_4$S$_6$Cd，M_r=764.94g/mol，单斜晶系，$P2_1/c$空间群，a=14.601(3)Å，b=16.214(3)Å，c=17.317(4)Å，α=90°，β=111.59°，γ=90°，V=3812.1(15)Å^3，Z=4，收集47659个衍射点，其中9115个为独立衍射点，R_{int}=0.040，GOF=1.036，最终R indices [$I > 2\sigma(I)$] R_1=0.0561，ωR_2=0.1579。

(N$_{3333}$)[Cd((i−Bu)$_2$dtc)$_3$]·(CH$_3$)$_2$CO的晶体学参数：C$_{42}$H$_{88}$CdN$_4$OS$_6$，M_r=969.92g/mol，正交晶系，$Pna2_1$空间群，a=21.093(4)Å，b=22.769(5)Å，c=10.847(2)Å，α=90°，β=90°，γ=90°，V=5209.5(18)Å^3，Z=4，收集64215个衍射点，其中12375个为独立衍射点，R_{int}=0.0392，GOF=1.124，最终R indices [$I > 2\sigma(I)$] R_1=0.0368，ωR_2=0.0939。

(C$_3$C$_1$im)[Cdi−Budtc)$_3$]的晶体学参数：C$_{34}$H$_{67}$CdN$_5$S$_6$，M_r=850.68g/mol，单斜晶系，$P2_1/c$空间群，a=6720(19)Å，b=10.838(2)Å，c=40.330(8)Å，α=90°，β=90.81(3)°，γ=90°，V=4222.5(15)Å^3，Z=4，收集62981个衍射点，其中12234个为独立衍射点，R_{int}=0.0635，GOF=1.052，最终R indices [$I > 2\sigma(I)$] R_1=0.0364，ωR_2=0.923。

(C$_4$C$_1$pyr)[Cd(n−Pr)$_2$dtc)$_3$]·(CH$_3$)$_2$CO的晶体学参数：C$_{33}$H$_{68}$CdN$_4$OS$_6$，M_r=841.67g/mol，单斜晶系，$P2_1/c$空间群，a=15.564(3)Å，b=15.533(3)Å，

$c=18.558(4)Å$，$\alpha=90°$，$\beta=106.15(3)°$，$\gamma=90°$，$V=4309.5(16)Å^3$，$Z=4$，收集44273个衍射点，其中10273个为独立衍射点，$R_{int}=0.0361$，GOF=1.118，最终R indices $[I > 2\sigma(I)]$ $R_1=0.0419$，$\omega R_2=0.960$。

在这些合成的含镉离子液体中，其中四个可以获得高质量的单晶，分别为：$(C_4C_1pyr)[Cd((n\text{-}Pr)_2dtc)_2(MeBu)dtc]$、$(N_{3333})[Cd((i\text{-}Bu)_2dtc)_3] \cdot (CH_3)_2CO$、$(C_3C_1im)[Cd(i\text{-}Budtc)_3]$和$(C_4C_1pyr)[Cd(n\text{-}Pr)_2dtc)_3] \cdot (CH_3)_2CO$。单晶X射线衍射结构解析表明这四个离子液体化合物都含有单核六配位的镉配位阴离子，具有变形八面体几何构型（图3-16）。中心镉离子的几何构型与$[N_{3333}][Cd(Et_2dtc)_3]$的结构类似，每个二烷基氨基甲酸配体都采取二齿s，s'螯合方式与中心镉离子配位。在这些化合物中Cd—S键长在2.518(9)~2.769(3)Å之间，S—Cd—S键角在65.74(7)~67.45(3)°之间(表3-12)。

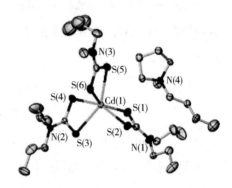

图3-16 $[C_4C_1Pyr][Cd(n\text{-}Pr_2dtc)_3]$晶体结构图

表3-12 $(C_4C_1pyr)[Cd((n\text{-}Pr)_2dtc)_2(MeBu)dtc]$、$(N_{3333})[Cd((i\text{-}Bu)_2dtc)_3] \cdot (CH_3)_2CO$、$(C_3C_1im)[Cd(i\text{-}Budtc)_3]$和$(C_4C_1pyr)[Cd(n\text{-}Pr)_2dtc)_3] \cdot (CH_3)_2CO$中一些重要的键长和键角

$(C_4C_1pyr)[Cd((n\text{-}Pr)_2dtc)_2(MeBu)dtc]$	键长/Å	Cd1—S1	2.6943(13)	Cd1—S4	2.685(4)
		Cd1—S2	2.6542(16)	Cd1—S4'	2.518(9)
		Cd1—S3	2.769(3)	Cd1—S5	2.7470(13)
		Cd1—S3'	2.752(7)	Cd1—S6	2.6771(12)
	键角/(°)	S1—Cd1—S2	66.73(4)	S3—Cd1—S4	65.74(7)
		S3'—Cd1—S4'	67.4(3)	S5—Cd1—S6	66.15(4)
		S1—C1—S2	118.7(2)	S3—C8—S4	119.4(4)
		S3'—C8—S4'	119.4(4)	S5—C15—S6	119.6(2)

续表

$(N_{3333})[Cd((i-Bu)_2dtc)_3] \cdot (CH_3)_2CO$	键长/Å	Cd1—S1	2.6730(10)	Cd1—S2	2.6714(10)
		Cd1—S3	2.6882(10)	Cd1—S4	2.7107(10)
		Cd1—S5	2.7171(11)	Cd1—S6	2.6996(10)
	键角/(°)	S1—Cd1—S2	67.45(3)	S3—Cd1—S4	66.59(4)
		S5—Cd1—S6	66.43(3)	S1—C8—S2	118.5(2)
		S3—C8—S4	118.2(2)	S5—C15—S6	118.5(2)
$(C_3C_1im)[Cd(i-Budtc)_3]$	键长/Å	Cd1—S1	2.6671(8)	Cd1—S2	2.6993(6)
		Cd1—S3	2.7213(6)	Cd1—S4	2.7046(9)
		Cd1—S5	2.7052(6)	Cd1—S6	2.7112(6)
	键角/(°)	S1—Cd1—S2	67.08(16)	S3—Cd1—S4	66.176(17)
		S5—Cd1—S6	66.41(2)	S1—C1—S2	118.33(9)
		S3—C10—S4	118.95(9)	S5—C19—S6	118.70(10)
$(C_4C_1pyr)[Cd(n-Pr)_2dtc)_3] \cdot (CH_3)_2CO$	键长/Å	Cd1—S1	2.7278(12)	Cd1—S2	2.6718(12)
		Cd1—S3	2.6618(12)	Cd1—S4	2.7542(12)
		Cd1—S5	2.7019(12)	Cd1—S6	2.6872(11)
	键角/(°)	S1—Cd1—S2	66.50(4)	S3—Cd1—S4	66.63(4)
		S5—Cd1—S6	66.90(3)	S1—C1—S2	118.5(3)
		S3—C10—S4	119.2(3)	S5—C19—S6	118.6(2)

尝试合成三(二烷基二硫代氨基甲酸)合镉酸咪唑盐，但只得到黄色、十分黏稠的油状物，$^1H-/^{13}C$-NMR波谱测试表明存在残留的丙酮。采用真空条件下蒸除残留溶剂的方法对产品进行纯化，没有获得成功；即使不加热，对产品进行脱色，却发现产品已经发生了分解。这或许可能是因为二硫代二烷基氨基甲酸被咪唑阳离子中的酸性位质子质子化所造成的，此前在二烷基氨基甲酸阴离子类似物中也有类似的报道。这首先可以从产品的黄色颜色变深得到确定，表明有含硫分解副产物的生成，并由红外光谱中约3200cm^{-1}附近出现的新峰得到进一步的验证，表明可能存在仲胺的NH伸缩振动吸收。而且，不同于其他产品，这些油状物不管是在室温还是在-20℃，经历一周之后都会发生

分解。

热重分析测试表明这些含镉离子液体经历了两步失重过程。第一步，在130~180℃之间，与一个有机阳离子和一个配体的失去相关联；在第二步中失去剩下的材料，留下CdS最终产品。纤锌矿型CdS的生成可以用粉末XRD测试证实，而红外光谱表明热分解之后，有机组分全部消失。这些含镉离子液体的分解行为受离子液体中平衡阳离子的影响；类似的，阴离子配体dtc中的烷基对含金属离子液体的分解同样有影响，这可以从阳离子相同，而阴离子不同的化合物的热重曲线得到证实。热重分析测试表明，所有含有吡咯鎓阳离子的含镉离子液体的热分解起始温度都高于100℃。初步的熔点测试表明，含有吡咯鎓阳离子的含镉离子液体的熔点全都低于它们的分解温度。DSC测试表明，它们的熔点都低于100℃，所以它们都属于离子液体。在DSC的降温曲线上，可以观察到液—固相转变，表明升温曲线上的固—液相转变不是不可逆的分解过程。

离子液体中有机阳离子的对称性对离子液体的物理化学性质具有显著影响。在上述合成的含镉离子液体中，含有吡咯鎓阳离子的离子液体的熔点相对较低，这可能是由于与季铵盐类阳离子相比，吡咯鎓有机阳离子的对称性较低。而季铵盐类含镉离子液体，由于季铵盐阳离子对称性较高，具有较高的熔点，接近它们的分解温度。与它们不同的是，含有不对称咪唑鎓有机阳离子的含镉离子液体在室温下为液体，这是因为它们的对称性比较低。

$(C_4C_1pyr)[Cd(i\text{-}Bu)_2dtc)_3]$为具有均配配位阴离子的含镉离子液体，它的熔点为64.5℃，结晶温度约为42℃，而混配的$(C_4C_1pyr)[Cd((n\text{-}Pr)_2dtc)_2((_iBu)_2dtc)]$的熔点和结晶温度分别为67℃和46℃。它们的熔点均远低于它们的分解温度（150℃和167℃）。同样为均配的$(C_4C_1pyr)[Cd(nPr)_2dtc)_3]$的熔点和结晶温度分别为47.9℃和46℃，比$(C_4C_1pyr)[Cd(i\text{-}Bu)_2dtc)_3]$和$(C_4C_1pyr)[Cd((n\text{-}Pr)_2dtc)_2((i\text{-}Bu)_2dtc)]$的稍低，表明这一离子液体具有更加稳定的固态结构和高对称性的二烷基二硫代氨基甲酸配体。

$(C_4C_1pyr)[Cd(MeBudtc)_2(n\text{-}Pr_2dtc)]$的熔点为107℃，低于其分解温度（158℃）。

尽管它的熔点高于100℃，不能称之为离子液体，但它仍然可以熔化，然后通过热处理用于基质表面的CdS薄膜沉积。$(C_4C_1pyr)[Cd(MeBudtc)_2(n-Pr_2dtc)]$的第一循环结晶温度为59℃，第二循环结晶温度为46℃。两个循环之间的这种温度差异可能是由于动力学效应引起的，或者是在第一次结晶之后形成不同的晶体结构。这需要用同步粉末X射线衍射加以验证。

从以上可以看出，三（二烷基二硫代氨基甲酸）镉配位阴离子可以引入离子液体中，与$[C_4C_1pyr]^+$阳离子组合，制备新型含镉离子液体。这些离子液体具有低的熔点，远低于它们分解生成CdS的温度。这一研究结果表明，未来可以探索这些含镉离子液体在CdS前驱体墨水方面的应用，而无须添加额外的溶剂。

3.5　氰基

为了赋予离子液体更多的功能，含金属离子液体由其金属离子和有机配体所展示出来的多种多样的磁性、电化学和光谱性质，使它们备受关注。尤其是，含金属离子液体作为新颖的荧光软材料具有一些独特的性质，比如低蒸汽压、高电导率和操作简便。至今为止，一些具有值得注意的荧光性质的含金属离子液体已经被报道。比较熟悉的荧光室温离子液体，是含有基于镧系络合物的金属络合物，尤其是Eu(Ⅲ)络合物。虽然一些其他的含Mn(Ⅱ)，Ru(Ⅱ)，Cu(Ⅰ)，Au(Ⅰ)或者Sb(Ⅲ)等离子的荧光离子液体已经被报道，但它们的液态荧光强度太弱而不能用作具有高度柔性和室温无定形态的光功能材料，因此探索荧光离子液体仍然是非常具有挑战性的课题。

为了呈现出离子液体的光功能性质，也就是在柔性凝聚态，将荧光Pt(Ⅱ)络合物引入离子液体中，作为应激响应发射体。众所周知一些Pt(Ⅱ)络合物能够显示出卓越的荧光，所发出的光取决于它们的聚集形式以及不同的分子间Pt…Pt和π…π相互作用，不仅在固态，而且在溶液中也同样如此。这些性质对于有机光发射二极体（OLED）是十分有利的，尤其是白光有机发射二极体，因为颜色变化可以通过控制发射体在基质中的浓度来实现。所以，含有Pt(II)络合物的离子液体被认为能够展示出敏感的但是可控的荧光性质，能够用于光发射电化学池（LECs）、非常有前景的易于制备的光发射器件。

Masako Kato等报道了一个含有Pt(Ⅱ)络合物的离子液体，$[C_2C_1im][Pt(CN)_2$ (ptpy)](Hptpy=2-对甲苯基吡啶)，并考察了它的温度相关荧光性质（图3-17）。

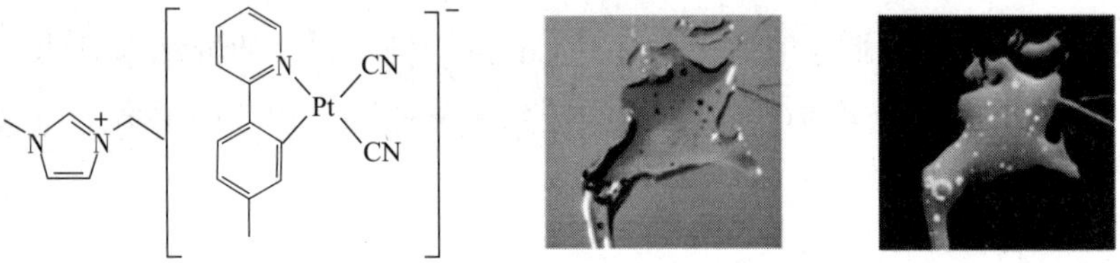

(a)结构式　　　　(b)日光下　　　　(c)紫外光下

图3-17　$[C_2C_1im][Pt(CN)_2(ptpy)]$的结构式和不同光线下的照片

$[C_2C_1im][Pt(CN)_2(ptpy)]$的合成。$K[Pt(CN)_2(ptpy)]$(181mg，0.40mmol)和$[C_2C_1im]$Br(76mg，0.40mmol)溶于50mL二氯甲烷，室温搅拌1h。硅藻土过滤除去产生的沉淀，所得黄色溶液用水洗，直到$AgNO_3$测试检测不到溴离子。有机相蒸发，100℃减压蒸干12h，得到134 mg(0.152mmol)黄色黏稠液体，产率：38%。

$[N_{4444}][Pt(CN)_2(ptpy)]$的合成。$[Pt(ptpy)(\mu-Cl)]_2$(144mg，0.18mmol)分散在35mL乙腈中，加入$AgClO_4$(75mg，0.36mmol)。避光搅拌7h，过硅藻土柱除去产生的沉淀，所得黄色溶液蒸发至干。黄色固体分散在35mL甲醇中，加入KCN(45mg，0.70mmol)，搅拌2h，反应混合物过硅藻土柱，蒸发至干。所得黄色固体分散在35mL丙酮中，加入$[N_{4444}]ClO_4$(119mg，0.35mmol)，搅拌，过硅藻土柱，减压蒸除溶剂。用乙腈/乙醚重结晶，得到含有乙腈溶剂的浅黄色晶体，205mg(0.31mmol，90%)。

$[N_{4444}][Pt(CN)_2(ptpy)]\cdot CH_3CN$的晶体学参数：$C_{32}H_{48}N_5Pt$，$M_r$=697.85g/mol，单斜晶系，$P2_1/c$空间群，$a$=22.614(8)Å，$b$=8.529(3)Å，$c$=17.808(6)Å，$\alpha$=90°，$\beta$=107.887(5)°，$\gamma$=90°，$V$=3269(2)Å³，$T$=200K，$Z$=4，$\rho$=1.418g/cm³，

$F(000)=1412$，收集21244个衍射点，其
中7163个为独立衍射点，$R_{int}=0.0393$，
GOF=1.074，R indices(all data) $R_1=0.0365$，
$\omega R_2=0.0961$。

[N$_{4444}$][Pt(CN)$_2$(ptpy)]·CH$_3$CN结晶于单
斜晶系，$P2_1/c$空间群，每个单胞中含有四
个四分子（图3-18）。在不对称单元中含有
一个[N$_{4444}$]$^+$阳离子、一个[Pt(CN)$_2$(ptpy)]$^-$配
位阴离子和一个乙腈分子。Pt—N键长为
2.066(4)Å，Pt—C键长在1.942(5)~2.028(5)
范围内（表3-13）。

图3-18 [N$_{4444}$][Pt(CN)$_2$(ptpy)]·CH$_3$CN的
晶体结构图

表3-13 [N$_{4444}$][Pt(CN)$_2$(ptpy)]·CH$_3$CN的一些键长和键角

键长/Å	Pt1–N1	2.066(4)	Pt1–C11	2.023(5)
	Pt1–C13	1.942(5)	Pt1–C14	2.028(5)
键角/(°)	N1–Pt1–C11	80.5(2)	N1–Pt1–C13	175.1(2)
	N1–Pt1–C14	95.3(2)	C11–Pt1–C13	94.7(2)
	C11–Pt1–C14	175.8(2)	C13–Pt1–C14	89.5(2)

[C$_2$C$_1$im][Pt(CN)$_2$(ptpy)]虽然是易潮解的，但室温下惰性气氛中为液体。为
了考察它无水状态的性质，在90℃减压干燥过夜，使用前在惰性气体保护下
室温储存。在−30~60℃温度范围内测试了[C$_2$C$_1$im][Pt(CN)$_2$(ptpy)]的DSC曲线，
测试表明在加热和降温曲线上都可以观察到玻璃化转变行为，而没有其他的
热行为（如结晶相转变）发生。从第一次降温曲线上可以估算出它的玻璃化
转变温度(T_g)为−10℃。X射线衍射测试验证了[C$_2$C$_1$im][Pt(CN)$_2$(ptpy)]根本不结晶
的猜测，直到−192℃只是在大约$2\theta=24.2°$ ($d=3.67$Å)处可以检测到有一个峰，
表明[C$_2$C$_1$im][Pt(CN)$_2$(ptpy)]的玻璃态包含有一个局部的周期性结构，比如弱的
$\pi\cdots\pi$堆积，而没有形成任何其他的长程有序结构。虽然[Pt(CN)$_2$(ptpy)]$^-$阴离子

和$[C_2C_1im]^+$阳离子中的π体系被认为可以稳定结晶态，但由于二烷基阳离子$[C_2C_1im]^+$的对称性较差，而且电荷离域，将显著破坏其结晶态。结果是，室温下这个Pt(Ⅱ)络合物为液态，低温时形成无定形玻璃相而不是结晶态。

室温下离子液体$[C_2C_1im][Pt(CN)_2(ptpy)]$在紫外光照射下发黄色光。它的发射光谱图为一个含有几个峰的很宽的带。与$1.0×10^{0-3}$mol/L甲醇溶液截然不同，$[C_2C_1im][Pt(CN)_2(ptpy)]$显示一个振动结构的发射光谱，最大峰值大约为486nm和517nm，可以归属于配体中心的3ππ*跃迁（^{3}LC），并混有一些^{3}MLCT特征。发射光谱具有典型的独立单核络合物特征，没有分子间相互作用。事实上，包含独立的Pt(II)络合物阴离子，周围围绕着$[N_{4444}]^+$阳离子的$[N_{4444}][Pt(CN)_2(ptpy)]$，也显示出同样的单核发射光谱。另外，钾盐$K[Pt(CN)_2(ptpy)]$的发射光谱上可以观察到一个很宽的峰，最大峰值波长为558nm。$K[Pt(CN)_2(ptpy)]$具有有趣的双核结构配位阴离子，$[Pt(CN)_2(ptpy)]^-$，Pt…Pt距离为3.2785Å。所以，其宽的发射光谱可以归属于双核配位阴离子的三重金属—金属到配体电荷迁移态（^{3}MMLCT）。这些结果表明离子液体$[C_2C_1im][Pt(CN)_2(ptpy)]$的发射光谱可能是铂络合物和单核物种的一个重叠的聚集态物种。当激发波长大于490nm，$[C_2C_1im][Pt(CN)_2(ptpy)]$的发射光谱有稍微的改变，可能是由于聚集态物种的优先激发。对于激发光谱，然而，并没有发现类似在晶态$[N_{4444}][Pt(CN)_2(ptpy)]$和$K[Pt(CN)_2(ptpy)]$中所出现的检测发射波长对激发光谱的影响。同样，在离子液体$[C_2C_1im][Pt(CN)_2(ptpy)]$的吸收光谱上，没有发现组装物种的吸收峰。这些特征表明离子液体中组装物种的数量远远少于单核物种的数量，$[C_2C_1im][Pt(CN)_2(ptpy)]$的室温双发射应可以归属于从单核物种的激发态到聚集态物种的能量迁移。

为了进一步深入研究，还考察了时间分辨发射光谱。来自不同波长区域的发射衰减曲线清晰地表明存在几个组分。在短波长区域(486~500nm)，可以观察到快速的衰减组分，寿命(τ)约为0.2μs，此处的发射主要来自单核物种；而相对较慢的衰减组分(τ=约1μs和4μs)在长波长区域(501~550nm和551~629nm)的比例随着波长的增加而增加。考虑到在稀释的甲醇溶液中(10^{-4}mol/L)单核物种的发射衰减比较慢，$[C_2C_1im][Pt(CN)_2(ptpy)]$中单核物种的快速衰减表明离子液体中还有另外的过程存在。考虑从单核物种到聚集物种的能量迁移是合理的，因为[C_2C_1im][$Pt(CN)_2(ptpy)$]的总量子产率(Φ_{em}=0.06)稍微比在仅含有单核物种的稀释甲醇溶液中(Φ_{em}=0.03)要高。假设稀释的甲醇溶液中的发射寿命(τ_{av}=2.53 μs)对应于流体介质[C_2C_1im][$Pt(CN)_2(ptpy)$]中的单核物种，从离子液体中的单核物种的寿命数据(τ=0.192 μs)的差异可以大概估算出从单核物种到聚集物种的能量传迁移率常数为大于$4.8 \times 10^6 s^{-1}$，对于典型的三重态能量迁移速率系数($10^{6~7} s^{-1}$)，这个数值是比较合理的。

离子液体显示出独立的发射，并随温度的变化而变化。随着温度的下降，短波长区域发射强度增强显著，在77K时，[C_2C_1im][$Pt(CN)_2(ptpy)$]的荧光发射光谱达到了单核物种的振动结构。77K的单核发射具有长的寿命和因此降低的衰减速率（分别为17.2 μs和$5.8 \times 10^4 s^{-1}$）支撑了在77K时能量迁移受到能量壁垒抑制的主张。然而，在玻璃化转变点（−10℃）附近的光谱变化是不明显的，表明流动性和平移移动不是双发射的重要因素。另外，在室温到77K温度区间，检测发射波长处于490~650nm范围内时，激发光谱没有显示任何明显的变化。如上所述，这对于能量迁移发射体系是合理的。

电子耦合体系的双发射，存在两个不同的机理。一是热平衡模型，基于热平衡中的两个发射态之间的玻尔兹曼分配。在这个模型中，低温时低能级的发射强度增强。另外一个机理是发射和存在能量壁垒的能量迁移过程的竞争体系。[C_2C_1im][$Pt(CN)_2(ptpy)$]的双发射行为可以归属于后者，因为低能级带的发射强度比例随着温度的升高而增加。如前所述，当激发波长大于490nm时，[C_2C_1im][$Pt(CN)_2(ptpy)$]的光谱形状发生改变。530nm处来自单核物种的发射强度随着激发波长的增大而降低这一事实，同样表明从聚集态物种到单核物种的能量回馈没有发生。能量迁移在温度依赖双发射中起着十分重要的作用。总之，由于能量迁移和其他的非辐射衰减和相对慢的辐射速率常数所导致的竞争性淬灭，磷光性的环金属Pt(II)络合物对于离子液体的双发射将是有利的。

总之，这一含铂离子液体显示出来自单核和聚集激发态的双发射，这些双发射性质引起了独立的热致变色荧光。由于无序液体和玻璃相中单核和聚集形式的共存，从单核激发态到聚集态的能量迁移导致了双发射。这种双发射荧光材料未来有望用作简单的光发射和或者传感器件荧光材料。

3.6 其他

3.6.1 多金属氧酸盐

多金属氧酸盐（POMs）是纳米尺寸的过渡金属氧簇，展示出巨大的结构多样性和性质。能够与电正性有机片段组合成，生成多金属氧酸盐基杂化化合物。比如，Keggin类型的杂多酸阴离子与$[C_4C_1im]^+$有机阳离子作用，形成稳定的晶态杂化盐。多金属氧酸盐在催化、磁性、光化学和电化学等领域表现出十分有趣的性质。

科学家尝试合成多金属氧酸盐类型的离子液体，制备多金属氧类型的无机—有机杂化材料。多金属氧酸盐阴离子簇具有高的电子密度，可以与大尺寸的有机阳离子组合，形成多金属氧酸盐类型的离子液体，而且熔点低于100℃。金属取代的缺顶的多金属氧酸盐具有相对高的负电荷，与许多大尺寸的有机阳离子作用，可以生成离子液体。这些多金属氧酸盐类型的离子液体显示出优异的电化学稳定性和高传导率，而且可以用作电活性材料。多金属氧酸盐与磺酸基团修饰的铵、鏻和咪唑鎓阳离子，生成热可逆的和可传导的凝胶。

晶态多金属氧酸盐簇与聚氨基甲酸铵树枝状高分子作用，形成软材料。这些凝胶或者半固体材料显示出一些有趣的性质，比如离子传导、药物活性和溶解能力。所以，通过软化晶态多金属氧酸盐簇，负电荷的金属取代缺顶的多金属氧酸盐能够为多金属氧酸盐离子液体的发展铺平道路。

多金属氧酸盐类型的离子液体常常显示一些多金属氧酸盐和离子液体特殊的性质。含有磷钨酸盐和磺酸阳离子以及铵、咪唑、吡啶咪唑鎓阳离子的多金属氧酸盐类型的离子液体可以用作反应诱导自分离催化剂。一些这样的离子液体同样显示出自修复和抗腐蚀性质。多金属氧酸盐类型的离子液体可以用作燃料和生物柴油产品深度脱硫的催化剂。钒取代的多金属氧酸盐类型的离子液体，其阳离子中烷基链的长度对燃料的脱除有一定的影响。硅钨酸四烷基铵盐离子液体固定在二氧化硅上，是去除水中多种污染物的有效催化剂。溶剂萃取已经成为去除水体系中有毒金属杂质的标准方法。采用不挥发的离子液体这一方法可以使去除效率更高。通过溶解适当的螯合试剂，或者设计功能特定的离子液体，而无须螯合试剂，离子液体可以用于两相液/液金属萃取。功能特定的离子液体能够阻止配体流失到水相中。在这样一种情况，多金属氧酸盐离子液体可能是最好的选择，因为它们是高度疏水的，含有负电荷的多金属氧簇，能够吸引金属阳离子。多金属氧酸盐离子液体的疏水本质，使得其可以用于从水溶液中两相去除金属离子，而且易于分离。G. Ranga Rao等报道了一种简便的从简单无机盐制备疏水性的，含有四辛基铵阳离子和过渡金属取代的keggin类型阴离子的离子液体的方法。而未取代的磷钨酸盐与四辛基铵反应得到的是固态杂化材料。

采用原位产生的金属取代的单孔Keggin阴离子和四辛基铵阳离子制备离子液体。金属取代的钨磷酸盐合成方法如下：

将9.1mmol磷酸氢二钠（Na_2HPO_4），100mL钨酸钠（$Na_2WO_4 \cdot 2H_2O$）和12mmol金属硝酸盐溶于200mL蒸馏水，pH用1.0mol/L HNO_3调节到4.8。在这一过程中，原位产生了过渡金属取代的缺顶Keggin。这一Keggins离子溶液进一步与45mmol溴化四辛基铵的20mL甲苯溶液混合，持续搅拌10 min。反应混合物静置，直到两相分离。起先无色的甲苯相，由于过渡金属取代的Keggin离子扩散进有机相中与四辛基铵阳离子相互作用，而显示其颜色。收集带有颜色的有机相，蒸发除去甲苯。残留的非常黏稠的液体即为想要的多金属氧酸盐离子液体，80℃真空干燥过夜。原位产生了过渡金属取代的Keggin阴离子，通过^{31}P NMR证实了它们的生成。对于饱和Keggin阴离子$(PW_{12}O_{40})^{3-}$化学位移值为−15.1 ppm，而单缺顶的Keggin阴离子$(PW_{11}O_{39})^{7-}$化学位移值为−10ppm。然而，所有的多金属氧酸盐离子液体由于第一过度系金属离子占据了Keggin阴离子的缺顶位置，^{31}P NMR信号在−13.1ppm处显示一单峰，金属取代单缺顶Keggin物种的特征。

这些多金属多氧酸盐离子液体分别命名为：TOA-PWMn，TOA-PWFe，TOA-PWCo，TOA-PWNi，TOA-PWCu，TOA-PWZn，代表过渡金属取代的单孔Keggin离子。四面体结构的四辛基铵(TOA)阳离子在与单孔Keggin阴离子作用过程中发生空间重新取向。由于静电相互作用，形成了头—尾重排，阳离子的头指向Keggin阴离子（图3-19）。

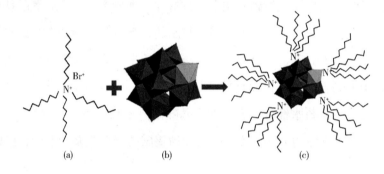

图3-19　单取代多金属氧酸四辛基铵盐离子液体合成示意图

由于Keggin结构的金属离子取代使得阴离子的总电荷数增加了，从[PW$_{12}$O$_{40}$]$^{3-}$变为[PW$_{11}$MO$_{39}$]$^{5-}$，然后与四辛基铵阳离子组合，生成离子液体。这里所报道的六个多金属氧酸盐离子液体是含有高负电荷氧化纳米簇[PW$_{11}$MO$_{39}$]$^{5-}$的油脂状和凝胶状软的黏稠材料。它们不溶于水，但是可以溶于许多极性的质子/非质子(甲醇、乙醇、二氯甲烷)四氢呋喃等溶剂中。采用固定水滴法考察了这些多金属氧酸盐离子液体的疏水性，这些离子液体与水的接触角分别为：TOA-PWMn 82℃，TOAPWFe 86℃，TOAPWCo 85℃，TOAPWNi 87℃，TOAPWCu 86℃，TOAPWZn 88℃。这些凝胶状的离子液体在室温下不会流动，但当加热到约80℃，显示出液体样的行为，冷却到室温之后又回到凝胶状。这些离子液体在室温下当受到机械破坏后，可以显示出自我修复的功能，这对于润滑应用来说是一个非常重要的性质。这些离子液体的自我修复性质，是离子液体中烷基链之间的范德瓦耳斯力相互作用的结果。

物理表征。六个多金属氧酸盐离子液体在700~1200cm⁻¹范围内显示出典型的第一过渡金属取代的Keggin化合物傅里叶转换红外光谱。从原始的Keggin离子磷钨酸红外光谱可以看出，显示出四组典型的伸缩频率，在807cm⁻¹，892cm⁻¹，980cm⁻¹，1080cm⁻¹，分别对应于v(W—Oe—W)，v(W—Oc—W)，v(W=Oter)和v(P—O)伸缩振动。除了Keggin信号峰，离子液体在726cm⁻¹处同样显示一个弱峰，归属于取代过渡金属氧伸缩频率。在1080cm⁻¹处的强峰归属于未取代Keggin离子的中心PO_4四面体的v(P—O)的振动，在金属取代的Keggin离子中由于PO_4四面体对称性的降低，分裂成两个峰。然而，这个峰的分裂程度取决于取代金属和与氧键合的氧之间的相互作用的强度。所以，取决于v(P—O)峰的分裂程度，金属与氧原子之间的相互作用强度遵循以下顺序：Ni^{2+}> Mn^{2+}> Fe^{3+}> Co^{2+}> Zn^{2+}> Cu^{2+}。在铜取代的离子液体化合物中金属与氧的相互作用强度相当低，是由于八面体桥联氧原子包围的铜离子的Jahn-Teller效应变形作用引起的。而且，阳离子的指纹区700~1200cm⁻¹被淹没在Keggin阴离子的指纹区内。在溴化四辛基铵中，四个辛基链以四面体构型连接到铵的中心氮原子上。1300~1500cm⁻¹区间的峰是—CH_2基团的弯曲振动峰，一个小的分裂峰出现在1380cm⁻¹处，归属于溴化四辛基铵中对称的—CH_2弯曲振动。在2800~3000cm⁻¹范围内的峰，事实上是由于烷基基团的伸缩振动引起的，在金属取代之后，保持不受影响。离子之间的静电相互作用和辛基链之间的范德瓦耳斯力相互作用足够克服诱导的角度张力，在稳定多金属氧酸盐离子液体中起到重要作用。

在多金属氧酸盐离子液体的拉曼光谱上，其中50cm⁻¹和280cm⁻¹处的峰对应于Keggin离子的桥联W—O—W的伸缩振动。这些特征同样出现在所有六个离子液体的样品中，证明在这些离子液体中存在Keggin离子。由于端基氧原子和四辛基铵离子的相互作用，在1009cm⁻¹处的强峰在形成离子液体之后位移到974cm⁻¹。在1030~1050cm⁻¹和2700~3050cm⁻¹的振动特征与纯的溴化四辛基铵盐的完全吻合，表明四辛基铵片段的烷基伸缩振动在离子液体中不受影响。

基于多金属氧酸盐样品的XRD图样可以分析多金属氧酸盐阴离子和四辛基铵阳离子的分子堆积。所有的离子液体在$2\theta=5°$附近显示强的低角度衍射，

层间距 d 在17.7Å和18.4Å之间变动，表明多金属氧酸盐离子液体的层状结构，Keggin阴离子和四辛基铵阳离子胶体堆积排列。辛基链的垂直高度是5.77Å，Keggin阴离子的直径大约为10.4Å。所以，每层的总厚度大约为21.94Å，辛基链之间的强疏水和范德瓦耳斯力相互作用，引起多金属氧酸盐离子液体中两个连续层的烷基链的交替连接以及XRD层间距 d 的减小。XRD图上第二强的峰出现在大约14.7°附近，它的 d 值与辛基链的垂直高度相吻合。这些离子液体具有非常致密的结构，辛基链通过范德瓦耳斯力交织在一起，本质上应该不会出现多孔结构。多金属氧盐离子液体在室温下是非常黏稠的，使得展开这些离子成膜比较困难。这些化合物的黏度随着温度升高到70℃逐渐降低，可以把它们在玻璃片上展开成膜。这些离子液体的黏度随温度的变化需要进一步研究。当降温时，可以清楚地看到，形成了微小的针状晶体。当这些离子液体先加热然后再冷却到室温，也可以观察到针状晶体中间相。然而，这些针状晶体却不能用于单晶X射线衍射分析。

此外，在低真空条件下采用显微镜分析了这些离子液体的微观形貌。光学显微镜照片中所看到的离子液体的针状特征不足以经受在进行扫描电镜分析涂片过程中的机械应力。然而，这些离子液体在室温下显示出常规的碎片状结构，这一形貌只有在室温是稳定的，当温度升高到约80℃，变成透明的黏稠液体。因此，室温的层状结构在高温下碎裂变成离子对，黏度降低。另外一种可能性是室温下作为离子液体纳米域的层状相发生纳米相偏析。然而，二元相的精确本质是难以捉摸的。

多金属氧酸盐类离子液体和溴化四辛基铵的热分析结果表明，离子液体样品在150℃之前有一个5%~8%的水失重。溴化四辛基铵在160~220℃范围显示一步完全分解，而多金属氧酸盐类离子液体显示两步热分解过程。离子液体中四辛基铵从200℃开始分解，表明离子液体中由于与Keggin阴离子之间存在很强的相互作用，四辛基铵的稳定性增加了。对于离子液体，四辛基铵阳离子分两步失去，200~270℃和330~420℃，对应于五个四辛基铵阳离子的失去（48%），除了TOA—PWFe，失重40%，对应于四个四辛基铵阳离子。这证实每个分子中有五个四辛基铵阳离子，所有金属取代的Keggin阴离子为-5价，除了Fe^{3+}取代的Keggin阴离子，价态为-4。这些离子液体同样含有一定数量的水，在约125℃失去。DSC测试表明，所有多金属氧酸盐离子液体，除了TOA—PWFe，在87℃有一个尖锐的峰，为熔点峰。在40~60℃区间内的小吸热峰可能为这些离子液体的玻璃化转化过程。不同于其他离子液体TOA—PWFe的熔点为108℃。TOA—PWFe只有四个四辛基铵阳离子，因此空间位阻比较小，也就可以解释为什么它的熔点高于其他几个离子液体的熔点，五个阳离子与金属取代的多金属氧酸阴离子相互作用。这些多金属氧酸盐离子液体的分子式为：$[N_{8888}]_5[PW_{11}M(H_2O)O_{39}]$，M=$Mn^{2+}$，$Co^{2+}$，$Ni^{2+}$，$Cu^{2+}$，$Zn^{2+}$和$[N_{8888}]_4[PW_{11}Fe(H_2O)O_{39}]$：TOA—PWFe。

采用紫外—可见光谱（UV—Vis）表征了多金属氧酸盐离子液体的光吸收性质。多金属氧酸盐通常在紫外区显示典型的氧—金属电荷迁移峰。在220nm处的弱吸收峰为O→P跃迁。在260nm和310nm处的两个强峰为$O^{2-}→W^{6+}$电荷迁移，分别归属于Keggin单元中W—O—W连接的共边和共顶点氧。对于未取代的磷钨酸(PWA)在310nm处的强峰，在所有离子液体中变得非常宽，并且红移到353nm，除了TOA—PWZn离子液体，峰位移到了336nm。之所以产生这一位移是因为在金属取代的Keggin阴离子和TOA阳离子之间存在比较强的静电相互作用。在400~800nm可见光区可以观察到漫反射特征，是因为在单缺顶Keggin八面体位置取代的第一过渡金属离子的d—d跃迁。Keggin单元的过渡金属取代显示出显著的吸收增强。绿色的TOA—PWNi和蓝色的TOA—PWCu离子液体分别含有取代的Ni^{2+}和Cu^{2+}，它们的吸收位于较低能量区间600~800nm，扩展到了近红外区。这些宽的特征是由于具有$d^8(Ni^{2+})$和$d^9(Cu^{2+})$电子构型的离子自旋允许的d—d跃迁所引起的。黄橙色和棕红色的TOA—PWMn和TOA—PWCo表明了取代离子分别为Mn^{2+}和Co^{2+}，并且在370~550nm范围内显示宽的漫反射特征。然而，Fe^{3+}取代的离子液体TOA—PWFe为浅黄色的，Zn^{2+}取代的为无色的。它们在200~350nm区间都没有显示出任何明显的漫反射特征，与母体Keggin离子相似，表明第一过渡系金属离子的取代在八面体的一个位置取代似乎不会影响

Keggin单元的内在电子性质。

为了获得这些多金属氧酸盐离子液体的进一步的结构信息，将含有一滴非常黏稠的离子液体的小的毛细管插入光谱仪的X波段石英管中，在X波段频率（~9GHz），测试了它们的EPR光谱。发现只有TOA—PWMn，TOA—PWFe和TOA—PWCu三个离子液体是具有EPR活性的。TOA—PWMn离子液体的室温EPR光谱分辨率比较低，在$g=2.00$处显示出精细的六重峰，$g=4.33$处一个强的精细六重峰和$g=8.66$处一个弱的未分辨的峰。Mn^{2+}的$S=5/2$，$I=5/2$，这些是强场中高自旋Mn^{2+}的特征，不是所有的零场能级都是平等分配的，仅是自旋六重态的$S=\pm1/2$零场能级是优先分配的。当总的自旋量子数$S=5/2$和"虚拟的"自旋为1/2，预计会有两个光谱峰$g_{//}=2.00$，$g_{\perp}=6.00$和一些禁阻的跃迁。然而，理论上当晶体场不是严格的轴对称性的$(E\neq0)$g因子远远偏离这些数值。有趣的变化发生在-196℃，当$g=2.0$的峰几乎消失时，$g=4.2$的峰变得清晰，典型的86G Mn^{2+}的精细分裂峰。TOA—PWFe离子液体在$g=4.33$处显示强的EPR信号，正如预期的对于处于强的正交晶体场中$D/E=3$的Fe^{3+}，预计可能会显示$g_{xx}=g_{yy}=g_{zz}=4.33$峰。$Fe^{3+}$唯一地占据着八面体的顶点位置，并处于强的非轴晶体场中。

室温下，TOA—PWCu离子液体显示典型的轴对称粉末图案，且$g_{//}>g_{\perp}$，两者都比自由转动的数值2.0023大。离子液体近乎轴向对称的EPR光谱，g_{xx}和g_{yy}分辨率不高，有g和A值，可以从公式得到$g_{//}=2.35$，$g_{\perp}=2.06$。^{63}Cu精细耦合$A_{//}=116G$，$A_{\perp}$无法分辨。这是八面体配位构型的Cu^{2+}的$d_{x^2-y^2}$基态典型的特征。八面体Cu^{2+}络合物的特征是$g_{//}>g_{\perp}$，可以分别由下面的公式计算得到：

$$g_{//}=\frac{8\lambda}{\Delta} \text{ 和 } g_{\perp}=\frac{2\lambda}{\Delta}$$

式中：λ为Cu^{2+}的自旋—轨道耦合常数，约为828cm^{-1}；Δ为10Dq，Cu^{2+}的d轨道的e_g和t_{2g}能级未成对电子占据最高的$d_{x^2-y^2}$轨道。这些结果表明Cu^{2+}事实上占据着一个取代钨的位置。虽然TOA—PWCu离子液体是一个低熔点固体，室温光谱并没有显示出类似液体的行为，相反分子的移动受到了相当大的限制。换言之，分子翻跟头的时间尺度不能平均g和A的各向异性。然而，非常清楚的是离子液体中Cu^{2+}的对称性是高度变形的，d_{xz}和d_{yz}是非简并的，造成相当程度的d轨道混合高级自旋—轨道耦合。基态确定是$d_{x^2-y^2}$。

在X波段光谱计中冷却TOA—PWCu离子液体到$-153℃$，其EPR光谱没有显示任何明显的变化。在$-196℃$，然而，TOA—PWCu离子液体的光谱显示存在两个磁独立的位置，总数比大约为2：1。EPR参数对应于八面体配位但是不同的变形和几何构型的Cu^{2+}物种。这些物种的$g_{//}>g_\perp$，$A_{//}$稍微比预期的理想的八面体配位的小。两个低温物种的EPR参数是非常不同的，其中一个与室温物种的磁参数相似。辨认低温出现的额外物种的结构是困难的。这些温度依赖行为是可重复的。或许，当软的离子晶体冷冻成刚性的结晶相，在$-196℃$出现两种晶相是可能的。

TOA—PWCu离子液体的中元素的化学态采用XPS进行了分析。TOA-PWCu离子液体涂覆到铜箔上，形成一层薄的膜，用于光谱扫描。它的XPS光谱分别在34.8eV，36.8eV，246.8eV和258.9eV显示典型的$W4f_{7/2}$，$W4f_{5/2}$，$W4d_{5/2}$，$W4d_{3/2}$信号，表明W^{6+}存在于TOA—PWCu离子液体中。Cu^{2+}存在于离子液体中Keggin单元的12个八面体中的一个，同样显示弱的2p信号。此外，XPS光谱上还有强的来自于烷基链C1s峰和来自于Keggin单元的O1s峰。

多金属氧酸盐离子液体在水溶液中除去金属离子的应用。多金属氧酸盐离子液体是疏水性的，含有高负电荷的Keggin阴离子。将六个离子液体用于去除水溶液中的Cd^{2+}和Pd^{2+}。在80℃，匀速搅拌让离子液体和含有已知浓度金属离子的水溶液充分混合，进行这一实验。离子液体从水溶液中去除金属离子的效率用下面的公式进行评价：

$$离子液体去除金属离子的效率 = \frac{c_i - c_f}{c_i} \times 100\%$$

式中：c_i和c_f分别为水溶液中初始和最终的金属离子的浓度。由于离子液体的疏水性特征使得两相分离进行得比较容易。离子液体中Keggin离子的负电荷是去除电正性金属离子的驱动力。在80℃持续搅拌下，离子液体与水相紧密接触，加速金属进入离子液体相。四辛基铵离子是疏水性的，可以保持离子液体相与水相分离，不会发生萃取的金属离子重新回到水溶液中。采用六种离子液体分别对不同浓度的Cd^{2+}和Pb^{2+}(1~25g/L)水溶液进行了萃取分离实验。

有趣的是，所有的离子液体都可以高效地完全去除这两个金属离子，最高浓度达到14g/L。为了分析离子液体去除金属离子的机理，采用傅里叶转换红外光谱对萃取前和后的离子液体进行了表征。结果表明，去除金属离子液体之后的离子液体的光谱与新鲜的离子液体十分吻合。此外，在1260cm^{-1}和1740cm^{-1}出现两个峰，可能是源自于v(C—O)和v(C=O)的振动，与金属醋酸盐中的乙酸根有关。这表明，金属离子已经进入离子液体相。所以，在离子液体介质中可能发生了离子对萃取过程。这是一个简单的而且非常高效的用离子液体去除重金属离子的过程。

3.6.2　席夫碱

空气中氧气和氮气的测定在许多领域具有重要的应用，比如医疗、钢铁工业和下一代氧—燃料燃烧电厂等。当前从空气中生产氧气和氮气的工艺是低温空气分离，对于生产O_2(>99%)是有用的；然而这一工艺由于需要在低温(<88 K)和高压条件下大规模地操作，消耗了大量的能量。为了克服这一缺点，最近发展了相对小规模的采用分子筛吸附氧的过程，吸引广泛的关注。虽然一些传统的分子筛可以从空气中选择性地吸附氮气而浓缩氧气，但高纯的氧气的生产仍然是非常具有挑战性的，因为沸石无法除去空气中的其他组分，比如氩气和二氧化碳。所以，为了获得高纯的氧气，需要有额外的能够从空气中选择性地吸附氧气的吸附剂。

金属—有机框架(MOFs)，是多孔、有序的纳孔材料，可以作为从空气中有效分离氧气的新型介质。MOFs之所以能够有效分离氧气，是因为它们的高度多孔性和有序的孔径尺寸。比如，含有配位不饱和金属位点的MOFs在最优的条件下O_2/N_2的选择性可以达到13~23。而且，具有氧吸附功能的金属配合物可以考虑作为额外的从空气中吸附氧的材料。比如[{Co$_2$^{III}(bpbp)(O$_2$)}$_2$bdc](PF$_6$)$_4$， bpbp⁻=2,6-双[N,N-双(2-吡啶甲基)氨甲基]-4-叔丁基苯酚，bdc²⁻=1,4-苯二羧酸，能够在室温从氧气和氮气的混合物(分压分别为20kPa和80kPa)中选择性地吸附氧气，O_2/N_2的吸附选择性为38。

反过来，离子液体由于它们几乎可以忽略的蒸汽压和化学结构的可调节性，作为另外一种有前景的气体分离介质吸引了众多的关注。而且，可以通过改变离子液体的化学结构，很容易地调节离子液体的物理和化学性质。所以，已经发展了许多含有能够与特定气体分子反应的官能团的功能特定的离子液体(TSILs)。这些功能特定离子液体能够从其他轻气体中选择性地吸附氧气，是非常强大的潜在的氧气载体，可以用于促进输送膜。功能特定离子液体优异的选择性吸附氧性能，完全可以与MOFs相媲美。含有钴席夫碱(Co(salen))络合物的功能特定离子液体，由于钴席夫碱络合物能够与氧气反应，可以用于催化氧化反应。这些功能特定离子液体可以用离子液体的阴离子配体与钴席夫碱反应得到。通过调节离子液体配体的化学结构，可以很容易地设计和控制它的化学结构和氧吸附能力。

Hideto Matsuyama 等制备了两个基于钴席夫碱的含金属离子液体化合物（图3-20），$[P_{nnnm}]_2[Co(salen)(N-mGly)_2]$ 和 $[P_{nnnm}]_2[Co(salen)(N-mGly)(Tf_2N)]$，作

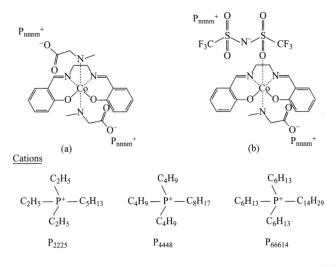

图3-20　$[Pnnnm]_2[Co(salen)(NmGly)_2]$和 $[Pnnnm]_2[Co(salen)(N-mGly)(Tf_2N)]$的化学结构

为氧吸附剂，系统研究了含金属离子液体的化学结构对黏度、氧吸附量的影响，以及O_2和含金属离子液体之间的络合形成反应速率。

$[P_{nnnm}]_2[Co(salen)(N-mGly)_2]$的合成。$[Pnnnm][N-mGly]$（$[P_{66614}][N-mGly]$、$[P_{4448}][N-mGly]$、$[P_{2225}][N-mGly]$）(4.0mmol) 溶于5mL乙醇，滴加到Co（salen）（2.0mmol）的乙醇溶液中（5.0mL），在氮气气氛保护下，303K搅拌5h。5h后，过滤除去未反应的Co（salen），通入氮气鼓泡12h，除去乙醇，得到$[P_{nnnm}]_2[Co-(salen)(N-mGly)_2]$的棕色液体。红外光谱显示所制备的含金属离子液体中没有乙醇分子。

$[P_{nnnm}]_2[Co(salen)(N-mGly)(Tf_2N)]$的合成，$[P_{nnnm}][N-mGly]$(2.0mmol) 的5.0mL乙醇溶液，滴加到Co（salen）（2.0mmol）的5.0mL悬浮溶液中，在空气中303K搅拌3h，形成$[Pnnnm][Co(salen)(N-mGly)O_2]$。3h后，过滤除去未反应的Co（salen），加入$[P_{nnnm}][Tf_2N]$(2.0mmol)，搅拌1h，在333K蒸发6h，除去乙醇和氧气，得到$[P_{nnnm}]_2[Co(salen)(N-mGly)(Tf_2N)]$的棕色液体。

图3-21为$[P_{nnnm}]_2[Co(salen)(N-mGly)_2]$和$[P_{nnnm}]_2[Co(salen)(N-mGly)(Tf_2N)]$在303K的氮气吸附等温线。结果表明，所有的含金属离子液体，氮气吸附量随着压力线性增加，表明吸附遵循Henry定律。这意味着氮气是物理吸附进含金属离子液体里面的。从各吸附等温线可以得到这些含金属离子液体的Henry常数

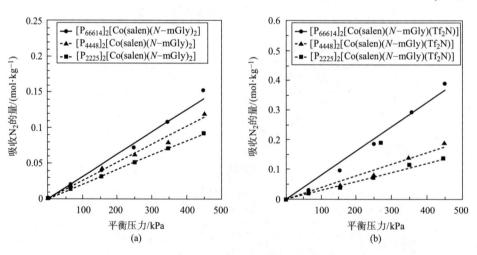

图3-21　$[P_{nnnm}]_2[Co(salen)(N-mGly)_2]$和$[P_{nnnm}]_2[Co(salen)(N-mGly)(Tf_2N)]$的氮气吸附等温线

(H_{N_2})，列于表3–14中。

表3–14 从303 K的N_2吸附测试$[P_{nnnm}]_2[Co(salen)(NmGly)_2]$和$[P_{nnnm}]_2$

$[Co(salen)(N–mGly)(Tf_2N)]$的Henry常数

项目	$[P_{nnnm}]_2[Co(salen)(NmGly)_2]$			$[P_{nnnm}]_2[Co(salen)(N–mGly)(Tf_2N)]$		
	P_{66614}	P_{4448}	P_{2225}	P_{66614}	P_{4448}	P_{2225}
$H_{N_2}/(kPa \cdot dm^3 \cdot mol^{-1})$	3184	3920	4930	1230	2540	3320

对于$[P_{nnnm}]_2[Co(salen)(N–mGly)_2]$和$[P_{nnnm}]_2[Co(salen)(N–mGly)(Tf_2N)]$都是，Henry常数($H_{N_2}$)降低，含金属离子液体的氮气吸附量按以下顺序增加：$[P_{66614}] >$ $[P_{4448}] > [P_{2225}]$。通常，物理吸附的气体量与吸附剂的自由体积有关。有报道称，离子液体的自由体积随着摩尔体积的增加而增加。如表3–15所示，含金属离子液体的摩尔体积(V_m)随着阳离子尺寸的增加而增加。所以，可以认为阳离子大的含金属离子液体比阳离子小的含金属离子液体可以吸附更多的氮气。

表3–15 含金属离子液体在303K的密度和摩尔体积

项目	$[P_{nnnm}]_2[Co(salen)(N–mGly)_2]$			$[P_{nnnm}]_2[Co(salen)(N–mGly)(Tf_2N)]$		
	P_{66614}	P_{4448}	P_{2225}	P_{66614}	P_{4448}	P_{2225}
密度$\rho/(g \cdot cm^{-3})$	1.02	1.10	1.20	1.04	1.11	1.22
摩尔体积$V_m/(cm^3 \cdot mol^{-1})$	1446	1028	731	1594	1182	878

为了考察含金属离子液体的氧吸附平衡，具体的，鉴定了含金属离子液体的氧吸附平衡常数，包括平衡反应常数或者Henry常数。氧吸附反应的平衡反应常数是可吸附氧金属络合物控制氧吸附容量的重要因素之一。这些平衡常数是通过分析每个含金属离子液体由氧吸附测试所得到的氧吸附等温线而得出的。Co(salen)首先与氧气形成1∶1络合物，然而生成1∶2络合物。所以，含金属离子液体的氧吸附平衡可以用以下方程表达：

$$O_2(gas) \longleftrightarrow O_2(MCIL)，H_{O_2}(物理吸附) \tag{3–7}$$

$$Co(salen) \cdot L_1 \cdot L_2 + O_2(MCIL) \longleftrightarrow Co(salen) \cdot L_1 \cdot O_2 + L_2，K_1 \tag{3–8}$$

$$Co(salen) \cdot L_1 \cdot O_2 + Co(salen) \cdot L_1 \cdot L_2 \longleftrightarrow [Co(salen)L_1]_2 \cdot O_2 + L_2，K_2 \tag{3–9}$$

$Co(salen) \cdot L_1 \cdot L_2$是含金属离子液体，$L_1$和$L_2$是离子液体的配体。$H_{O_2}(dm^3 \cdot$

kPa・mol^{-1})是含金属离子液体的氧物理吸附Henry常数。K_1和K_2是方程式(3-8)和式(3-9)各自的吸附平衡常数。这些参数可以用以下方程描述：

$$P_{O_2}=H_{O_2}\cdot C_{O_2} \tag{3-10}$$

$$K_1=\frac{C_{com_1}\cdot C_{L_2}}{C_{MCIL}\cdot C_{O_2}} \tag{3-11}$$

$$K_2=\frac{C_{com_2}\cdot C_{L_2}}{C_{MCIL}\cdot C_{com_1}} \tag{3-12}$$

式中：下标com$_1$和com$_2$分别代表1∶1络合物[Co(salen)・L$_1$・O$_2$]和1∶2络合物[(Co(salen) L$_1$)$_2$・O$_2$]；p_{O_2}(kPa)是氧分压；C_{O_2}为物理吸附氧的浓度；C_i(mol/L)为化合物i的浓度(i：下标com$_1$和com$_2$)；C_{MCIL}为含金属离子液体的浓度。

平衡态的传质平衡可以用以下公式表达：

$$C_{MCIL,\,0}=C_{MCIL}+C_{com_1}+2C_{com_2} \tag{3-13}$$

$$C_{L_2}=C_{MCIL,\,0}=C_{MCIL}-C_{com_1}+C_{com_1}+2C_{com_2} \tag{3-14}$$

$$C_{O_2,\,total}=C_{com_1}+C_{com_2}+C_{O_2}=C_{com_1}+C_{com_2}+p_{O_2}/H_{O_2} \tag{3-15}$$

式中：$C_{MCIL,\,0}$(mol/L)为含金属离子液体的初始浓度；$C_{O_2,\,total}$为溶液中的总氧浓度。根据方程式(3-10)~式(3-14)，C_{com_1}可以整理为以下公式：

$$C_{com_1}=\frac{K_1}{C_{L_2}}\cdot C_{MCIL}\cdot C_{O_2}$$
$$=\frac{K_1}{(C_{com_1}+2C_{com_2})}\cdot(C_{MCIL,\,0}-C_{com_1}-2C_{com_2})\cdot\frac{p_{O_2}}{H_{O_2}} \tag{3-16}$$

相反地，根据方程式(3-12)~式(3-14)，C_{com_2}可以整理为以下公式：

$$C_{com_2}=\frac{K_2}{C_{L_2}}\cdot C_{MCIL}\cdot C_{com_2}$$
$$=\frac{K_2}{(C_{com_1}+2C_{com_2})}\cdot(C_{MCIL,\,0}-C_{com_1}-2C_{com_2})\cdot C_{com_1} \tag{3-17}$$

通过解方程式(3-16)，可以得到C_{com_1}：

$$C_{com_1}=\frac{\alpha+\beta}{2} \tag{3-18}$$

$$\alpha=-(2C_{com_2}+K_1C_{O_2})$$

这里 $$\beta=\sqrt{(2C_{com_2}+K_1C_{O_2})^2+4(C_{MICL,0}-2C_{com_2})K_1\cdot\dfrac{p_{O_2}}{H_{O_2}}}$$

根据方程式(3-17)和式(3-18)，可以得到以下公式：

$$2C_{com_2}+\left\{\frac{\alpha+\beta}{2}-2K_1K_2\frac{p_{O_2}}{H_{O_2}}\right\}C_{com_2}+\left(-K_1K_2\frac{p_{O_2}}{H_{O_2}}-K_2C_{MCIL,0}\right)\frac{\alpha+\beta}{2}$$

$$+K_1K_2\frac{p_{O_2}}{H_{O_2}}C_{MCIL,0}=0 \qquad (3-19)$$

根据方程式(3-15)，式(3-18)和式(3-19)，可以计算得到特定氧气分压的 $C_{O_2,\ total}$，C_{com_1}和C_{com_2}。

首先，根据式(3-13)采用Newton方法可以鉴定特定氧气分压的C_{com_2}。然后，用方程式(3-18)可以计算C_{com_1}。最后，根据已经计算得到的C_{com_2}和C_{com_1}，根据方程式(3-15)可以得到特定氧分压的$C_{O_2,\ total}$。在这一系列计算中，确定H_{O_2}，K_1和K_2的最适合的参数，可以得到计算和实验最为匹配的$C_{O_2,\ total}$和p_{O_2}。

$[P_{nnnm}]_2[Co(salen)(N-mGly)_2]$和$[P_{nnnm}]_2[Co(salen)(N-mGly)(Tf_2N)]$在303K的氧吸附等温线如图3-22所示。实线、短划和虚线为基于以上原理计算得到的理论吸附等温线，计算得到的H_{O_2}，K_1和K_2列于表3-16。

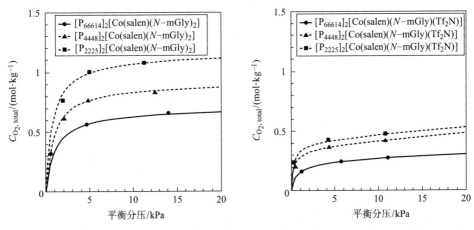

图3-22 $[P_{nnnm}]_2[Co(salen)(N-mGly)_2]$和$[P_{nnnm}]_2[Co(salen)(N-mGly)(Tf_2N)]$的303K的氧气吸附等温线

表3-16　含金属离子液体在303K的氧吸附平衡常数

项目	$[P_{nnnm}]_2[Co(salen)(N{-}mGly)_2]$			$[P_{nnnm}]_2[Co(salen)(N{-}mGly)(Tf_2N)]$		
	P_{66614}	P_{4448}	P_{2225}	P_{66614}	P_{4448}	P_{2225}
$H_{O_2}/(kPa \cdot dm^3 \cdot mol^{-1})$	2.0×10^3	2.5×10^3	3.0×0^3	8.0×10^2	9.0×10^2	1.0×10^3
$K_1(-)$	1.2×103	2.0×10^3	3.0×10^3	5.0	5.0×10	6.0×10
$K_2(-)$	1×10^{-3}	1×10^{-3}	1×10^{-3}	1.5×10	2.0×10	2.0×10

通过对比含金属离子液体的氧吸附量，可以发现$[P_{nnnm}]_2[Co(salen)(N{-}mGly)_2]$的氧吸附量大约为$[P_{nnnm}]_2[Co(salen)(N{-}mGly)(Tf_2N)]$的两倍。这是由于含金属离子液体与氧气分子之间不同的化学剂量比反应所造成的。如表3-16所示，确定的$[P_{nnnm}]_2[Co(salen)(N{-}mGly)_2]$的$K_2$值非常小，根据方程式(3-9)可以认为这种类型含金属离子液体很难形成com$_2$。相反，由于$[P_{nnnm}]_2[Co(salen)(N{-}mGly)(Tf_2N)]$的$K_2$值足够大，发生了方程式（3-9）中的二聚。因此，$[P_{nnnm}]_2[Co(salen)(N{-}mGly)_2]$显示出最大的吸附量为1 mol-$O_2$/mol-MCIL，而$[P_{nnnm}]_2[Co(salen)(N{-}mGly)(Tf_2N)]$的最大吸附量为0.5 mol-$O_2$/mol-MCIL。

关于含金属离子液体的阳离子尺寸效应，氧吸附量随着阳离子尺寸的降低（$[P_{2225}] > [P_{4448}] > [P_{66614}]$）而增加。由于表3-14中氮气的Henry常数和表3-16中的氧的数据相当，含金属离子液体的物理吸附氧的量几乎与吸附的氮气的量相同。这意味着含金属离子液体物理吸附氧气的量相对于化学吸附氧气的量可以忽略不计。所以，不可否认含金属离子液体中吸附氧气的量以化学吸附的氧气为主。

有两个原因可以解释为什么含金属离子液体中化学吸附的氧随着阳离子尺寸的降低而增加。一个原因是，含金属离子液体的密度。由于含金属离子液体的分子尺寸随着阳离子尺寸的下降而减小，如表3-15所示，含金属离子液体分子的密度随着阳离子尺寸的下降而增加。含金属离子液体这种随着阳离子尺寸的下降，密度增加而分子量下降，导致了浓度C_{MCIL}的增加，也导致了氧气吸附量的增加。另一个原因是反应平衡常数值K_1和K_2。如表3-16所示，对于[P$_{nnnm}$]$_2$[Co(salen)(N-mGly)$_2$]和[P$_{nnnm}$]$_2$[Co(salen)(N-mGly)(Tf$_2$N)]，方程式（3-8）和式(3-9)的反应平衡常数K_1和K_2随着阳离子尺寸的降低而增加。根据方程式（3-11）和式（3-12），很明显大的平衡常数导致了含金属离子液体大的氧吸附量。随着阳离子尺寸的降低，平衡常数增加可以归因于离子液体的配体给电子强度。根据Co(salen)溶液与不同配体的氧吸附平衡，氧分子和含有Co(salen)和配体的络合物反应的平衡常数随着配体与Co(salen)配位的给电子强度的增加而增加。这意味着配体的给电子强度是决定氧吸附平衡常数的主要因素。这里配体的给电子强度是由以下两个因素决定的：一个是配体官能团的碱性，另一个是配体的空间位阻。这里，官能团存在于离子液体配体的阴离子部分。所以，含有相同阴离子和不同阳离子的离子液体的配体，具有相同的碱性。另外，离子液体配体的空间位阻主要是由阳离子决定的。所以，含有不同阳离子的离子液体配体的空间位阻值相互之间是不同的。换句话说，可以认为N—Gly—类型和Tf$_2$N—类型配体离子液体是主要由离子液体配体的空间位阻决定的。由于离子液体配体的空间位阻随着阳离子尺寸的增加而增加，阳离子尺寸大的离子液体的配体的给电子强度变小了。结果是，可以认为含金属离子液体的氧吸附平衡常数随着阳离子尺寸的降低而增加，对于N—Gly—类型和Tf$_2$N—类型的含金属离子液体都是如此。

从氮气和氧气吸附测试的结果可以看出，通过调节离子液体配体的阴离子物种和阳离子尺寸可以控制氧气和氮气的吸附量。尤其是，就离子液体配体的阳离子尺寸来说，相对小的阳离子的含金属离子液体能够吸附相对多的阳离子，由于具有高的密度所以不会增加氮气的吸附量。所以，阳离子小的含金属离子液体展示出对于O$_2$/N$_2$高吸附选择性。表3-17给出了空气中(O$_2$为20kPa；N$_2$为80kPa)一些氧吸附剂和氮吸附剂的氧气和O$_2$/N$_2$的吸附选择性数据，可以发现[P$_{nnnm}$]$_2$[Co(salen)(N-mGly)$_2$]的氧吸附量很高，它的O$_2$/N$_2$的吸附选择性与其他的氧吸附剂材料相当。

表3-17　含金属离子液体和一些氧吸附剂的氧吸附量和O_2/N_2吸附选择性

材料	温度/K	吸附/脱附氧气的量/ $(mol \cdot kg^{-1})$	O_2/N_2吸附/脱附选择性
$[C_2C_1im][Tf_2N](IL)$	303	<0.01	
$[C_2C_1im][BETI](IL)$	303	<0.01	
$[C_4C_1im][PF_6](IL)$	303	<0.01	
$[C_2C_1im][TfO](IL)$	303	<0.01	
$[thtdp][Cl](IL)$	303	<0.01	
$[N_{1444}][Tf_2N](IL)$	303	0.0024	0.85
$[P_{66614}]_2[Co(salen)(N{-}mGly)_2](MCIL)$	303	0.665	26.5
$[P_{66614}]_2[Co(salen)(N{-}mGly)(Tf_2N)](MCIL)$	303	0.306	4.7
$[P_{4448}]_2[Co(salen)(N{-}mGly)_2](MCIL)$	303	0.877	42.8
$[P_{4448}]_2[Co(salen)(N{-}mGly)(Tf_2N)](MCIL)$	303	0.482	15.3
$[P_{2225}]_2[Co(salen)(N{-}mGly)_2](MCIL)$	303	1.12	68.6
$[P_{2225}]_2[Co(salen)(N{-}mGly)(Tf_2N)](MCIL)$	303	0.544	22.6
$[\{Co_2(bpbp)\}_2bdc](metal\ complex)$	298		38
$[Co_2(HisCH_3)_4Im][Tf_2N]_4(MCIL)$	298	0.12	<32
MIL$-$101(Cr)@Fe(MOF)	298	2	23
$Cr_3(BTC)_2(MOF)$	298		22
$Fe_2(dobdc)(MOF)$	226		18
$Cu_2(BTC)_3(MOF)$	80	28	1.2
Co$-$BTTri(MOF)	200	5	2

氧吸附反应速率。对于氧吸附过程,吸附剂的快速氧吸附是必需的,以便减小吸附装置的尺寸。化学反应速率在涉及功能特定离子液体薄膜的气体吸附过程中的一个重要的因素,比如负载的离子液体相。所以,含金属离子液体和氧气之间的反应动力学是涉及氧吸附过程的主要知识。

在含金属离子液体和溶于甲醇中氧气之间的反应过程中,$[P_{nnnm}]_2[Co(salen)(NmGly)_2]$和$[P_{nnnm}]_2[Co(salen)(N{-}mGly)(Tf_2N)]$的紫外光谱的时间过程显示在图3-23中。随着反应的进行,近600nm处的吸收增加,而500nm附近的降低。

$[P_{nnnm}]_2[Co(salen)(N-mGly)_2]$和$[P_{nnnm}]_2[Co(salen)(N-mGly)(Tf_2N)]$的等吸光点分别出现在567nm和560nm。图3-23(c)、(d)明显表明600nm的吸收增加，各吸光点的吸收为常数。

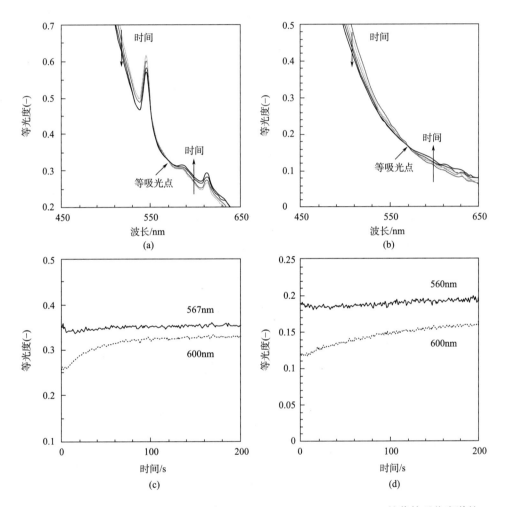

图3-23　$[P_{nnnm}]_2[Co(salen)(NmGly)_2]$(a)和$[P_{nnnm}]_2[Co(salen)(N-mGly)(Tf_2N)]$(b)的紫外吸收光谱的变化；甲醇中含金属离子液体$[P_{nnnm}]_2[Co(salen)(N-mGly)_2]$(c)和$[P_{nnnm}]_2[Co(salen)(N-mGly)(Tf_2N)]$(d)和氧气($pO_2$=5kPa，$T$=298K)形成络合物过程中的固定吸收波长吸收强度随时间的变化

随着含金属离子液体和氧气反应的进行，三个化合物(未反应的纯的含金属离子液体、com_1和com_2)同时出现在反应体系中。每个波长的

吸收是这些物种吸收值的总和。采用表3-14中确定的平衡常数值，平衡态的com_1和com_2的比例可以表示为氧分压的函数。图3-24显示平衡态com_1和com_2之间的比例关系。为了简化分析，这里假设甲醇溶液中平衡常数相同。如图3-24(a)所示，平衡态时$[P_{nnnm}]_2[Co(salen)(N-mGly)_2]$体系中的主要化合物是$com_1$。这意味着$com_1$是一个稳定的最终产物，反应过程中没有形成$com_2$。相反，如图3-25(b)所示，平衡态的$[P_{nnnm}]_2[Co(salen)(N-mGly)(Tf_2N)]$体系中，主要产物是$com_2$。此前有报道认为当第二步反应[方程式(3-9)]发生的时候，第二步反应的反应速率比第一步[方程式(3-8)]大得多。根据方程式(3-9)，体系中形成的物种com_1立刻又被消耗了。所以，无可否认$[P_{nnnm}]_2[Co(salen)(N-mGly)(Tf_2N)]$反应过程中主要化合物是$com_2$。

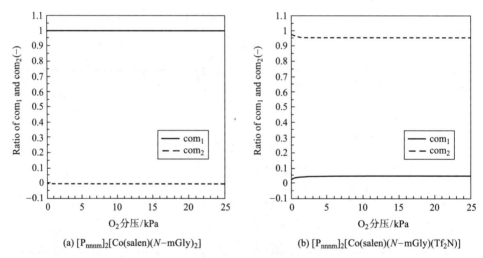

(a) $[P_{nnnm}]_2[Co(salen)(N-mGly)_2]$ (b) $[P_{nnnm}]_2[Co(salen)(N-mGly)(Tf_2N)]$

图3-24 平衡态MCIL/甲醇混合物中和与O_2/N_2混合物(不同的氧分压)接触的O_2-MCIL络合物的典型的com_1和com_2的比例

基于郎博比尔定律，600nm处的吸收(A_{600})可以写为：

对于$[P_{nnnm}]_2[Co(salen)(N-mGly)_2]$：

$$A_{600}=\varepsilon_{MCIL,600}C_{MCIL}+\varepsilon_{com_1,600}C_{com_1} \tag{3-20}$$

$$A_{iso}=\varepsilon_{iso}C_{MCIL}+\varepsilon_{com_1,600}C_{com_1} \tag{3-21}$$

对于$[P_{nnnm}]_2[Co(salen)(N-mGly)(Tf_2N)]$：

$$A_{600}=\varepsilon_{MCIL,600}C_{MCIL}+\varepsilon_{com_2,600}C_{com_2} \tag{3-22}$$

$$A_{\text{iso}}=\varepsilon_{\text{iso}}C_{\text{MCIL}}+\varepsilon_{\text{com}_1,600}C_{\text{com}_2} \tag{3-23}$$

式中：$C_i(\text{mol/L})$为化合物i(com_1或者com_2)的浓度；$\varepsilon_{\text{iso}}(\text{L/mol}^{-1}\cdot\text{cm}^{-1})$为化合物i在jnm波长处的摩尔吸收系数。$[\text{P}_{nnnm}]_2[\text{Co(salen)}(N\text{-mGly})_2]$和$[\text{P}_{nnnm}]_2[\text{Co(salen)}(N\text{-mGly})(\text{Tf}_2\text{N})]$体系，都是采用方程式(3-20)至式(3-23)计算反应过程中特定时间的MCILs、com1(C_{com1})和com2(C_{com2})的浓度(C_{MCIL})。所以，采用确定的C_{com_1}和C_{com_2}，换算$\chi_{\text{MCIL}}(-)$可以通过下式计算：

对于$[\text{P}_{nnnm}]_2[\text{Co(salen)}(\text{NmGly})_2]$：

$$\chi_{\text{MCIL}}=\frac{C_{\text{MCIL},0}-C_{\text{com}_1}}{C_{\text{MCIL},0}} \tag{3-24}$$

对于$[\text{P}_{nnnm}]_2[\text{Co(salen)}(N\text{-mGly})(\text{Tf}_2\text{N})]$：

$$\chi_{\text{MCIL}}=\frac{C_{\text{MCIL},0}-2C_{\text{com}_2}}{C_{\text{MCIL},0}} \tag{3-25}$$

图3-25显示的是MCIL和溶于甲醇溶液中在氧分压为5kPa时反应的转换随时间的变化。初始反应速率可以从反应初始阶段的转化时间过程曲线的斜率得到。由于产物的浓度在反应初始阶段可以不包括在内，逆反应同样可以不包括

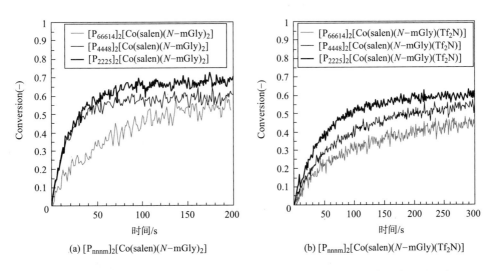

(a) $[\text{P}_{nnnm}]_2[\text{Co(salen)}(N\text{-mGly})_2]$

(b) $[\text{P}_{nnnm}]_2[\text{Co(salen)}(N\text{-mGly})(\text{Tf}_2\text{N})]$

图3-25 与O_2/N_2混合物(氧分压为5kPa，298K)接触的MCIL/甲醇混合物中和MCIL与O_2反应形成络合物随时间的变化图

在内。

[P$_{nnnm}$]$_2$[Co(salen)(NmGly)$_2$]和[P$_{nnnm}$]$_2$[Co(salen)(N–mGly)(Tf$_2$N)]的初始反应速率可以用方程式(3-26)进行描述：

$$r_0 = k_1 \cdot C_{MCIL,0}^n \cdot C_{O_2}^m = k_1 \cdot C_{MCIL,0}^n \cdot \left(\frac{p_{O_2}}{H}\right)^m \qquad （3-26）$$

式中：r_0为初始反应速率[mol/(dm^3 · s)]；k_1为速率常数；$C_{MCIL,0}$为MCILs的初始浓度(mol/L)；C_{O_2}为初始阶段溶于MCIL/甲醇溶液中氧气的浓度(mol/L)；p_{O_2}为氧气分压(kPa)；H_{O_2}(dm^3 · kPa/mol)为MCIL/甲醇溶液中的Henry常数；n和m为MCIL和O$_2$各自的反应级数。这里，由于在这些实验中在MCIL/甲醇溶液中MCIL的浓度非常低，所以甲醇中氧气的Henry常数(10490dm^3 · kPa/mol)作为H_{O_2}。

图3-26显示的是$\ln(r_0)$和$\ln(C_{MCIL,0})$在氧分压为5kPa时的关系。对于所有的含金属离子液体，显示斜率为1的直线关系。因此，反应的级数n，根据方程式(3-26)含金属离子液体的浓度，确定为1。此外，如图3-27所示，$\ln(r_0/C_{MCIL,0})$和$\ln(p_{O_2}/H_{O_2})$之间为直线关系，斜率为1。所以，方程式(3-26)中反应级数m氧分压同样为1。

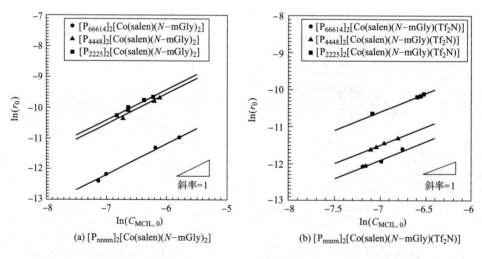

图3-26　氧分压为5kPa时$\ln(r_0)$和$\ln(C_{MCIL,0})$的关系图(直线为斜率为1的拟合曲线)

对于[P$_{nnnm}$]$_2$[Co(salen)(N–mGly)$_2$]，根据方程式(3–8)确定的平衡常数表明含

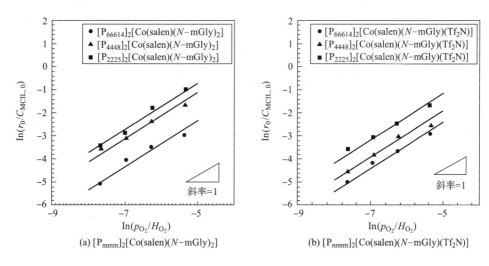

图3-27　$\ln(r_0/C_{\text{MCIL, 0}})$和$\ln(p_{O_2}/H_{O_2})$的关系图(直线为斜率为1的拟合曲线)

金属离子液体和氧气之间的反应为一步反应。通常，对于元素反应，每个反应物的浓度的反应级数等于化学剂量系数。所以，含金属离子液体的浓度和氧分压的反应级数为1。相反的，对于[P$_{\text{nnnm}}$]$_2$[Co(salen)(N-mGly)(Tf$_2$N)]，氧吸附平衡常数表明双核络合物形成的反应速率远高于单加成络合物的形成速率，因此，[P$_{\text{nnnm}}$]$_2$[Co(salen)(N-mGly)(Tf$_2$N)]和氧气之间的反应的速控步骤应是1∶1络合物形成的反应[方程式(3-8)]。所以，[P$_{\text{nnnm}}$]$_2$[Co(salen)(N-mGly)(Tf$_2$N)]的浓度和氧分压的反应级数同样为1。

表3-18　298K含金属离子液体的反应速率常数

项目	[P$_{\text{nnnm}}$]$_2$[Co(salen)(N-mGly)$_2$]			[P$_{\text{nnnm}}$]$_2$[Co(salen)(N-mGly)(Tf$_2$N)]		
	P$_{66614}$	P$_{4448}$	P$_{2225}$	P$_{66614}$	P$_{4448}$	P$_{2225}$
k_1/(dm^3 · mol^{-1} · s^{-1})	14.0	48.5	71.9	13.5	22.2	46.2

由图3-27中直线的截距得来的每个含金属离子液体的络合物形成反应速率常数k_1列于表3-18中。在[P$_{\text{nnnm}}$]$_2$[Co(salen)(N-mGly)$_2$]和[P$_{\text{nnnm}}$]$_2$[Co(salen)(N-mGly)(Tf$_2$N)]体系中，反应速率常数随着阳离子尺寸的降低([P$_{2225}$] > [P$_{4448}$] > [P$_{66614}$])而增加。这一趋势表明含金属离子液体中离子液体配体的空间位阻影响络合物形

成反应的速率。含金属离子液体和氧气之间的络合物形成反应是通过含金属离子液体的配体和氧气分子之间的交换发生的。对于含有大分子量配体的含金属离子液体，反应速率常数由于配体交换反应困难应该是比较小的。所以，阳离子尺寸小的含金属离子液体速率常数大。此前的一些研究也报道了随着席夫碱衍生物空间位阻的降低，反应速率常数增加。

比较含有相同阳离子尺寸的含金属离子液体的反应速率常数，对于所有的阳离子尺寸的$[P_{nnnm}]_2[Co(salen)(N-mGly)_2]$的速率常数高于$[P_{nnnm}]_2[Co(salen)(N-mGly)(Tf_2N)]$的。而且，$[P_{nnnm}]_2[Co(salen)(N-mGly)_2]$和$[P_{nnnm}]_2[Co(salen)(N-mGly)(Tf_2N)]$之间的差异随着含金属离子液体阳离子尺寸的降低而增加。这些变化趋势可以归因于离子液体中阴离子配体的空间位阻。由于Tf_2N^-的分子量比$N-mGly^-$的分子量大，含有Tf_2N^-的离子液体的空间位阻比含有$N-mGly^-$的要大。此外，随着离子液体阳离子尺寸的降低，由阴离子所引起的空间位阻增加。所以，两种类型含金属离子液体之间反应速率常数的差异随着含金属离子液体阳离子尺寸的降低而增加。根据这些结果，可以看出离子液体的空间位阻是控制氧吸附反应速率常数的主要因素。所以，为了增大反应速率常数，最好设计一些空间位阻比较低的离子液体。

设计轴向配体控制含金属离子液体的黏度。含金属离子液体的黏度可以通过调节轴向配体的结构加以调控。这里来看以下几个含有不同轴向配体含金属离子液体在303K的黏度，结果列于图3-28中。这里将一系列含有Tf_2N^-和$N-mGly^-$阴离子和不同烷基链季鏻阳离子的类型含金属离子液体用于鉴定轴向配体的化学结构对黏度的影响。如图3-28所示，Tf_2N类型含金属离子液体的黏度随着季鏻阳离子中烷基链长度的增加而降低。相反，对于$N-mGly^-$类型含金属离子液体，随着季鏻阳离子中烷基链长度的增加而增加。

通常，长烷基链溶剂的黏度高是由于长烷基链的缠绕造成的。所以，不可否认$N-mGly^-$类型含金属离子液体显示的是正常的趋势。另外，Tf_2N类型含金属离子液体显示出相反的趋势。这种趋势的机理仍然不清楚，因此仍然需要探明含金属离子液体中阴离子对黏度的影响。

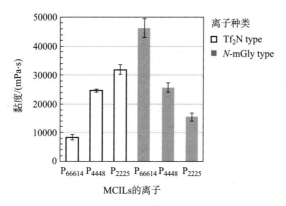

图3-28 含有Tf$_2$N$^-$和N-mGly$^-$阴离子和不同烷基链季鏻阳离子的类型含金属离子液体的黏度

从吸收过程的角度，含有相对小平衡离子的N-mGly$^-$类型含金属离子液体倾向于取得高的氧吸附性能，能够吸附氧气的量更大，更高的O$_2$/N$_2$吸附选择性，和更快的氧吸附反应。含有相对小阳离子的N-mGly$^-$类型含金属离子液体的黏度比较小。

含金属离子液体作为有效氧吸附剂的设计标准。如上所述，轴向配体较小的N-mGly$^-$类型含金属离子液体展示出较高的氧吸附能力，大的氧吸附量，高O$_2$/N$_2$吸附选择性，快速的氧吸附反应和相对低的黏度。所以，在所考察的含金属离子液体中，[P$_{2225}$]$_2$[Co(salen)(N-mGly)$_2$]显示出了作为高效氧吸附剂的潜力。为了证实[P$_{2225}$]$_2$[Co(salen)(N-mGly)$_2$]的优异吸附行为，估计含金属离子液体未来进一步提升氧吸附效率的设计标准，可以量化模拟N-mGly$^-$类型含金属离子液体的氧吸附行为。

为了简化氧吸附模拟，考虑一个半径为5.0×10^{-5}m含金属离子液体单元液滴的氧吸附。氧吸附的传质速率描述为分步传质模型，包含接近含金属离子液体液滴表面含金属离子液体相的络合物形成。理论模型的衍生，考虑到了以下分步传质过程（图3-29）：（Ⅰ）氧分子从气相

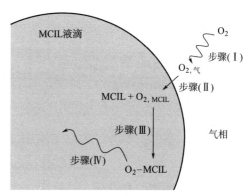

图3-29 含金属离子液体液滴单元氧吸附过程
分步传质模型示意图

239

体相扩散到含金属离子液体液滴表面；（Ⅱ）氧分子物理溶解在含金属离子液体液滴中；（Ⅲ）溶解的氧分子与液滴近表面的含金属离子液体形成络合物反应；（Ⅳ）O_2—MCIL络合物从表面扩散到含金属离子液体液滴内部。这里，可以认为氧分子从包围含金属离子液体液滴的气相穿越边界层(步骤I)和物理溶解进入含金属离子液体相(步骤Ⅱ)远快于络合物形成反应(步骤Ⅲ)和形成的O_2—MCIL进入含金属离子液体相(步骤Ⅳ)。所以，总的吸附速率可以描述为步骤Ⅲ和Ⅳ的速率，而不用考虑在步骤Ⅰ和Ⅱ中的传质。

考虑到步骤Ⅲ和Ⅳ，每个组分的质量平衡，i(i：MCIL，com_1，物理溶解的氧分子和作为络合物形成反应的副产物生成的L_2)，含金属离子液体液滴中不同位置，可以用以下分步区分方程表达：

$$\frac{\partial C_i}{\partial t} = \frac{D_i}{r^2} \cdot \frac{\partial_i}{\partial r}\left(r^2 \cdot \frac{\partial C_i}{\partial r}\right) + r_i \qquad (3\text{--}27)$$

式中：r和t分别为含金属离子液体液滴的特定半径位置和时间；D_i和r_i分别为每个组分的扩散系数和反应速率。

这里我们考虑含金属离子液体、com_1、物理溶解的氧分子和方程式(3-8)中作为络合物形成反应的副产物生成的L_2，作为扩散和反应的组分。表3-19中列出了由Arnold方程计算而来的各组分的扩散系数。

表3-19　预测氧吸附量的计算条件

参数	N—mGly—类型含金属离子液体的阳离子		
	$[P_{2225}]^+$	$[P_{4448}]^+$	$[P_{66614}]^+$
含金属离子液体液滴半径，r_{MCIL}(m)扩散系数/(m^2·s^{-1})	5.0×10^{-5}	5.0×10^{-5}	5.0×10^{-5}
D_{MCIL}	4.31×10^{-13}	2.43×10^{-13}	1.25×10^{-13}
D_{com_1}	5.04×10^{-13}	3.08×10^{-13}	1.64×10^{-13}
D_{O_2}	3.67×10^{-12}	2.44×10^{-12}	1.47×10^{-12}
D_{L_2}	9.82×10^{-13}	4.62×10^{-13}	2.22×10^{-13}
气相氧分压，pO_2/kPa	20	20	20
温度/K	303	303	303

每个化合物的反应速率可以用以下公式表达：

$$r_{MCIL} = -k_1 C_{MCIL} C_{O_2} + k_2 C_{com_1} C_{L_1} \quad\quad (3-28)$$

$$r_{com_1} = -r_{MCIL} \quad\quad (3-29)$$

$$r_{O_2} = r_{MCIL} \quad\quad (3-30)$$

$$r_{L_1} = -r_{MCIL} \quad\quad (3-31)$$

式中：k_2 为络合物形成反应的逆反应速率常数。考虑到平衡态，k_2 可以改写为 $k_2 = k_1/K_1$。这里，排除了显示在方程式（3-9）中的1∶2络合物形成平衡，因为 $[P_{nnnm}]_2[Co(salen)(NmGly)_2]$ 很难形成1∶2络合物。

采用以下非维度参数，$r^* = r/R$，这里 R 为含金属离子液体液滴的半径，$t^* = t \cdot C_{MCIL} \cdot k_1$，$C_i^* = C_i/C_{MCIL, 0}$，$D_i^* = D_i \cdot R^{-2} \cdot C_{MCIL, 0}^{-1} \cdot k_1^{-1}$，$k_1^* = k_1/k_1 = 1$，$r_{MCIL}^* = -C_{MCIL}^* \cdot C_{O_2}^* + C_{com_1}^* \cdot C_{L_1}^*/K_1$，方程式（3-27）可以改写为如下公式：

$$\frac{\partial C_i^*}{\partial t^*} = \frac{D_i^*}{r^{*2}} \cdot \frac{\partial}{\partial r^*}\left(r^{*2} \cdot \frac{\partial C_i^*}{\partial r^*}\right) + r_i^* \quad\quad (3-32)$$

通过在以下初始和边界条件下解方程式（3-32），可以得到开始氧吸附之后的 C_i 和在特定区间 r 之间的关系。采用二阶精确中心差分格式进行了计算。通过图形积分所得到的 C_i 和 $r(0\sim R)$ 之间的关系，可以计算得到在特定时间的含金属离子液体液滴中每个化合物的数量 q_i。所以可以模拟含金属离子液体液滴中吸附氧气的总量 $q_{com_1} + q_{O_2}$。

$[P_{2225}]_2[Co(salen)(N\text{-}mGly)_2]$ 的速率常数和黏度分别为71.9dm³/(mol·s)和15540 mPa·s。三个 $N\text{-}mGly$ 类型的含金属离子液体的模拟吸附曲线如图3-30所示。所采用的计算条件列于表3-19。计算所采用的计算条件包括 η，H_{O_2}，K_1 和 k_1 列于表3-15，表3-16，表3-18。如图3-30所示，在三个含金属离子液体中，$[P_{2225}]_2[Co(salen)(N\text{-}mGly)_2]$ 液滴显示出最大的吸附量和最高的氧吸附速率。非常明显的是，预测的含金属离子液体的吸附氧的量几乎与图3-31(a)中实验所测数据一致。这些结果，证实了所采用的模拟模型的有效性和 $[P_{2225}]_2[Co(salen)(N\text{-}mGly)_2]$ 的优异吸附性能。

虽然 $[P_{2225}]_2[Co(salen)(N\text{-}mGly)_2]$ 的优异吸附性能得以证实，但 $[P_{2225}]_2$

[Co(salen)(N–mGly)$_2$]的氧吸附速率能否用于实际应用仍然不确定。如图3–30(b)所示，[P$_{2225}$]$_2$[Co(salen)(N–mGly)$_2$]液滴需要30min以上才可以达到氧吸附平衡。为了通过调节含金属离子液体的性质提高吸附速率，明晰导致吸附速率不足的主要参数是非常重要的。所以，需要考察控制吸附速率的主要参数，通过采用衍生的传质模型，模拟吸附过程。

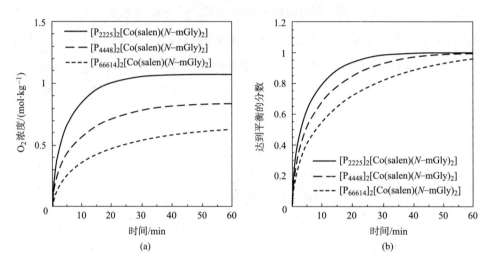

图3–30　预测的N–mGly类型含有不同长度烷基链阳离子的含金属离子液体的吸附氧浓度和达到平衡的分数随时间的变化过程

考虑到含金属离子液体吸附氧的主要传质阻力为络合物形成反应和含金属离子液体相中形成的络合物的扩散，考察了络合速率和络合物扩散对一个含金属离子液体液滴内的总氧吸附速率的影响。计算中，除了络合物形成速率常数和黏度，[P$_{2225}$]$_2$[Co(salen)(N–mGly)$_2$]液滴氧吸附的模拟采用了相同的参数，显示在图3–31中。不同络合速率常数和黏度的含金属离子液体液滴的模拟氧吸附分别示于图3–32(a)和(b)中，明确阐述了提高氧吸附速率，含金属离子液体需要改进的主要参数是黏度。

[P$_{2225}$]$_2$[Co(salen)(N–mGly)$_2$]的络合速率常数[71.9 dm^3/(mol · s)]足够大[图3–32(a)]，进一步增加总的吸附速率是不可能达到的，即使络合速率常数比[P$_{2225}$]$_2$[Co(salen)(N–mGly)$_2$]还大的含金属离子液体，吸附速率也不可能显著增加。

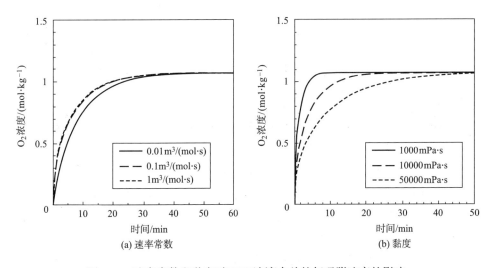

图3-31　速率常数和黏度对MCIL液滴中总的氧吸附速率的影响

相反，如果一个含金属离子液体的黏度小于$[P_{2225}]_2[Co(salen)(N\text{-}mGly)_2]$，吸附速率可能会明显提升。黏度对于吸附速率的显著影响意味着，氧吸附的速控步骤是O_2—MCIL络合物在含金属离子液体相中扩散。如前面所述，含金属离子液体的黏度受烷基链的缠绕和含金属离子液体分子之间所形成的氢键网络影响。所以，总体来说，进一步提升氧吸附效率对含金属离子液体的设计标准是进一步降低含金属离子液体的烷基链长度，除去能够产生分子间相互作用的特殊官能团位置，包括氢键和$\pi\cdots\pi$相互作用。可以预料，其他氧反应平面金属络合物，比如铁卟啉衍生物和钴乙酰丙酮衍生物具有形成低黏度含金属离子液体的潜力。

参考文献

［1］Manoul A，Lapasset J，Moret J，et al. Bis(tetraethylammonium) Tetra-chlorometallates，$[(C_2H_5)_4N]_2[MCl_4]$，where M=Hg，Cd，Zn［J］. Acta Cryst.，1996，C52：2671-2674.

［2］Zhong C，Sasaki T，Jimbo-Kobayashi A，et al. Syntheses，Structures，and Properties of a Series of Metal Ion-Containing Dialkylimidazolium Ionic Liquids［J］. Bull. Chem. Soc. Jpn，2007，80：2365-2374.

［3］Atsushi Matsuoka, Eiji Kamio, Hideto Matsuyama. Investigation into the Effective Chemical Structure of Metal-Containing Ionic Liquids for Oxygen Absorption ［J］. Ind. Eng. Chem. Res., 2019, 58: 23304-23316.

［4］Morgan D, Ferguson L, Scovazzo P. Diffusivities of Gases in Room-Temperature Ionic Liquids: Data and Correlations Obtained Using a Lag-Time Technique ［J］. Ind. Eng. Chem. Res., 2005, 44: 4815-4823.

［5］Condemarin R., Scovazzo P. Gas Permeabilities, Solubilities, Diffusivities, and Diffusivity Correlations for Ammonium-Based Room Temperature Ionic Liquids with Comparison to Imidazolium and Phosphonium RTIL Data ［J］. Chem. Eng. J., 2009, 147: 51-57.

［6］Yuki Kohno, Matthew G Cowan, Akiyoshi Okafuji, et al. Reversible and Selective O_2 Binding Using a New Thermoresponsive Cobalt(II)-Based Ionic Liquid ［J］. Ind. Eng. Chem. Res., 2015, 54: 12214-12216.

［7］Shakeela K, Ranga Rao G. Thermoreversible, Hydrophobic Ionic Liquids of Keggin-type Polyanions and Their Application for the Removal of Metal Ions from Water ［J］. ACS Appl. Nano Mater., 2018, 1: 4642-4651.

［8］Philipp Zürner, Horst Schmidt, Sebastian Bette, et al. Ionic liquid, glass or crystalline solid? Structures and thermal behaviour of $(C_4mim)_2CuCl_3$. Dalton Trans., 2016, 45: 3327-3333.

［9］Stephen E Repper, Anthony Haynes, Evert J. Ditzel, et al. Infrared spectroscopic study of absorption and separation of CO using copper(I)-containing ionic liquids ［J］. Dalton Trans., 2017, 46: 2821-2828.

［10］Kangcai Wang, Ajay Kumar Chinnam, Natan Petrutik, et al. Iodocuprate-containing ionic liquids as promoters for green propulsion. ［J］. Mater. Chem. A, 2018, 6: 22819-22829.

［11］Andrew P Abbott, John C Barron, Karl S Ryder, et al. Eutectic-Based Ionic Liquids with Metal-Containing Anions and Cations ［J］. Chem. Eur. J., 2007, 13: 6495-6501.

［12］Bert Mallick, Andreas Metlen, Mark Nieuwenhuyzen, et al. Mercuric Ionic Liquids: $[C_nmim][HgX_3]$, Where n=3, 4 and X=Cl, Br ［J］. Inorg. Chem., 2012, 51: 193-200.

［13］Bert Mallick, Harald Kierspel, Anja-Verena Mudring.$(CrCl_3)_3$@2$[C_4mim][OMe]$-

Molecular Cluster-Type Chromium(Ⅲ) Chloride Stabilized in a Salt Matrix [J] . J. Am. Chem. Soc., 2008, 130: 10068-10069.

[14] Palmerina Gonzá lez-Izquierdo, Oscar Fabelo, Garikoitz Beobide, et al. Magnetic Structure, Single-Crystal to Single-Crystal Transition, and Thermal Expansion Study of the(Edimim)[FeCl$_4$] Halometalate Compound [J] . Inorg. Chem., 2018, 57: 1787-1795.

[15] Yang Zou, Hongjie Xu, Guozhong Wu, et al. Structural Analysis of [ChCl]$_m$ [ZnCl$_2$]$_n$ Ionic Liquid by X-ray Absorption Fine Structure Spectroscopy [J] . J. Phys. Chem., B, 2009, 113: 2066-2070

[16] S Pitula, A.-V. Mudring. Synthesis, Structure, and Physico-optical Properties of Manganate(II)-Based Ionic Liquids [J] . Chem. Eur. J., 2010, 16: 3355-3365.

[17] Noboru Aoyagi, Yusuke Shinha, Atsushi Ikeda-Ohno, et al. Photophysical Property of catena-Bis(thiocyanato)aurate(I) Complexes in Ionic Liquids. Cryst. Growth Des., 2015, 15: 1422-1429.

[18] Peter Nockemann, Ben Thijs, Niels Postelmans, et al. Anionic Rare-Earth Thiocyanate Complexes as Building Blocks for Low-Melting Metal-Containing Ionic Liquids. [J] . Am. Chem. Soc., 2006, 128: 13658-13659.

[19] Noboru Aoyagi, Kojiro Shimojo, Neil R. Brooks, et al. Thermochromic properties of low-melting ionic uranyl isothiocyanate complexes [J] . Chem. Commun., 2011, 47: 4490-4492.

[20] Ohaion T, Kalisky Y, Ben-Eliyahu Y, et al. Spectral and Electrochemical Properties of Lanthanide Thiocyanate Complexes as Ionic Liquid Components [J] . Eur. J. Inorg. Chem., 2013, 2013: 3482.

[21] Tim Peppel, Martin Köckerling, Monika Geppert-Rybczyńska, et al. Low-Viscosity Paramagnetic Ionic Liquids with Doubly Charged [Co(NCS)$_4$]$^{2-}$ Ions [J] . Angew. Chem., Int. Ed., 2010, 49: 7116-7119.

[22] Lauren K Macreadie, Craig M Forsyth, David R Turner, et al. Cadmium tris(dithiocarbamate) ionic liquids as single source, solvent-free cadmium sulfide Precursors [J] . Chem. Commun., 2018, 54: 8925-8928.

[23] Tomohiro Ogawa, Masaki Yoshida, Hiroki Ohara, et al. A dual-emissive ionic liquid based on an anionic platinum(II) complex [J] . Chem. Commun., 2015, 51: 13377-13380.

第4章　含稀土离子液体

稀土元素具有独特的电子结构，使得稀土化合物表现出优异的光、电、磁性能，尤其是稀土元素具有其他元素不可比拟的光谱性质，稀土化合物在发光材料方面的应用格外引人注目，对于稀土发光的研究几乎涉及整个固体发光领域，成为化学和材料相关学科领域的重点研究对象之一。稀土发光材料已经广泛应用于照明、显示和检测三大领域，形成庞大的工业生产和消费市场规模，并正在向其他新兴技术领域拓展。此外，稀土元素在近红外的f—f跃迁在免疫分析、信息传输、防伪技术、光纤放大等方面也有广阔的应用前景。将稀土元素引入离子液体中，制备含稀土离子液体，可以将离子液体和稀土元素的优点相结合，赋予离子液体新颖的光、电、磁性能，进一步拓宽离子液体的研究范畴，将离子液体发展为一种新型的"绿色"功能材料。

4.1　卤素

卤素离子，包括F⁻，Cl⁻，Br⁻，I⁻，它们的电负性比较大，分裂能较小，在光谱化学序中排在比较低的位置，是一种弱场配体。不论在普通离子液体中，还是在含稀土离子液体中都是研究比较广泛的一类配体。而且稀土卤化物由于原料价格相对便宜，且来源广泛，所以卤素离子也是较早被用于合成含稀土离子液体的配体。采用加成法，将阴离子为卤素离子的前驱离子液体和相对应的稀土盐，无论是无水稀土盐还是含水的，都可以得到无水的卤素基含稀土离子液体，反应式如下所示。

$$3[Cat][X] + REX_3 \longrightarrow [Cat]_3[REX_6]$$

$$3[Cat][X] + REX_3 \cdot 6H_2O \longrightarrow [Cat]_3[REX_6] + 6H_2O$$

Cat=有机阳离子；RE=稀土离子；X=卤素离子

早在离子液体研究热之前，Jorgensen等于1966年，将稀土氯化物的饱和HCl溶液或饱和乙醇溶液与稍微过量的$[(Ph_3P)_3HP]Cl$在同种溶液中混合反应，析出一系列的$[PHPh_3]_3[LnX_6]$(Ln=Ce，Pr，Nd，Sm，Gd，Dy，Ho，Er，Tm，Yb；X=Cl，Br；$[PHPh_3]^+$=三苯基膦)；$[pyridinium]_2[LnX_6]$(X=Cl，Br；Ln=Nd，Yb)化合物。这些化合物很容易形成过饱和溶液，可以通入氯化氢气体或者是加入籽晶加速结晶沉淀。重稀土元素化合物较难结晶，速率较慢，而且晶体尺寸较小，而轻稀土元素化合物相对容易结晶，而且晶体尺寸较大。

以二烷基咪唑为阳离子的$[C_4C_1im][LnCl_6]$(Ln=Sm，Eu，Dy，Er，Yb)的空间群为$P2_1/c$，每个单胞中含4个分子，稀土离子的第二配位圈中为9个$[C_4C_1im]^+$阳离子。稀土离子的发射光谱能够灵敏地反映出稀土离子的配位环境。比如0.3%的$EuCl_3$的$[C_4C_1im]Cl$离子液体溶液和$[C_4C_1im][EuCl_6]$的荧光发射光谱非常相似，不对称因子$R=I(^5D_0\rightarrow{}^7F_2)/I(^5D_0\rightarrow{}^7F_1)$分别为2.8 ± 0.4和2.6 ± 0.4。$^5D_0\rightarrow{}^7F_0$和$^5D_0\rightarrow{}^7F_2$电子跃迁是取决于温度的振动结构，通过对比77K和338K的发射光谱可以发现，77K时反斯托克斯线高能端强度减少较多，而低能端基本维持原来的强度。荧光寿命对稀土离子的配位环境也很敏感，这些化合物的荧光衰减曲线均符合单指数方程，其中$[C_4C_1im][SmCl_6]$的荧光寿命为(54 ± 2)μs，$[C_4C_1im][EuCl_6]$的荧光寿命为(2990 ± 40)μs，$[C_4C_1im][DyCl_6]$的荧光寿命为(58 ± 3)μs，$[C_4C_1im][ErCl_6]$的荧光寿命为(2.5 ± 0.4)μs，$[C_4C_1im][YbCl_6]$的荧光寿命为(19.7 ± 0.4)μs。

在敞口容器中，110℃条件下，将$LnCl_3 \cdot 6H_2O$溶于低熔点的离子液体$[C_2C_1im]Cl$中，缓慢降温之后即可以得到无水的$[C_2C_1im][LnCl_6]$，Ln=La，Pr，Nd，Sm，Eu，Gd。这个反应如果是在密闭体系中进行，得到的则是一些水合稀土氯化物与前驱离子液体的复合物，比如$[GdCl_3(OH_2)_4] \cdot 2([C_2C_1im]Cl)$。因此，要想得到无水的化合物，除了合成体系中氯离子浓度高，还得是敞口体系，而且温度要加热到10℃以上，才足以将体系中的水分除掉。

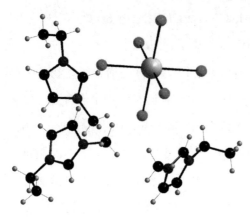

图4-1 $[C_2C_1im][LaCl_6]$的晶体结构图

2002年，Osamu Tamada等把$LaCl_3$溶解在$[C_2C_1im][AlCl_4]$离子液体中(约含摩尔分数为40%的$AlCl_3$)，直至饱和，然后重结晶，得到了一个六氯合镧酸·三(1-乙基-3-甲基咪唑)。这个化合物的空间群为$P2_1/c$，每个不对称单元中含有一个$[LaCl_6]^{3-}$配位阴离子和3个$[C_2C_1im]^+$阳离子，表明分子式为$[C_2C_1im]_3[LaCl_6]$(图4-1)。La—Cl键长在2.76~2.81Å之间，因此配位阴离子具有稍微变形的八面体几何构型。其中中心对称的$[LaCl_6]^{3-}$配位阴离子处在单胞的顶点和面心的位置，咪唑环的H原子和配位阴离子中的氯原子之间形成C—H...Cl氢键，而相邻的咪唑环之间则可以形成C—H...π相互作用。

从化合物的分子式，很容易认为它是离子液体。但TGA测试表明，该化合物直至600K分解，也没有熔化，可见它的熔点是非常高的。根据离子液体的定义，很显然这个化合物不是离子液体，但这个工作是离子液体研究热以来，此类含稀土离子液体的先河，此后很多类似的化合物得以合成，通过对有机阳离子的调节，换成高度不对称、体积大、季鏻类的有机阳离子，很多离子液体甚至是室温离子液体得以被合成，这些含稀土离子液体具有非常有趣的磁性、光致发光、识别等性能。

如果把水合稀土盐直接溶于卤代前驱离子液体中，也可以得到类似的化合物。如RobinD. Rogers等发现将$ErCl_3 \cdot 6H_2O$直接溶于$[C_2C_1im]Cl$中，则可以得到$[C_2C_1im]_3[ErCl_6]$。但如果有强酸存在的情况下，则会不同。比如将$[C_2C_1im]Cl$(0.9862mmol) 和$ErCl_3 \cdot 6H_2O$(1.004mmol)溶于12.1mol/L HCl(2.5mL)

中，经溶剂挥发，得到的化合物是水合三氯化铒和前驱离子液体的复合物$[ErCl_3(OH_2)_4]\cdot 2([C_2C_1im]Cl)$。

值得注意的是，含稀土离子液体通常都是将稀土盐溶于前驱离子液体中，然后采用缓慢降温的方法获得单晶，但事实上很多时候稀土盐在离子液体中溶解度并不大，比如$LaCl_3$在$[RMIM][BF_4]$或$[RMIM][PF_6]$的溶解度只有10^{-5}g/gIL。这里需要指出的是，配位能力强的阴离子配体，溶解度会大一些，当然最好是稀土盐和前驱离子液体含有相同的阴离子。不同的卤代金属酸盐的形成取决于卤代有机前驱离子液体和金属盐之间的摩尔比，像卤代铝酸盐那样，通常在稀土离子中不会发生。配位数(Z)小于6的稀土配合物是很难得到的，只有在使用大的配体的时候才会出现。通过理论模拟$LnCl_3$(Ln=La，Eu，Yb)在$[C_4C_1im][PF_6]$和$[C_2C_1im][AlCl_4]$中的溶解和物种形成，证实离子液体中$[LnCl_4]^-$配位阴离子将会从离子液体中引入额外的阴离子配体进入它们的第一配位圈。由于配位卤素离子之间的排斥力，高卤素含量的配位阴离子(Z>6)也是不稳定的。这也是为什么$[C_2C_1im][AlCl_4]$中$[LnCl_8]^{5-}$会转变成$[LnCl_6]^{3-}$的原因。类似地，在$[C_4C_1im][PF_6]$中，$[EuF_{10}]^{7-}$和$[EuF_7]^{4-}$倾向于失去氟离子而形成$[EuF_6]^{3-}$。

铈是稀土元素中丰度最高的元素并且具有出色的性能，比如由于稳定的Ce^{4+}氧化态产生的氧化还原行为，催化活性和相对低的毒性，但直至目前，有关含铈离子液体的研究相对较少。将无水$CeCl_3$和$CeBr_3$按照IL/CeX_3摩尔比为3：1的比例溶解在含Cl-或者Br-的咪唑基离子液体中，如$[C_4C_1im]Cl$，$[C_6C_1im]Cl$，$[C_8C_1im]Cl$，$[C_{10}C_1im]Cl$，$[C_4C_1im]Br$，$[C_6C_1im]$ Br，$[C_8C_1im]$ Br，$[C_{10}C_1im]$ Br，可以得到一系列含有$[CeCl_6]^{3-}$，$[CeBr_6]^{3-}$，$[CeBr_3Cl_3]^{3-}$配位阴离子的低温熔盐化合物。从表4–1可以看出，这些六卤代铈酸盐的熔点在100~150℃之间，只有$[C_{10}C_1im][CeBr_6]$的熔点低于100℃，才可以称为离子液体。随着烷基侧链中碳原子数从4增加到6，熔点逐渐上升，然后开始降低，即使是很长的碳链。这一变化趋势和很多咪唑基离子液体的不一样，通常C6或者C8的熔点最低。这些低温熔盐化合物的稳定性是比较优异的，而且分解温度都出现在290~318℃范围内，烷基侧链越长，稳定性越差，这一点又和普通的咪唑基离子液体的变化趋势一致。这些六卤代低温熔盐的晶体空间群同样为$P2_1/c$，每个单胞中含有四个分子。Ce—Cl键长在2.7422(4)~2.7793(4)Å之间，平均键长为2.77(2)Å，Cl—Ce—Cl键角介于87.184~96.316°之间，平均值为91(4)°，所以配位阴离子为变形八面体几何构型(图4-1)。Ce—Cl平均键长和其他Ln—Cl键长相比，满足如下顺序：

Ce—Cl [2.77(2)Å] > Sm—Cl [2.70(2)Å] > Eu—Cl [2.69(3)Å] > Gd—Cl [2.68(1)Å] > Dy—Cl [2.65(3)Å] > Er—Cl [2.63(2)Å] > Yb—Cl [2.61(2)Å]。

表4-1 六卤代铈酸盐的热性质

六卤代铈酸盐	熔点/℃	分解温度/℃
$[C_4C_1im][CeCl_6]$	126	309
$[C_4C_1im][CeBr_3Cl_3]$	100	303
$[C_4C_1im][CeBr_6]$	109	306
$[C_6C_1im][CeCl_6]$	155	299
$[C_6C_1im][CeBr_6]$	142	318
$[C_8C_1im][CeCl_6]$	137	304
$[C_8C_1im][CeBr_6]$	153	299
$[C_{10}C_1im][CeCl_6]$	118	291
$[C_{10}C_1im][CeBr_6]$	85	290

在所有Ln^{3+}离子中，Ce^{3+}的5d态能量最低，因此其发光出现在可见光区。$[C_4C_1im][CeCl_6]$、$[C_4C_1im][CeBr_3Cl_3]$和$[C_4C_1im][CeBr_6]$的光致发光性能测试表明，它们的荧光均为中心Ce的光发射，出现在软紫外区直至可见光区的边缘(图4-2)。从它们的荧光发射光谱图上$\lambda=355~440nm$($[C_4C_1im][CeCl_6]$：355~415nm，$[C_4C_1im][CeBr_3Cl_3]$：365~425nm，$[C_4C_1im][CeBr_6]$：365~430nm)，可以观察到很宽的发射峰，这些可以归属于$Ce^{3+5}D_1 \rightarrow {}^4F_1$电子跃迁。它们的发射峰都分裂成了两个峰，应该是由于基态的自旋—轨道耦合进一步分裂成$^2F_{7/2}$和$^2F_{5/2}$两个态。这些六卤代铈酸盐的最大峰分别出现在($[C_4C_1im][CeCl_6]$：$\lambda_{max}=365nm$，389nm，$[C_4C_1im][CeBr_3Cl_3]$：$\lambda_{max}=376nm$，402nm，$[C_4C_1im][CeBr_6]$：$\lambda_{max}=380nm$，410nm)。它们的绝对量子产率分别为$[C_4C_1im][CeCl_6]$：6.4%，$[C_4C_1im][CeBr_6]$：

2.7%，[C$_4$C$_1$im][CeBr$_3$Cl$_3$]：9.0%。

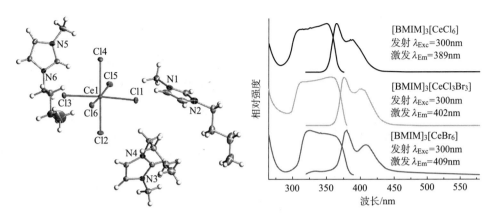

图4-2　[C$_4$C$_1$im][CeCl$_6$]的晶体结构图和[C$_4$C$_1$im][CeCl$_6$]、[C$_4$C$_1$im][CeBr$_3$Cl$_3$]、
[C$_4$C$_1$im][CeBr$_6$]的激发及发射光谱图

相对于季铵、咪唑、吡咯等阳离子，季鏻的使用有助于降低离子液体的熔点。当有机阳离子为季鏻时，所得到的卤素基含稀土离子液体通常为液体或玻璃态物质。以[P$_{4444}$]$_3$[RECl$_6$](RE=La，Ce，Pr，Nd，Sm，Eu，Gd，Tb，Dy，Ho，Er，Tm，Yb，Lu，Y，Sc)为例（图4-3），它们的熔点在43~103℃之间；但当把阳离子换成对称性低的[P$_{66614}$]$^+$(Ln=Ce，Pr，Nd，Sm，Eu，Gd，Tb，Dy，Ho，Er，Tm，Yb，Lu，Y，Sc)时，所得到的离子液体的熔点在−58~−40℃之间，[P$_{66614}$]$_3$[LaCl$_6$]的熔点是个例外，为−1.6℃。也就是说这个系列的所有含稀土离子液体在室温下全部为液态。

季鏻为阳离子的卤素基含稀土离子液体的结晶不是一件简单的事情，由于它们是易吸湿的，所以最好在惰气保护下的schlenk管或者在手套箱中进行，先把它们加热升温到熔点以上，然后缓慢降温到室温，根据实际情况，比如室温离子液体，就需要更低的温度，因此可以把schlenk管放入冰箱中进行降温。EXAFS测试表明，Ln—Cl键长随着稀土离子半径的减小而减小，如$d_{Nd—Cl}$=270pm(Nd^{3+}原子半径为98.3pm)，$d_{Eu—Cl}$=266pm(Eu^{3+}原子半径为94.7pm)，$d_{Dy—Cl}$=265pm(Dy^{3+}原子半径为91.2pm)。而且电荷密度越高，稀土离子和卤素离

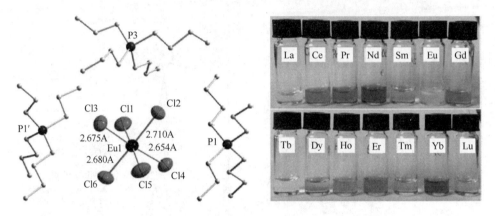

图4-3　[P$_{4444}$]$_3$[EuCl$_6$]的晶体结构图和系列季鏻基离子液体[P$_{4444}$]$_3$[RECl$_6$](RE=La，Ce，Pr，

Nd，Sm，Eu，Gd，Tb，Dy，Ho，Er，Tm，Yb，Lu，Y，Sc)实物图

子之间的相互吸引越强，那么Ln—Cl键长就越短。这些含稀土离子液体化合物都能够显示出三价稀土离子的特征荧光发射(如Eu，Tb，Pr，Dy，Nd，Sm，Er，Yb，Tm)和顺磁性质(Dy，Tb，Gd，Nd，Er，Ho)。

离子液体具有较好的对稀土盐的溶解性能，将稀土盐溶于离子液体中，离子液体中的阴离子和稀土盐的阴离子之间存在一种竞争关系，会发生加成或者取代反应，也可以得到一些含稀土离子液体/低温熔盐，成为制备含稀土离子液体/低温熔盐的方法。

将PrI$_3$(52mg，0.1mmol)和[C$_4$C$_1$pyr][Tf$_2$N](0.5mL，0.75g，1.8mmol)，加入石英管中(直径11mm)，动态抽真空封管，加热到120℃，直至稀土盐完全溶解。缓慢降温至室温(2K/min)，析出浅黄绿色[C$_4$C$_1$pyr]$_4$[PrI$_6$][TF$_2$N]的块状晶体。

[C$_4$C$_1$pyr]$_4$[PrI$_6$][TF$_2$N]的晶体学参数：M_r=1751.50，四方晶系，$P4_32_12$(No. 96)空间群，a=14.648(2)Å，b=14.648(2)Å，c=28.469(5)Å，α=90°，β=90°，γ=90°，V=6108(2)，Z=4，D_{calcd}=1.905g/cm³，μ=3.953mm^{-1}，F(000)=3352，晶体尺寸=0.1mm×0.2mm×0.3mm，θ range for data collection=1.56°~27.39°，收集60693个衍射点，其中6870个为独立衍射点，R_{int}=0.1494，GOF=0.794，最终R indices [$I > 2\sigma(I)$] R_1=0.0418，ωR_2=0.0635，R indices(all data) R_1=0.1316，ωR_2=0.0827。

$[C_4C_1pyr]_4[PrI_6][TF_2N]$，四方晶系，空间群为$P4_32_12$，每个单胞中含有四个分子。这个化合物可以看作是$[C_4C_1pyr][PrI_6]$与溶剂$[C_4C_1pyr][Tf_2N]$的复合物，即分子式可以写成：$[C_4C_1pyr]_3[PrI_6]\cdot[C_4C_1pyr][Tf_2N]$。不对称单元中含有四个$[C_4C_1pyr]^+$有机阳离子，一个轻微变形的$[PrI_6]^{3-}$八面体和一个$Tf_2N^-$阴离子(图4-4)。四个$[C_4C_1pyr]^+$阳离子的吡咯环几乎平行于$[PrI_6]^{3-}$八面体的四个平面，位于平面

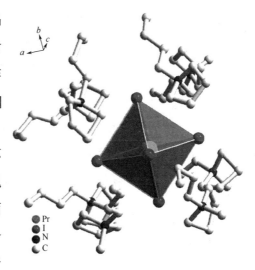

图4-4 $[C_4C_1pyr]_4[PrI_6][TF_2N]$的配位环境图

之上。四个$[C_4C_1pyr]^+$阳离子的丁基侧链采取两种不同的构象，分子动力学模拟预言在$[C_4C_1im][PF_6]$和$[C_4C_1im][AlCl_4]$离子液体中$[LnCl_6]^{3-}$八面体单元存在相似的情况。$[PrI_6]^{3-}$八面体沿着与c轴平行的4_3螺旋轴盘旋而上，$\{[PrI_6]@8[C_4C_1pyr]\}$单元同样沿着与c轴平行的4_3螺旋轴盘旋而上，Tf_2N^-阴离子高度无序，填充在空隙之间。对离子液体来说，阳离子和阴离子的高度构象自由和强烈的堆积受阻是降低熔点的关键。双三氟酰亚胺$(Tf_2N)^-$离子属于一类弱配位阴离子，在这个化合物中，它只是被包在晶体结构中，而没有参与配位。$(Tf_2N)^-$离子采取反式构型，理论计算表明"自由"阴离子中反式构型是比较稳定的。

$[SEt_3]_3[LnI_6](Ln=Nd，Sm)$。对称性三烷基硫鎓类离子液体作为电解质，尤其是和双三氟甲磺酰亚胺(Tf_2N^-)阴离子，由于它们的传导率在烷基鎓类室温离子液体中最高，吸引了众多关注。虽然三烷基硫—双三氟甲磺酰亚胺离子液体，具有宽的电化学窗口，但与季铵类离子液体相比，阴极分解导致性能下滑，阴极方向数值达到咪唑类离子液体的数值。三烷基硫的化学还原不稳定性，不仅影响电化学性质而且对化学性质影响巨大。

由于离子液体能够稳定高度还原性的物种，因此研究二价稀土离子化合物在各种各样的离子液体中的性质是一件非常有趣的事情。二价稀土离子的氧化

还原电势覆盖了比较宽的范围，达到碱金属相似的数值。考察SmI_2在不同离子液体中的反应活性尤其有趣，这是由于SmI_2，所谓的Kagan试剂，是有机化学中应用最为广泛的一种还原试剂。SmI_2(或YbI_2)能够长时间稳定存在离子液体中，如$[C_3C_1pyr][Tf_2N]$。相反，SmI_2或者NdI_2在硫鎓类离子液体$[SEt_3][Tf_2N]$中，会导致离子液体有机阳离子的还原。离子液体分解成十分黏稠的深棕色液体，暴露在空气中，会散发出咖喱的味道。为了鉴定稀土离子的分解产物，在升高温度下将二碘化稀土化合物LnI_2(Ln=Nd，Sm)与离子液体$[SEt_3][Tf_2N]$反应。缓慢降温，可以得到质量较好的单晶。

$[SEt_3]_3[LnI_6]$(Ln=Nd，Sm)的制备：所有试剂和操作均在惰气保护的手套箱中储存或进行。LnI_3由金属和碘反应而来。

LnI_2(Ln=Sm，Nd)由LnI_3与相对应的Ln金属反应制备而来，将反应混合物封装在钽管中，再置于石英管中，在一定温度下反应。

LnI_2(0.22mmol，约88mg)和$[SEt_3][Tf_2N]$(1.8mmol，0.73g，0.5mL)封装在石英管中，升温到393K，反应12h。缓慢降温至室温(2K/min)，得黄色(Sm)和浅绿色(Nd)单晶$[SEt_3]_3[LnI_6]$。过滤，产率：约15%。

$[SEt_3]_3[NdI_6]$：$C_9H_{45}S_3NdI_6$，M_r=1251.3g/mol，正交晶系，空间群$Pbca$(No. 61)，a=19.426(2)Å，b=18.163(3)Å，c=21.435(4)Å，V=7563.1(2)Å^3，T=298K，Z=8，μ=6.442mm^{-1}，收集71340个衍射点，其中8902个为独立衍射点，R_{int}=0.404。R_1(final)=0.093，ωR_2=0.159(observed data)。$[SEt_3]_3[SmI_6]$：$C_9H_{45}S_3SmI_6$，M_r=1257.4g/mol，正交晶系，空间群为$Pbca$(No. 61)，a=19.368(1)Å，b=18.0707(7)Å，c=21.1647(8)Å，V=7407.47(6)Å^3，T=170K，Z=8，μ=6.761mm^{-1}，收集79255个衍射点，其中8117为独立衍射点，R_{int}=0.101。R_1(final)=0.051，ωR_2=0.076(observed data)。

$[SEt_3]_3[LnI_6]$(Ln=Nd，Sm)为同构化合物，典型特征是含有近乎理想的$[LnI_6]^{3-}$八面体。Ln—I原子间平均距离分别为：d_{Nd-I}=3.11Å，d_{Sm-I}=3.09Å，都处于合理的范围，同时反映出三价稀土离子镧系收缩效应。

尤其值得注意的是稀土离子的第二配位圈，每个$[LnI_6]^{3-}$八面体的三角面被一个三乙基硫鎓盖帽，形成变形立方体。这种结构特征在含$[LnCl_6]^{3-}$配位阴离子的咪唑基离子液体中已经由分子动力学模拟所预言，同样也发生在$[C_3C_1pyr]$ $[Tf_2N]$离子液体中所获得的化合物中。相似的结构片段，$[C_1C_1im][PF_6]$离子液体中的$[PF_6]^-$也有发现。因此，可以得出一个普遍结论，对于$[MX_6]^{x-}$八面体阴离子单元，立方几何构型阳离子第二配位圈是一个普遍的结构特征。

三乙基硫鎓阳离子的构象高度多变，当然，一方面是离子液体有机阳离子的一个前提条件，但也是尝试获得高质量单晶进行X射线晶体结构分析的一个严峻的问题。如同Tf_2N^-阴离子，构象的多变性和高度屏蔽或者电荷的离域化常导致晶体结构的高度无序。然而在$[SEt_3]_3[NdI_6]$中，可以得到高质量的单晶，不仅可以精确定位阳离子，还可以对其进行各向异性精修，甚至包括氢原子。这样就能比较可靠地确定三乙基硫鎓离子的结构。有一点应该清楚，三乙基硫鎓离子明显偏离平面结构，这一点文献中偶尔提及，但中心硫原子显示出强烈的四面体化倾向，C—S—C键角大约为101°。

4.2　硝酸

从"软硬酸碱"理论来说，稀土离子(Ⅲ)可以看作"硬"酸，而硝酸根是以氧原子配位，是一种"硬"碱，采用硝酸基前驱离子液体制备含稀土离子液体，由于这种强的配位原子—稀土离子相互作用，有利于把水分子排除在稀土离子的第一配位圈之外，形成高配位数、高对称性的含稀土离子液体化合物。

由于铕(Ⅲ)和铽(Ⅲ)具有发光性质，加之可能是受到研究条件所限制(它们的荧光发射位于可见光区)，在含稀土离子液体中，研究得最多的是含铕(Ⅲ)和铽(Ⅲ)的化合物，而Nd(Ⅲ)，Sm(Ⅲ)，Er(Ⅲ)，Yb(Ⅲ)这些荧光出现在近红外区的稀土离子相对研究较少。但事实上稀土在近红外的f—f跃迁在免疫分析、信息传输、防伪技术、光纤放大等方面有广阔的应用前景。比如Nd^{3+}的1330nm($^4F_{3/2}\rightarrow^4I_{13/2}$)与$Er^{3+}$的1550nm($^4I_{13/2}\rightarrow^4I_{15/2}$)发射峰对光数据传输而言尤为重要。

将Sm(NO$_3$)$_3$·6H$_2$O与硝酸基前驱离子液体按照3∶1的摩尔比在无水乙腈中反应，可以得到硝酸根均配不含水的含钐(Ⅲ)离子液体。四川大学的陶国宏教授等报道了一系列这样的化合物，[MC$_1$C$_1$im]$_3$[Sm(NO$_3$)$_6$]和[C$_n$C$_1$im]$_3$[Sm(NO$_3$)$_6$](n=2，4，6，8)，并对它们的晶体结构、热行为、热稳定性和光致发光性质进行了较为系统的研究，硝酸基含稀土离子液体的合成路径如下所示。

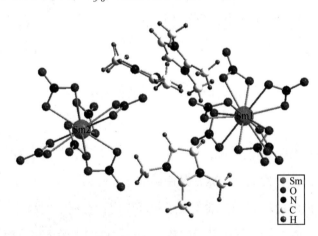

1: R^1=R^2=R^3=methyl;
2: R^1=methyl,R^2=H,R^3=ethyl;
3: R^1=methyl,R^2=H,R^3=butyl;
4: R^1=methyl,R^2=H,R^3=hexyl;
5: R^1=methyl,R^2=H,R^3=octyl。

化合物[MC$_1$C$_1$im]$_3$[Sm(NO$_3$)$_6$]具有$C2/c$空间群，在每个不对称单元中含有三个咪唑阳离子和两个[Sm(NO$_3$)$_6$]$^{3-}$配位阴离子(图4-5)。

图4-5　[MC$_1$C$_1$im]$_3$[Sm(NO$_3$)$_6$]的晶体结构图

不对称单元中的两个晶体学独立的Sm(Ⅲ)离子具有不同的晶体学对称性，其中Sm(2)处在一个反对称中心，具有D_{2h}对称性，同其他硝酸基含稀土离子液体一样，[Sm(NO$_3$)$_6$]$^{3-}$配位阴离子显示出变形二十面体几何构型；与Sm(2)不同，Sm(1)处在一个二重晶体学对称轴上，而不是反对称中心，虽然所对应的[Sm(NO$_3$)$_6$]$^{3-}$配位阴离子同样具有二十面体几何构型，但对称性更低。在这五个化合物中，化合物$[MC_1C_1im]_3[Sm(NO_3)_6]$的熔点最高，达到142℃，可能是因为它的有机阳离子结构对称，而且烷基侧链长度较短所造成的。化合物$[C_2C_1im]_3[Sm(NO_3)_6]$的熔点为82℃，而化合物$[C_4C_1im]_3[Sm(NO_3)_6]$，$[C_6C_1im]_3[Sm(NO_3)_6]$，$[C_8C_1im]_3[Sm(NO_3)_6]$的DSC曲线上没有观察到熔点峰，取而代之的是在-45~-38℃温度区间的玻璃化转变温度。很明显随着有机阳离子中侧链长度的增加，以及不对称性或者体积的增大，离子液体的熔点和玻璃化转变温度越来越低，这与阳离子和阴离子之间的相互作用库仑力大小有关系，作用力越大，熔点/玻璃化转变温度越高，相反则越低。通过TGA分析测试，发现这些含Sm(III)离子液体的分解温度在287~315℃之间，表明这些离子液体具有较好的热稳定性，最终产物为Sm_2O_3。在紫外灯照射下，这些含Sm(III)离子液体均显示典型的Sm(III)离子特征橙色发光。在440nm光激发下，可以观察到一系列的$^4G_{5/2} \rightarrow {}^6H_J(J=5/2\sim15/2)$电子跃迁峰。其中三个比较强而尖锐的峰在564nm，599nm和645nm处，分别对应于$^4G_{5/2} \rightarrow {}^6H_{5/2}$，$^4G_{5/2} \rightarrow {}^6H_{7/2}$，$^4G_{5/2} \rightarrow {}^6H_{9/2}$电子跃迁，由于这些峰处于橙色发光区，这也是为什么含Sm(III)化合物发橙色光的原因。此外，在706nm处还有一个很弱的峰，可以归属于$^4G_{5/2} \rightarrow {}^6H_{11/2}$电子跃迁。而出现在532nm的一个弱峰，对应于一个从更高能级$^4F_{3/2}$到$^6H_{5/2}$的电子跃迁。

当把稀土盐从$Sm(NO_3)_3 \cdot 6H_2O$变成$Nd(NO_3)_3 \cdot 6H_2O$，则可以得到另外一系列含钕(III)离子液体，$[C_nC_1im]_3[Nd(NO_3)_6]$(n=1，2，4，6，8)，并没有因为稀土盐的改变而对物种的形成和晶体结构造成显著影响。可见这一合成方法可以通用于此类含稀土离子液体的合成。$[C_1C_1im]_3[Nd(NO_3)_6]$的晶体结构空间群为$P2_1/c$，中心Nd(III)离子，与6个硝酸根的12个氧原子配位[图4-6(a)]，配位数高达12，Nd—O键长大致在2.603(3)~2.619(3)Å范围内。这一系列的含钕离子液体的晶体结构和一些具有$[C_nC_1im]_3[Ln(NO_3)_6]$分子式的含稀土离子液体的是基本相同的，可见当有机阳离子变化不大的情况下，对于此类含稀土离子液体稀土离子的改变对其晶体结构影响不大。这些化合物中，$[C_1C_1im]_3[Nd(NO_3)_6]$和$[C_2C_1im]_3[Nd(NO_3)_6]$的熔点分别为108℃和61℃，而化合物$[C_4C_1im]_3[Nd(NO_3)_6]$，$[C_6C_1im]_3[Nd(NO_3)_6]$和$[C_8C_1im]_3[Nd(NO_3)_6]$没有出现熔点，但在-42~38℃温度区间出现了玻璃化相转变，可以看出随着烷基碳链的增长，基本表现出熔点/玻璃化转变温度逐渐降低趋势。这些含钕离子液体同样显示典型的Nd(Ⅲ)近红外特征发射[图4-6(b)]，当以581nm激发波长进行激发，在800~1500nm范围内可以观察到一系列由$^4F_{3/2} \rightarrow ^4I_J$($J$=9/2~13/2)电子跃迁引起的强而尖锐的发射峰。其中最强发射峰出现在1057nm处，可以归属于$^4F_{3/2} \rightarrow ^4I_{11/2}$电子跃迁；$^4F_{3/2} \rightarrow ^4I_{9/2}$电子跃迁强度同样很强，分裂成两个峰，出现在864nm，896nm处；$^4F_{3/2} \rightarrow ^4I_{13/2}$电子跃迁强度较弱，出现在1332nm处。

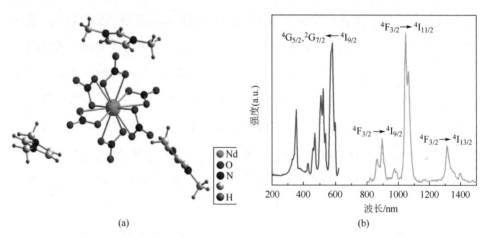

(a)　　　　　　　　　　(b)

图4-6　$[C_1C_1im]_3[Nd(NO_3)_6]$的晶体不对称单元结构图和发射光谱图

　　将$La(NO_3)_3 \cdot 6H_2O$与硝酸基前驱离子液体按照3∶1的摩尔比在无水乙腈中反应，可以定量地得到不含水的硝酸根均配含La(Ⅲ)离子液体，$[C_nC_1im]_3[La(NO_3)_6]$(n=1，2，4，6，8，12，14，16，18)。其中化合物$[C_1C_1im]_3$$[La(NO_3)_6]$（图4-7）的晶体结构空间群也为$P2_1/c$，与$[C_1C_1im]_3[Nd(NO_3)_6]$相一致。这些含镧离子液体的分解温度在303~324℃之间。其中$[C_nC_1im]_3[La(NO_3)_6]$的熔点为115℃，而其余离子液体的熔点出现在-28~84℃之间，均低于100℃。此外，通过DSC和POM观察，发现化合物$[C_{12}C_1im]_3[La(NO_3)_6]$，$[C_{14}C_1im]_3[La(NO_3)_6]$，$[C_{16}C_1im]_3[La(NO_3)_6]$，$[C_{18}C_1im]_3[La(NO_3)_6]$呈现出典型的双折射介晶相，也就是说当侧链烷基中碳原子数大于12时，这些含镧离子液体具有液晶性质，那么这些化合物就可以称为离子液晶化合物。值得一提的是，含稀

土离子液晶化合物既具有光致发光性能、磁性能，又具有液晶显示功能，还兼具离子液体的优良性能，因此在平板显示器材、发光材料和磁性材料领域具有重要应用前景。

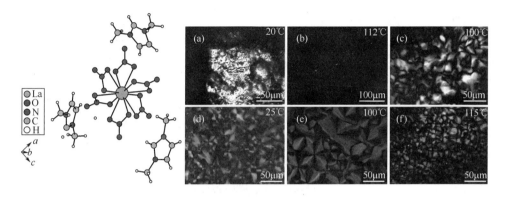

图4-7 化合物$[C_1C_1im]_3[La(NO_3)_6]$的不对称单元图和$[C_nC_1im]_3[La(NO_3)_6]$(n=8，14，16，18)的偏光显微镜(POM)照片

江南大学的顾志国，制备了一系列不同侧链长度的10种含稀土离子液体$[C_nC_1im][Ln(NO_3)_4]$(Ln=Eu，Tb)，研究了侧链长度、温度、浓度对$[C_nC_1im]$ $[Ln(NO_3)_4]$发光性能的影响。由图4-8可知，随着阳离子碳链长度的增加，$[C_nC_1im][Ln(NO_3)_4]$的荧光强度没有明显的变化规律；而这10种离子液体的水溶液的荧光强度均随温度的升高而降低，这是因为随着温度的升高，热振动加剧，造成能量损失，荧光强度降低。

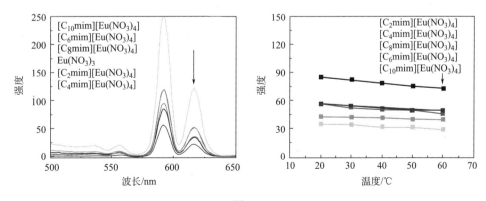

图4-8

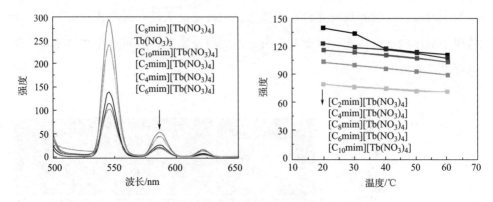

图4-8　[C$_n$C$_1$im][Ln(NO$_3$)$_4$]水溶液的发射光谱图和荧光强度随温度变化图(Ln=Eu，Tb)

4.3　全氟磺酸

全氟磺酸如三氟甲磺酸的稀土盐在有机合成中常用作催化剂，研究基于全氟磺酸的含稀土离子液体的合成、结构与性能具有重要研究意义。将无水Eu(OTf)$_3$溶于[C$_4$C$_1$pyr][OTf]中，可以结晶得到一个八核的离子化合物，[C$_4$C$_1$pyr]$_6$[Eu$_8$(μ_4-O)(μ_3-OH)$_{12}$(μ_2-OTf)$_{14}$(μ_1-Tf)$_2$](HOTf)$_{1.5}$。

无水Eu(OTf)$_3$的合成：将500mg Eu$_2$O$_3$分散在10mL H$_2$O中，滴加三氟甲磺酸，直至得到透明均一的溶液，减压蒸出水，所得无色固体在300℃减压(1Pa)干燥12h。

[C$_4$C$_1$pyr]$_6$[Eu$_8$(μ_4-O)(μ_3-OH)$_{12}$(μ_2-OTf)$_{14}$(μ_1-OTf)$_2$](HOTf)$_{1.5}$的合成：将120 mg Eu(OTF)$_3$和0.2mL [C$_4$C$_1$pyr][OTf] 置于一石英管中，动态抽真空条件下封管，反应混合物在393K反应36h，然后缓慢冷至室温（2K/min），析出无色透明的单晶，过滤，将晶体从离子液体中分离出来。产率：约20%。

[C$_4$C$_1$pyr]$_6$[Eu$_8$(μ_4-O)(μ_3-OH)$_{12}$(μ_2-OTf)$_{14}$(μ_1-Tf)$_2$](HOTf)$_{1.5}$晶体学参数：三斜晶系，P-1空间群，a=15.5705(5)Å，b=19.1514(6)Å，c=27.9837(8)Å，α=104.950(2)°，β=92.324(2)°，γ=107.107(2)°，V=7644.0(4)Å^3，Z=2，D_{calcd}=2.129g/cm^3，μ=3.620mm^{-1}，F(000)=4770，收集122252个衍射点，其中33371为独立衍射点，R_{int}=0.0471，R_1=0.0571，ωR_2=0.1598 [$I > 2\sigma(I)$]，

R_1=0.0665，ωR_2=0.1653 for all data。

单晶结构分析表明，$[C_4C_1pyr]_6[Eu_8(\mu_4-O)(\mu_3-OH)_{12}(\mu_2-OTf)_{14}(\mu_1-OTf)_2]$ $(HOTf)_{1.5}$具有八核结构，可以看作是一个双盖帽八面体（图4-9）。

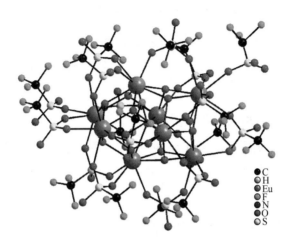

图4-9　$[C_4C_1pyr]_6[Eu_8(\mu_4-O)(\mu_3-OH)_{12}(\mu_2-OTf)_{14}(\mu_1-Tf)_2](HOTf)_{1.5}$的配位阴离子晶体结构图

这样一个$[Eu_8(\mu_4-O)(\mu_3-OH)_{12}]^{10+}$八核簇之前已经出现在$[Eu_8(\mu_4-O)(\mu_3-OH)_{12}(Se_3)(Se_4)_3(Se_5)_2$中。在混合价态八核簇合物$H_{10}[Eu_{8\circ 8}(^{\circ}C_6H_3Me_2-2，6)_{10}(O_1Pr)_2(THF)_6)]$中，八个铕离子变形立方排列。Eu···Eu间距平均值为3.930(4)Å，远远超出了Eu—Eu成键距离，也明显高于$[Eu_8(\mu_4-O)(\mu_3-OH)_{12}(Se_3)(Se_4)_3(Se_5)_2$中的距离。铕离子的排列也可以看作是$Eu_4$蝴蝶夹在两个相互垂直的$Eu_2$二聚体三明治中间。这样一种结构单元已知存在于一些八核簇$B_8H_8^{2-}$和B_8Cl_8化合物中。对于$[C_4C_1pyr]_6[Eu_8(\mu_4-O)(\mu_3-OH)_{12}(\mu_2-OTf)_{14}(\mu_1-OTf)_2](HOTf)_{1.5}$，中间蝴蝶状$Eu_4$簇以一个氧离子为中心，Eu—O平均原子间距离为2.544(3)Å，很奇怪，这个原子间距离比$[Eu_8(\mu_4-O)(\mu_3-OH)_{12}(Se_3)(Se_4)_3(Se_5)_2$中要长约0.18Å，但与$[Eu_6(\mu_6-O)(\mu_3-OH)(H_2O)_{24}]I_8(H_2O)_8$相近(2.57Å)。为了便于描述$Eu_8$簇单元周围的氢氧根阴离子的排列方式，有必要把阳离子的排列看作是三角十二面体。这个多面体的每个三角面被一个μ_3-氢氧根阴离子盖帽，Eu—O平均原子间距离为2.371(3)Å，与$[Eu_8(\mu_4-O)(\mu_3-OH)_{12}(Se_3)(Se_4)_3(Se_5)_2[2.41(6)Å] [Eu_6(\mu_6-O)(\mu_3-$

OH)(H$_2$O)$_{24}$]I$_8$(H$_2$O)$_8$[2.39(1)Å]处于同一区间。16个三氟甲磺酸根（OTf）阴离子填充在铕离子的配位圈中。14个三氟甲磺酸阴离子以两个氧原子沿着Eu$_8$簇的边，采取双齿螯合模式配位。另外2个三氟甲磺酸阴离子仅以单齿模式与铕离子配位。Eu–OTf原子间距离为2.398(3)Å，处于一个合理的范围。所有的铕离子是晶体学独立的。其中6个铕离子与9个氧原子以单盖帽四方反棱柱几何构型配位，而另外2个铕离子与8个氧原子配位，形成四方反棱柱几何构型。内层Eu$_4$蝴蝶簇中铕离子的配位圈由1个氧离子、5个氢氧根阴离子和3个三氟甲磺酸阴离子的氧原子构成，与相邻的铕离子相连。相互垂直的Eu$_2$单元中，铕离子配位数为9，由4个氢氧根阴离子、4个桥联三氟甲磺酸根阴离子和1个端基配位的三氟甲磺酸配体。铕离子的另外一半，配位数为8，没有端基配位的三氟甲磺酸根。簇的阴离子电荷由离子液体中的六个[C$_4$C$_1$pyr]$^+$阳离子来平衡电荷。另外，每个Eu$_8$簇含有1.5个HOTf分子，包含在晶体结构中。无论多核氢氧稀土簇有多少，但似乎确定的簇核拥有相当的稳定性。对于氧为中心的氢氧稀土簇，含有Ln$_6$八面体的六核簇单元[Eu$_6$(μ_6–O)(μ_3–OH)$_8$]$^{8+}$(Ln=稀土元素)和许多不同的平衡阴离子和配体在许多簇合物中都有发现。[Eu$_8$(μ_4–O)(μ_3–OH)$_{12}$(Se$_3$)(Se$_4$)$_3$(Se$_5$)$_2$]以及[C$_4$C$_1$pyr]$_6$[Eu$_8$(μ_4–O)(μ_3–OH)$_{12}$(μ_2–OTf)$_{14}$(μ_1–OTf)$_2$](HOTf)$_{1.5}$的存在，可以证明[Ln$_8$(μ_4–O)(μ_3–OH)]$^{10+}$簇单元在氧中心氢氧稀土簇合物中是正确的。

4.4　羧酸

离子液体尤其是室温离子液体的阴离子通常是一些弱配位的离子，如四氟硼酸根，六氟磷酸根、磺酸根等，由于阴阳离子之间的相互作用较小，有利于得到熔点比较低的离子液体。从这个角度来讲羧酸根不是一个好的选择。

醋酸基含稀土离子液体，同样可以采用加成法合成。如将等摩尔的稀土(Ⅲ)醋酸盐(或辛酸盐)和[C$_4$C$_1$im][OAc]，[P$_{66614}$][OAc]，[P$_{666\,14}$][C$_7$H$_{15}$COO]反应，可以得到[C$_4$C$_1$im]$_2$[Dy$_2$(OAc)$_8$]，[P$_{66614}$]$_2$[Dy$_2$(OAc)$_8$]和[P$_{666\,14}$]$_2$[Dy$_2$(C$_7$H$_{15}$COO)$_8$]。

通过合理选择阳离子和阴离子，这些醋酸或辛酸基含稀土离子液体同样可以在室温下呈玻璃态或者液态。

在$[C_4C_1im]_2[Dy_2(OAc)_8]$的不对称单元中含有一个$[Dy_2(OAc)_8]^{2-}$配位阴离子，两个$[C_4C_1im]^+$阳离子(图4-10)。相连的两个Dy(Ⅲ)离子分别被两个桥联模式(η^1: η^1: μ^2)配位的醋酸配体，两个桥联螯合模式(η^1: η^2: μ^2)的醋酸配体以及两个螯合配位的醋酸配体，组装成一个具有双核结构的配位阴离子$[Dy_2(OAc)_8]^{2-}$。Dy—O键长在2.329~2.509Å之间，而相邻Dy离子之间的距离Dy…Dy为3.8587(6)~3.8872(6)Å。

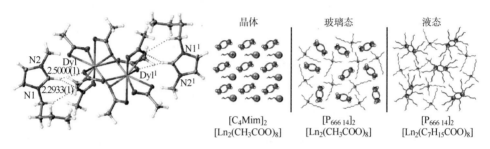

图4-10 $[C_4C_1im]_2[Dy_2(OAc)_8]$的晶体结构和$[C_4C_1im]_2[Dy_2(OAc)_8]$，$[P_{666\,14}]_2[Dy_2(OAc)_8]$，$[P_{66614}]_2[Dy_2(C_7H_{15}COO)_8]$中阳离子和阴离子结构调控示意图

将稀土盐或者稀土氧化物直接溶于醋酸基离子液体中，也可以得到醋酸基含稀土离子液体化合物，如$[C_2C_2im]_2[La(OAc)_5]$和$[C_2C_1im]_2[Nd(OAc)_5]$，合成路径如下所示。

$$LaCl_3 \cdot 7H_2O + \left[\text{（阳离子）}\right]\left[\text{（阴离子）}\right] \xrightarrow[\text{水}]{90℃} [C_2C_2im]_2[La(OAc)_5]$$

$$Nd_2O_3 + \text{（三唑）} + \left[\text{（阳离子）}\right]\left[\text{（阴离子）}\right] \xrightarrow{100℃} [C_2C_1im]_2[Nd(OAc)_5]$$

$[C_2C_2im]_2[La(OAc)_5]$的制备。首先制备$LaCl_3 \cdot 7H_2O$的水溶液，然后把不同数量的(1~8摩尔当量)离子液体溶于这些溶液中。当溶液混合时，可以发现温度升高，并无其他变化。将反应混合物敞口置于90℃的烘箱中，让溶剂缓慢地挥发。结果发现，5倍摩尔当量的反应可以得到最多的晶体。低的离子液体比例可能会导致未确认的多晶产物的生成，表明有必要进一步深入研究镧系元素。

$[C_2C_1im]_2[Nd(OAc)_5]$的制备。将Nd_2O_3粉末与$[C_2C_1im][OAc]$和2，5-二氨基-1，2，4-三唑混合。没有完全溶解，但经过几天的加热，可以自发地生长出了晶体。

$[C_2C_1im]_2[La(OAc)_5]$和$[C_2C_1im]_2[Nd(OAc)_5]$的晶体结构。镧系元素的盐中常表现出结构的多变性和同分异构现象。这也反映在无水$Ln(OAc)_3$盐的不同结构中，包括不同的三维网状结构的$La(OAc)_3$和$Pr(OAc)_3$，层状结构的$Nd(OAc)_3$和链状结构的$Eu(OAc)_3$。对于阴离子Ln^{3+}-$[OAc]^-$络合物，分子式的潜在变化使得出现不同的结构成为可能。

由$LaCl_3 \cdot 7H_2O$和$[C_2C_1im][OAc]$在水中反应所得到的$[C_2C_1im]_2[La(OAc)_5]$以及由Nd_2O_3、$[C_2C_1im][OAc]$和3，5-二氨基-1，2，4-三唑反应所得到的$[C_2C_1im]_2[La(OAc)_5]$含有单核阴离子$[Ln(OAc)_5]^{2-}$。需要指出的是，此前没有晶体学表征的单核五醋酸合镧酸基络合物的报道。这样的一个结构，事实上是很罕见的。剑桥晶体数据库(CSD)中仅在两个例子中出现所有原子与5个螯合羧酸配体配位，这两个例子都含有Bi^{3+}作为中心原子，三氟乙酸或者是2-(4-羟基苯基)乙酸作为配体。此外，还有一个混合金属网络结构，La^{3+}被6个羧酸基团螯合配位，表明虽然它们的结构是不寻常的，但配位数不是特别高。离子液体中高浓度的自由离子可以促进更多数量的阴离子与同一个金属离子配位，当然以牺牲桥联为代价。在之前的含有两性的和碱性的N-杂环的离子液体中也发现过这种行为，通常总是桥联的，但分离得到了单核的N-杂环阴离子的金属络合物。

$[Ln(OAc)_5]^{2-}$阴离子具有C_1对称性，不仅是由于轴向醋酸基团，相互之间形成一个85.4°(La)和一个77.7°(Nd)角度，导致没有形成赤道平面几何构型。金属中心是10配位的，具有双盖帽反四方棱柱配位几何构型，所有的醋酸根离子都采取单一的螯合配位模式(图4-11)。

两个结构都结晶于P-1(Z=2)空间群(表4-2)，每个不对称单元含有两个阳离子和一个阴离子，但它们并不是同构的。$[C_2C_1im]_2[Nd(OAc)_5]$中的$[C_2C_1im]^+$

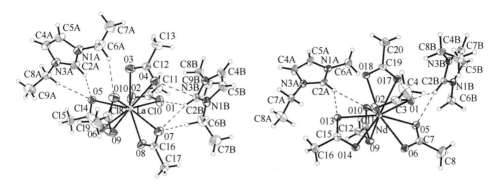

图4-11　[C₂C₂im]₂[La(OAc)₅]和[C₂C₁im]₂[Nd(OAc)₅]的热椭球图(50%可能性)

阳离子几乎是重叠的，而[C₂C₂im]₂[La(OAc)₅]中的[C₂C₂im]⁺阳离子显示出不同的构象(一个有镜面对称性，把咪唑环分成两部分；另外还有一个沿着C2A—H键的2-重旋转轴对称性)。尽管阳离子存在差异，[C₂C₂im]₂[La(OAc)₅]和[C₂C₁im]₂[Nd(OAc)₅]仍然显示出高效的同晶堆积。每个阳离子与3个阴离子形成短的联系，每个阴离子与6个阳离子存在短的联系。两个独立的阳离子参与相似的相互作用，每个都以咪唑环和α-甲基/乙基-CH基团提供氢和阴离子中的氧原子形成氢键，并且以咪唑环的C2和一个阴离子形成一个静电相互作用。两个阳离子环境的主要差异是位置和三个阴离子中心平面与咪唑环平面之间形成的角度。对于阳离子A，这些平面实际上是重叠的，而阳离子B形成约10°的角度。

表4-2　化合物 [C₂C₂im]₂[La(OAc)₅]和[C₂C₁im]₂[Nd(OAc)₅]的晶体学和精修参数

化合物	[C₂C₂im]₂[La(OAc)₅]	[C₂C₁im]₂[Nd(OAc)₅]
化学式	LaC₂₄H₄₁N₄O₁₀	NdC₂₂H₃₇N₄O₁₀
摩尔质量/(g·mol⁻¹)	684.52	661.79
空间群，No，Z	$P\bar{1}$，2，2	$P\bar{1}$，2，2
a/Å	9.7050(8)	9.3971(9)
b/Å	10.1708(9)	10.1191(9)
c/Å	16.419(1)	16.431(2)
α/(°)	82.986(3)	83.014(3)
β/(°)	81.650(3)	79.130(3)
γ/(°)	78.034(3)	77.068(2)
V/Å³	1561.6(2)	1490.3(2)

化合物	$[C_2C_2im]_2[La(OAc)_5]$	$[C_2C_1im]_2[Nd(OAc)_5]$
温度 / K	173(2)	109(2)
密度 / $(g \cdot cm^{-3})$	1.456	1.475
μ/mm^{-1}	1.422	1.795
$F(000)$	700	674
θ 范围 / (°)	2.3–27.7	2.3–26.4
收集的衍射点数目	20280	24104
独立的衍射点数目	7209	6071
参数数目 / 几何限制参数数目	361/0	343/0
R_{int}	0.0562	0.089
完整度 / %	99.8	99.7
$GOF(F^2)$	0.972	1.02
R_1，ωR_2 $[I_0>2\sigma(I)]$	0.033；0.060	0.040；0.069
R_1，ωR_2(all data)	0.048；0.064	0.061；0.075
最大差异电子密度峰值 / 调值 $[e/\text{Å}^{-3}]$	0.672 / –1.16	0.826 / –0.646

阳离子A—阴离子相互作用形成沿着b轴的带，而阳离子B与阴离子之间形成的带沿着a轴。三维网状结构是通过阴离子聚拢在一起的，扮演着节点的角色，把正交的带连接起来。阳离子之间充分分离，没有显示出相互之间的作用，但是在$[C_2C_1im]_n[Sr(OAc)_3]_n$中沿着$b$轴可以发现阳离子的烷基和配位的醋酸根的甲基形成非极性的孔道。

4.5 硫氰根

离子液体的熔点受一些参数的影响。首先，阴离子和阳离子的尺寸和电荷离域化以及它们的对称性，会产生非常重要的影响，但是也得考虑到弱的堆积和形成氢键的能力。一些基于一价和二价过渡金属配位阴离子的低熔点的含金属离子液体已经有报道，但对于含有–3价的配位阴离子的含金属离子液体，低熔点是不太可能的事情。基于高价态物种的含金属的离子液体，至今未见报道。典型的金属酸盐配体有卤素离子或者硫氰根离子。硫氰根离子可以认为是准卤素，强化了它们在许多地方与卤素的相似性，但无机的硫氰酸盐比相应的卤素盐熔点要低得多，这是由于不同的电荷分布所引起的。异硫氰酸稀土阴离子，尤其是$[Ln(NCS)_6]^{3-}$(Ln=Sc，Y，La—Lu)类型的已经成为一些光谱和结构研究的主题。

Peter Nockemann等报道了一系列基于咪唑阳离子和通式为$[Ln(NCS)_x(H_2O)y]_{3-x}$(x=6~8；y=0~2)的硫氰酸稀土阴离子的含稀土离子液体(图4-12)。这些化合物是从化学剂量比的高氯酸镧(III)、硫氰化铵和不同咪唑阳离子的硫氰根离子液体通过复分解反应得到的。这些离子液体中的多数在室温下为液体或者过冷液体，降温时倾向于形成玻璃，而不是晶体。一些$[C_4C_1im]_{x-3}[Ln(NCS)_x(H_2O)_y]$(x=6~8；y=1~2；Ln=La，Y，Nd)类型的化合物中，水分子与镧系离子配位，当从熔融态降温，在约16℃结晶。DSC测试表明，这些含稀土离子液体的熔点介于28℃(Nd)~39℃(Y)（表4-3）。

图4-12 离子液体$[C_4C_1im]_4[Ln(NCS)_7(H_2O)]$(Ln=La, Pr, Nd, Sm, Eu, Gd, Tb, Ho, Er, Yb)

表4-3 一些基于硫氰根的含稀土离子液体的物理数据

化合物	熔点T_m/℃	分解温度T_{dec}/℃	密度ρ/(g·cm^{-3})	折射率n
$[C_4C_1im]_4[Y(NCS)_6(H_2O)_2]$	39	284	1.29	1.560
$[C_4C_1im]_4[La(NCS)_7(H_2O)]$	38	308	1.32	1.564
$[C_4C_1im]_4[Pr(NCS)_7(H_2O)]$	33	340	1.34	1.568
$[C_4C_1im]_4[Nd(NCS)_7(H_2O)]$	28	294	1.35	1.565
$[C_4C_1im]_4[Sm(NCS)_7(H_2O)]$	<rt	312	1.37	1.572
$[C_4C_1im]_4[Eu(NCS)_7(H_2O)]$	<rt	343	1.38	1.579
$[C_4C_1im]_4[Gd(NCS)_7(H_2O)]$	<rt	332	1.44	1.580
$[C_4C_1im]_4[Tb(NCS)_7(H_2O)]$	<rt	297	1.45	1.580

化合物	熔点T_m/℃	分解温度T_{dec}/℃	密度ρ/(g·cm^{-3})	折射率n
[C$_4$C$_1$im]$_4$[Ho(NCS)$_7$(H$_2$O)]	<rt	289	1.48	1.579
[C$_4$C$_1$im]$_4$[Er(NCS)$_7$(H$_2$O)]	<rt	302	1.49	1.581
[C$_4$C$_1$im]$_4$[Yb(NCS)$_7$(H$_2$O)]	<rt	296	1.53	1.582
[C$_4$C$_1$im]$_5$[La(NCS)$_8$]	<rt	349	1.35	1.563

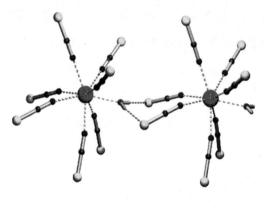

图4-13   [C$_4$C$_1$im]$_4$[La(NCS)$_7$(H$_2$O)]的分子结构图

化合物[C$_4$C$_1$im]$_4$[La(NCS)$_7$(H$_2$O)]在从熔融态降温到16℃，静置5天后自发地结晶。结构分析表明镧(Ⅲ)离子配位数为8，与7个异硫氰根阴离子和1个水分子配位(图4-13)，其配位几何构型可以描述为稍微变形的四方反棱柱。虽然硫氰根阴离子具有几乎线型结构，M—N—S角度偏离了线型，介于157.6°~178.2°之间。每个[La(NCS)$_7$(H$_2$O)]$^{4-}$片段被四个咪唑阳离子包围。配位水分子与相邻的[La(NCS)$_7$(H$_2$O)]$^{4-}$中的异硫氰根阴离子之间形成很强的氢键作用[d(O—H···S)=2.48Å，2.58Å]，C—S···H角度分别为90.8和97.4°，与其他已报道的氢键数值相当。由于这一氢键作用，形成了这些单元的沿着a轴方向的柱状堆积。咪唑阳离子的酸性氢原子与硫氰根阴离子中的硫原子之间形成了弱的C—H···S氢键(2.73~2.84Å)。这种由咪唑阳离子形成的氢键与文献中报道的其他咪唑基离子液体和含金属咪唑基离子液体的C—H···X氢键作用相当。事实是一些含有配位水分子的离子液体形成氢键，导致了阴离子的聚合堆积，这可以解释为什么它们的结晶性好。事实上，[C$_4$C$_1$im]$_5$[La(NCS)$_8$]类型的化合物不具有形成O—H···S氢键的能力。在甚至低于-20℃的温度，这些化合物仍然不是固体，而是非常黏稠的液体。

含稀土离子液体能够与其他咪唑基离子液体，比如[C$_4$C$_1$im]Cl以及一些疏水性的离子液体，比如[C$_4$C$_1$im][Tf$_2$N]和[C$_4$C$_1$im][PF$_6$]，完全混溶。而且，含有7个或者8个硫氰根的化合物与非极性溶剂，比如二氯甲烷的溶解性较好。相反，化合物[C$_4$C$_1$im]$_3$[Ln(NCS)$_6$(H$_2$O)$_2$]不溶于二氯甲烷。所有的化合物都溶于水，但易发生彻底的水解(可以通过发射寿命实验验证)。

[C$_4$C$_1$im]$_4$[Ln(NCS)$_7$(H$_2$O)](Ln=Pr，Nd)的晶态和液态吸收光谱，f—f跃迁的积分强度比例没有明显的差别。三价的Nd离子有一个高度敏感的^{4}G$_{5/2}$←^{4}I$_{9/2}$跃迁（约586nm），可以反映配体配位球的微小变化。即使在固态和液态这一跃迁的强度与其他跃迁的强度比例非常相似。所以，固态和液态的离子液体的吸收光谱实验数据都可以支撑固态化合物中的多电荷阴离子物种在液态仍然得以保留这一假设。

这些化合物在室温时通常为透明液体，氢键作用可以影响化合物的熔点。这些基于硫氰根的含稀土离子液体展示出在非极性溶剂中优异的溶解性以及与其他离子液体的良好混溶性，因此它们在催化和光谱应用中具有广泛的应用前景。延长咪唑阳离子中烷基链的长度可能会导致液晶相的形成。

含金属离子液体能将离子液体的优点与源自配位阴离子中金属离子的性质，如磁性、光物理/光学或者催化性能有利地结合起来，是非常有前景的新材料。人们注意到稀土盐的离子液体溶液是非常有应用前景的光化学和光谱软发光材料。然而，三价稀土离子不仅是有趣的发光材料，而且还是磁性材料。Gd—Tm的磁矩尤其高，从8μ_B到118μ_B。目前多数含稀土离子液体主要是关注其光学性质，这里介绍一系列以硫氰根为配体的含稀土离子液体及其磁性质。

铁磁流体这个术语是指磁性材料，如氧化铁的胶体或者纳米颗粒嵌在一种液态载体中所形成的流体。通常，这些流体是水或者长链碳氢化合物。然而，一些离子液体同样具有液态纳米颗粒载体的优点。

磁性离子液体是一类新颖的单组分磁性材料。在这些单组分材料中，磁性离子不再以小颗粒的形式引入，而是作为金属配位离子，磁矩很高。第一个例子是[C$_4$C$_1$im][FeCl$_4$]，虽然这个化合物已经为人们所熟知一段时间，但它的磁性质和潜在的应用直到最近才被注意到。对于[C$_4$C$_1$im][FeCl$_4$]，质量磁化率

χ_g为40.6 × 10^{-6}emu/g，对应的摩尔磁化率 χ_{mol}为0.0137(7)emu/mol。有效磁矩为μ_{eff}=5.8 μ_B，与高自旋S=5/2态相一致。类似的数值在其他一些铁(Ⅲ)基液体中也有报道。

由于具有高单离子磁矩，这些离子液体对外部磁场具有强烈响应。不仅是液体自身可以被磁场操控，而且非磁(顺磁)材料也可以根据它们在这些液体中的密度和磁化率被传输和分离。纯的基于自由基的有机磁性离子液体，例如，2，2，6，6-四甲基-1-呱啶基氧自由基-4-硫酸盐(TEMPO-OSO$_3$)也已经被合成出来。对于含金属磁性离子液体，目前的研究主要集中在含有过渡金属的磁性离子液体，如高自旋的d^5铁(Ⅲ)，以四氯或四溴合金属酸和不同的平衡阳离子形式存在。其他含有其他过渡金属离子和Gd(Ⅲ)离子的磁性离子液体，也已被合成和报道。将稀土离子引入离子液体中，能够使金属离子具有比一些已知的过渡金属离子更高的有效磁矩，这样就可以获得对外加磁场的最好响应。Dy的有效磁矩为μ_{eff}=10.48μ_B，大概是铁(Ⅲ)的两倍。而且Dy(Ⅲ)的光物理性质同样使其可能成为荧光液体。

这里介绍一系列含Dy(Ⅲ)磁性离子液体，$[C_6C_1im]_{5-x}[Dy(SCN)_{8-x}(H_2O)_x]$($x$=0~2，$C_6C_1im$=1-已基-3-甲基咪唑)以及它们的磁性质和光物理性质。

$[C_6C_1im]$SCN的合成：将35.5 g(0.144 mol) $[C_6C_1im]$Br和27.9g(0.287mol)KSCN在(300mL) 丙酮中反应。产率：97%。元素分析(%) 理论值：C 58.63，H 8.50，N 18.65，S 14.23；实测值：C 58.60，H 8.89，N 18.70，S 13.70。$[C_6C_1im]_{5-x}$$[Dy(SCN)_{8-x}(H_2O)_x]$($x$=0~2)由$[C_6C_1im]$SCN、KSCN和Dy(ClO$_4$)$_3$ · 6H$_2$O合成得到。

合成方法如下：将一定摩尔比例的$[C_6C_1im]$SCN、KSCN和 Dy(ClO$_4$)$_3$ · 6H$_2$O在20mL 干燥乙醇中搅拌反应24h，产物摩尔数控制在1mmol左右。过滤除去在此期间产生的KClO$_4$沉淀，为了除去溶液中剩余的KClO$_4$沉淀，减压蒸出乙醇，所得液态剩余物重新溶于干燥的二氯甲烷中(20mL)，在4℃静置24h，过滤除去剩余的KClO$_4$沉淀。产品在真空下干燥48h。最后，得到浅橙色液体。

元素分析(%)：$[C_6C_1im]_3[Dy(SCN)_6(H_2O)_2]$理论值：C 47.60，H 17.23，N 6.54；实测值：C 47.08，H 17.09，N 6.42；$[C_6C_1im]_4[Dy(SCN)_7(H_2O)]$理论值：C 44.94，

H 16.73，N 6.26；实测值：C 44.63，H 16.69，N 6.20；$[C_6C_1im]_5[Dy(SCN)_8]$理论值：C 41.23，H 5.86，N 16.03，实测值：C 40.07，H 5.44，N 15.52。

这些液体对钕磁体具有很强的响应（图4-14）。化合物$[C_6C_1im]_3$ $[Dy(SCN)_6(H_2O)_2]$，$[C_6C_1im]_4[Dy(SCN)_7(H_2O)]$和$[C_6C_1im]_5[Dy(SCN)_8]$都是含有4f^{9}电子构型Dy(Ⅲ)离子作为磁性活性中心离子液体。298K下的有效磁矩列于表4-4，与Dy(Ⅲ)理论值相吻合。

图4-14　$[C_6C_1im]_3[Dy(SCN)_6(H_2O)_2]$对Nd磁体的磁响应行为

表4-4　$[C_6C_1im]_3[Dy(SCN)_6(H_2O)_2]$、$[C_6C_1im]_4[Dy(SCN)_7(H_2O)]$和$[C_6C_1im]_5$ $[Dy(SCN)_8]$的有效磁矩、克和摩尔磁化率

化合物	μ_{eff}/μ_B	$\chi_g/(emu \cdot g^{-1})$	$\chi_{mol}/(emu \cdot mol^{-1})$
$[C_6C_1im]_3[Dy(SCN)_6(H_2O)_2]$	10.4	43×10^{-6}	0.045
$[C_6C_1im]_4[Dy(SCN)_7(H_2O)]$	10.6	38×10^{-6}	0.047
$[C_6C_1im]_5[Dy(SCN)_8]$	10.4	32×10^{-6}	0.047

从变场磁矩可以看出，$[C_6C_1im]_3[Dy(SCN)_6(H_2O)_2]$，$[C_6C_1im]_4[Dy(SCN)_7(H_2O)]$和$[C_6C_1im]_5[Dy(SCN)_8]$室温下是(超)顺磁液体。以$[C_6C_1im]_4[Dy(SCN)_7(H_2O)]$为例，在这个温度下磁矩之间不存在相互作用。从室温到大约150K，这时它们仍然是液体，静态摩尔磁化率和温度的乘积($\chi_{mol}T$)和有效磁矩(μ_{eff})是各自独立的。在150 K以下，这些数值开始下降，可能是由于固态时的弱反铁磁相互作用。

室温离子液体$[C_6C_1im]_3[Dy(SCN)_6(H_2O)_2]$、$[C_6C_1im]_4[Dy(SCN)_7(H_2O)]$和$[C_6C_1im]_5[Dy(SCN)_8]$都显示很强的Dy(Ⅲ)离子的特征黄色光发射。在它们的发

射光谱上，$^4F_{9/2} \rightarrow {}^6H_{13/2}$电子跃迁是所有发射峰中最强的，它的峰形状相当尖锐，表明具有很高的色纯度(图4-15)。对于所有样品，荧光衰减符合单指数方程，表明晶体结构中只有一个Dy(Ⅲ)物种。室温下，$[C_6C_1im]_3[Dy(SCN)_6(H_2O)_2]$、$[C_6C_1im]_4[Dy(SCN)_7(H_2O)]$和$[C_6C_1im]_5[Dy(SCN)_8]$的Dy($^4F_{9/2}$)荧光寿命分别为$23.8\,\mu s$、$40.34\,\mu s$和$48.4\,\mu s$。水溶液中，稀土化合物的激发态荧光主要被Ln(Ⅲ)离子的内层配位圈的水分子的O—H振动淬灭，荧光寿命通常为$9\sim11\,\mu s$，重水中为$43\sim139\,\mu s$。无水离子液体中，高达$63\,\mu s$荧光寿命已有报道。这样比较起来，$[C_6C_1im]_3[Dy(SCN)_6(H_2O)_2]$、$[C_6C_1im]_4[Dy(SCN)_7(H_2O)]$和$[C_6C_1im]_5[Dy(SCN)_8]$的荧光寿命是相当长的。如预期，三个化合物中无水的$[C_6C_1im]_5[Dy(SCN)_8]$的荧光寿命最长，由于硫氰根配体不易于接受激发态的能量用于配体共振，从而似乎提供了一个相对刚性的配体环境。含有水分子作为共配体的化合物的荧光寿命理所当然地要短一些。然而，$[C_6C_1im]_4[Dy(SCN)_7(H_2O)]$，Dy(Ⅲ)离子配体圈只含有一个水分子，相对于含有两个水分子的$[C_6C_1im]_3[Dy(SCN)_6(H_2O)_2]$，O—H共振激发尤其显得不可能，导致其具有比较高的荧光衰减寿命。

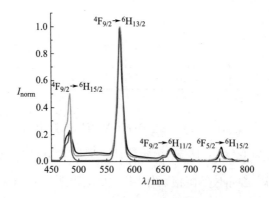

图4-15　$[C_6C_1im]_3[Dy(SCN)_6(H_2O)_2]$、$[C_6C_1im]_4[Dy(SCN)_7(H_2O)]$ 和$[C_6C_1im]_5$
　　　　$[Dy(SCN)_8]$的荧光发射光谱

以上三个化合物是最初的几个兼具磁性和荧光性质的离子液体，具有对外加磁场的强响应，由于Dy(Ⅲ)离子相当高的有效磁矩，远优于一些已知的过渡金属离子液体。而且这三个化合物同时具有十分优异的光物理性质，即长荧光寿命和高色纯度。这样，这些化合物不仅具有浓厚的学术兴趣，而且有望作为离子液体在一些领域得到应用，如在采用外加磁场操控的同时，能够实现荧光监测。

4.6 氰根

Yukihiro Yoshida等从[C$_2$C$_1$im]I、AgCN的水溶液中分离出了一个含银离子液体化合物[C$_2$C$_1$im][Ag(CN)$_2$]，这是第一个含有银配位阴离子的离子液体。过量的AgCN(1.29 × 10^{-2} mol)和[C$_2$C$_1$im]I溶于蒸馏水中(30mL)，所得分散体系在室温黑暗处搅拌过夜。过滤、室温条件下，抽真空蒸发一周时间，得到无色的多晶和少量未反应的[C$_2$C$_1$im]I，在乙腈/乙酸乙酯(1∶13)混合溶剂中重结晶除去未反应的原料。产率(重结晶后)：约20%。DSC测试表明，[C$_2$C$_1$im][Ag(CN)$_2$]的熔点峰出现在73℃附近，明显高于一些含有[C(CN)$_3$]$^-$和[N(CN)$_2$]$^-$阴离子的盐。继续加热，透明的熔盐在约270℃发生分解。值得注意的是，一些含有[C$_2$C$_1$im]$^+$阳离子的离子液体的熔点要低一些，如[C$_2$C$_1$im][AlX$_4$](T_m为7℃，X=Cl；~50℃，X=Br)，[C$_2$C$_1$im][CuCl$_2$]($T_m<RT$)，[C$_2$C$_1$im][AuCl$_4$](T_m为58℃)，[C$_2$C$_1$im][InCl$_4$](T_m为33℃)。[C$_2$C$_1$im][AgCN$_2$]的红外光谱上最高频率的峰位于3149~3153cm^{-1}，可以归属于咪唑阳离子中芳香性的C(4)—H和C(5)—H氢键的伸缩振动模式。第二高频率的峰出现在3106~3115cm^{-1}，可以容易地归属于C2—H伸缩振动模式，由于与亚胺氮相邻。在3068cm^{-1}处还有一个峰，表明C—H…阴离子氢键类型相互作用的存在。这一峰的出现似乎与晶体学分析结果一致(反过来也如此)，也与其具有较高的熔点的情况吻合。

[C$_2$C$_1$im][AgCN$_2$]的晶体学参数：C$_8$H$_{11}$N$_4$Ag，M_r=271.07g/mol，正交晶系，$Pbca$空间群，a=6.4370(2)Å，b=17.745(1)Å，c=19.076(1)Å，V=2178.9(2)Å^3，Z=8，D_{calcd}=1.653g/cm^3，μ=1.80mm^{-1}；收集2532个衍射点，其中1666个为独立衍

射点，GOF=1.866，R_1=0.059，ωR_2=0.102。

$[C_2C_1im][Ag(CN)_2]$的晶体结构含有一个晶体学独立的$[C_2C_1im]^+$阳离子和一个$[Ag(CN)_2]^-$配位阴离子。$[C_2C_1im]^+$阳离子形成一个ab平面内的二维层，层与层相互之间在c轴方向被$[Ag(CN)_2]^-$配位阴离子分割开来。在层内，阳离子通过一个甲基碳C(8)和另外一个阳离子中的咪唑环形成C—H…π作用相互连接，形成沿着a轴方向的一维之字形链。甲基碳和咪唑环中心的距离大约为3.6Å，与此前报道的最低苯…乙烷相互作用数值高度吻合。此外，在线型配位阴离子与咪唑环上面的氢之间，还存在一个紧密的离子间相互作用C2—H…N(氰基)，3.19(1)Å(范德瓦耳斯半径之和为3.75Å)，表明氢键的存在，这一点从红外光谱也可以得到证明。此外，在阳离子和配位阴离子之间还存在一个紧密的N(氰基)…阳离子相互作用，N(氰基)…C2，3.05(1)Å(范德瓦耳斯半径之和为3.25Å)，可以归属为离子间的库仑吸引力。

在$[Ag(CN)_2]^-$配位阴离子中，C—Ag—C键角为178.2(5)°，几乎为线型形式。配位阴离子中，Ag—C原子间距离在2.056(11)~2.064(12)Å之间，C≡N键长为1.118(16)~1.125(15)Å。线型的$[Ag(CN)_2]^-$配位阴离子以接近垂直的几何构型相互之间等距离地沿着a轴方向排列。Ag…Ag原子间距离为3.226(1)Å，明显比对应的范德瓦耳斯距离3.44Å要短。最短的Ag…Ag原子间距离出现在$Na[Ag(CN)_2]$和$K_2Na[Ag(CN)_2]_3$中，分别为3.710 Å和3.525Å。$K[Ag(CN)_2]$、$M[Ag(CN)_2]_2 \cdot 2H_2O$(M=Ca，Sr)的晶体结构也已经报道，在这些化合物中的Ag…Ag原子间距离长于3.5Å。只有$Tl[Ag(CN)_2]$盐含有相似的堆积形式的$[Ag(CN)_2]^-$配位阴离子，其Ag…Ag原子间距离为3.110(3)Å，比$[C_2C_1im][Ag(CN)_2]$盐的稍短。

目前对于含有$[C_2C_1im]^+$阳离子和配位阴离子的离子液体的光化学和电化学研究并不多，而对于此类化合物的晶体结构研究更少。在$[C_2C_1im][AlBr_4]$和$[C_2C_1im][AuCl_4]$这两个盐中，没有类似于$[C_2C_1im][Ag(CN)_2]$所出现的直接的金属…金属相互作用。在$[C_2C_1im][AlBr_4]$(T_m=~50℃)中，$[AlBr_4]^-$配位阴离子的四面体几何构型限制了Al…Al离子间相互作用，$[C_2C_1im][AlCl_4]$(T_m=8℃)同样如此。$[C_2C_1im][AlBr_4]$的熔点高于$[C_2C_1im][AlCl_4]$的，与此前报道的$NaAlX_4$(X=Cl，Br)

体系相似，这可能是由[AlBr₄]盐中增强的阳离子⋯阴离子库伦相互作用个引起的。另外，四氯合金酸盐中有平面四方形的[AuCl₄]⁻阴离子，相互之间互相垂直排列。这一结构特征引起非直接的Au⋯Au离子间相互作用，比如Au⋯Cl—Au模式，伴随着准八面体AuCl₆阴离子。它的熔点远高于室温(T_m=58℃)，似乎与[AuCl₄]⁻阴离子非直接的Au⋯Au离子间相互作用有关。在[C₂C₁im][Ag(CN)₂]中，[AgCN₂]⁻配位阴离子之间存在直接的Ag⋯Ag相互作用，此外还有阳离子⋯阴离子以及阳离子⋯阳离子相互作用，这也是它在含有[C₂C₁im]⁺阳离子的盐中具有相对高的熔点(73℃)的本质原因。

4.7 β-二酮

β-二酮具有强的与稀土离子的螯合配位能力，而且光吸收系数大，可以有效克服稀土离子由于4f电子跃迁自旋禁阻所造成的光吸收系数小的缺点。在含稀土离子液体的研究中，一些β-二酮自然成为比较理想的配体。β-二酮稀土化合物通常具有量子效率高、谱线窄和色纯等优点。与固体无机稀土化合物相比，此类材料更具可操作性及和聚合本体的兼容性，使得它们有望用于发光二极管(OLED)。

$$[Cat]X + H(\beta-L) + NaOH + LnX_3 \cdot 6H_2O = [Cat][Ln(\beta-L)_4]$$

式中：H(β-L)指β-二酮配体；Cat为咪唑、吡啶、季铵、季鏻等阳离子；X为卤素阴离子，如Cl⁻，Br⁻，I⁻；[Cat]X为卤代前驱离子液体。

将卤代前驱离子液体、β-二酮配体和稀土卤化物，按照1∶4∶1的摩尔比，在碱性乙醇/水混合溶剂中反应，可以得到β-二酮配体均一配位的含稀土离子液体。β-二酮配体如六氟乙酰丙酮(Hhfacac)，2-噻吩三氟丙酮(tta)都是比较好的配体，可以利用上述方法得到无水的含稀土离子液体化合物。下面介绍两个由六氟乙酰丙酮得到的两个含稀土离子液体，[C₄C₁im][Tb(hfacac)₄]和[C₄C₁pyr][Tb(hfacac)₄]。以[C₄C₁im][Tb(hfacac)₄]为例。在一个25mL小瓶子中，加入

[C$_4$C$_1$im]Cl(0.1747 g，1.0mmol)，六氟乙酰丙酮（Hhfacac，0.8322g，4mmol），4mL(4mmol) 1mol/L NaOH水溶液和6mL 乙醇中，搅拌加热至50℃。当得到透明均一的水溶液时，滴加TbCl$_3$·6H$_2$O（0.2489 g，2/3mmol TbCl$_3$·6H$_2$O 的2mL水溶液）。50℃ 搅拌30min，然后冷却至室温，得到白色固体粗产物，过滤，用少量冰水洗涤，用乙醇重结晶可以得到高质量的单晶，用于晶体结构和其他表征。

[C$_4$C$_1$im][Tb(hfacac)$_4$]的晶体学参数：C$_{56}$H$_{38}$F$_{48}$N$_4$O$_{16}$Tb$_2$，M_r=2252.74g/mol，正交晶系，$Pbca$空间群，a=17.155(3)Å，b=22.416(5)Å，c=42.753(9)Å，V=16440(6)Å^3，Z=8，λ=0.71073Å，T=153(2)K，ρ=1.820g/cm^3，μ=1.875mm^{-1}，$F(000)$=8736，收集89232个衍射点，其中独立衍射点14424个(R_{int}=0.2938)，GOF=1.095，R_1/R_2=0.1032/0.2355[I>2$\sigma(I)$]。

[C$_4$C$_1$pyr][Tb(hfacac)$_4$]的晶体学参数：C$_{29}$H$_{24}$F$_{24}$NO$_8$Tb，M_r=1129.41g/mol，单斜晶系，$P2_1/n$空间群，a=11.758(2)Å，b=18.521(4)Å，c=21.021(7)Å，β=112.35º，V=4234(2)Å^3，Z=4，λ=0.71073Å，T=273(2)K，ρ=1.772g/cm^3，μ=1.820mm^{-1}，$F(000)$=2200，收集40461个衍射点，其中独立衍射点9852个，R_{int}=0.1677，GOF=0.689，R_1/R_2=0.0476/0.0778[I>2$\sigma(I)$]。

研究表明，化合物[C$_4$C$_1$im][Tb(hfacac)$_4$]为$Pbca$空间群，每个单胞中含有8个分子。每个不对称单元中有两个晶体学独立的Tb(Ⅲ)离子，8个hfacac阴离子和2个[C$_4$mim]$^+$阳离子，也就是2个[C$_4$C$_1$im][Tb(hfacac)$_4$]分子(图4-16)。化合物[C$_4$C$_1$pyr][Tb(hfacac)$_4$]的结构与[C$_4$C$_1$im][Tb(hfacac)$_4$]相似，但是空间群为$P2_1/n$，而且每个不对称单元中只含有一个[C$_4$C$_1$pyr]$^+$阳离子和一个[Tb(hfacac)$_4$]$^-$配位阴离子，分子式为[C$_4$C$_1$pyr][Tb(hfacac)$_4$]。这一结果表明，阳离子的变化对化合物的结构具有较大的影响。化合物[C$_4$C$_1$im][Tb(hfacac)$_4$]的Tb—O键长在2.34(2)~2.42(2)Å之间，化合物[C$_4$C$_1$pyr][Tb(hfacac)$_4$]的Tb—O键长在2.331(6)~2.370(7)Å之间(表4-5)，都在合理范围之内。在这类化合物中β-二酮配体通常和稀土离子采取螯合方式配位，稀土离子的配位数为8，即每个稀土离子与4个β-二酮配体螯合配位，形成变形的四方反棱柱几何构型。

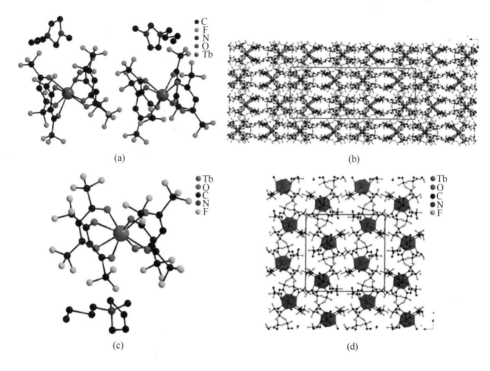

(a)

(b)

(c)

(d)

图 4-16　[C_4C_1im][$Tb(hfacac)_4$]和[C_4C_1pyr][$Tb(hfacac)_4$]的晶体

表4-5　[C_4C_1im][$Tb(hfacac)_4$]和[C_4C_1pyr][$Tb(hfacac)_4$]的部分键长　　　　单位：Å

[C_4C_1im][$Tb(hfacac)_4$]			
Tb(1)–O(1)	2.40(2)	Tb(2)–O(9)	2.39(2)
Tb(1)–O(2)	2.42(2)	Tb(2)–O(10)	2.37(2)
Tb(1)–O(3)	2.35(2)	Tb(2)–O(11)	2.38(2)
Tb(1)–O(4)	2.35(2)	Tb(2)–O(12)	2.38(2)
Tb(1)–O(5)	2.38(2)	Tb(2)–O(13)	2.35(2)
Tb(1)–O(6)	2.38(2)	Tb(2)–O(14)	2.34(2)
Tb(1)–O(7)	2.34(2)	Tb(2)–O(15)	2.40(2)
Tb(1)–O(8)	2.36(2)	Tb(2)–O(16)	2.39(2)
[C_4C_1pyr][$Tb(hfacac)_4$]			
Tb(1)–O(6)	2.331(6)	Tb(1)–O(2)	2.352(6)
Tb(1)–O(4)	2.343(7)	Tb(1)–O(7)	2.364(7)
Tb(1)–O(3)	2.346(6)	Tb(1)–O(5)	2.360(6)
Tb(1)–O(8)	2.347(7)	Tb(1)–O(1)	2.370(7)

在配位阴离子[Tb(hfacac)$_4$]$^-$中以及阳离子[C$_4$C$_1$im]$^+$和[C$_4$mpyr]与[Tb(hfacac)$_4$]$^-$之间，可以发现存在大量的C—H…F氢键作用(表4-6和表4-7)。借助于这些分子内和分子间C—H…F氢键作用，有机阳离子和配位阴离子可以组装成bc平面内的层状结构。三氟甲基指向层与层之间。这些二维层，进一步借助于氢键作用和分子间作用力，形成三维超分子结构。基于氢键作用的键长，可以发现这些氢键的强度遵循以下变化规律：阴离子内(2.65~2.81Å) >阳离子—阴离子间(3.15~3.68Å) >分子间(3.05~3.86Å)。

表4-6　[C$_4$C$_1$im][Tb(hfacac)$_4$]中的C—H…F氢键

C—H…F		D—H/Å	H…A/Å	D…A/Å	<(DHA)/ (°)
配位阴离子内	C3—H3…F2	0.93	2.38	2.74(3)	102.3
	C3—H3…F4	0.93	2.44	2.78(3)	101.9
	C8—H8…F8	0.93	2.46	2.75(4)	98.0
	C8—H8…F10	0.93	2.28	2.65(4)	103.5
	C13—H13…F15	0.93	2.40	2.71(4)	99.1
	C13—H13…F16	0.93	2.52	2.80(5)	97.4
	C18—H18…F20	0.93	2.46	2.71(6)	95.4
	C18—H18…F23	0.93	2.52	2.80(4)	98.0
	C23—H23…F26	0.93	2.41	2.75(4)	101.2
	C23—H23…F28	0.93	2.32	2.67(3)	101.7
	C28—H28…F32	0.93	2.49	2.80(4)	99.9
	C28—H28…F34	0.93	2.54	2.81(4)	96.7
	C33—H33…F39	0.93	2.46	2.76(4)	98.8
	C33—H33…F40	0.93	2.41	2.76(4)	102.8
	C38—H38…F44	0.93	2.46	2.75(3)	98.6
	C38—H38…F46	0.93	2.38	2.73(4)	101.9

续表

C—H⋯F		D—H/Å	H⋯A/Å	D⋯A/Å	<(DHA)/ (°)
阴阳离子间	C44—H44⋯F14	0.93	2.95	3.31(6)	104.5
	C45—H45B⋯F5	0.97	2.92	3.60(6)	128.2
	C47—H47A⋯F5	0.97	2.95	3.68(6)	133.2
	C49—H49B⋯F30	0.96	2.52	3.15(8)	123.0
	C54—H54B⋯F48	0.97	2.79	3.57(4)	138.3
	C55—H55B⋯F47	0.97	2.73	3.58(5)	146.6
分子间	C8—H8⋯F17_$2	0.93	2.92	3.43(4)	116.1
	C13—H13⋯F10_$3	0.93	2.76	3.25(3)	114.0
	C28—H28⋯F13_$4	0.93	3.00	3.86(4)	155.4
	C38—H38⋯F20_$5	0.93	2.87	3.60(5)	136.1
	C41—H41A⋯F1_$6	0.96	2.70	3.16(6)	110.0
	C42—H42⋯F3_$6	0.93	2.76	3.05(5)	99.2
	C45—H45A⋯F12_$6	0.97	2.76	3.18(5)	107.2
	C45—H45B⋯F31_$1	0.97	2.71	3.61(5)	153.9
	C45—H45B⋯F32_$1	0.97	2.86	3.73(5)	149.1
	C47—H47B⋯F21_$6	0.97	2.86	3.76(7)	153.8
	C49—H49B⋯F2_$6	0.96	2.93	3.86(6)	164.1
	C51—H51⋯F41_$7	0.93	2.97	3.51(6)	118.7
	C52—H52⋯F35_$7	0.93	2.96	3.77(8)	146.4
	C55—H55B⋯F28_$5	0.97	3.00	3.67(4)	127.5
	C55—H55A⋯F44_$8	0.97	2.70	3.52(4)	141.9

注　对称性操作代码：$1 *x*+1，*y*，*z*；$2 *x*−1/2，−*y*+1/2，−*z*；$3 *x*+1/2，−*y*+1/2，−*z*；$4 *x*−1，*y*，*z*；$5 *x*−1/2，*y*，−*z*+1/2；$6 −*x*+3/2，*y*+1/2，*z*；$7 −*x*+1/2，*y*+1/2，*z*；$8 −*x*，*y*+1/2，−*z*+1/2。

表 4-7　[C₄C₁pyr][Tb(hfacac)₄]中的C—H⋯F氢键

	C—H⋯F	D—H/Å	H⋯A/Å	D⋯A/Å	<(DHA)/ (°)
配位阴离子内	C3—H3A⋯F1	0.93	2.37	2.72(2)	102.3
	C3—H3A⋯F4	0.93	2.38	2.73(2)	102.1
	C8—H8A⋯F9	0.93	2.50	2.79(1)	98.8
	C8—H8A⋯F11	0.93	2.40	2.73(1)	100.7
	C13—H13A⋯F13	0.93	2.32	2.68(1)	102.2
	C13—H13A⋯F17	0.93	2.37	2.70(1)	100.5
	C18—H18A⋯F19	0.93	2.52	2.77(2)	95.8
	C18—H18A⋯F22	0.93	2.57	2.82(2)	95.7
阴阳离子之间	C30—H30B⋯F22	0.96	2.78	3.58(4)	141.2
	C32—H32A⋯F23	0.97	2.63	3.55(3)	159.3
	C33—H33A⋯F14	0.97	2.94	3.55(3)	121.8
	C33—H33A⋯F15	0.97	2.86	3.63(3)	137.0
	C34—H34C⋯F5	0.96	2.86	3.54(2)	128.8
	C37—H37B⋯F6	0.97	2.74	3.40(3)	126.4
	C38—H38B⋯F6	0.97	2.61	3.36(3)	133.9
	C38—H38A⋯F14	0.97	2.77	3.39(2)	122.9
分子间	C8—H8A⋯F3_$1	0.93	2.78	3.67(2)	161.2
	C13—H13A⋯F5_$2	0.93	2.97	3.77(1)	145.1
	C18—H18A⋯F6_$3	0.93	2.77	3.65(1)	158.2
	C34—H34C⋯F11_$4	0.96	2.94	3.75(3)	141.9
	C35—H35A⋯F7_$5	0.97	2.86	3.82(4)	176.6

注　对称性操作代码：$1 −x+1, −y, −z+2; $2 x−1/2, −y+1/2, z−1/2; $3 −x+3/2, y−1/2, −z+3/2; $4 −x+2, −y, −z+2; $5 x+1, y, z。

从化合物[C₄C₁im][Tb(hfacac)₄]和[C₄C₁pyr][Tb(hfacac)₄]的DSC曲线来看

（图4-17），很显然它们的热行为完全不同。对于化合物[C$_4$C$_1$im][Tb(hfacac)$_4$]，它的热行为相对简单。它的熔点为116.2℃(起始温度)，结晶点为102.3℃。化合物[C$_4$C$_1$pyr][Tb(hfacac)$_4$]的热行为要复杂得多，在20~150℃范围内，有4个不同的吸热固—固相转变过程，峰值温度分别为38.0℃，57.7℃，85.8℃和98.4℃，最终在111.4℃熔化。这种巨大的固—固相转变过程可能是加热过程中吡咯烷正离子沿分子轴旋转所造成的，表明该化合物在加热过程中经历一个由有序晶态变为无序逐渐相转变过程。最终的熔化熵为ΔS_f=20.6J/(mol·K)，与分子塑料晶体的Timmerman标准十分吻合[$\Delta S_f \approx$20J/(mol·K)]，这种有机塑料晶体(OPCB)行为在离子液体中是十分罕见的。

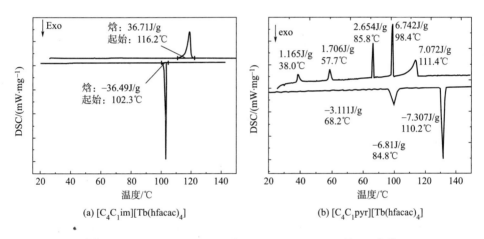

图4-17 [C$_4$C$_1$im][Tb(hfacac)$_4$]和[C$_4$C$_1$pyr][Tb(hfacac)$_4$]的DSC曲线

从室温和77K的固态荧光光谱来看（图4-18），化合物[C$_4$C$_1$im][Tb(hfacac)$_4$]和[C$_4$C$_1$pyr][Tb(hfacac)$_4$]的荧光性质十分相似。室温下，在546nm监测波长下，化合物[C$_4$C$_1$im][Tb(hfacac)$_4$]的激发光谱上没有观察到明显的f—f跃迁，但有一个宽的吸收峰，应该是β-二酮配体光吸收峰。在360nm光激发下，在化合物[C$_4$C$_1$im][Tb(hfacac)$_4$]的发射光谱上能够观察到一系列$^5D_4 \rightarrow {^7}F_J$（$J$=6-2）的电子跃迁峰，分别为485nm，489nm($^5D_4 \rightarrow {^7}F_6$)，541.5nm，545.5nm，549nm($^5D_4 \rightarrow {^7}F_5$)，582nm，587nm($^5D_4 \rightarrow {^7}F_4$)，620.5nm($^5D_4 \rightarrow {^7}F_3$)，638nm，649nm，650nm，657.5nm($^5D_4 \rightarrow {^7}F_2$)。荧光寿命为0.3ms($\lambda_{ex,\ em}$=360nm，546nm)。化合物[C$_4C_1$pyr]

[Tb(hfacac)$_4$]的荧光寿命为0.06ms($\lambda_{ex,\ em}$=363nm，542nm)，明显要比[C$_4$C$_1$im] [Tb(hfacac)$_4$]的短，但也有其他含[Tb(hfacac)$_4$]$^-$阴离子的化合物的寿命相当。这可能是由于吡咯阳离子的旋转引起非辐射衰减所造成的。

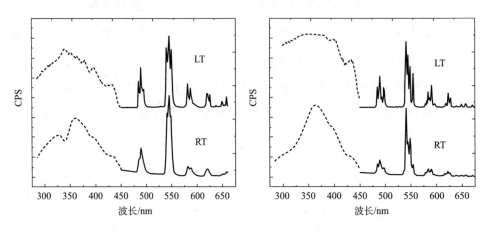

图4-18　室温和77K，化合物[C$_4$C$_1$im][Tb(hfacac)$_4$]和[C$_4$C$_1$pyr][Tb(hfacac)$_4$]的固态激发(虚线)和发射(实线)光谱

　　当将温度降到液氮温度，化合物[C$_4$C$_1$im][Tb(hfacac)$_4$]和[C$_4$C$_1$pyr][Tb(hfacac)$_4$]的荧光光谱变得更加尖锐和精细。对于化合物[C$_4$C$_1$im][Tb(hfacac)$_4$]，在77K下，很明显$^5D_4 \rightarrow ^7F_6$跃迁分列为三个峰(485nm，489.5nm和495nm)，$^5D_4 \rightarrow ^7F_5$分裂为四个峰(540.5nm，543nm，545.5nm和550nm)，$^5D_4 \rightarrow ^7F_4$分裂为四个峰(581.5nm，584nm，587nm和593.5nm)，$^5D_4 \rightarrow ^7F_3$(620nm，625.5nm)。$^5D_4 \rightarrow ^7F_2$的荧光强度明显增强。最大的变化是荧光寿命，研究发现化合物[C$_4$C$_1$im][Tb(hfacac)$_4$]在77K的荧光寿命为1.27ms，而化合物[C$_4$C$_1$pyr][Tb(hfacac)$_4$]的荧光寿命延长到1.30ms，比化合物[C$_4$C$_1$im][Tb(hfacac)$_4$]的还要长。这一结果表明在室温下，阳离子的转动可能会造成非辐射过程，而在液氮温度下这些分子被"冻住"了，进而增强了荧光强度，延长了荧光寿命。

　　P. Nockemann等将[C$_6$C$_1$im]Cl、2-噻砜三氟丙酮(tta)和TbCl$_3$·6H$_2$O，按照1∶4∶1的摩尔比，在碱性乙醇/水混合溶剂中反应，得到另一个化合物[C$_6$C$_1$im][Eu(tta)$_4$]（图4-19）。晶体结构表征显示阳离子咪唑环C2位置上的H原

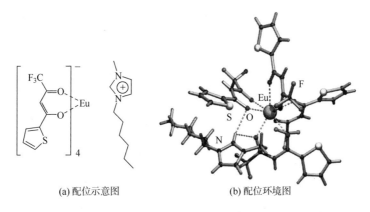

(a) 配位示意图   (b) 配位环境图

图4-19 化合物$[C_6C_1im][Eu(tta)_4]$的配位示意图和配位环境图

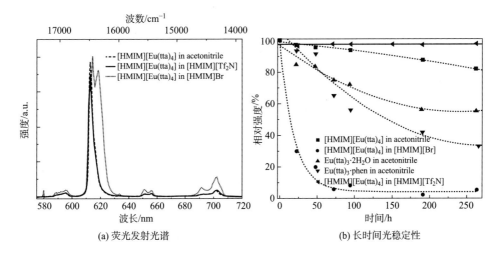

(a) 荧光发射光谱   (b) 长时间光稳定性

图4-20 化合物$[C_6C_1im][Eu(tta)_4]$溶解在不同溶剂中的荧光发生光谱和长时间光稳定性图

子，能够与$[Eu(tta)_4]$配位阴离子中的氧原子之间形成很强的C—H⋯O氢键，键长在2.336(6)~2.689(7)Å之间。研究表明，将该含铕离子液体溶于$[C_6C_1im]$$[Tf_2N]$中和乙腈中，对其发射光谱精细结构没有影响（图4-20）。但在$[C_6C_1im][Tf_2N]$中的绝对量子产率（54%）比在乙腈中略低（61%）。将该含铕离子液体分别溶于$[C_6C_1im][Tf_2N]$、乙腈和$[C_6C_1im]$Br中，然后暴露在日光下，10天后，发现乙腈中的样品的量子产率降到51%；溶解在$[C_6C_1im]$Br中样品的量子产率降幅最大，10天后降到了14%，这种剧烈变化可能是由于$[C_6C_1im]$Br

中的溴离子部分取代了铕(Ⅲ)离子配位圈中的β-二酮，而溴离子的光吸收系数远小于β-二酮的，使得量子产率急剧下降。这一点可以从荧光光谱得到印证，在615nm处的$^5D_0 \rightarrow {}^7F_2$电子跃迁峰能够敏感反映铕(Ⅲ)离子周围的配位环境，从图4-20中可以看出，溶解在$[C_6C_1im]$Br中样品的荧光光谱发生了明显的变化；与上述两个体系形成鲜明对比的是，溶解在$[C_6C_1im][Tf_2N]$中样品的量子产率没有明显下降，量子产率为初始值的98%左右，这可能是由于操作过程中引入了少量水分，造成了荧光的小幅淬灭。这种优良的光稳定性可能归因于Tf_2N配体的弱配位性。

当以季鏻为阳离子，所得到的含稀土离子液体的熔点要低一些。如以$[P_{6,6,6,14}]^+$为阳离子，萘基取代的β-二酮为阴离子配体，可以得到$[P_{6,6,6,14}][Eu(NTA)_4]$，其结构式如下。

$[P_{6,6,6,14}][Eu(NTA)_4]$的合成。室温下，将NaOH（1.91mL，1mol/L）水溶液加入HNTA(0.51 g，1.91mmol)的20mL乙醇溶液，然后缓慢地加入140mg（0.382mmol）$EuCl_3 \cdot 6H_2O$，50℃搅拌4h。冷却至室温，加入198.2mg（0.382mmol）$[P_{6,6,6,14}]$Cl的乙醇溶液，室温搅拌2h，减压蒸除溶剂，以二氯甲烷萃取，得到黄色油状物，静置几天后，变为固体，产率：0.62g（95%）。

从-65℃加热到80℃，在63.0℃附近可以观察到一吸热峰，应是离子液体的熔点峰，当从80℃降温到-65℃，在降温曲线上没有任何热化学行为发生。再次加热，在-4.0℃和63.1℃附近分别有一放热峰和吸热峰。前面一个峰应是结晶峰，而后一个峰为离子液体的熔点峰。此外，仔细可以发现在-50℃附近有一个比较小的隆起，应是玻璃化相转变所引起的。这一化合物的特征是当离子液体降温时可能存在一个介稳的液态。第一和第二次加热循环的熔化焓数值不一致，可能是由于存在两个不同的晶型熔化所引起的。第一个为室温下最稳定的相，第二个相形成于约−14℃，在DSC测试过程中没有足够的时间松弛到初始状态。第二个晶型比第一个稳定性稍差约5.6J/g。

纯的$[P_{6,6,6,14}][Eu(NTA)_4]$及其甲苯、环己烷、正丁醇、碳酸丙二酯和甲醇溶液的紫外吸收光谱示于图4-21中。如预料，吸收光谱为配体的吸收峰完全地占据着，这是因为Eu(Ⅲ)离子f—f电子跃迁是禁阻的，消光系数非常小。配体的吸收峰没有显示出明显的溶致变色效应。纯的离子液体的差异较大，发生了明显的红移和峰的宽化。

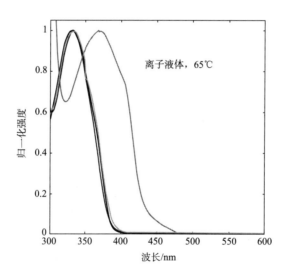

图4-21 $[P_{6,6,6,14}][Eu(NTA)_4]$的吸收光谱

在$[P_{6,6,6,14}][Eu(NTA)_4]$的发射光谱图上（图4-22），有两个峰。一个是配体的发射峰，在400~550nm之间，比较宽而且没有明显的结构特征；另外一个是Eu(Ⅲ)离子的，特征是发射峰比较尖锐，最强峰位于600nm附近。由于"天线效应"，Eu(Ⅲ)离子的发射占据着主要优势，因此不论化合物处于什么状态(溶液或纯相)，都表现为发红光。

Eu(III)的荧光光谱的特征是对应于Eu(III)的$^5D_0 \to {}^7F_J$（J=0，1，…，6）的电子跃迁。$^5D_0$和$^7F_0$是非简并态，晶体场的存在没有导致Stark能级的分裂。而且，取决于晶体场的点群对称性，残余的^7F_n态（n=0，1，…，6）存在好几个Stark能级。最重要的是$^5D_0 \to {}^7F_1$跃迁，为电偶极距禁阻的，但是磁偶极距允许的，所以出现在Eu(III)的发射光谱中。这一发射峰的强度几乎对环境不敏感，仅受折射指数的影响。因此可以用这一跃迁作为其他发射峰的内标，同时提供有关晶体场点群对称性的重要信息，取决于发射带上有几个峰。由于$^5D_0$态总是非简并的，峰的数量直接提供了$^7F_1$态的Stark能级的数量以及可能的晶体场点群对称性。

另外一个重要的跃迁是$^5D_0 \to {}^7F_0$跃迁。两个态都不总是非简并的，所以只可能有一个峰。然而，这一跃迁在上面所讨论的机理中都是禁阻的。晶体场的扰动导致了J—J与电偶极的混合，允许$^5D_0 \to {}^7F_2$跃迁，所以$^5D_0 \to {}^7F_0$跃迁以单峰的形式出现在发射光谱中，相对强度较低。同样的机理同样可以用于$^5D_0 \to {}^7F_3$和$^5D_0 \to {}^7F_5$跃迁，虽然它们的强度总是比较弱。$^5D_0 \to {}^7F_2$，$^5D_0 \to {}^7F_4$和$^5D_0 \to {}^7F_6$跃迁以电偶极机理是允许的，对环境高度敏感，尤其是$^5D_0 \to {}^7F_2$发射峰，有时也称为高度敏感跃迁。

$[P_{6, 6, 6, 14}][Eu(NTA)_4]$的发射光谱示于图4-22中，在所呈现的波长分辨率内显示了一个$^5D_0 \to {}^7F_1$单峰，虽然强度较弱，但仍然可以检测到。从以上可知，这一峰的起源可以与$^5D_1 \to {}^7F_3$跃迁相联系：由于激发波长为360nm，同样产生了$^5D_1$态。而且，来自于$^5D_1$态的稳态荧光强度比较低。$^5D_0 \to {}^7F_0$峰强度较弱，混在背景噪声之中。这表明这一络合物具有较高的对称群，但现有的光谱分辨率无法进行进一步的归属。

$^5D_0 \to {}^7F_2$跃迁与$^5D_0 \to {}^7F_2$跃迁强度之比同样提供了一些配体和络合物之间的重要信息。峰的强度之比可以根据Judd-Oflet理论进行分析。这一理论是基于禁阻的f—f电偶极跃迁来自于从混合物中进入相反奇偶性构型的$4f_n$构型。由点电荷所产生的晶体场势出现在理论中的配体的原子位置，干扰不同宇称的混合态进入$4f_N$构型。在Judd-Oflet理论中，同样认为基态的Stark能级

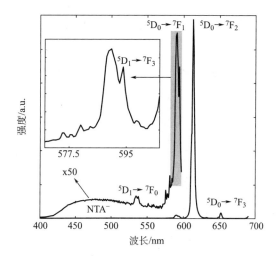

图4-22 71℃时[P$_{6, 6, 6, 14}$][Eu(NTA)$_4$]的发射光谱(λ_{ex}=360nm)

是相等分配的，对于室温下光学各向同性基质的实验，这一解释是比较合理的。

4.8 类β-二酮

除了一些传统的β-二酮配体，一些含有羰基、磺酰、磷酰官能团，具—C(O)—N—P(O)—，—C(O)—N—S(O)$_2$—，—S(O)$_2$—N—P(O)—，—P(O)—N—P(O)—骨架的配体也具有类似β-二酮配体的螯合配位功能，这里我们称之为类β-二酮配体，结构式如下所示。β-二酮配体是较为优异的制备含稀土离子的阴离子配体。通过对骨架上烷基侧链的修饰，可以对含稀土离子液体的物理化学性能进行调节，获得需要的结构和性能。

4.8.1 基于S(O)₂—N—S(O)₂骨架的含稀土离子液体

早期报道的一些含稀土离子液体/低温熔盐，并不是真正意义上的含稀土离子液体，通常含有一些结晶水或者是配位水，如$Na_{13}[Ln(TiW_{11}O_{39})_2]_xH_2O$，$x$=27~44，$[C_4mim]_{x-3}[Ln(NCS)_x(H_2O)_y]$($x$=6~7，$x$=8 for La，$y$=0~2，$x+y < 10$)，因为当加热它们至液态，所得到事实上是它们的溶液，而不是真正的熔化。众所周知，作为发光材料，如果体系中含有类似O—H，N—H这些高频振动声子的存在，会造成严重的非辐射衰减，因此水的存在会造成f-元素激发态的能量损失。尤其是对于近红外发光的f区元素，甚至会引起荧光的淬灭，但无水的含稀土离子液体的制备并不是一件容易的事情，尤其是对于弱配位配体(weak coordinating ligands)。

第一个含二价稀土离子的离子液体$[C_3C_1pyr]_2[Yb(Tf_2N)_4]$可按下述路径合成：

$$YbI_2 + 4[C_3C_1pyr][Tf_2N] \longrightarrow [C_3C_1pyr]_2[Yb(Tf_2N)_4] + 2[C_3C_1pyr][I]$$

YbI_2(0.2mmol，87mg)和$[C_3C_1pyr][Tf_2N]$(0.2mmol，1g)封装在真空石英管中，393K反应48h，缓慢冷却到室温(2K/min)，得无色单晶，过滤。产率：66%。

$[C_3C_1pyr]_2[Yb(Tf_2N)_4]$单斜晶系，$P2_1/n$空间群，$a$=1122.01(4)Å，$b$=22.6021(9)Å，$c$=21.8847(9)Å，$\beta$=102.209(3)8°，$V$=5424.4(4)Å³；$Z$=4；$D_{calcd}$=1.8978g/cm³；1.80°$<\theta<$27.198°；IPDS II，MoKa radiation(λ=0.71073Å)；T=120(2)K；F(000)=3056；μ=2.177mm⁻¹，收集56375个衍射点，其中11822个为独立衍射点。R_1=0.0436，ωR_2=0.1109 for $[I_0>2\sigma(I_0)]$。

$[C_3C_1pyr]_2[Yb(Tf_2N)_4]$为单斜晶系，$P2_1/n$空间群，每个单胞中含有4个分子。不对称单元中含有一个$[Yb(Tf_2N)_4]^{2-}$配位阴离子和两个$[C_3C_1pyr]^+$有机阳离子(图4-23)。Yb(II)离子被4个Tf_2N^-阴离子的8个氧原子配位，形成变形反四方棱柱几何构型。这是第一个Tf_2N^-阴离子采取η^2-双齿配位模式的离子，形成分立的阴离子分子。有机阳离子围绕在配位阴离子周围形成蜂窝状结构。d[N(5)-N(3)]=4.733Å，d[N(5)-N(4)]=6.310Å，d[N(6)-N(1)]=6.253Å，d[N(6)-N(2)]=4.534Å。Yb—O键长为2.41~2.517Å，后者是目前已知最长的Yb^{II}—O

键。芳香氧镱络合物中Yb^{II}—O键长为2.10~2.17Å，而桥联芳香氧配体Yb—O键长为2.24~2.34Å。在含有中性四氢呋喃配体的[Yb(thf)$_6$]$^{2+}$中，Yb—O键长为2.38~2.39Å。

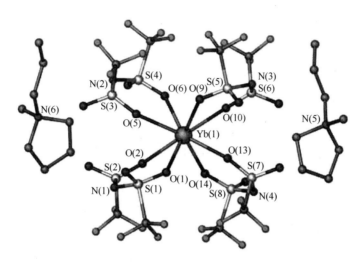

图4-23 [C$_3$C$_1$pyr]$_2$[Yb(Tf$_2$N)$_4$]的不对称单元图

奇怪的是在[Yb(Tf$_2$N)$_4$]$^{2-}$配位阴离子中，4个Tf$_2$N$^-$阴离子均采取顺式构型，而反式构型是一种比较稳定的构型，量化计算表明反式构型Tf$_2$NH比顺式构型Tf$_2$NH能量低8kJ/mol，而反式构型Tf$_2$N$^-$比顺式构型Tf$_2$N$^-$能量低4kJ/mol。所以可以认为[Yb(Tf$_2$N)$_4$]$^{2-}$配位阴离子中Tf$_2$N$^-$阴离子之所以采取顺式构型，是由于配位阴离子中金属中心和Tf$_2$N$^-$阴离子的配位氧原子之间的作用非常弱，使得S—O平均键长(配位氧原子：1.443Å；未配位氧原子：1.416Å)仅轻微受到配位的影响，即使是与中性的胺比较($d_{S—O}$=1.401Å和1.417Å)。

在这个化合物中，二价稀土离子与Tf$_2$N$^-$阴离子的氧原子而不是氮原子配位，是因为人们常引用的Cruickshank模型预测电荷离域化仅发生在氮原子和硫原子之间，而Mulliken电荷以及从NBO分析得到的中性电荷表明部分电荷离域化不仅发生在氮原子中心，也发生在Tf$_2$N$^-$阴离子的氧原子上。这种电荷分配从静电势图上也可以得到支持。这样静电(氧原子上高的负电荷，更倾向与硫原子配位而不是氮原子)和位阻(氮原子被周围的原子包裹在中间)是Tf$_2$N$^-$阴离子为什么采取氧原子配位的原因。

国际上最先报道的三个真正意义上的含稀土离子液体是[C_3mim][Eu(Tf$_2$N)$_4$]，[C_4mim][Eu(Tf$_2$N)$_4$]和[C_4mpyr]$_2$[Eu(Tf$_2$N)$_5$]。

它们的制备方法如下：所有的实验操作在氩气保护的Schlenk管中或者手套箱中完成。Eu^{III}(Tf$_2$N)$_3$的合成：将Eu$_2$O$_3$加入HTf$_2$N的水溶液中，加热搅拌，直至全部溶解，然后除去溶剂水，280℃减压(0.1Pa)升华得到纯的无水Eu(NTf$_2$)$_3$。元素分析(%)Eu(Tf$_2$N)$_3$(EuC$_6$F$_{18}$N$_3$O$_{12}$S$_6$)理论计算值：C 7.26，H 0.00，N 4.23；实测值：C 7.23，H 0.00，N 4.20。

[C_3C$_1$im][Tf$_2$N]，[C_4C$_1$im][Tf$_2$N]和[C_4C$_1$pyr][Tf$_2$N]的合成：在水中，将等摩尔的[C_3C$_1$im]Cl，[C_4C$_1$im]Cl或者[C_4C$_1$pyr]Cl分别与Li[Tf$_2$N]反应。反应结束后，分离出产品相，加入活性炭，过氧化铝柱子，然后把产品溶解在二氯甲烷中用少量的水洗涤几次，直至监测不到卤素离子(AgNO$_3$测试)。所得产品，在Schlenk管中剧烈搅拌下，于150℃真空干燥48h。元素分析(%)C$_9$H$_{13}$F$_6$N$_3$O$_4$S$_2$([C_3C$_1$im][Tf$_2$N])理论计算值：C 26.67，H 3.23，N 10.37；实测值：C 26.62，H 3.12，N 10.33。元素分析(%)C$_{10}$H$_{15}$F$_6$N$_3$O$_4$S$_2$([C_4C$_1$im][Tf$_2$N])理论计算值：C 28.64，H 3.61，N 10.02；实测值：C 28.58，H 3.76，N 10.2。元素分析(%)C$_{11}$H$_{20}$F$_6$N$_2$O$_4$S$_2$([C_4C$_1$pyr][Tf$_2$N])理论计算值：C 31.28，H 4.77，N 6.63；实测值：C31.53，H5.88，N6.63。

[C_3C$_1$im][Eu(Tf$_2$N)$_4$]，[C_4C$_1$im][Eu(Tf$_2$N)$_4$]和[C_4C$_1$pyr]$_2$[Eu(Tf$_2$N)$_5$]的合成：Eu(Tf$_2$N)$_3$ (0.983mmol，0.9755g)和[C_3C$_1$im][Tf$_2$N](1.966mmol，0.9111g)或者Eu(Tf$_2$N)$_3$(1.535mmol，1.5241g)和[C_4C$_1$im][Tf$_2$N](3.07mmol，1.2881g)或者Eu(Tf$_2$N)$_3$(0.125mmol，0.1241g)和[C_4C$_1$pyr][Tf$_2$N](0.8mmol，0.355g)分别置于Schlenk管中，加热至120℃，搅拌2h，直至形成均一的溶液，然后缓慢冷却到室温(5K/min)，可以得到适宜单晶测试的无色块状单晶。

[C_3C$_1$im][Eu(Tf$_2$N)$_4$](C$_{15}$H$_{13}$EuF$_{24}$N$_6$O$_{16}$S$_8$)：元素分析(%)理论值：C12.89，H0.94，N6.01；实测值：C 13.03，H 1.06，N 6.08。熔点为：81.0℃。拉曼光谱数据：124(w)，147(w)，162(w)，193(w)，216(w)，247(w)，313(s)，332(m)，

359(m)，419(w)，556(w)，579(w)，754(vs)，902(m)，1024(w)，1043(w)，1115(w)，1150(m)，1177(w)，1231(s)，1269(w)，1339(m)，1373(w)，1418(w)，1429(w)，1454(s)，2889(m)，2910(m)，2937(w)，2955(m)，2978(m)，2993(w)cm^{-1}。

$[C_4C_1im][Eu(Tf_2N)_4](C_{16}H_{15}EuF_{24}N_6O_{16}S_8)$：元素分析(%)理论值：C 13.61，H 1.07，N 5.95；实测值：C 13.27，H 1.16，N 5.77。熔点：67.9℃。拉曼光谱数据：126(w)，137(w)，210(w)，253(m)，291(m)，313(m)，330(m)，353(m)，417(w)，432(w)，556(w)，579(w)，623(w)，662(w)，752(vs)，902(m)，1024(w)，1059(w)，1115(w)，1150(m)，1211(w)，1244(s)，1342(m)，1377(w)，1420(w)，1450(s)，1466(w)，2881(m)，2920(m)，2937(m)，2972(m)cm^{-1}。

$[C_4C_1pyr]_2[Eu(Tf_2N)_5](C_{28}H_{40}EuF_{30}N_7O_{20}S_{10})$：元素分析(%)理论值：C 18.31，H 2.19，N 5.34；实测值：C 18.39，H 2.41，N 5.36。熔点为：92.1℃。

$[C_3C_1im][Eu(Tf_2N)_4]$晶体学数据：$C_{15}H_{13}EuF_{24}N_6O_{16}S_8$，$M_r$=1397.75g/mol，三斜晶系，$P-1$空间群，$a$=11.15(1)Å，$b$=12.18(1)Å，$c$=18.83(2)Å，$\alpha$=109.24(8)°，$\beta$=91.97(9)°，$\gamma$=110.62(8)°，$V$=2226(4)Å^3，$2\theta_{max}$=25.00°，$\lambda$=0.71073Å，$T$=120(2)K，$\rho$=2.085g/cm^3，$\mu$=1.950mm^{-1}，$F(000)$=1360，收集25198个衍射点，其中7830为独立衍射点(R_{int}=0.2002)，GOF=0.798，R_1/R_2=0.0622/0.0837[$I>2\sigma(I)$]。

$[C_4C_1pyr][Tf_2N]$晶体学数据：$C_{16}H_{15}EuF_{24}N_6O_{16}S_8$，$M_r$=1411.78g/mol，三斜晶系，$P-1$空间群，$a$=12.369(7)Å，$b$=13.013(7)Å，$c$=16.91(1)Å，$\alpha$=71.34(1)°，$\beta$=69.34(1)°，$\gamma$=68.43(1)°，$V$=2311(2)Å^3，$2\theta_{max}$=25.10°，$\lambda$=0.71073Å，$T$=153(2)K，$\rho$=2.029g/cm^3，$\mu$=1.880mm^{-1}，$F(000)$=1376，收集12543个衍射数据，其中7815个为独立衍射点(R_{int}=0.1196)，GOF=1.050，R_1/R_2=0.1210/0.2924[$I>2\sigma(I)$]。

$[C_4C_1pyr]_2[Eu(Tf_2N)_5]$晶体学数据：$C_{28}H_{40}EuF_{30}N_7O_{20}S_{10}$，$M_r$=1837.23g/mol，三斜晶系，$P-1$空间群，$a$=12.323(1)Å，$b$=12.358(1)Å，$c$=22.637(2)Å，$\alpha$=95.244(8)°，$\beta$=102.786(8)°，$\gamma$=106.066(8)°，$V$=3187.2(6)Å^3，$2\theta_{max}$=24.50°，$\lambda$=0.71073Å，$T$=120(2)K，$\rho$=1.914g/cm^3，$\mu$=1.468mm^{-1}，$F(000)$=1820，收集36883个衍射点，其中10618个为独立衍射点(R_{int}=0.0775)，

GOF=0.894，R_1/R_2=0.0470/0.0875[$I>2\sigma(I)$]。

单晶晶体结构分析表明[C_3C_1im][Eu(Tf$_2$N)$_4$]，[C_4C_1im][Eu(Tf$_2$N)$_4$]和[C_4C_1pyr]$_2$[Eu(Tf$_2$N)$_5$]中Eu(Ⅲ)离子为九重配位，可以看作是单盖帽反四方棱柱几何构型（图4-24）。Eu—O平均键长为2.44~2.45Å，与金属有机骨架化合物中同样配位数的铕离子的键长相当。在[C_4mpyr]$_2$[Eu(Tf$_2$N)$_5$]中，Eu(Ⅲ)离子与四个二齿配位的二（三氟甲磺酰）亚胺配体的8个氧原子和一个单齿配位的配体的一个氧原子配位，如下所示。

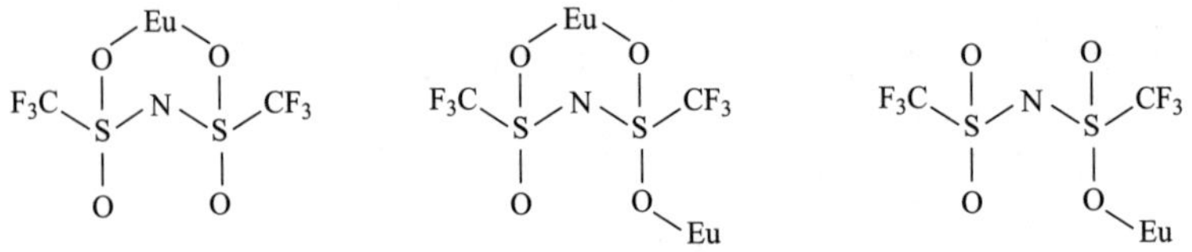

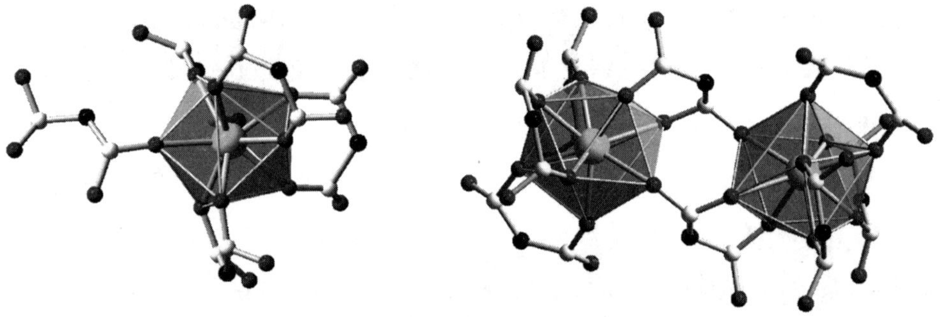

(a) [C_4C_1pyr]$_2$[Eu(Tf$_2$N)$_5$]   (b) [C_3C_1im]$_2$[Eu(Tf$_2$N)$_4$]

图4-24 [C_4C_1pyr]$_2$[Eu(Tf$_2$N)$_5$]和[C_3C_1im][Eu(Tf$_2$N)$_4$]中Eu^{Ⅲ}的配位环境

单齿配位的Tf$_2$N配体采取反式（transoid）构型（—CF$_3$基团相对于S—N—S平面的方向），未配位的Tf$_2$N阴离子也采取这种比较稳定的构型。对于双齿配体，则两种构型都存在，4个配体中一个采取顺式(cisoid)构型，另外一个反式构型，而另外两个显示顺式和反式构型的混合占位。

而在[C_3C_1im][Eu(Tf$_2$N)$_4$]和[C_4C_1im][Eu(Tf$_2$N)$_4$]中，则形成了分立的[Eu$_2$(Tf$_2$N)$_{10}$]$^{4-}$二聚体。其中一个Tf$_2$N配体不仅双齿螯合一个Eu^{3+}离子，而且以单

齿配位模式桥联了一个相邻的Eu³⁺离子。[C₃C₁im][Eu(Tf₂N)₄]和[C₄C₁im][Eu(Tf₂N)₄]的晶体结构非常相似，但[Tf₂N]配体采取了不同的构型。[C₃C₁im][Eu(Tf₂N)₄]中，除了一个之外，其余所有[Tf₂N]配体采取反式构型。与此相反，在[C₄C₁im][Eu(Tf₂N)₄]中，5个[Tf₂N]配体中有4个采取顺式构型。在这三个化合物中，所有配位的S—O键长，比未配位的平均长0.03Å(1.43~1.47 vs 1.42~1.44Å)。S—N键长[d_{mean}(S—N)=1.56~1.57Å]以及S—N—S键角[d_{mean}(S—N—S)=125~127°]与相似化合物的数值相当，而且与自由配体的数值相匹配。拉曼光谱是比较有用的工具，可以用来考察Tf₂N配体和金属阳离子之间的配位情况。[C₃C₁im][Eu(Tf₂N)₄]和[C₄C₁im][Eu(Tf₂N)₄]中ν_s(SNS)峰分别出现在754cm⁻¹和752cm⁻¹。而对于[C₃C₁im][Tf₂N]和[C₄C₁im][Tf₂N]中未配位的Tf₂N⁻配体，ν_s(SNS)峰出现在低波数方向(741cm⁻¹)。形成配合物后，对ν_s(SO₂)峰有直接影响。事实上，[C₃C₁im][Eu(Tf₂N)₄]和[C₄C₁im][Eu(Tf₂N)₄]中ν_s(SO₂)峰分裂成了两个峰：1115cm⁻¹和1150cm⁻¹，而在[C₃C₁im][Tf₂N]和[C₄C₁im][Tf₂N]中这一峰分别出现在1113cm⁻¹和1136cm⁻¹，1115cm⁻¹和1136cm⁻¹。

[C₃C₁im][Eu(Tf₂N)₄]，[C₄C₁im][Eu(Tf₂N)₄]和[C₄C₁pyr]₂[Eu(Tf₂N)₅]显示Eu(Ⅲ)离子典型的激发和发射光谱（图4-25）。这三个化合物的发射光谱非常相像，而固态样品与液态样品却有明显的不同。无论是固态样品还是液态样品的发射光谱，⁵D₀→⁷F₂电子跃迁强度最强，都很尖锐，表明它们具有很好的色纯度。对于固态样品所有的⁵D₀→⁷F$_J$(J=0~4)电子跃迁都可以看到，而对于液态样品，⁵D₀→⁷F₀电子跃迁消失了。在固态，三个化合物中Eu(Ⅲ)离子的氧配位环境具有D$_{3h}$对称性的变形三盖帽三角棱柱几何构型。对于理想对称性，观察不到⁵D₀→⁷F₀电子跃迁峰。然而，在这三个化合物的固态发射光谱上可以看到比较弱的⁵D₀→⁷F₀发射峰，说明Eu(Ⅲ)离子稍微偏离了理想的点对称性。液态时，这一峰强度变得更弱，表明配位环境的变化。除了⁵D₀→⁷F₀电子跃迁峰强度的变化，对于固态样品和液态样品最大的变化是⁵D₀→⁷F₄电子跃迁峰。液态时，在690nm和698nm附近有两个重叠的峰。固态时，这两个峰分裂成了三个峰：687nm，690nm，694nm。一个可能的解释是在液态时Eu(Ⅲ)离子的配位

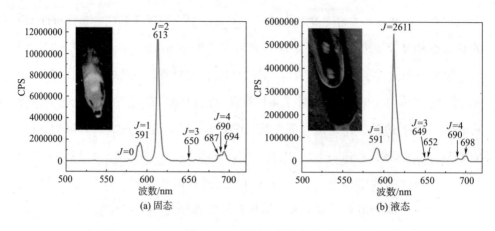

图4-25 [C₃C₁im][Eu(Tf₂N)₄]的固态和液态(介稳态)发射光谱

数更高，为10配位。对于[C₄mpyr]₂[Eu(Tf₂N)₅]，这很容易实现，如果单齿配位的配体翻转到金属中心，以螯合模式配位。对于[C₃C₁im][Eu(Tf₂N)₄]和[C₄C₁im][Eu(Tf₂N)₄]，一种可能是螯合—桥联配位模式的"自由"氧原子(O122)从一个三齿配位变成四齿配位配体。配位数10与Eu(Ⅲ)离子Tf₂N基离子液体溶液的XAFS研究结果一致。

$^5D_0 \rightarrow {}^7F_2$和$^5D_0 \rightarrow {}^7F_1$电子跃迁峰强度之比可以用来衡量Eu(Ⅲ)离子配位对称性的高低。在[C₃C₁im][Eu(Tf₂N)₄]中的强度比数值为9.94(固)和6.56(液)，[C₄C₁im][Eu(Tf₂N)₄]中的强度比数值为8.36（固）和3.49（液），证明样品熔化后，Eu³⁺配位环境趋向于高对称性变化。对于水合含铕物种，通常峰强度比（不对称因子）小一些，水分子会进入亲氧稀土离子的配位圈，这在之前的离子液体中稀土荧光性质研究中已经确定。水可以引起短的激发态荧光寿命，甚至是完全荧光淬灭。这三个样品的荧光衰减曲线都可以用单指数衰减方程拟合，表明样品中只含有一种配位环境的Eu(Ⅲ)离子，这与单晶结构表征结果一致。固态[C₃C₁im][Eu(Tf₂N)₄]的Eu($^5D_0$)室温荧光寿命（$\lambda_{ex,em}$=394nm，613nm）大约为2.15ms，液态（介稳态）为1.66 ms。[C₄C₁im][Eu(Tf₂N)₄]的固态和液态荧光寿命分别为2.21（$\lambda_{ex,em}$=394nm，613nm）和1.91ms（$\lambda_{ex,em}$=393nm，611nm）。由于液态时比固态时更易于激发振动，所以可以理解为什么液态时荧光寿命短。以

前，有报道"干"的Eu(Ⅲ)离子Tf$_2$N基离子液体溶液的荧光寿命大约0.4ms，而[C$_3$C$_1$im][Eu(Tf$_2$N)$_4$]和[C$_4$C$_1$im][Eu(Tf$_2$N)$_4$]的液态荧光寿命是如此之长。似乎在这三个含铕离子液体中，不管物质呈何种状态，荧光寿命受有机阳离子的影响不大。这些荧光寿命是令人吃惊的，尤其是当考虑到它们的高铕含量，它们是100% Eu-掺杂的材料，通常在这么高浓度的情况下，浓度淬灭所造成的非辐射衰减变得很严重。

通过[C$_3$C$_1$im][Eu(Tf$_2$N)$_4$]，[C$_4$C$_1$im][Eu(Tf$_2$N)$_4$]和[C$_4$C$_1$pyr]$_2$[Eu(Tf$_2$N)$_5$]这三个化合物，第一次实现了不需中性配体的辅助稳定作用，可以合成具有均一配位阴离子的含铕离子液体化合物。它们的结晶严重受限，其中[C$_3$C$_1$im][Eu(Tf$_2$N)$_4$]和[C$_4$C$_1$im][Eu(Tf$_2$N)$_4$]甚至在室温以下也会形成介稳液体。这三个化合物表明离子液体的阳离子对其结构和成分起决定性作用。所有的化合物都具有十分优异的光物理性能，包括高Eu(Ⅲ)浓度下的长荧光寿命、窄峰宽和高色纯度，这使得它们未来在多种光学材料中具有重要的应用价值。

经DSC测试，[C$_3$C$_1$im][Eu(Tf$_2$N)$_4$]，[C$_4$C$_1$im][Eu(Tf$_2$N)$_4$]和[C$_4$C$_1$pyr]$_2$[Eu(Tf$_2$N)$_5$]的熔点(初始)分别为81.0℃，67.9℃和92.1℃(图4-26~图4-28)。在[C$_4$C$_1$pyr]$_2$[Eu(Tf$_2$N)$_5$]的熔点峰之前，在70.1℃附近有一个吸热峰，可以归属于固态的相

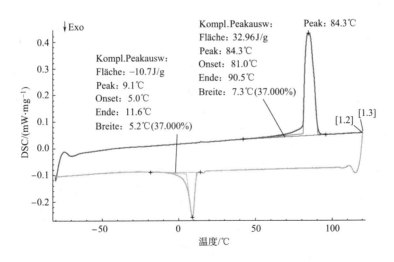

图4-26 [C$_3$C$_1$im][Eu(Tf$_2$N)$_4$]的DSC曲线

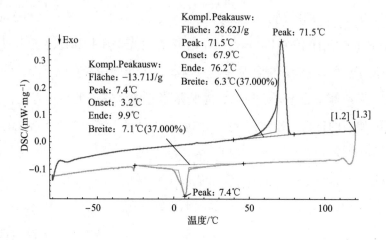

图 4-27　[C₄C₁im][Eu(Tf₂N)₄]的DSC曲线

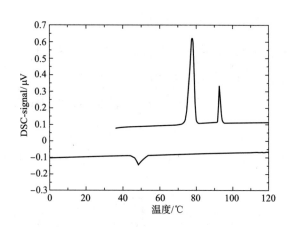

图 4-28　[C₄C₁pyr]₂[Eu(Tf₂N)₅]的DSC曲线

转变。[C₄C₁im][Eu(Tf₂N)₄]的熔点比[C₃C₁im][Eu(Tf₂N)₄]低一些，应是源自两个原因：一是，由于[C₄C₁im]⁺尺寸比[C₃C₁im]⁺大，根据Kapustinskii方程，[C₄C₁im][Eu(Tf₂N)₄]的晶格能要低一些；二是，C4烷基链比C3烷基链有更多的构型自由度，使得堆积受挫。[C₄C₁pyr]₂[Eu(Tf₂N)₅]是吡咯盐，通常熔点比咪唑镕的要高，所以[C₄C₁pyr]₂[Eu(Tf₂N)₅]的熔点高于[C₃C₁im][Eu(Tf₂N)₄]和[C₄C₁im][Eu(Tf₂N)₄]。此外，[C₄C₁pyr]₂[Eu(Tf₂N)₅]的配位阴离子电荷更高，同样也使得它的熔点比较高。然而，所有这三个化合物都倾向于形成过冷液体。[C₃C₁im][Eu(Tf₂N)₄]的结晶温度约为11℃，[C₄C₁im][Eu(Tf₂N)₄]约为10℃，[C₄C₁pyr]₂[Eu(Tf₂N)₅]约为53℃。咪唑盐由于电荷的高度离域化以及取代咪唑阳离子的高度几何构型各向异性，使得咪唑盐的结晶往往受限。液态组分"[C₄C₁im]₂[Eu(Tf₂N)₅]"根本就不结晶，只是在约-50℃附近可以发现一个玻璃化转变。通过小心的降温步骤，[C₄C₁im][Eu(Tf₂N)₄]可以从熔盐中结晶出来，留下[C₄C₁im][Tf₂N]。事实上，1 mol[C₄C₁im][Eu(Tf₂N)₄]溶于1 mol的[C₄C₁im][Tf₂N]代表着相图的共晶相。而这三个化合物是可熔化的化合物。

4.8.2 基于C(O)—N—P(O)骨架的含稀土离子液体

HDETCAP的合成路径如下所示。

[CₙC₁im][Ln(DETCAP)₄]的合成方法与前述β-二酮基含稀土离子液体的合成方法类似。具体步骤如下：将[C₂mim]Cl（0.1466g，1.0mmol）或者[C₄mim]Cl（0.1747g，1.0mmol），HDETCAP（0.8322g，4mmol）和4mL（4mmol）的1mol/L NaOH水溶液加入6mL乙醇中。搅拌、加热到50℃，当溶液变得澄清透明后，滴加LnCl₃（1mmol；Eu：0.3664g；Tb：0.3734g）的2mL水溶液。再搅拌30min，然后冷却至室温，得无色沉淀，过滤，少量冰水洗，用乙醇重结晶得无色块状晶体，它们的分子通式是：[CₙC₁im][Ln(DETCAP)₄]（n=2，4；Ln=Eu，Tb；DETCAP=2，2，2-三氯乙酰氨基膦酸二乙酯）。元素分析(%) [C₂mim][Eu(DETCAP)₄]（C₆₀H₁₀₂Cl₂₄Eu₂N₁₂O₃₂P₈，2906.1132）理论计算值：C 24.80，H 3.54，N 5.78；实测值：C 24.86，H 3.64，N 5.83。元素分析(%) [C₂mim][Tb(DETCAP)₄]（C₆₀H₁₀₂Cl₂₄Tb₂N₁₂O₃₂P₈，2920.0332）理论计算值：C 24.68，H 3.52，N 5.76；实测值：C 24.60，H 3.44，N 5.70。元素分析(%) [C₄mim][Eu(DETCAP)₄]（C₆₄H₁₁₀Cl₂₄Eu₂N₁₂O₃₂P₈，2962.12）理论计算值：C 25.95，H 3.74，N 5.67；found：C 26.01，H 3.82，N 5.61。元素分析(%)

[C$_4$mim][Tb(DETCAP)$_4$]（C$_{64}$H$_{110}$Cl$_{24}$Tb$_2$N$_{12}$O$_{32}$P$_8$，2976.1407）理论计算值：C 25.83，H 3.73，N 5.65；实测值：C 25.77，H 3.82，N 5.60。

　　这四个含稀土离子液体为同构化合物，均为三斜晶系$P-1$空间群，每个单胞中含有两个分子。每个不对称单元中含有两个[C$_n$mim]$^+$有机阳离子和两个[Ln(DETCAP)$_4$]$^-$配位阴离子(图4–29)，表明它们的分子式为[C$_n$mim][Ln(DETCAP)$_4$]（n=2，4）。配位阴离子[Ln(DETCAP)$_4$]$^-$由中心稀土离子和4个阴离子配体螯合而成，具有反四方棱柱配位几何构型。[C$_2$mim][Eu(DETCAP)$_4$]和[C$_4$mim][Eu(DETCAP)$_4$]中Eu—O键长分别为：2.356(4)~2.457(4)Å，2.349(9)~2.456(10)Å；[C$_2$mim][Tb(DETCAP)$_4$]和[C$_4$mim][Tb(DETCAP)$_4$]中Tb—O键长分别为：2.326(4)~2.439(4)Å，2.313~2.438Å(表4–8)，和文献中报道的稀土β–二酮化合物的相当。咪唑环的三个酸性氢原子和DETCAP阴离子配体的氧原子之间形成了C—H…O相互作用，把相邻的两个[Ln(DETCAP)$_4$]$^-$配位阴离子与一个有机阳离子[C$_n$mim]$^+$连接起来。[图4–29(a)和图4–30(a)]，形成沿着(110)方向([C$_2$mim][Ln(DETCAP)$_4$]，Ln=Eu，Tb)或者b轴方向([C$_4$mim][Ln(DETCAP)$_4$]，Ln=Eu，Tb)的一维无限链状结构。这些一维链通过范德瓦耳斯力进一步组装成三维超分子结构[图4–29(b)和图4–30(b)]。

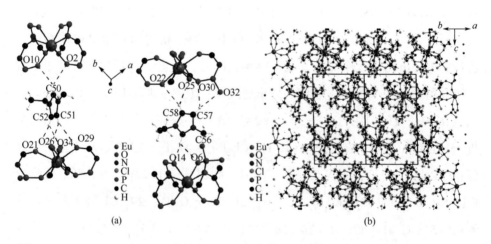

图4–29　[C$_2$mim][Eu(DETCAP)$_4$]中的C—H…O相互作用和沿着（110）方向的3D晶体堆积图

表4-8 [C$_n$C$_1$im][Ln(DETCAP)$_4$](n=2，4)的部分键长数据

化合物	键	键长/ Å	键	键长/ Å
[C$_2$C$_1$im] [Eu(DETCAP)$_4$]	Eu(1)—O(2)	2.356(4)	Eu(2)-O(26)	2.359(4)
	Eu(1)—O(6)	2.360(4)	Eu(2)-O(34)	2.362(4)
	Eu(1)—O(10)	2.363(4)	Eu(2)-O(30)	2.384(4)
	Eu(1)—O(14)	2.379(4)	Eu(2)-O(22)	2.386(4)
	Eu(1)—O(5)	2.438(4)	Eu(2)-O(33)	2.416(4)
	Eu(1)—O(13)	2.445(4)	Eu(2)-O(21)	2.424(4)
	Eu(1)—O(9)	2.449(4)	Eu(2)-O(29)	2.437(4)
	Eu(1)—O(1)	2.457(4)	Eu(2)-O(25)	2.437(4)
[C$_2$C$_1$im] [Tb(DETCAP)$_4$]	Tb(1)—O(6)	2.326(4)	Tb(2)-O(34)	2.331(4)
	Tb(1)—O(2)	2.327(4)	Tb(2)-O(26)	2.334(4)
	Tb(1)—O(10)	2.335(4)	Tb(2)-O(30)	2.356(4)
	Tb(1)—O(14)	2.348(4)	Tb(2)-O(22)	2.358(4)
	Tb(1)—O(5)	2.418(4)	Tb(2)-O(33)	2.391(4)
	Tb(1)—O(13)	2.427(4)	Tb(2)-O(21)	2.401(4)
	Tb(1)—O(9)	2.431(4)	Tb(2)-O(25)	2.412(4)
	Tb(1)—O(1)	2.439(4)	Tb(2)-O(29)	2.416(4)
[C$_4$C$_1$im] [Eu(DETCAP)$_4$]	Eu(1)—O(6)	2.347(13)	Eu(2)-O(30)	2.358(15)
	Eu(1)—O(10)	2.366(14)	Eu(2)-O(22)	2.363(16)
	Eu(1)—O(2)	2.368(14)	Eu(2)-O(26)	2.369(13)
	Eu(1)—O(14)	2.385(13)	Eu(2)-O(18)	2.372(13)
	Eu(1)—O(13)	2.428(13)	Eu(2)-O(17)	2.433(14)
	Eu(1)—O(1)	2.432(16)	Eu(2)-O(21)	2.440(16)
	Eu(1)—O(5)	2.448(14)	Eu(2)-O(29)	2.441(14)
	Eu(1)—O(9)	2.451(15)	Eu(2)-O(25)	2.459(14)
[C$_4$C$_1$im] [Tb(DETCAP)$_4$]	Tb(1)—O(6)	2.313(4)	Tb(2)-O(30)	2.327(5)
	Tb(1)—O(10)	2.339(4)	Tb(2)-O(22)	2.331(5)
	Tb(1)—O(2)	2.346(4)	Tb(2)-O(18)	2.346(4)
	Tb(1)—O(14)	2.348(4)	Tb(2)-O(26)	2.356(4)
	Tb(1)—O(13)	2.413(4)	Tb(2)-O(29)	2.418(5)
	Tb(1)—O(1)	2.414(5)	Tb(2)-O(17)	2.419(4)
	Tb(1)—O(9)	2.424(5)	Tb(2)-O(21)	2.421(4)
	Tb(1)—O(5)	2.438(4)	Tb(2)-O(25)	2.435(5)

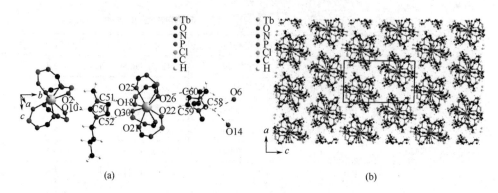

图4-30　化合物[C₄mim][Tb(DETCAP)₄]中的C—H···O相互作用和沿着b方向的
3D三维晶体结构堆积图

用示差扫描量热法(DSC)测试了[CₙC₁im][Ln(DETCAP)₄](n=2，4)的热行为，结果见图4-31。

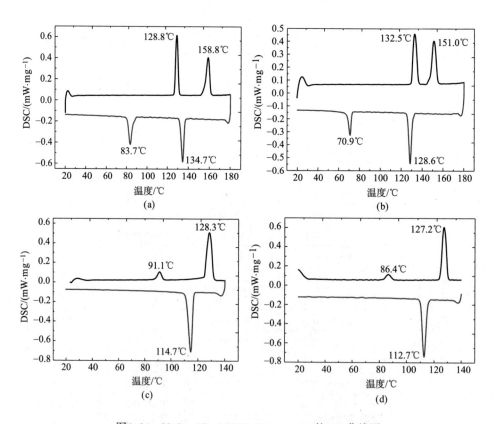

图4-31　[CₙC₁im][Ln(DETCAP)₄](n=2，4)的DSC曲线图

如预期所料，这四个化合物具有非常类似的热行为。对于$[C_2C_1im]$ $[Ln(DETCAP)_4](Ln=Eu，Tb)$，在20~180℃温度区间内，各加热和降温曲线上各有三个相，即各存在两个吸热峰($[C_2C_1im][Eu(DETCAP)_4]$：128.8℃，158.8℃；$[C_2C_1im][Tb(DETCAP)_4]$：132.5℃，151.0℃)和两个放热峰($[C_2C_1im]$ $[Eu(DETCAP)_4]$：83.7℃和134.7℃；$[C_2C_1im][Tb(DETCAP)_4]$：70.9℃和128.6℃)。但根据经验，这并不能证明它们具有介晶相，而更可能是离子液体化合物中常见的由有机阳离子的转动所引起的固态相转变。$[C_4C_1im][Ln(DETCAP)_4]$ $(Ln=Eu，Tb)$的热行为和$[C_2C_1im][Ln(DETCAP)_4](Ln=Eu，Tb)$的略有不同。在加热曲线上同样有两个吸热峰($[C_4C_1im][Eu(DETCAP)_4]$：91.1℃和128.3℃；$[C_4C_1im]$ $[Tb(DETCAP)_4]$：86.4℃和127.2℃)，但在降温曲线上只有一个放热峰($[C_4C_1im]$ $[Eu(DETCAP)_4]$：114.7℃；$[C_4C_1im][Tb(DETCAP)_4]$：112.7℃)。这种差异可能归因于在$[C_4C_1im][Ln(DETCAP)_4](Ln=Eu，Tb)$中，有机阳离子$(C_4C_1im)^+$的尺寸比$(C_2C_1im)^+$更大，使得其在温度变化过程中转动困难一些。$[C_2C_1im][Ln(DETCAP)_4]$ $(Ln=Eu，Tb)$的熔点比$[C_4C_1im][Ln(DETCAP)_4](Ln=Eu，Tb)$的要高，这是因为$[C_4C_1im]$ $[Ln(DETCAP)_4](Ln=Eu，Tb)$中有机阳离子尺寸大、不对称性更大造成的。这四个化合物的熔点均高于120℃，与经典β-二酮类含稀土离子液体的数据相当。

配体HDETCAP与β-二酮的红外吸收光谱十分相似，都含有酰胺—烯醇异构体。与稀土离子配位之后亚胺N原子上的氢原子被移去，得到π-共轭的O=C—N—P=O骨架，并导致C=O和P=O键的拉长以及C—N和P—N键的收缩（表4-9）。对于中性配体HDETCAP，$\upsilon(N—H)$振动位于大约3073cm^{-1}处，但这一吸收峰没有出现在$[C_nC_1im][Ln(DETCAP)_4]$($n=2$，4)的红外吸收光谱上，表明配体HDETCAP脱去了这个质子，与稀土离子配位产生了配位作用。中性配体中典型的羰基振动吸收峰，约出现在1744cm^{-1}处，由于螯合环中p电子的离域，在$[C_nC_1im][Ln(DETCAP)_4]$($n=2$，4)中蓝移到了1618cm^{-1}。在含膦酰基团的化合物中—PO$_3$基团是一个典型的红外吸收峰，对于配体和化合物$[C_nC_1im][Ln(DETCAP)_4]$ ($n=2$，4)都可以观察到，其中P=O伸缩振动峰出现在1265~1260cm^{-1}，而不对称和对称P—O伸缩振动峰分别出现在1031~1037cm^{-1}和964~971cm^{-1}。$\upsilon(P=O)$峰的红移为磷酰基团与稀土离子的配位提供了进一步的证明。

表4-9　配体HDETCAP和化合物的重要振动频率和它们的归属　　　　单位：cm^{-1}

振动类型	HDETCAP	[C$_2$C$_1$im] [Eu(DETCAP)$_4$]	[C$_2$C$_1$im] [Tb(DETCAP)$_4$]	[C$_4$C$_1$im] [Eu(DETCAP)$_4$]	[C$_4$C$_1$im] [Tb(DETCAP)$_4$]
v(N—H)	3072.7				
v(C=O)	1743.8	1618.0	1618.2	1617.5	1617.7
v(C—N)	1393.8	1363.1	1363.3	1362.4	1362.6
v(P=O)	1264.6	1261.3	1262.2	1260.3	1263.2
v_{as}(C—O)	1166.9	1172.1	1171.9	1168.4	1167.6
v_{as}(P—O)	1030.7	1037.2	1037.2	1035.1	1035.2
v_{as}(P—N)	991.2	1010.6	1011.1	1009.8	1010.6
v_s(P—O)	964.3	968.0	968.0	970.4	970.6
v(C—Cl)	674.8	675.9	675.4	677.0	677.1

从图4-32中可以看出，这四个含稀土离子液体化合物具有十分相似的热失重行为，在30~800℃温度范围内都经历一步失重。对于[C$_2$C$_1$im][Ln(DETCAP)$_4$](Ln=Eu，Tb)，在180℃之前没有明显的失重，而[C$_4$C$_1$im][Ln(DETCAP)$_4$](Ln=Eu，Tb)从约160℃开始失重，表明[C$_2$C$_1$im][Ln(DETCAP)$_4$](Ln=Eu，Tb)具有更高的热稳定性。继续加热，它们开始剧烈失重直至700℃不再变化，此时[C$_2$C$_1$im]

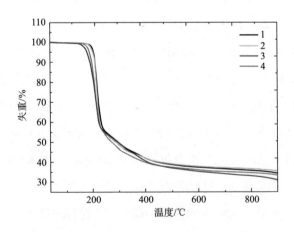

图4-32　[C$_n$C$_1$im][Ln(DETCAP)$_4$](n=2，4)的热重曲线

[Eu(DETCAP)$_4$]失重约63.3%，[C$_2$C$_1$im][Tb(DETCAP)$_4$]失重约62.8%，[C$_4$C$_1$im]
[Eu(DETCAP)$_4$]失重约65.9%，[C$_4$C$_1$im][Tb(DETCAP)$_4$]失重约64.8%。与其他含金
属离子液体或者低温熔盐相比，这四个化合物的热稳定性一般，应是由配体
DETCAP引起的。

在室温(RT)和77K温度下，测试了[C$_n$C$_1$im][Ln(DETCAP)$_4$](n=2，4)的激发和
发射光谱(图4-33~图4-36)。所有的含Eu-和含Tb-化合物都具有很强的荧光发
射，显示它们各自所含稀土离子的特征发射。

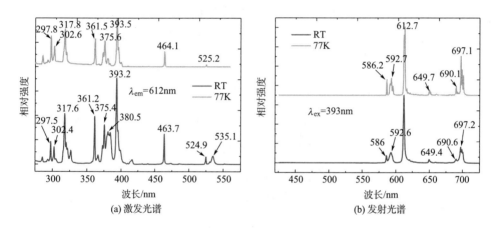

图4-33 [C$_2$C$_1$im][Eu(DETCAP)$_4$]的激发和发射光谱

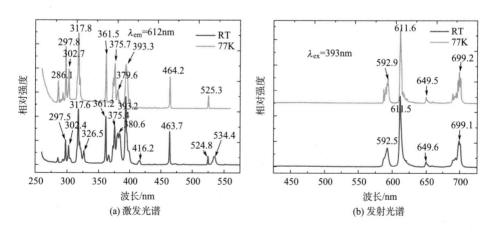

图4-34 [C$_4$C$_1$im][Eu(DETCAP)$_4$]的激发和发射光谱

无论室温还是77K，通过监测$^5D_0 \to ^7F_2$电子跃迁(λ_{em}=612nm)，在[C$_n$C$_1$im]

[Eu(DETCAP)$_4$](n=2，4)的激发光谱图上，都可以看到一系列对应于不同的f—f电子跃迁的强峰：361，366($^7F_0 \rightarrow {}^5D_4$)，373，375($^7F_{0/1} \rightarrow {}^5G_J$)，381，384($^7F_{0/1} \rightarrow {}^5L_7$，$^5G_J$)，393，395($^7F_0 \rightarrow {}^5L_6$)，416($^7F_0 \rightarrow {}^5D_3$)，464($^7F_0 \rightarrow {}^5D_2$)，525($^7F_0 \rightarrow {}^5D_1$)，535nm($^7F_1 \rightarrow {}^5D_1$)。

在室温和77K，通过激发[C$_n$C$_1$im][Eu(DETCAP)$_4$](n=2，4)中Eu(Ⅲ)的$^7F_0 \rightarrow {}^5L_6$电子跃迁($\lambda_{ex}$=393nm)，可以得到非常相似的荧光发射峰，表明中心Eu离子的配位环境十分相似，这一点从单晶结构表征已得到证实。可以观察到一系列尖锐而强的发射峰，对应于第一激发非简并的$^5D_0$能级到基态Eu(Ⅲ)离子的七重不同能级^7F_J(J=0~4)：[(579($^5D_0 \rightarrow {}^7F_0$)，593($^5D_0 \rightarrow {}^7F_1$)，612，613，616($^5D_0 \rightarrow {}^7F_2$)，650($^5D_0 \rightarrow {}^7F_3$)，697($^5D_0 \rightarrow {}^7F_4$)]。最主要的发射峰为十分灵敏的$^5D_0 \rightarrow {}^7F_2$电子跃迁，最大峰值出现在大约612nm，这一点与Eu(Ⅲ)的低点对称性相一致。这些发射峰主要来自于$^5D_0$能级，而对于[C$_4$C$_1$im][Eu(DETCAP)$_4$]，在520~570nm范围内，还可以观察到一些从更高的能级$^5D_1$的跃迁峰。

$^5D_0 \rightarrow {}^7F_0$电子跃迁能够真实反映化合物中Eu(Ⅲ)的配位成键环境。对于[C$_2$C$_1$im][Eu(DETCAP)$_4$]，室温条件下$^5D_0 \rightarrow {}^7F_0$电子跃迁峰非常弱，温度降到77K后则变得比较明显，可以看到在这个宽带上有两个分得不太清楚的最大值。而[C$_4$C$_1$im][Eu(DETCAP)$_4$]的$^5D_0 \rightarrow {}^7F_0$电子跃迁在室温和77K都只有一条带。这一结果反映出在[C$_n$C$_1$im][Eu(DETCAP)$_4$](n=2，4)中有两个晶体学独立的Eu(Ⅲ)离子，这两个晶体学独立的Eu(Ⅲ)离子具有十分相似或者一样的对称性配位环境，与单晶-X射线分析结果一致。$^5D_0 \rightarrow {}^7F_2/{}^5D_0 \rightarrow {}^7F_1$可以用于鉴别Eu(Ⅲ)周围的对称性和强度，从其相对高的强度比上得以反映出来，[C$_n$C$_1$im][Eu(DETCAP)$_4$](n=2，4)中Eu(Ⅲ)配位环境对称性较低。值得指出的是这个强度比受材料温度的影响较大。对于[C$_2$C$_1$im][Eu(DETCAP)$_4$]，室温下其强度比值高达6.57，77K降到1.61。对于[C$_4$C$_1$im][Eu(DETCAP)$_4$]，室温和77K的值分别为3.71和1.57，远比中心对称Eu(Ⅲ)的数值(0.67)要高，但对于一个处在反对称中心的低点对称性的Eu(Ⅲ)是比较正常的。宽的$^5D_0 \rightarrow {}^7F_0$电子跃迁以及变化的$^5D_0 \rightarrow {}^7F_2/{}^5D_0 \rightarrow {}^7F_1$强度比表明Eu(Ⅲ)中心多变的配位环境。不对称参数随着温度的升高而升高表明DETACAP

配体与Eu(Ⅲ)离子的强耦合作用，当温度降到77K，峰变得明显的分裂和精细化，表明低温情况下Eu(Ⅲ)成键位置的强晶体场效应。

室温和77K时，通过监测$^5D_0{\rightarrow}^7F_2$电子跃迁和以393nm光激发获得 $[C_nC_1im]$[Eu(DETCAP)$_4$](n=2，4)的$^5D_0$荧光寿命。衰减曲线可以很好地用单指数方程拟合，得到的荧光寿命分别为[C$_2$C$_1$im][Eu(DETCAP)$_4$]：2.66ms(298 K)，2.74ms(77K)；[C$_4$C$_1$im][Eu(DETCAP)$_4$]：2.68 ms(298K)，3.14 ms(77K)，表明$^5D_0$荧光寿命同样受温度影响。这些数值明显贡献高于很多含铕聚合物，证明IL/低温熔盐中由于更好的包裹作用，可以大幅减小多声子弛豫过程。

为了更好地理解辐射(k_r)和非辐射(k_{nr})能量传输路径，从发射光谱和$^5D_0$荧光寿命采用方程式(4-1)估算了$^5D_0$内在量子产率(Φ_{Ln})(表4-10)。

表4-10　[C$_2$C$_1$im][Eu(DETCAP)$_4$]，[C$_4$C$_1$im][Eu(DETCAP)$_4$]和一些稀土β-二酮化合物的相关参数

化合物	辐射能量 k_r/ms^{-1}	非辐射能量k_{nr}/ms^{-1}	表观荧光寿命τ_{obs}/ms	内在量子产率Φ_{Ln}/%	Φ_{sens}/%	能量传输效率$\Phi_{overall}$/%
[C$_2$mim][Eu(DETCAP)$_4$](1)	0.285	0.092	2.66	76	40	30
[C$_4$mim][Eu(DETCAP)$_4$](3)	0.281	0.048	2.68	75	65	49
Eu(TFI)$_3$(bpy)[32]	2.16	9.708	0.084	18	74	13.5
Eu(TFI)$_3$(phen)[32]	1.92	5.884	0.128	25	76	18.6
Eu(PFNP)$_3$(phen)[33]	0.591	0.255	1.183	70	53	37
Eu(PBI)(bpy)[34]	6.911	3.314	0.978	68	22	15
Eu(TTA)$_3$(phen)[35]	0.713	0.695	0.71	51	95	48
Eu(Br-TTA)$_3$(phen)[36]	0.729	1.271	0.5	36	100	37
Eu(CPFHP)$_3$(DDXPO)[36]	0.986	0.413	0.714	70	66	47
Eu$_2$(BTP)$_3$(phen)$_2$[37]	0.857	0.246	0.906	78	83	65

$$\Phi_{Ln} = \frac{k_r}{k_r+k_{nr}} = \frac{\tau_{obs}}{\tau_{rad}} \quad (4-1)$$

$$k_{exp} = \tau_{exp}^{-1} = k_r + k_{nr} \quad (4-2)$$

τ_{exp}是从实验衰减曲线拟合所得到衰减时间。假设$^5D_0 \rightarrow {}^7F_{5,6}$电子跃迁的影响可以忽略不计，而且$^5D_0 \rightarrow {}^7F_1$电子跃迁(MD)能量和它的共振子强度保持不变，可以用方程式(4-3)计算得到辐射寿命τ_{rad}。

$$k_r = \frac{1}{\tau_{rad}} = A_{0 \rightarrow 1} \frac{\hbar\omega_{0 \rightarrow 1}}{S_{0 \rightarrow 1}} \sum_{J=0}^{4} \frac{S_{0-J}}{\hbar\omega_{0-J}} \qquad (4-3)$$

式中：A_{0-1}是$^5D_0$和$^7F_1$ Stark能级之间的自发发射爱因斯坦系数，通常取值为$50s^{-1}$。$\hbar\omega_{0-J}$和S_{0-J}分别是$^5D_0 - {}^7F_J$电子跃迁的能量和积分强度。

对于一个稀土化合物，总的量子产率($\Phi_{overall}$)可以通过激发配体，由实验获得。假设化合物吸收一个声子，总的量子产率可以用方程式(4-4)计算得到。

$$\Phi_{sens} = \frac{\Phi_{overall}}{\Phi_{Ln}} \qquad (4-4)$$

式中：Φ_{sens}为从配体到Eu^{3+}的能量传输效率；Φ_{Ln}为稀土离子的内在量子产率。化合物$[C_2C_1im][Eu(DETCAP)_4]$和$[C_4C_1im][Eu(DETCAP)_4]$的相对应光物理参数列于表4-10中。可以发现它们的量子效率非常高，而非辐射跃迁概率甚至小于辐射跃迁概率。这可以用Eu(Ⅲ)离子第一配位圈中没有水分子加以解释，单晶X射线结构分析已经证明了这一点。有没有配位水分子可以进一步用Supkowski and Horrocks经验方程加以验证：

$$n_w = 1.11 \times (k_{exp} - k_r - 0.31) \qquad (4-5)$$

对于$[C_2C_1im][Eu(DETCAP)_4]$和$[C_4C_1im][Eu(DETCAP)_4]$计算得到水分子数量(n_w)为无意义的负值，与晶体学研究结果一致，表明Eu(Ⅲ)离子配位圈中确实没有水分子。

与最近报道的一些β-二酮铕(Ⅲ)化合物相比，很明显$[C_2C_1im][Eu(DETCAP)_4]$和$[C_4C_1im][Eu(DETCAP)_4]$的k_r和k_{nr}数值非常小，而内在量子产率(Φ_{Ln})最高，荧光寿命(τ_{rad})最长。$[C_2C_1im][Eu(DETCAP)_4]$和$[C_4C_1im][Eu(DETCAP)_4]$的总量子产率($\Phi_{overall}$)和能量传输效率(Φ_{sens})一般（表4-10）。$[C_2C_1im][Eu(DETCAP)_4]$和$[C_4C_1im][Eu(DETCAP)_4]$低的能量传输效率数值和辐射衰减速率表明，相对于芳香配体，β-二酮配体DETCAP不是一个特别有效的敏化剂。但它们的Eu(Ⅲ)离子中心被

DETCAP很好地包裹起来，互相隔离，远离N—H或O—H高频振动声子，减少非辐射能量损失概率，增强发射强度和衰减寿命。

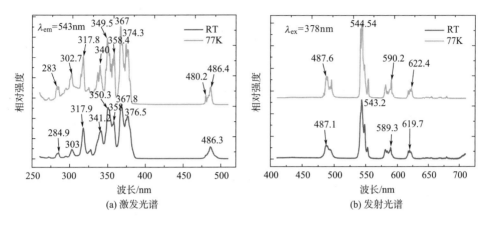

图4-35　[C₂C₁im][Tb(DETCAP)₄]的激发和发射光谱

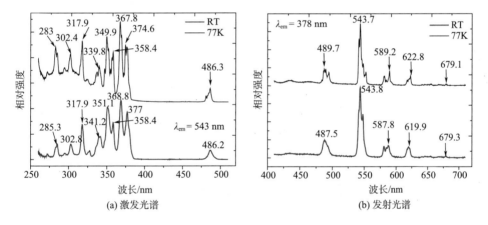

图4-36　[C₄C₁im][Tb(DETCAP)₄]的激发和发射光谱

图4-35图和4-36给出了[C₄C₁im][Eu(DETCAP)₄]和[C₄C₁im][Eu(DETCAP)₄] 298K和77K时的激发和发射光谱。显然，它们激发和发射光谱很相似，监测543nm波长的激发光谱上有一系列的峰：272nm，285nm，295nm，303nm，318nm，327nm，341nm，350nm，358nm，368nm，377nm，486nm，对应于Tb^{3+}离子从基态$^7F_6$到不同激发态$^5D_0$，$^5G_{2-6}$，$^5L_{10}$，$^5D_{2-4}$的构型内$4f^8 \rightarrow 4f^8$禁阻电子跃迁。在378nm激发光激发下，显示系列发射峰：487nm，543nm，589nm，

620nm，654nm，669nm，679nm，对应于典型的Tb(Ⅲ)离子的$^5D_4 \rightarrow {}^7F_J(J=6$，5，4，3，2，1，0) 电子跃迁，其中$^5D_4 \rightarrow {}^7F_5$发射峰最强，所以显示为绿色。可以注意到当温度从298 K降低到77K，发射光谱中各发射峰进一步分裂和精细化。它们的荧光寿命($^5D_4$)受温度影响不大，当监测波长为543nm、激发波长为378nm，各自的荧光寿命分别为[C_2C_1im][Tb(DETCAP)$_4$]: 2.74ms(298 K)，2.43ms(77K)，[C_4C_1im][Tb(DETCAP)$_4$]: 2.60ms(298K)，2.61ms(77K)。这些表明Tb(Ⅲ)离子的发射不是很受环境的影响。[C_2C_1im][Tb(DETCAP)$_4$]和[C_4C_1im][Tb(DETCAP)$_4$]室温量子产率分别为37%和39%。

4.8.3 基于S(O)$_2$—N—P(O)$_2$骨架的含稀土离子液体

阴离子螯合配体，结合能力强，是许多包括稀土在内的正三价金属离子的优良配位官能团。所形成络合物的主要特征是它们的固态和水溶液中水解反应的稳定性。一价阴离子配体生成了一大批中性的LnL$_3$络合物，取得了一些分离和纯化方面的实际应用。过去几十年里，已经对许多含β-二酮及其衍生物，如酰胺膦酸酯(CAPh)和磺酰胺膦酸酯(SAPh)的稀土络合物产生了足够的兴趣。而后者有更大的"螯合钳"，能够牢牢地抓住金属阳离子。通过对配体的取代基团进行适当的调节，来增强这些络合物的荧光效率，以这样的方式调节这些配体的三线态能级的位置，以获得β-二酮与稀土离子之间更好的能量传输。磺酰胺膦酸酯(SAPh)配体与稀土离子配位后，能够形成以P=O和SO$_2$基团与金属中心配位的六元螯合环Ln—O—S—N—P—O，还能与外层阳离子之间形成超分子键。而且，通过改变功能螯合环的取代基团，调节配体的电子结构，成为"有效天线"系统制作的有力工具。Ln—SAPh络合物具有相对有效的配体—金属能量传输和强的金属中心发射，使得它们成为非常有用的能量转化器。将磺酰胺膦酸酯作为阴离子配体用于制备含稀土离子液体，将是一个较为理想的选择。

采用复分解法制备了[N$_{2222}$][Ln(SAPh)$_4$]，合成方法如下：

（1）NaSAPh的合成。在水/异丙醇中，加入一当量的碳酸钠和两倍当量的HSAPh，加热、搅拌直到碳酸钠全部溶解。减压蒸除所得溶液的溶剂，异丙醇

Ln=La, Nd, Eu

重结晶。过滤NaSAPh的晶体，用正己烷洗涤，晾干。产率：90%。

（2）[N$_{2222}$][Ln(SAPh)$_4$](Ln=La，Nd，Eu)。根据下面的反应方程式，两步法制备。

$$Ln(NO_3)_3 \cdot nH_2O + 4NaSAPh \longrightarrow Na[Ln(SAPh)_4] + 3NaNO_3 \downarrow + nH_2O \quad (1)$$

$$Na[Ln(SAPh)_4] + [N_{2222}]Cl \longrightarrow [N_{2222}][Ln(SAPh)_4] + NaCl \downarrow \quad (2)$$

在第一步中，以磺酰胺膦酸酯的钠盐NaSAPh为前驱体，和稀土盐反应，制备Na[Ln(SAPh)$_4$]。边搅拌，边往Ln(NO$_3$)$_3$ · nH$_2$O(0.1mmol) 的异丙醇溶液(10mL)中，滴加NaSAPh(0.4mmol)的异丙醇溶液(15mL)。所得混合物回流反应10min，然后冷却到室温，过滤除去硝酸钠。得Na[Ln(SAPh)$_4$]的备用溶液，用于[N$_{2222}$][Ln(SAPh)$_4$]的合成。将[N$_{2222}$]Cl(1mmol)的异丙醇溶液，加入上述Na[Ln(SAPh)$_4$]溶液中，室温搅拌10min，所得混合物经过滤除去沉淀产生的氯化钠，滤液置于烧杯中，放入干燥器中，缓慢挥发，生长晶体。2~3天后，得到[N$_{2222}$][Ln(SAPh)$_4$](Ln=La，Nd，Eu)的晶体，过滤，用冷异丙醇洗涤，干燥。产率：70%~80%。它们的熔点为185~187℃，比NaSAPh要低一些（193~196℃）。基于这个研究结果，可以断定用[N$_{2222}$]$^+$有机阳离子取代钠离子，可以弱化所得配位阴离子分子之间的相互作用。所有这些合成的含稀土盐都溶于水、甲醇、异丙醇、丙酮、DMSO和氯仿中，而微溶于非极性溶剂中（如环己烷和甲苯）。

[N$_{2222}$][Eu(SAPh)$_4$]晶体学参数：M_r=1395.15g/mol，单斜晶系，$C2/c$(No. 15)空间群，a=28.276(2)Å，b=10.6780(9)Å，c=24.4149(2)Å，α=90°，

$\beta=124.699(2)°$，$\gamma=90°$，$V=6060.6(8)\text{Å}^3$，$Z=4$，$D_{calcd}=2.529\text{g/cm}^3$，abs coeff，$\mu=13.51\text{mm}^{-1}$，$F(000)=2872$，晶体尺寸=0.5mm × 0.1mm × 0.07mm，θ range for data collection(deg)=2.19° ~27.18°，收集6694个衍射点，其中5915个为独立衍射点，$R_{int}=0.0326$，GOF=1.033，最终R indices $[I > 2\sigma(I)]$ $R_1=0.0317$，$\omega R_2=0.0741$，R indices(all data) $R_1=0.0392$，$\omega R_2=0.0795$。

[N$_{2222}$][Eu(SAPh)$_4$]为单斜晶体，空间群为C_2/c(No，15)，每个单胞中含有4个分子。Eu1和N1占据这特殊位置，处于2-重轴上。每个不对称单元中含有半个[Eu(SAPh)$_4$]$^-$配位阴离子和半个[N$_{2222}$]$^+$有机阳离子（图4-37）。在每个配位阴离子中Eu(Ⅲ)离子与四个DAPh配体中的八个磷酰氧和磺酰氧键合，组成稀土离子的第一配位圈，形成EuO$_8$配位多面体，具有反四棱柱几何构型。Eu—O键长为2.352(2)~2.493(2)Å，和其他类似含铕化合物相当。由于膦酰官能团对稀土离子的强烈亲和性，Eu—O(P)键长比Eu—O(S)键长要短。[N$_{2222}$]$^+$作为配位阴离子的平衡电荷，处于外层配位圈。稀土离子通常是强烈亲氧的，与第二主族和第三主族金属阳离子相似，为代表性的硬酸。所以，可以形成乙酰丙酮那样的六元金属螯合环。阴阳离子之间除了存在这种范德瓦耳斯力和静电作用力，还存在弱的C—H…O和C—H…π分子间相互作用，把阴阳离子组装成沿着b轴方向的一维链。虽然配体分子中存在甲苯基团，但没有发现存在π…π堆积作用。晶体结构堆积得比较松散，约60.2%的单胞体积被占据。与Na[Ln(SAPh)$_4$]相比，体

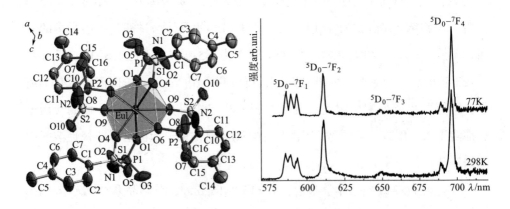

图4-37 [N$_{2222}$][Eu(SAPh)$_4$]中Eu(Ⅲ)离子的配位环境及荧光发射光谱

积更大的$[N_{2222}]^+$取代钠离子，使得最近的金属离子之间距离变大。

　　DSC测试表明，在降温和加热过程中可以观察到结晶和熔化峰分别位于165.0(2)K和186.0(2)K。ΔH为0.20(4)kJ/mol，ΔS为1.20(4)J/(K·mol)。在298K和77K，以267nm激发光激发SAPh配体的单线态能级，所得发射光谱上显示出对应于${}^5D_0 \rightarrow {}^7F_J$($J$=0-4)的电子跃迁。虽然$[N_{2222}][Eu(SAPh)_4]$存在两种多晶相，但不同温度下的发射光谱十分相似，可能是因为这些多晶相的晶体结构十分相近。${}^5D_0 \rightarrow {}^7F_0$的缺失以及低的$I({}^5D_0 \rightarrow {}^7F_2)/I({}^5D_0 \rightarrow {}^7F_1)$强度比(298K：1.20；77K：0.82)都证明Eu(Ⅲ)具有高的配位环境对称性。在发射光谱上，${}^5D_0 \rightarrow {}^7F_1$电子跃迁分裂成了三个峰，${}^5D_0 \rightarrow {}^7F_2$电子跃迁有一个峰，表明Eu(Ⅲ)离子的配位多面体具有变形的D_{4d}对称性。对于Eu(Ⅲ)离子来说，这是一个比较高的对称性，但对于CAPh和SAPh络合物来说是不寻常的。在发射光谱上，${}^5D_0 \rightarrow {}^7F_4$电子跃迁峰强度最强，对于SAPh络合物来说是比较少见的，可能是由于对称性高度极化化学环境Ω_λ强度参数行为的结果，对应于一个稍微变形的D_{4d}对称性配位多面体。$[N_{2222}][Eu(SAPh)_4]$的${}^5D_0$激发态荧光衰减寿命与温度和激发波长无关。荧光衰减曲线可以很好地用单指数方程拟合，计算得到的辐射寿命和内在量子产率分别为3.5ms，4.8ms和73%，与其他含稀土离子液体相当，但优于普通β-二酮类的稀土化合物的数值。

　　对于$[N_{2222}][Eu(SAPh)_4]$这个化合物来说，虽然它的熔点远高于100℃，根据离子液体的定义不能称之为离子液体，但只要对配体中的取代基进行调整，并把季铵有机阳离子换成如季膦阳离子，即可大幅降低它的熔点，因此对于含稀土离子液体的设计与优化仍然有重要的参考意义。

参考文献

［1］Peter Nockemann, Eva Beurer, Kris Driesen, et al. Photostability of a highly luminescent europium β-diketonate complex in imidazolium ionic liquids［J］.

Chem. Commun., 2005：4354-4356.

[2] Si-Fu Tang, Anja-Verena Mudring. Terbium β-Diketonate Based Highly Luminescent Soft Materials [J]. Eur. J. Inorg. Chem., 2009：2769-2775.

[3] Thomas Rüther, Junhua Huang, Anthony F Hollenkamp. A new family of ionic liquids based on N, N-dialkyl-3-azabicyclo[3.2.2]nonanium cations：organic plastic crystal behaviour and highly reversible lithium metal electrodeposition [J]. Chem. Commun., 2007:5226.

[4] Iryna Olyshevets, Nataliia Kariaka, Kateryna Znovjyak, et al. Synthesis and Characterization of Anionic Lanthanide(Ⅲ) Complexes with a Bidentate Sulfonylamidophosphate(SAPh) Ligand [J]. Inorg. Chem., 2020, 59(1):76-85.

[5] Jack L. Ryan, Wolsey W C, Moeller T. Weak and Unstable Anionic Bromo and Iodo Complexes [J].Inorg. Synth., 1974, 15:225-235.

[6] Chr. Klixbüll Jørgensen. Electron transfer spectra of lanthanide complexes [J]. Mol. Phys., 1962, 5:271-277.

[7] Jack L Ryan, Chr. Klixbiill Jorgensen. Absorption Spectra of Octahedral Lanthanide Hexahalides [J]. J. Phys. Chem., 1966, 70:2845-2857.

[8] Corey Hines C, David B Cordes, Scott T Griffin, et al. Flexible coordination environments of lanthanide complexes grown from chloride-based ionic liquids [J]. New J. Chem., 2008, 32:872-877.

[9] Yulun Han, Cuikun Lin, Qingguo Meng, et al.$(BMI)_3LnCl_6$ Crystals as Models for the Coordination Environment of $LnCl_3$(Ln=Sm, Eu, Dy, Er, Yb) in 1-Butyl-3-methylimidazolium Chloride Ionic-Liquid Solution [J].Inorg. Chem., 2014, 53:5494-5501.

[10] Matsumoto K, Tetsuya Tsuda T, Nohira R, et al. Tris(1-ethyl-3-methylimidazolium) hexachlorolanthanate [J]. Acta Cryst., 2002, C58:186-187.

[11] Corey Hines C, Violina A Cocalia, Robin D Rogers. Using ionic liquids to trap unique coordination environments：polymorphic solvates of $ErCl_3(H_2O)_4 \cdot 2([C_2C_1im]Cl)$ [J]. Chem. Commun., 2008:226-228.

[12] Pohako-Esko K, Wehner T, Schulz P S, et al. Synthesis and Properties of Organic Hexahalocerate(Ⅲ) Salts [J]. Eur. J.Inorg. Chem., 2016:1333-1339.

［13］Arash Babai，Anja-Verena Mudring. Anhydrous Praseodymium Salts in the Ionic Liquid [bmpyr][Tf$_2$N]: Structural and Optical Properties of [bmpyr]$_4$[PrI$_6$][Tf$_2$N] and [bmyr]$_2$[Pr(Tf$_2$N)$_5$][J]. Chem. Mater., 2005, 17:6230-6238.

［14］Arash Babai, Anja-Verena Mudring. Rare-Earth Iodides in Ionic Liquids: The Crystal Structure of [SEt$_3$]$_3$[LnI$_6$](Ln=Nd，Sm)[J]. Inorg. Chem., 2005, 44:8168-8169.

［15］Alvarez-Vicente J, Dandil S, Banerjee D, et al. Easily Accessible Rare-Earth-Containing Phosphonium Room-Temperature Ionic Liquids: EXAFS, Luminescence, and Magnetic Properties [J]. J. Phys. Chem., B2016, 120:5301-5311.

［16］Ling He, Shun-Ping Ji, Ning Tang, et al. Synthesis, structure and near-infrared photoluminescence of hexanitratoneodymate ionic liquids [J]. Dalton Trans., 2015, 44:2325-2332.

［17］Ning Tang, Ying Zhao, Ling He, et al. Long-lived luminescent soft materials of hexanitratosamarate(Ⅲ) complexes with orange visible emission [J]. Dalton Trans., 2015, 44:8816-8823.

［18］Guo-Hong Tao, Yangen Huang, Jerry A. Boatz, et al. Energetic Ionic Liquids based on Lanthanide Nitrate Complex Anions [J].Chem.Eur. J., 2008, 14:11167-11173.

［19］Shun-Ping Ji, Meng Tang, Ling He, et al. Water-Free Rare-Earth-Metal Ionic Liquids/Ionic Liquid Crystals Based on Hexanitratolanthanate(Ⅲ) Anion [J]. Chem. Eur. J., 2013, 19:4452-4461.

［20］顾志国，王宝祥，庞春燕，等. 含稀土离子液体[Cnmim][Ln(NO$_3$)$_4$]的合成、表征及荧光性能研究［J］. cta Chim. Sinica, 2012, 70: 2501-2506.

［21］Arash Babai，Anja-Verena Mudring. The Octanuclear Europium Cluster [bmpyr]$_6$[Eu$_8$(μ$_4$-O)(μ$_3$-OH)$_{12}$(μ$_2$-OTf)$_{14}$(μ1-Tf)$_2$](HOTf)$_{1.5}$ Obtained from the Ionic Liquid [bmpyr][OTf][J]. Z. Anorg. Allg. Chem., 2006, 632:1956-1958.

［22］Peter Nockemann，Ben Thijs，Niels Postelmans，et al.Anionic Rare-Earth Thiocyanate Complexes as Building Bl°Cks for Low-Melting Metal-Containing Ionic Liquids [J]. J. Am. Chem. Soc., 2006, 128:13658-13659.

［23］Koen Binnemans.Ionic Liquid Crystals [J]. Chem. Rev., 2005, 105:4148-4204.

[24] Burmeister J L, Patterson S D, Deardorff E A. Rare earth pseudohalide complexes [J]. Inorg. Chim. Acta, 1969, 3:105–109.

[25] Tateyama Yoshikuni, Kuniyasu Yasumitsu, Suzuki Yasuo, et al.The Synthesis, and the Crystal and Molecular Structures of Tetraethylammonium [Aquaheptakis(thiocyanato)lanthanoidate(Ⅲ)], [(C₂H₅)₄N]₄[M(SCN)₇(H₂O)], (M=La, Ce, Pr; Nd, Dy, Er): The Complexes in a Cubic Octa–Coordination Geometry [J].Bull. Chem. Soc. Jpn., 1988, 61:2805–2810.

[26] Matsumoto Fumiko, Matsumura Naomi, Ouchi Akira. Syntheses, and Crystal and Molecular Structures of Tetramethylammonium[Aquamethanolhexakis(iso-thiocyanato)lanthanoidates(Ⅲ)], [(CH₃)₄N]₃[M(NCS)₆(CH₃OH)(H₂O)](M=La, Ce, Pr, Nd, Sm, Eu, Gd, Tb, Dy, Er), and Tetramethylammonium [Heptakis(isothiocyanato)lanthanoidates(Ⅲ)], [(CH₃)₄N]₄[M(NCS)₇](M=Dy, Er, Yb) [J].Bull. Chem. Soc.Jpn., 1989, 62:1809–1816.

[27] Arai Hisanori, Suzuki Yasuo, Matsumura Naomi, et al.Syntheses, and Crystal and Molecular Structures of Tetraethylammonium [Hexakis(isothiocyanato) lanthanoidates(Ⅲ)] Including Aromatic Hydrocarbon or Halohydrocarbon: [(C₂H₅)₄N]₃[M(NCS)₆] · G(M=Er, or Yb; G=Benzene, Fluorobenzene, Toluene, or Chlorobenzene) [J].Bull. Chem. Soc. Jpn., 1989, 62:2530–2535.

[28] Malta O L, Azevedo W M, Gouveia E A, et al. On the $^5D_0 \rightarrow ^7F_0$ transition of the Eu³⁺ ion in the {(C₄H₉)₄N}₃Y(NCS)₆ host [J]. J. Lumin., 1982, 26:337–343.

[29] Mathias S. Wickleder. Inorganic Lanthanide Compounds with Complex Anions [J]. Chem. Rev., 2002, 102:2011–2087.

[30] Bert Mallick, Benjamin Balke, Claudia Felser, et al. Dysprosium Room–Temperature Ionic Liquids with Strong Luminescence and Response to Magnetic Fields [J]. Angew. Chem. Int. Ed., 2008, 47:7635–7638.

[31] Yukihiro Yoshida, Koji Muroi, Akihiro Otsukae, et al. 1–Ethyl–3–methylimidazolium Based Ionic Liquids Containing Cyano Groups: Synthesis, Characterization, and Crystal Structure [J]. Inorg. Chem., 2004, 43:1458–1462.

[32] Éadaoin McCourt, Kane Esien, Li Zhenyu, et al. Designing Dimeric Lanthanide(Ⅲ) - Containing Ionic liquids [J]. Angew. Chem. Int. Ed., DOI:

10.1002/anie.2018，09：334.

［33］Cláudia C. L. Pereira，Sofia Dias，Isabel Coutinho，et al. Europium(Ⅲ) Tetrakis(β –diketonate) Complex as an Ionic Liquid：A Calorimetric and Spectroscopic Study［J］. Inorg. Chem.，2013，52:3755–3764.

［34］Anja–Verena Mudring，Arash Babai，Sven Arenz，et al. The "Noncoordinating" Anion Tf_2N–Coordinates to Yb^{2+}：A Structurally Characterized Tf_2N^- Complex from the Ionic Liquid [mppyr][Tf_2N]［J］.Angew. Chem. Int. Ed.，2005，44:5485 –5488.

第5章 含锕离子液体

锕系元素是原子序数为89~103的15种化学元素，全部为金属，而且都有放射性，其中铀和钍用途较多，而钚则是重要的核燃料，在国防和能源领域具有重要的战略价值。对于含锕离子液体的研究则是源于核反应堆乏燃料的后处理过程，在乏燃料中含有大量未燃尽的U(95.5%)，此外还有次锕系元素和长寿命的裂变产物，为了提高核燃料的利用效率，减少长寿命裂变产物的危害，需要对这些元素进行分离回收，最常用的方法就是在有机溶剂中(如十二烷)用萃取剂进行液液萃取，但有机溶剂的大量使用容易造成二次污染，而离子液体由于蒸汽压小，不可燃，而且耐辐射性能好，被认为是一种绿色溶剂，可以有效避免上述问题。通过合成含锕离子液体化合物，研究锕系元素在离子液体中的络合行为、成键规律以及所形成物种的物理化学性质，可以为镧锕元素的分离提供理论依据。与含稀土离子液体相比，目前文献中所报道的含锕离子液体的数量较少。

5.1 卤素

含f族金属离子液体最近在许多领域引起科研人员特殊的兴趣，产生了许多高质量的研究，包括晶体学研究。尤其是，离子液体在核燃料循环过程中具有非常有前途的应用，激励广泛的对于铀基离子液体体系的研究，包括相对普通的离子液体中铀盐的结晶和这些络合物体系新颖的结晶方法的探索。以普遍研究的铀酰—咪唑鎓离子结构为例，含有无机/有机配体的起始铀酰盐$UO_2(NO_3)_2 \cdot 6H_2O$和独特的所合成的化合物，比如$UO_2(NCS)_2 \cdot nH_2O$和$UO_2SO_4(propylamine)_2$，在特定的条件下与离子液体、离子液体前驱体或者甚至中心的咪唑反应，产生有趣的结果。在一些情况中，氧化铀也可以用作起始原料，通过额外的盐和酸反应，同样也可以获得期望的配体与铀酰离子配位。

如同纯的离子液体，采用易于操作的合成方法，系统地合成系列化合物(通过改变阴阳离子的组分，或者烷基链的长度、甲基取代和多晶相引起的咪唑阳离子的变化等)，对于支撑未来的铀酰盐的研究是非常重要的。设计和构建新的晶体结构与有机合成是相似的，这样在离子液体溶液中通过适当的合成策略和采用纯的离子液体同样可以获得新颖的结构。

典型的离子液体$[C_4C_1im][Tf_2N]$是通过两步合成反应获得的。第一步是1-甲基咪唑和氯丁烷的化合反应，不加其他反应物，制备$[C_4C_1im]Cl$；第二步是$[C_4C_1im]Cl$与$Li[Tf_2N]$的复分解反应，生成目标产物$[C_4C_1im][Tf_2N]$，而且产品自动分层。这两种反应类型已经广泛应用于离子液体中铀酰盐的合成，而且相对于复分解反应，化合反应更受欢迎。离子液体中副产物的分离是比较困难的，因为离子液体不挥发、相对来说比较黏稠。合成离子液体所涉及的步骤，可以通过利用每个独特的环节加以改善，遵循离子液体领域的规则。那么在离子液体溶液中是否有机会避免副产物呢？前面所研究的Cl^-和NO_3^-基离子液体溶液与核燃料循环有很大的关联，$[NTf_2]^-$基离子液体由于稳定性好、黏度低、高传导率，而且$[NTf_2]^-$通常为弱配位，所以被广泛采用。在这样的离子液体体系中形成铀酰物种(配位阴离子)显然是可控的。实验和计算结果已经证实在含有Cl^-和NO_3^-的离子液体中的主要物种是$[UO_2Cl_4]^{2-}$阴离子。相似的，$UO_2(NO_3)_2 \cdot 6H_2O$在$[NTf_2]^-$基离子液体中结晶得到的产物阴离子是$[(UO_2)_2(\mu-OH)_2(NO_3)_4]^{2-}$。所以$[NTf_2]^-$基离子液体可以设计作为理想的背景溶液，用于铀酰盐的结晶，不会生成$[NTf_2]^-$铀酰离子络合物，影响铀酰离子物种(配位阴离子)。在这种溶液中金属离子的浓度可以通过加入[NTf$_2$]$^-$基盐来控制，如UO$_2$(Tf$_2$N)$_2$·xH$_2$O。而且，不同的咪唑阳离子，铀酰咪唑的结晶造成了一定的难度。通常含有[C$_2$C$_1$im]$^+$有机阳离子的晶体结构已经得到深度研究，而含有[C$_4$C$_1$im]$^+$阳离子的晶体结构是溶液研究中的巨大兴趣，但是不易合成。这种结晶上的差异意味着，可以从某种应用中作为"设计"溶剂的溶液混合物(如[C$_2$C$_1$im]$^+$/[C$_4$C$_1$im]$^+$)中，选择性地生成含有某些确定阳离子(如[C$_2$C$_1$im]$^+$)的晶体。北京大学刘春立等系统研究了在含有UO$_2$(Tf$_2$N)$_2$·xH$_2$O盐、[NTf$_2$]$^-$基离子液体和其他离子液体的溶液体系中的选择性结晶问题。基于有限的铀酰物种晶体结构难以得出结论，新颖的晶体结构不仅能够促进对于铀酰配位和离子间相互作用的系统研究，而且可以支撑离子液体溶液中难以获得的在溶液中考察过渡特征。

[C$_2$C$_1$im]$_2$[UO$_2$Cl$_4$]的合成。在反应管中，加入UO$_2$(Tf$_2$N)$_2$·xH$_2$O(0.07mmol，0.0707g，x=10)，[C$_4$C$_1$im][Tf$_2$N](1.66mmol，0.6982g)和[C$_2$C$_1$im]Cl(0.83mmol，0.1217g)，置于真空干燥箱中，在70℃反应12h。然后，密封的反应管冷却到室温，静置2周，得到黄色的晶体，过滤，用二氯甲烷洗涤，在空气中干燥。得到0.016 g产品，产率35%(基于铀酰盐)。

[C$_2$C$_1$mim]$_2$[UO$_2$Cl$_4$]的合成。方法与[C$_2$C$_1$im]$_2$[UO$_2$Cl$_4$]相同，只是用UO$_2$(Tf$_2$N)$_2$·xH$_2$O(0.09mmol，0.0909g，x=10)，[C$_4$C$_1$im][Tf$_2$N](1.66mmol，0.6982g)和[C$_2$C$_1$mim]Cl(0.83mmol，0.1333g)作为反应原料。静置1周后得到黄色晶体，产率：0.026 g(43%，基于铀酰盐)。

[C$_4$C$_1$im]$_2$[UO$_2$Cl$_4$](3TT)的合成。合成原料为UO$_2$(Tf$_2$N)$_2$·xH$_2$O(0.10mmol，0.1010g，x=10)，[C$_4$C$_1$im][Tf$_2$N](3.33mmol，1.3965g)和[C$_4$C$_1$im]Cl(1.67mmol，0.2917g)。静置一个月后得到黄色晶体。产率：0.004g(6%，基于铀酰盐)。

[C$_4$C$_1$im]$_2$[UO$_2$Cl$_4$](3TG)的合成。合成原料为UO$_2$(Tf$_2$N)$_2$·xH$_2$O(0.14mmol，0.1415g，x=10)，[C$_4$C$_1$im][Tf$_2$N](3.33mmol，1.3965g)和[C$_4$C$_1$im]Cl(1.67mmol，0.2917g)。静置3周后得到黄色晶体。产率：0.023g(23%，基于铀酰盐)。

[C$_4$C$_1$mim]$_2$[UO$_2$Cl$_4$]的合成。合成原料为UO$_2$(Tf$_2$N)$_2$·xH$_2$O(0.09mmol，0.0909g，x=10)，[C$_4$C$_1$im][Tf$_2$N](1.66mmol，0.6982g)和[C$_4$C$_1$im]Cl(0.83mmol，

0.1566g)。静置两周后得到黄色晶体。产率：0.037g(57%，基于铀酰盐)。

$[C_2C_1im]_2[UO_2Cl_4]$的晶体学参数：$C_{12}H_{22}Cl_4N_4O_2U$，M_r=634.17g/mol，T=180K，单斜晶系，$P2_1/n$空间群，a=10.0580(4)Å，b=9.7278(4)Å，c=10.4943(4)Å，α=90°，β=94.009(4)°，γ=90°，V=1024.28(8)Å^3，Z=2，D_{calcd}=2.056g/cm^3，abs coeff，μ=8.456mm^{-1}，data/restraints/parameters=2012/0/108，R_{int}=0.0783，GOF=1.094，最终R indices $[I > 2\sigma(I)]$ R_1=0.0397，ωR_2=0.1012，R indices(all data) R_1=0.0429，ωR_2=0.1060。

$[C_2C_1mim]_2[UO_2Cl_4]$的晶体学参数：$C_{14}H_{26}Cl_4N_4O_2U$，M_r=662.22g/mol，T=180K，单斜晶系，$P2_1/n$空间群，a=9.6181(5)Å，b=9.8110(5)Å，c=12.0087(6)Å，α=90°，β=97.510(5)°，γ=90°，V=1123.46(10)Å^3，Z=2，D_{calcd}=1.958g/cm^3，μ=7.714mm^{-1}，data/restraints/parameters=2179/0/118，R_{int}=0.0214，GOF=1.060，最终R indices $[I > 2\sigma(I)]$ R_1=0.0207，ωR_2=0.0419，R indices(all data) R_1=0.0303，ωR_2=0.0469。

$[C_4C_1im]_2[UO_2Cl_4]$(3TT)的晶体学参数：$C_{16}H_{30}Cl_4N_4O_2U$，M_r=1100.55g/mol，T=290K，单斜晶系，$P2_1/n$空间群，a=8.5341(5)Å，b=17.5319(10)Å，c=8.8715(6)Å，α=90°，β=106.449(7)°，γ=90°，V=1273.02(14)Å^3，Z=2，D_{calcd}=1.801g/cm^3，abs coeff，μ=6.812mm^{-1}，data/restraints/parameters=2505/0/126，R_{int}=0.0385，GOF=1.079，最终R indices $[I > 2\sigma(I)]$ R_1=0.0280，ωR_2=0.0598，R indices(all data) R_1=0.0462，ωR_2=0.0663。

$[C_4C_1im]_2[UO_2Cl_4]$(3TG)的晶体学参数：$C_{16}H_{30}Cl_4N_4O_2U$，M_r=690.27g/mol，T=290K，三斜晶系，$P-1$空间群，a=8.8731(4)Å，b=8.9844(4)Å，c=9.2813(5)Å，α=73.820(4)°，β=66.506(5)°，γ=71.928(4)°，V=634.82(6)Å^3，Z=1，D_{calcd}=1.806g/cm^3，μ=6.830mm^{-1}，data/restraints/parameters= 2492/17/164，R_{int}=0.0278，GOF=1.035，最终R indices $[I > 2\sigma(I)]$ R_1=0.0182，ωR_2=0.0394，R indices(all data) R_1=0.0184，ωR_2=0.0394。

这些化合物分别由咪唑阳离子和典型的铀酰配位阴离子$[UO_2Cl_4]^{2-}$组成。$[C_2C_1im]_2[UO_2Cl_4]$和$[C_2C_1mim]_2[UO_2Cl_4]$结晶于$P2_1/n$空间群，在它们的不对称单

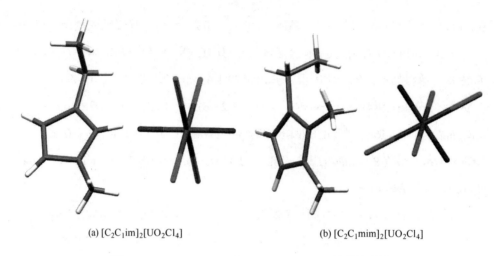

(a) [C₂C₁im]₂[UO₂Cl₄]　　　　　　　(b) [C₂C₁mim]₂[UO₂Cl₄]

图5-1　C₂C₁im]₂[UO₂Cl₄]和[C₂C₁mim]₂[UO₂Cl₄]的晶体结构

元中含有一个[C₂C₁im]⁺或者[C₂C₁mim]⁺阳离子和半个[UO₂Cl₄]²⁻阴离子(图5-1)。[C₄C₁im]₂[UO₂Cl₄]中存在四个离子间相互作用：C4—H4A···Cl1，C5—H5A···Cl2，C5—H5B···Cl2和C3-H3···O1，其中H···Cl/H···O间距分别为：2.840(1)Å，2.832(1)Å，2.828(1)Å，2.501(5)Å接触角分别为：151.4(3)Å，156.6(3)Å，146.0(3)Å和157.7(3)°。[C₂C₁mim]₂[UO₂Cl₄]中形成三个C—H···Cl和两个C—H···O氢键作用。C—H···Cl所涉及的氢原子分别为H2，H5B和H5C，H···Cl原子间距稍微短一些，分别为：2.727(1)Å，2.797(1)Å和2.7277(9)Å。C—H···O是通过H5A和H6A形成的。对比[C₂C₁im]₂[UO₂Cl₄]和[C₂C₁mim]₂[UO₂Cl₄]，可以发现[C₂C₁im]₂[UO₂Cl₄]中的C1—H1基团，通常认为酸性强一些，没有参与形成氢键作用；而[C₂C₁mim]₂[UO₂Cl₄]中的两个取代甲基参与了氢键的形成。

　　[C₄C₁im]₂[UO₂Cl₄](3TT)结晶于单斜$P2_1/n$空间群，而[C₄C₁im]₂[UO₂Cl₄](3TG)结晶于三斜晶系$P-1$空间群(图5-2)。这两个化合物的不对称单元由半个[UO₂Cl₄]²⁻阴离子和一个分别具有TT和TG构象的[C₄C₁im]⁺阳离子所组成。对于3TG，无序的丁基分为两部分，TG和TT构象的比例分别为0.466和0.534。[UO₂Cl₄]²⁻阴离子的几何构型为四角双锥，铀酰氧原子作为轴顶点，四个氯离子位于赤道位置。前期的研究表明，咪唑、铵和其他阳离子作为平衡离子也可以稳定这样

的晶体结构。在[C_4C_1im]$_2$[UO_2Cl_4](3TT)和[C_4C_1im]$_2$[UO_2Cl_4](3TG)的晶体结构中，基于U=O键长[1.755(3)~1.759(3)Å]，Cl···Cl原子间距[3.736(1)~3.794(1)Å]和小的Cl···Cl···Cl扭转角，可以判断四角双锥的[UO_2Cl_4]$^{2-}$阴离子没有发生显著的变形。

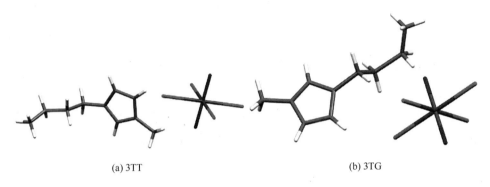

(a) 3TT   (b) 3TG

图5-2　[C_4C_1im]$_2$[UO_2Cl_4]的3TT和3TG晶体结构图

　　对于含有咪唑阳离子的化合物，烷基链长度的变化可能导致不同的物理化学性质的变化，如熔点、黏度、离子传导和自扩散系数。[C_4C_1im]$^+$阳离子的构象在 [C_4C_1im]$_2$[UO_2Cl_4](3TT)和[C_4C_1im]$_2$[UO_2Cl_4](3TG)中部分对离子间相互作用和堆积起作用。所有[C_4C_1im]$^+$阳离子的构象，如TT、TG、G′T、TE′和TG′，是基于扭转角θ_1和θ_2命名的(θ_0为正值)。

　　除了标准的晶体学分析，还可以采用Hirshfeld表面分析和全指纹图对咪唑盐的离子间相互作用进行全面的分析。把分子中的相互作用作为一个整体，Hirshfeld表面分析表明，结构中所有现存的作用类型在"作用表面能"上采用不同的颜色进行区分。由某种相互作用所产生的指纹图与其相对百分比呈现在关联的二维图上。产生了具有G′T和TE′构象的[C_4C_1im]$^+$阳离子的Hirshfeld表面，以红色区域标记直接的相互作用，可以支持前面所得到的结论。从指纹图来看，极性的C—H···O和非极性的H···H作用是这些结构中的主要相互作用。当结构中阳离子由[C_1C_1im]$^+$变为[C_4C_1im]$^+$，随着烷基链长的增加，H···H相互作用的贡献比例逐渐增加，而C—H···O相互作用的贡献比例逐渐降低。

5.2 硫氰根

研究硫氰根(SCN⁻)与镧系和锕系离子的相互作用的结构细节，探索硫氰根在基于溶剂萃取的镧锕分离技术中的作用机理，对提升分离效率具有重要的意义。由于镧锕元素具有相似的化学性质，本质上很难受影响，镧锕分离已经成为有研究价值的领域。由于镧系元素强烈地吸收中子，并进而阻碍材料的应用，所以这些体系需要对重锕系元素和它们的镧系类似物进行分离，以达到重锕系元素的循环使用。液液萃取技术是当前分离技术的选择，它们依赖于目标金属离子在两个不相溶溶液中的微小自由能差异。通常，从含有混合物的水相中萃取f离子进入非极性的有机相，实现目标物种的分离。驱动这些分离的能量差异是比较小的，比如在25℃，有机相中的金属的稳定化能增加1.4kcal/mol，能够引起分离比（两相中的浓度比）增加10。

在溶剂萃取体系中加入硫氰根阴离子，能够显著地提高从镧系元素中选择性地萃取锕系元素进入有机相的能力，甚至超过了其他准卤素。这些发现表明它们在溶液中的配位络合物存在结构差异。一旦萃取成为硫氰酸阴离子的络合物，初始的考察集中在4f和5f离子的细微差异能够加强锕系元素相对于镧系元素与硫氰根形成内轨型配合物倾向的可能性。这一解释潜在的假设是这种配位上的差异足以影响分离。采用高能X射线散射，将溶液中络合剂的结构与实验所获得的稳定常数进行关联，并不支持这一论证，但反而与此前认为的，液—液分离不能必然地区分内轨型和外轨型配体配位，这一观点一致。因此，对于为什么有硫氰根存在时有助于镧锕分离的潜在机理并不清楚。

虽然聚焦的研究兴趣和基础的挑战仍然存在于从重的三价锕系元素中分离三价的镧系元素，但此前有关硫氰根与f区离子的相互作用的研究结果，表明了它作为一个潜在的体系可以用于探测4f和5f轨道细微的键合差异。通过广泛的研究硫氰根和许多f离子的相互作用，努力区分静电和键合作用在所形成络合物能量上的作用。L. Soderholm等从水溶液中制备了三个异硫氰合铀酸四烷基铵盐化合物，$[N_{1111}]_3UO_2(NCS)_5$、$[N_{2222}]_3UO_2(NCS)_5$和$[N_{3333}]_3UO_2(NCS)_5$，并对这些化合物进行了表征。

$[N_{1111}]_3UO_2(NCS)_5$、$[N_{2222}]_3UO_2(NCS)_5$和$[N_{3333}]_3UO_2(NCS)_5$的合成。这三个化合物是通过合并硝酸铀酰、硫氰化钠和氯化四烷基铵的水溶液（表5-1）。四丁基铵盐在水中的溶解度比较小。在选择这些起始原料的过程中，非常有必要考虑所有可能的干扰离子，选择能够起作用的。起始原料硝酸铀酰中的硝酸根是不受欢迎的，因为它可能在水溶液或者固相中与铀酰离子配位，但硫氰根与酸的反应活性排除了包括把UO_3溶解在HCl中在内的合成方法。虽然硝酸根在当前所采用的反应条件下不与铀酰离子配位，为了优化制备均配的硫氰根络合物的可能性，改为选择氯化物盐。如果氯离子会造成麻烦，可以考虑将作为硫氰酸四烷基铵盐替代，但事实证明没有这个必要。

表5-1　$[N_{1111}]_3UO_2(NCS)_5$、$[N_{2222}]_3UO_2(NCS)_5$和$[N_{3333}]_3UO_2(NCS)_5$的合成细节

化合物	$UO_2(NO_3)_2$(1mol/L)	NaSCN(15mol/L)	平衡离子
$[N_{1111}]_3UO_2(NCS)_5$	100 μL	66 μL	$[N_{1111}]Cl$(4mol/L)，200 μL
$[N_{2222}]_3UO_2(NCS)_5$	100 μL	66 μL	$[N_{2222}]Cl$(2mol/L)，400 μL
$[N_{3333}]_3UO_2(NCS)_5$	100 μL	66 μL	$[N_{3333}]Cl$(1mol/L)，800 μL

当开始加入硫氰酸盐，黄色的硝酸铀酰水溶液变为橙色，当开始加入四烷基铵盐，立刻生成黄色的沉淀。X射线粉末衍射证实，沉淀为晶态粉末，而且含有相当多的NaCl。让沉淀保存在母液中，敞口挥发，经过几个小时或者几天可以得到$[N_{1111}]_3UO_2(NCS)_5$、$[N_{2222}]_3UO_2(NCS)_5$和$[N_{3333}]_3UO_2(NCS)_5$的单晶。为了得到纯的化合物，将沉淀重新溶于丙酮中，而NaCl不溶于其中，重结晶得到纯的化合物。产率分别为：93%，92%和80%。

$[N_{1111}]_3UO_2(NCS)_5$晶体学参数：$C_{17}H_{36}N_8O_2S_5U$，$M_r=782.87$g/mol，$T=100$K，单斜晶系，$P2_1/c$空间群，$a=16.365(3)$Å，$b=9.2621(16)$Å，$c=20.346(3)$Å，$\alpha=90°$，$\beta=97.754(2)°$，$\gamma=90°$，$V=3055.6(9)$Å^3，$Z=4$，收集43211个衍射点，

其中8817个为独立衍射点，R_{int}=0.0715，GOF=1.027，最终R indices $[I > 2\sigma(I)]$ R_1=0.0393，ωR_2=0.0836，R indices(all data) R_1=0.0613，ωR_2=0.0926。

$[N_{2222}]_3UO_2(NCS)_5$晶体学参数：$C_{19}H_{60}N_8O_2S_5U$，M_r=951.23g/mol，T=100K，单斜晶系，$P2_1/n$空间群，a=20.581(3)Å，b=20.318(3)Å，c=20.589(3)Å，α=90°，β=101.603(2)°，γ=90°，V=8433.7(19)Å³，Z=8，收集66260个衍射点，其中15390个为独立衍射点，R(int)=0.0770，GOF=1.030，最终R indices $[I > 2\sigma(I)]$ R_1=0.0431，ωR_2=0.0888，R indices(all data) R_1=0.0621，ωR_2=0.0974。

$[N_{3333}]_3UO_2(NCS)_5$晶体学参数：$C_{41}H_{84}N_8O_2S_5U$，M_r=1119.49g/mol，T=100K，单斜晶系，$P2_1/n$空间群，a=12.543(3)Å，b=11.934(3)Å，c=36.154(7)Å，α=90°，β=91.890(3)°，γ=90°，V=5408.7(19)Å³，Z=4，收集61024个衍射点，其中9841个为独立衍射点，R_{int}=0.1057，GOF=1.025，最终R indices $[I > 2\sigma(I)]$ R_1=0.0574，ωR_2=0.1208，R indices(all data) R_1=0.0977，ωR_2=0.1375。

晶体结构描述。$[N_{1111}]_3UO_2(NCS)_5$、$[N_{2222}]_3UO_2(NCS)_5$和$[N_{3333}]_3UO_2(NCS)_5$均含有异硫氰合铀酰酸配位阴离子和四烷基铵平衡阳离子（图5-3）。铀酰离子的几何构型为五角双锥，顶点位置为铀酰氧原子，五个赤道位置被异硫氰根的N原子所占据。在所有三个化合物中，三个四烷基铵阳离子电荷平衡每个$[UO_2(NCS)_5]^{3-}$单元。重要的键长和键角见表5-2。

虽然这些化合物是从水溶液中合成得到的，但没有证据证明结构中存在水，要么与铀酰离子配位，要么作为溶剂存在于晶格中。金属硫氰酸盐化合物通常是在非水介质中合成的，或许是因为大尺寸的四烷基铵阳离子在短链醇中的溶解度比较高，而不是因为特意要从产品中排除水分子。所有的硫氰根配体通过N原子与铀酰离子配位，表明铀酰阳离子的配位优先性，路易斯酸倾向于与两齿配体的硬的一端配位。

这种软—硬酸碱化学的表现形式与此前报道的硫氰根化合物是一致的，只有非常软的阳离子，如Ba^{2+}和Ag^+，采用硫配位。铀酰片段，形式上为二价，比三价和四价的镧系和锕系元素软。所以，硫没有与铀酰离子配位并不出乎预料，表明类似的配位模式可能也存在于溶液中。当拓展到更硬的f离子，照此

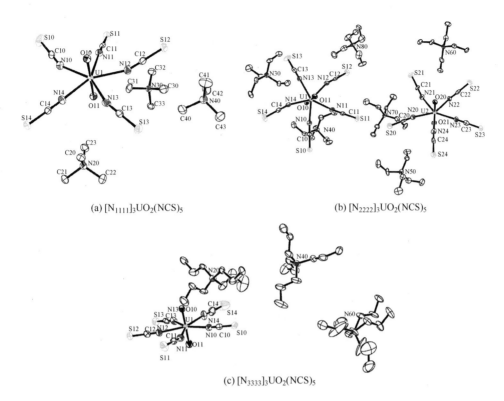

(a) [N₁₁₁₁]₃UO₂(NCS)₅

(b) [N₂₂₂₂]₃UO₂(NCS)₅

(c) [N₃₃₃₃]₃UO₂(NCS)₅

图5-3　[N₁₁₁₁]₃UO₂(NCS)₅、[N₂₂₂₂]₃UO₂(NCS)₅和[N₃₃₃₃]₃UO₂(NCS)₅的热椭球图(50%可能性)

表5-2　[N₁₁₁₁]₃UO₂(NCS)₅、[N₂₂₂₂]₃UO₂(NCS)₅和[N₃₃₃₃]₃UO₂(NCS)₅中

重要的键长(Å)和键角参数(°)

$[N_{1111}]_3UO_2(NCS)_5$			
U═O	1.773(3)	U═O	1.768(3)
U—N	2.426(4)	U—N	2.478(4)
U—N	2.462(4)	U—N	2.436(4)
U—N	2.440(4)		
O═U═O	179.67(15)		
$[N_{2222}]_3UO_2(NCS)_5$			
U═O	1.759(6)	U═O	1.767(6)
U═O	1.772(7)	U═O	1.762(7)
U—N	2.444(7)	U—N	2.439(8)
U—N	2.449(6)	U—N	2.458(9)
U—N	2.427(7)	U—N	2.464(8)

	键长/Å	U—N	2.492(9)	U—N	2.423(7)
[N₂₂₂₂]₃UO₂(NCS)₅		U—N	2.448(7)	U—N	2.438(8)
	键角/(°)	O=U=O	177.4(3)	O=U=O	178.3(4)
	键长/Å	U=O	1.747(5)	U=O	1.752(6)
		U—N	2.466(7)	U—N	2.419(8)
[N₃₃₃₃]₃UO₂(NCS)₅		U—N	2.449(7)	U—N	2.435(7)
		U—N	2.408(8)		
	键角/(°)	O=U=O	178.9		

类推应该全部与硬路易斯酸键合，这些结果表明不是这种双齿配体键合上的差异，也就是造成它可以从其他硬的4f类似物中区分软的锕系元素的能力。

阴离子采取关于铀酰阳离子的五重配位几何构型，与铀酰化学中普遍的五角双锥配位几何构型一致，尤其是此前报道的硫氰酸铀酰化合物。在有关硫氰酸铀酰化合物的晶体结构文献中，[UO₂(NCS)₅]³⁻阴离子占据多数，为许多平衡离子包括碱金属、铵、吡啶鎓离子和其他等所稳定。即使当硫氰根没有填充铀酰离子的第一配位圈，五角双锥几何构型仍然是硫氰酸铀酰化合物结构化学的普遍配位方式。考虑到硫氰根是一类准卤素，五重硫氰根配位是有一些出乎预料的，因为卤代铀酰离子通常显示四方双锥配位几何构型，也就是在赤道平面被四个卤素离子配位。

具代表性的四卤代铀酰片段在文献报道的卤代铀酰和溴代铀酰化合物结构中是比较普遍的。其他化合物通常含有至少一个非卤素原子与铀酰离子配位，在这些化合物中可以发现一些例子可以用来阐述一些可能的铀酰配位几何构型。在所有均配化合物中，氟代铀酰化合物与重卤代化合物差别很大。

通过仔细检查四卤和五卤代化合物的结构，可以发现氟化和重卤素化合物之间的配位行为差异，可能是部分由于空间位阻效应和显著的静电排斥作用。在五氟铀酰离子中，相邻的氟离子之间的平均间距为2.75Å，显得太短以至于不能容纳同种几何构型的氯离子（半径1.81Å），即使考虑到对于氯和溴离子，铀—卤素键长逐渐增加。相反，硫氰根阴离子显示出采用N与铀酰离子配位，缓解了空间位阻的限制，进而可以允许第五个赤道配体参与配位，所以所得到的络合物具有五角双锥几何构型。类似的，可以预料其他准卤素将与离子半径相对小的离子（如氰酸盐、氰化物、叠氮酸）配位。最后值得一提的是，虽然氟离子和硫氰根阴离子之间存在静电排斥，但不足以阻止围绕铀酰离子的五重配位，这可以解释赤道键合物种中所发现的扭转，尤其是在$[N_{1111}]_3UO_2(NCS)_5$中，而且对铀酰离子轻微的偏离线型几何构型起到一定影响。

拉曼光谱。$[N_{1111}]_3UO_2(NCS)_5$、$[N_{2222}]_3UO_2(NCS)_5$和$[N_{3333}]_3UO_2(NCS)_5$的拉曼光谱在900~700cm^{-1}范围内的铀酰离子的对称伸缩分别出现在847cm^{-1}，846cm^{-1}和841cm^{-1}。铀酰伸缩峰向低能方向偏移，可能是与U—O键的弱化有关，这在晶体结构中表现为键长的拉伸。三个化合物中，$[N_{1111}]_3UO_2(NCS)_5$的双氧U—O(-yl)键虽然最长，拉曼光谱可能会产生最低能量的位移，键长和拉曼位移的关系与剩下的两个化合物相反。然而，拉曼信号的相互接近与仪器的分辨率(3cm^{-1})有关，U—O键长不会产生超过3的标准偏差。

拉曼光谱中大约810cm^{-1}的峰为C—S伸缩峰，与键合的硫氰根有关。对应于自由的硫氰根的C—S伸缩峰，预计会出现在约750cm^{-1}，如预料并没有出现在这些光谱中。在$[N_{1111}]_3UO_2(NCS)_5$的拉曼光谱上748cm^{-1}处有一个很小的信号峰，可能是由于化合物中的四甲基铵所引起的。

含有渐增浓度的硫氰化钠(0~7.2mol/L)的硝酸铀酰溶液(0.4mol/L)的拉曼光谱，通过归一化处理1050cm^{-1}处硝酸的峰。应该指出的是，自由硝酸离子(v_1)的对称伸缩峰预计出现在1050cm^{-1}，而配位的硝酸根可能出现在1050~1000cm^{-1}区间内的任何地方。尤其是在硝酸铀酰中，键合的硝酸根的峰出现在1036cm^{-1}，所以在1050cm^{-1}处所观察到的峰，归属于自由硝酸根。这一归属与其他报道的数据是一致的，表明在低于1.5mol/L的硝酸铀酰水溶液中没有检测到键合的硝酸根。

NaSCN水溶液的拉曼光谱750cm^{-1}处出现的峰为未配位的硫氰根的v(CS)。

在铀酰离子和硫氰根离子同时存在时所形成的第二个峰，出现在814~820cm^{-1}范围内，与采用N与金属离子配位的硫氰根的CS伸缩频率一致。当向铀酰溶液中加入硫氰根，自由和键合硫氰根的峰都增强，表明溶剂和铀酰键合络合物之间的分配，与自由和键合硫氰根之间的平衡一致。当铀酰与硫氰根的比例为1:10（0.4mol/L UO$_2^{2+}$和4.0mol/L NaSCN）时所有物种都很明显，对应于溶液中的相对浓度，从中生长晶体。第三个峰比较复杂，明显地增强，而且从871cm^{-1}位移到848cm^{-1}。在不包含硫氰根的光谱中，对应的这个峰出现在867cm^{-1}，可以归属于裸露的水配位的铀酰离子的对称伸缩。当加入硫氰根，信号显得向低波数方向位移，对应于铀酰双氧键的去稳定化，络合之后预计如此。这与这三个化合物中845cm^{-1}处出现的v(UO$_2$)峰一致，铀酰离子展现出硫氰根的均一配位。所以，当在体系中加入硫氰根，在有硫氰根存在于配位环境中时，可以见到铀酰离子的峰增强。作为结果，它的对称伸缩频率向低波数方向位移。每个硫氰根铀酰片段应有一个独特的去稳定的铀酰阳离子，所以产生不同的铀酰对称性伸缩频率。而且，正如自由和键合硫氰根的v(CS)摩尔强度存在差异，所以每个这些硫氰根铀酰络合物的v(UO$_2$)的摩尔强度也是如此。因此，v(UO$_2$)强度的明显增加，不取决于铀酰离子浓度的增加，而是与摩尔强度的改变有关，因为溶液中硫氰根铀酰物种在变化。

通过与氯化或者溴化铀酰酸四烷基铵盐的拉曼光谱的比较，在固相氯化铀酰酸四乙基铵盐中，840cm^{-1}处的拉曼峰归属为铀酰离子的对称伸缩，而在溴化铀酰酸四甲基铵盐中同样特征的峰出现在832cm^{-1}。相对于硫氰铀酰酸化物，都出现在低波数区域，意味着铀酰键在卤素化合物中相对于硫氰化合物中的去稳定化。假设铀酰离子和配体之间为简单的静电相互作用，硫氰化合物中的U＝O伸缩峰比卤素化合物的峰出现在高能区域，是出乎预料的。硫氰根与铀酰离子是配位的，而氯和溴只有四个，所以假设阴离子有相似的静电相互作用，而且随着赤道阴离子配位的增加，U＝O键去稳定化，硫氰化物所表现出来的变化趋势与预期是相反的。当卤素铀酰盐溶于稀释的氢卤酸溶液中，铀酰伸缩频率增加，位移到869cm^{-1}，这是由于铀酰离子的内配位圈中卤素被水取代所引起的。这样的行为与铀酰溶液物种的热力学和X射线结构研究结果一致。这一拉曼频率与稍微位移的水合铀酰峰一致，表明溶液中已经有一些卤素被水取代。在硫氰体系中，在0.4mol/L硫氰介质中或者与铀离子1∶1摩尔比的体系中，铀酰对称伸缩峰出现在相同频率处。换言之，基于水合铀酰离子拉曼频率的变化，在稀释的氢卤酸和铀酰—硫氰根(1∶1)的溶液中，卤素铀酰或者硫氰铀酰络合物的形成似乎显得程度很小而且相似。总之，这些化合物中硫氰根与铀酰离子都为五重配位，形成配位阴离子$[UO_2(NCS)_5]^{3-}$，而四烷基铵作为平衡离子。这些化合物和相似的从中生长晶体的溶液的拉曼光谱图显示只有键合的硫氰根出现在固态，而在溶液中，证据表明既存在自由又有键合的硫氰根。而且，铀酰阳离子对称伸缩频率随着硫氰根浓度的增加，向低能方向位移，证实了溶液中硫氰根的配位，形成高阶铀酰硫氰根络合物；固相产物中这一信号的出现，甚至是在低能区域，与铀酰离子和硫氰根的均一配位一致。

一些咪唑基阳离子的化合物也已有报道，如$[C_4C_1im]_3[UO_2(NCS)_5]$。它的合成方法如下：

$[C_4C_1im]_3[UO_2(NCS)_5]$的合成。在一核磁管中，加入$UO_2(Tf_2N)_2 \cdot xH_2O$(0.20mmol，0.2021g，$x=10$)，$[C_4C_1im][Tf_2N]$(0.50mmol，0.2097g)，在真空干燥箱中，加热到70℃，反应12h。然后，向核磁管中再加入$[C_4C_1im][SCN]$(3.00mmol，0.5919g)，再在50℃下真空干燥12h。冷却至室温，静置两个月，过滤，得到黄色晶体，用氯己烷洗涤，在真空烘箱中干燥，产率：0.005g(2%，基于铀酰盐)。

$[C_4C_1im]_3[UO_2(NCS)_5]$晶体学参数：$C_{29}H_{45}N_{11}O_2S_5U$，$M_r=978.09$g/mol，$T=$290K，三斜晶系，$P2_1/c$空间群，$a=16.7336(7)$Å，$b=17.8778(7)$Å，$c=14.9349(8)$Å，$\alpha=90°$，$\beta=110.211(5)°$，$\gamma=90°$，$V=4192.8(3)$Å^3，$Z=4$，$D_{calcd}=1.549$g/cm^3，$\mu=4.160$mm^{-1}，data/restraints/parameters=8566/4/427，$R_{int}=0.0437$，GOF=1.043，最终R indices $[I > 2\sigma(I)]$ $R_1=0.0428$，$\omega R_2=0.1000$，R indices(all data) $R_1=0.0763$，$\omega R_2=0.1173$。

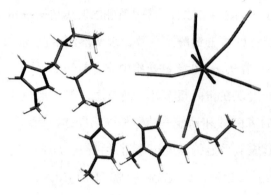

图5-4　$[C_4C_1im]_3[UO_2(NCS)_5]$的晶体结构

$[C_4C_1im]_3[UO_2(NCS)_5]$结晶于单斜$P2_1/c$空间群，在每个不对称单元中含有一个五角双锥几何构型的配位阴离子和三个构象分别为TT、TG′、TE的平衡电荷阳离子$[C_4C_1im]^+$(图5-4)。如预期所料，铀酰阳离子与硫氰根通过氮原子配位，这一点与在以咪唑、铵和其他阳离子为平衡离子的类似化合物中一致。在$[C_2C_1im]_3[UO_2(NCS)_5]$中，所报道的U＝O键长为1.766(8)Å和1.765(9)Å，U—N键长为2.398(11)~2.513(10)Å，O＝U＝O键角为171.2(9)°。这里，$[C_4C_1im]_3[UO_2(NCS)_5]$的U＝O键长稍短，为1.761(4)Å和1.757(5)Å，U—N键长较为接近，为2.430(7)~2.468(6)Å；O＝U＝O键角稍大，为178.0(2)°，表明在这个化合物中阴离子$[UO_2(NCS)_5]^{3-}$的变形较小。

5.3　硝酸

在核化工领域，离子液体已经被用于放射性废物的处理和乏燃料的再生，即替代传统有机溶剂用于液—液萃取和取代高温熔盐用于高温再生工艺。作为离子液体在核工业中应用的基础研究的一部分，离子液体中铀酰物种的结构、铀氧化物(UO_2和U_3O_8)在离子液体中的溶解性质、用离子液体从水溶液体系中萃取铀酰物种的萃取行为、铀酰物种在离子液体中的电化学性质和铀之外的锕系物种在离子液体中的性质，已经得到了广泛的研究。

在离子液体中铀酰物种的结构研究中，含有过量的氯离子的离子液体中，卤代铀酰物种是以$[UO_2Cl_4]^{2-}$形式存在的。然而，虽然已经有许多水溶液和非水溶液中硝酸铀酰络合物的数据，但离子液体中硝酸铀酰物种的性质仍然不够清晰。已知中性硝酸铀酰络合物$[UO_2(NO_3)_2(L)_2]$（L：氧供体单齿配体）以固态硝酸铀酰络合物类似的形式存在于非水溶液体系中。有报道称，在含UO_2^{2+}和NO_3^-，且$[UO_2^{2+}]/[NO_3^-] \geqslant 3$的水溶液和非水溶液体系中，1∶3的络合物$[UO_2(NO_3)_3]^-$作为有限络合物存在。1∶4的络合物$[UO_2(NO_3)_4]^{2-}$只存在于$CH_3NO_2$溶液中，$[UO_2(NO_3)_3]^- + NO_3^- \longrightarrow [UO_2(NO_3)_4]^{2-}$的生成常数为$(4.7 \pm 0.17)$L/(mol·cm)。类似的，离子液体中有限的硝酸铀酰络合物为1∶3络合物$[UO_2(NO_3)_3]^-$。把$UO_2(NO_3)_2 \cdot 6H_2O$和$[N_{4444}][NO_3]$溶解在$[C_4C_1im][Tf_2N]$或者$[C_4C_1pyr][Tf_2N]$中（$[NO_3^-]$/$[UO_2^{2+}]=4$），采用紫外—可见吸收光谱和磁圆二色谱表征，推测两个离子液体中都形成$[UO_2(NO_3)_3]^-$。$UO_2(NO_3)_2 \cdot 6H_2O$和$[N_{4444}][NO_3]$的$[C_4C_1im][Tf_2N]$溶液（$[NO_3^-]$/$[UO_2^{2+}]=4$）的EXAFS研究支持了这一观点。而且，$UO_2(Tf_2N)_2$和$[N_{4444}][NO_3]$的$[C_4C_1im][Tf_2N]$溶液中，当$[NO_3^-]$/$[UO_2^{2+}] > 3$，基于紫外—可见吸收光谱数据，证实溶液中主要的铀酰物种是$[UO_2(NO_3)_3]^-$。然而，在溶有$UO_2(NO_3)_2 \cdot 6H_2O$或者$UO_2(Tf_2N)_2$的$[C_4C_1im][NO_3]$溶液中，基于EXAFS研究，推测形成1∶4的络合物$[UO_2(NO_3)_4]^{2-}$，铀酰离子在赤道平面与两个双齿和两个单齿配位的硝酸根配位。但这些研究中所采用的离子液体的阴离子是不一样的，而且所采用的盐为水合物，使得$[C_4C_1im][NO_3]$中铀酰物种的结构解释不太确定。

Yasuhisa Ikeda等将$[C_2C_1im][UO_2Cl_4]$与$AgNO_3$反应，制备了$[C_2C_1im]_2[UO_2(NO_3)_4]$以及$[C_1C_1im]_2[UO_2(NO_3)_4]$。$[C_2C_1im]_2[UO_2(NO_3)_4]$或者$UO_2(NO_3)_2 \cdot 6H_2O$的$[C_2C_1im][NO_3]$溶液（$[UO_2^{2+}]=2.4 \times 10^{-2}$mol/L）的紫外—可见吸收光谱非常相像，在430nm附近显示一个宽的峰[$\varepsilon=43$L/(mol·cm)]，与$[N_{4444}]_2[UO_2(NO_3)_4]$的相似[最大峰值：433nm，$\varepsilon=46$L/(mol·cm)]。这表明铀酰物种在$[C_2C_1im][NO_3]$中以$[UO_2(NO_3)_4]^{2-}$形式存在。

在50℃，向$[C_2C_1im]_2[UO_2(NO_3)_4]$的乙腈溶液（$[UO_2^{2+}]=2.4 \times 10^{-2}$mol/L）中加入不同量的$[C_2C_1im][NO_3]$(0，0.05，0.10，0.20，0.50，1.5mol/L)，紫外—可见吸收测试表明，吸收随着465nm和469nm处的两个均衡点的出现而增加，含有低浓度硝酸根离子体系的吸收光谱几乎与水溶液、非水溶液和离子液体溶液中$[UO_2(NO_3)_3]^-$典型的吸收光谱相似。这些现象与含有$[N_{2222}][UO_2(NO_3)_3]$(0.017

mol/L)和$[N_{2222}][NO_3]$(0.000，0.0972，0.194，0.486，1.58mol/L)的硝基甲烷溶液的吸收光谱的变化一致，均衡点出现在465.5nm和470.0nm。这强烈地支持在$[C_2C_1im]_2[UO_2(NO_3)_4]$的乙腈溶液中铀酰物种以$[UO_2(NO_3)_3]^-$形式存在的观点，随着硝酸根浓度的增加形成$[UO_2(NO_3)_4]^{2-}$物种，以下的等式存在于反应体系中。

$$[UO_2(NO_3)_3]^- + NO_3^- \xleftrightarrow{K} [UO_2(NO_3)_4]^{2-} \tag{5-1}$$

对应于$[UO_2(NO_3)_3]^-$和$[UO_2(NO_3)_4]^{2-}$物种的K和ε数值采用SQUAD方法(软件：HypSpec)确定。50℃，得到的K值为$(3.85 \pm 0.01)M^{-1}$。$[C_1C_1im][NO_3]$和$[C_1C_1im]_2[UO_2(NO_3)_4]$的乙腈溶液的吸收随着465nm和469nm处均衡点的出现而逐渐增强，表明这个体系所发生的存在如方程式(5-1)所示平衡反应，表明在纯净的$[C_1C_1im][NO_3]$中形成$[UO_2(NO_3)_4]^{2-}$物种。这一体系的K值大概估计为8.8 L/mol。

$[C_1C_1im]_2[UO_2(NO_3)_4]$的乙腈溶液的$K$值比$[C_2C_1im]_2[UO_2(NO_3)_4]$的大，意味着$[UO_2(NO_3)_4]^{2-}$物种在$[C_1C_1im]_2[UO_2(NO_3)_4]$的乙腈溶液中比较稳定。$[C_1C_1im]_2[UO_2(NO_3)_4]$络合物能以晶体形式沉积出来这一事实支持这一观点，而$[C_2C_1im]_2[UO_2(NO_3)_4]$没有结晶。

仅从紫外—可见吸收光谱，很难确定硝酸根离子在$[C_2C_1im][NO_3]$或者$[C_1C_1im][NO_3]$的$[UO_2(NO_3)_4]^{2-}$中的配位模式。然而，基于$[C_1C_1im]_2[UO_2(NO_3)_4]$的晶体结构，铀酰离子的赤道平面与两个单齿配位的和两个双齿配位的硝酸根配位，可以推测$[UO_2(NO_3)_4]^{2-}$是$[C_2C_1im][NO_3]$或者$[C_1C_1im][NO_3]$中所存在的物种，与$[C_1C_1im]_2[UO_2(NO_3)_4]$的晶体结构相似。

研究表明，室温离子液体可以用于从水溶液体系中萃取金属物种，这在核工业中是非常有意义的，因为在乏燃料的后处理PUREX流程中目前采用溶剂进行萃取。许多研究工作致力于采用离子液体核燃料再处理和熔盐废物处理。草酸阴离子在核工业中吸引了较多的研究兴趣，主要是考虑将其作为热不稳定配体和/或沉淀剂。

在70℃，将1g $UO_2(IV)$溶于$[C_4C_1im][NO_3]$(10g)和浓硝酸(1g，大约反应体积的10%)，得到硝酸铀(VI)酰的亮黄色溶液。在紫外吸收光谱上435nm处出现一个吸收峰，验证了铀酰物种的存在。冷却之后，不寻常的是开始从反应介质中沉淀黄色粉末。即使在相似的反应条件下，沉淀的数量也不同。将黄色粉末用乙腈重结晶，得$[C_4C_1im]_2[(UO_2)_2(NO_3)_4(C_2O_4)]$的单晶。

$[C_4C_1im]_2[(UO_2)_2(NO_3)_4(C_2O_4)]$的晶体学参数。$M_r$=1154.56g/mol，单斜晶系，空间群为$P2_1/c$，$a$=15.452(2)Å，$b$=20.354(3)Å，$c$=10.822(4)Å，$\beta$=106.84(2)°，$V$=3258(1)Å^3，$Z$=4，$\mu$=10.023mm^{-1}，$R_{int}$=0.0788。单晶结构分析表明，$[C_4C_1im]_2[(UO_2)_2(NO_3)_4(C_2O_4)]$的单胞中含有四个$[C_4C_1im]^+$阳离子和两个独立的$[(UO_2)_2(NO_3)_4(C_2O_4)]^{2-}$阴离子片段（图5-5），都位于倒反中心位置。$[C_4C_1im]^+$阳离子的堆积形成了大的孔道，而阴离子存在于孔道中。这个化合物中$[(UO_2)_2(NO_3)_4(C_2O_4)]^{2-}$阴离子的折中排布方式是比较独特的。阴离子片段中草酸根的出现是由于硝酸中杂质所引起的。

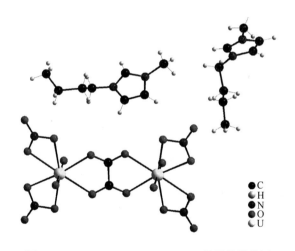

图5-5　$[C_4C_1im]_2[(UO_2)_2(NO_3)_4(C_2O_4)]$的晶体结构图

$[C_nC_1im]_2[(UO_2)_2(NO_3)_4(C_2O_4)]$($n$=2，3，5，6)的合成。将$[C_nC_1im][NO_3]$(10g)、六水合硝酸铀酰(1g)、浓硝酸(1 g)、丙酮(1 g)混合，加热到70℃，反应2h，然后冷却到室温。对于n=1~6，这一反应通过过滤可以分离得到黄色的沉淀，用乙腈重结晶后可以得到晶体。当$n>6$，冷却后不会产生沉淀，但把反应混合物溶于少量的乙腈中，加入乙酸乙酯，冷却混合物，可以获得盐的固体。

$[C_4C_1im]_2[(UO_2)_2(NO_3)_4]$还可以用下面的方法制备：$[C_nC_1im][NO_3]$(10g)、六水合硝酸铀酰(1g)、浓硝酸(1g)、乙二醛(0.1g)混合，加热到70℃，反应2h，然后冷却到室温，得黄色沉淀。晶体学参数为：M_r=1154.56g/mol，单斜晶系，空间群为$P2_1/c$，a=15.436(7)Å，b=20.391(9)Å，c=10.795(5)Å，β=106.72(1)°，V=3258(1)Å^3。

$[C_1C_1im]_2[(UO_2)(NO_3)_4]$的晶体学参数。$C_{10}H_{18}N_8O_{14}U$，$M_r$=712.35g/mol，三斜晶系，空间群为$P-1$，$a$=8.0385(15)Å，$b$=8.3134(15)Å，$c$=8.6759(16)Å，$\alpha$=91.924(3)°，$\beta$=100.692(3)°，$\gamma$=109.428(3)°，$V$=534.43(17)Å^3，$Z$=1，$\rho$=2.213g/cm^3，尺寸：0.45mm × 0.18mm × 0.16mm，μ=7.679mm^{-1}，$F(000)$=338，收集5754个衍射点，其中2281个为独立衍射点，R_{int}=0.0281，最终R_1=0.0330，ωR_2=0.0848。

$[C_2C_1im]_2[(UO_2)_2(NO_3)_4(C_2O_4)]$的晶体学参数。$C_{14}H_{22}N_8O_{20}U_2$，$M_r$=1098.46g/mol，三斜晶系，空间群为$P-1$，$a$=11.075(4)Å，$b$=15.077(4)Å，$c$=29.599(8)Å，$\alpha$=102.167(9)°，$\beta$=94.297(8)°，$\gamma$=108.971(6)°，$V$=4514(2)Å^3，$Z$=6，$\rho$=2.425g/cm^3，尺寸：0.48mm × 0.18mm × 0.08mm，μ=10.845mm^{-1}，$F(000)$=3036，收集43704个衍射点，其中15825个为独立衍射点，R_{int}=0.0826，最终R_1=0.1066，ωR_2=0.3377。

$[C_3C_1im]_2[(UO_2)_2(NO_3)_4(C_2O_4)]$的晶体学参数。$C_{16}H_{26}N_8O_{20}U_2$，$M_r$=1126.51g/mol，单斜晶系，空间群为$P2_1/c$，$a$=15.405(3)Å，$b$=19.744(4)Å，$c$=10.5297(18)Å，$\alpha$=90°，$\beta$=106.629(4)°，$\gamma$=90°，$V$=3068.8(10)Å^3，$Z$=4，$\rho$=2.438g/cm^3，尺寸：0.26mm × 0.23mm × 0.06mm，μ=10.637mm^{-1}，$F(000)$=2088，收集25941个衍射点，其中7209个为独立衍射点，R_{int}=0.0845，最终R_1=0.0414，ωR_2=0.1297。

$[C_5C_1im]_2[(UO_2)_2(NO_3)_4(C_2O_4)]$的晶体学参数。$C_{20}H_{34}N_8O_{20}U_2$，$M_r$=1182.61g/mol，单斜晶系，空间群为$P2_1/c$，$a$=10.6247(17)Å，$b$=19.020(3)Å，$c$=17.095(3)Å，$\alpha$=90°，$\beta$=100.856(3)°，$\gamma$=90°，$V$=3392.7(9)Å^3，$Z$=4，$\rho$=2.315g/cm^3，尺寸：0.32mm × 0.10mm × 0.10mm，μ=9.627mm^{-1}，$F(000)$=2216，收集37510个衍射点，其中7713个为独立衍射点，R_{int}=0.0521，最终R_1=0.0322，ωR_2=0.0888。

$[C_6C_1im]_3[(UO_2)_2(NO_3)_4(C_2O_4)][NO_3]$的晶体学参数。$C_{32}H_{57}N_{11}O_{23}U_2$，$M_r=1439.95g/mol$，单斜晶系，空间群为$P2_1/c$，$a=14.722(3)$Å，$b=32.631(7)$Å，$c=10.587(2)$Å，$\alpha=90°$，$\beta=96.555(5)°$，$\gamma=90°$，$V=5052.5(19)$Å³，$Z=4$，$\rho=1.893g/cm^3$，尺寸：$0.20mm \times 0.10mm \times 0.06mm$，$\mu=6.489mm^{-1}$，$F(000)=2776$，收集39166个衍射点，其中6604个为独立衍射点，$R_{int}=0.0845$，最终$R_1=0.0414$，$\omega R_2=0.1297$。

$[C_{12}C_1im]_2[(UO_2)_2(NO_3)_4]$的晶体学参数。$C_{32}H_{62}N_8O_{14}U$，$M=1020.93g/mol$，三斜晶系，空间群为$P-1$，$a=8.1071(7)$Å，$b=9.2880(8)$Å，$c=28.349(2)$Å，$\alpha=95.467(2)°$，$\beta=91.533(4)°$，$\gamma=93.733(2)°$，$V=2119.2(3)$Å³，$Z=2$，$\rho=1.600g/cm^3$，尺寸：$0.28mm \times 0.26mm \times 0.12mm$，$\mu=3.899mm^{-1}$，$F(000)=1028$，收集25941个衍射点，其中7209个为独立衍射点，$R_{int}=0.1723$，最终$R_1=0.1506$，$\omega R_2=0.4463$。

$[C_{16}C_1im]_2[(UO_2)_2(NO_3)_4(C_2O_4)] \cdot 3CH_3CN$的晶体学参数。$C_{52}H_{93}N_{13}O_{20}U_2$，$M=1696.45g/mol$，三斜晶系，空间群为$P-1$，$a=9.149(2)$Å，$b=9.973(2)$Å，$c=24.330(6)$Å，$\alpha=94.643(4)°$，$\beta=96.437(4)°$，$\gamma=113.847(4)°$，$V=1998.1(8)$Å³，$Z=1$，$\rho=1.410g/cm^3$，尺寸：$0.52mm \times 0.20mm \times 0.16mm$，$\mu=4.112mm^{-1}$，$F(000)=840$，收集16142个衍射点，其中7012个为独立衍射点，$R_{int}=0.1166$，最终$R_1=0.0937$，$\omega R_2=0.2840$。

$[C_1C_1im]_2[(UO_2)(NO_3)_4]$的晶体结构。$[C_1C_1im]_2[(UO_2)(NO_3)_4]$的不对称单元中含有一个咪唑阳离子和半个位于倒反中心的阴离子。阳离子和阴离子沿着(011)方向堆积排列，形成阴离子和阳离子的交替区域。咪唑阳离子通过$\pi \cdots \pi$相互作用形成二聚体。在二聚体片段的上面和下面存在铀酸阴离子，氧原子指向咪唑的C2位置，形成$O \cdots C(2.85Å)$相互作用。这些阳离子和阴离子通过C—H$\cdots$O氢键作用排列成三维超分子网络结构。

$[C_2C_1im]_2[(UO_2)_2(NO_3)_4(C_2O_4)]$的晶体结构。$[C_2C_1im]_2[(UO_2)_2(NO_3)_4(C_2O_4)]$的不对称单元含有四个独立的阴离子，其中两个位于倒反中心，和六个独立的阳离子。不对称单元中存在如此多的阳离子和阴离子可能是因为乙基具有较大的柔性，形成了以下的C2—N1—C6—C7扭角：114.1°，102.8°，96.9°，166.5°，175.1°和169.6°。这些阳离子通过甲基形成C—H…π/π…π相互作用，沿着(001)方向排列形成柱状。阴离子同样排列成柱状，作为阳离子的模板，围绕在阳离子柱的周围。

$[C_3C_1im]_2[(UO_2)_2(NO_3)_4(C_2O_4)]$的晶体结构。$[C_3C_1im]_2[(UO_2)_2(NO_3)_4(C_2O_4)]$的不对称单元中包含两个独立的阳离子和两个独立的阴离子。阴离子位于倒反中心上，含有两个$[UO_2(NO_3)_2]$单元，通过草酸阴离子桥联。咪唑阳离子的丙基链采取两种构象：一种是咪唑环与C2—N1—C5—C6几乎为共平面，扭转角为−130.6°；第二种是几乎垂直于咪唑环，C2—N1—C5—C6扭转角为−115.0°。阴离子堆积排列成柱状，两种构象不同的阳离子封盖在沿着(001)方向的阴离子柱上。

$[C_5C_1im]_2[(UO_2)_2(NO_3)_4(C_2O_4)]$的晶体结构。$[C_5C_1im]_2[(UO_2)_2(NO_3)_4(C_2O_4)]$的不对称单元中含有两个位于倒反中心的独立的阴离子和两个独立的阳离子，烷基链采取相对于咪唑环(C2—N1—C6—C7)要么线性要么弯曲的取向，扭转角分别为89.7°和−85.3°。阴离子仍然作为阳离子的模板，形成围绕着沿着(100)方向的阳离子柱的阴离子柱。

$[C_6C_1im]_3[(UO_2)_2(NO_3)_4(C_2O_4)][NO_3]$的晶体结构。$[C_6C_1im]_2[(UO_2)_2(NO_3)_4(C_2O_4)]$的不对称单元含有一个草酸桥联双核阴离子、一个硝酸阴离子和三个独立的阳离子，其中一个为无序。二聚体沿着(001)方向排列成柱，相邻的柱子之间相互平行，与$[C_5C_1im]_2[(UO_2)_2(NO_3)_4(C_2O_4)]$中所观察到的直角关系不同。阴离子仍然作为阳离子的模板，但是由于己基链的长度，该化合物中包含一个溶剂$[C_6C_1im][NO_3]$。

$[C_{12}C_1im]_2[(UO_2)_2(NO_3)_4]$的晶体结构。$[C_{12}C_1im]_2[(UO_2)_2(NO_3)_4]$的不对称单元中含有一个阴离子和两个阳离子，阴离子和阳离子的咪唑鎓离子的头部关联，烷基链从这一区域以线性的方式向外扩展。相邻的烷基链相互指向对方，形成含有带电荷区域和中性烷基区域相互交错的双层结构，对于长烷基链咪唑盐来说这是比较典型的。

$[C_{16}C_1im]_2[(UO_2)_2(NO_3)_4(C_2O_4)] \cdot 3CH_3CN$ 的晶体结构。$[C_{16}C_1im]_2[(UO_2)_2 (NO_3)_4(C_2O_4)] \cdot 3CH_3CN$ 的不对称单元中含有一个独立的阴离子，位于倒反中心上，一个阳离子和三个乙腈分子，其中两个为无序的。阴离子排列成沿着(001)方向的柱子，阳离子和阴离子之间，以咪唑头部基团形成的氢键相互关联。烷基链朝向远离这些带电区域方向延伸，形成相互交错的双侧结构。这种排列方式导致了晶格中形成了孔道状的孔腔，烷基链之间最近的距离为8.0Å。在孔腔中填充了无序的乙腈溶剂分子，占据这些孔腔中随意的位置。

采用循环伏安法在 $[C_4C_1im][NO_3]$ 中测试了 $[C_3C_1im]_2[(UO_2)_2(NO_3)_4(C_2O_4)]$ 的电化学性质。在 $[C_3C_1im]_2[(UO_2)_2(NO_3)_4(C_2O_4)]$ 的循环伏安图上，约−0.9V附近有一不可逆的宽还原峰，在−0.1V附近有一个宽的氧化峰，但波幅较小，表明了其不可逆的特征。而对于 $[C_4C_1im][NO_3]$，在−2.4 V至+1.5 V之间(相对于 Ag^+/Ag 电对)没有任何峰。所以这些峰为 $[C_3C_1im]_2[(UO_2)_2(NO_3)_4(C_2O_4)]$ 的氧化还原峰。

从以上可以看出，采用这一方法可以合成得到一些含有不同长度烷基链的咪唑鎓离子为阳离子，硝酸根和草酸根混配的含铀酰离子物种。随着烷基链长度的变化，晶体的结构会发生一些变化。

类似的化合物，如 $[C_4C_1im]_2[(UO_2)_2(\mu-OH)_2(NO_3)_4]$，也已经被合成出来，其合成方法如下：$UO_2(Tf_2N)_2 \cdot xH_2O$(0.35mmol，0.3347g，$x$=10)，$[C_4C_1im][Tf_2N]$(3.00mmol，1.2581g)和 $[C_4C_1im]NO_3$(2.00mmol，0.4024g)。静置一个月后得到黄色晶体。产率：0.019g(5%，基于铀酰盐)。

$[C_4C_1im]_2[(UO_2)_2(\mu-OH)_2(NO_3)_4]$ 晶体学参数：$C_{16}H_{32}N_8O_{18}U_2$，M_r=1100.55g/mol，T=290K，三斜晶系，P-1空间群，a=5.52386(17)Å，b=15.9591(5)Å，c= 19.0897(7)Å，α=104.586(3)°，β=91.067(3)°，γ=90.718(3)°，V=1628.09(10)Å^3，Z=2，D_{calcd}=2.245g/cm^3，abs coeff，μ=10.017mm^{-1}，data/restraints/parameters=6379/4/373，R_{int}=0.0283，GOF=1.079，最终 R indices $[I > 2\sigma(I)]$ R_1=0.0386，ωR_2=0.0767，R indices(all data) R_1=0.0632，ωR_2=0.0868。

化合物 $[C_4C_1im]_2[(UO_2)_2(\mu-OH)_2(NO_3)_4]$ 结晶于三斜空间群 P-1，每个不对称单元中含有两个 $[C_4C_1im]^+$ 阳离子和一个 $[(UO_2)_2(\mu-OH)_2(NO_3)_4]^{2-}$ 阴离子(图5-6)。

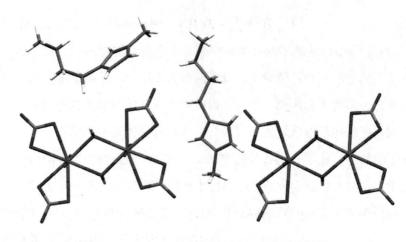

图5-6 [C₄C₁im]₂[(UO₂)₂(μ-OH)₂(NO₃)₄]的晶体结构

含有[(UO₂)₂(μ-OH)₂(NO₃)₄]²⁻阴离子和不同平衡电荷的化合物已经被广泛研究，比如咪唑、铵和吡啶等。[C₄C₁im]₂[(UO₂)₂(μ-OH)₂(NO₃)₄]中，[C₄C₁im]⁺阳离子具有G′T和TE′构象，可以保持特定的阳离子—阴离子相互作用，与此前研究较为透彻的含有[C₁C₁im]⁺、[C₂C₁im]⁺、[C₂C₁mim]⁺平衡离子的晶体结构类似。由于结构中存在许多弱的相互作用，为了获得有意义的和可比较的结构，只考察离子间距短于范德瓦耳斯半径之和0.1Å以上的相互作用。[C₄C₁im]₂[(UO₂)₂(μ-OH)₂(NO₃)₄]中，相邻[(UO₂)₂(μ-OH)₂(NO₃)₄]²⁻阴离子中铀酰离子的轴向氧原子和桥联羟基之间形成了O—H···O氢键作用，与化合物[C₁C₁im]₂[(UO₂)₂(μ-OH)₂(NO₃)₄]类似。此前文献报道的阳离子—阳离子相互作用根据所涉及的氧原子可分为以下四类：桥联羟基，标记为C—H···O$_{bri}$，H···O间距为2.573(3)Å，C—H···O键角为173.5(3)°；铀酰离子的轴向氧原子，标记为C—H···O$_{ura}$，H···O间距为2.565(8)~2.619(3)Å，C—H···O键角为122.7(3)°~155.1(3)°；与铀酰离子配位的硝酸根的氧原子，标记为C—H···O$_{coo}$，H···O间距为2.453(7)~2.602(3)Å，C—H···O键角为145.4(3)°~164.0(3)°；未与铀酰离子配位的硝酸根的氧原子，标记为C—H···O$_{free}$，H···O间距为2.533(3)~2.601(3)Å，C—H···O键角为129.9(3)°~167.0(7)°。在[C₄C₁im]₂[(UO₂)₂(μ-OH)₂(NO₃)₄]中，[C₄C₁im]⁺阳离子具有G′T和TE′构象，以两种模式形成C—H···O$_{bri}$，C—H···O$_{coo}$，C—H···O$_{free}$

弱作用，H···O间距短，C—H···O键角小。具有G'T构象的$[C_4C_1im]^+$阳离子形成一个C—H···O_{bri}，一个C—H···O_{free}，两个C—H···O_{COO}弱作用。具有TE'构象的$[C_4C_1im]^+$阳离子形成了五个C—H···O_{COO}弱作用，包含一个双键合的C—H···O_{COO}。在这些C—H···O的相互作用中，由于C—H···O_{COO}在所有结构中都出现，而且在每个结构中拥有最短的H···O间距和最强的相互作用，所以可以认为是主要的相互作用。而且，形成C—H···O_{COO}氢键作用的氢为咪唑环中C2—H位置酸性最强的氢。在$[C_4C_1im]_2[(UO_2)_2(\mu-OH)_2(NO_3)_4]$中，O=U=O键角为177.7(3)°~178.1(2)°，O-O间距为2.13(1)~2.72(1)Å，O-O-O-O扭转角为0.3(6)°~15.7(5)°，说明六角双锥的$[(UO_2)_2(\mu-OH)_2(NO_3)_4]^{2-}$阴离子发生了明显的变形。

一些铀酰物种还可以借助于使用分子溶剂，辅助溶解铀酰盐，从二烷基咪唑离子液体中结晶铀酰络合物或者与离子液体前驱体反应。从离子液体中结晶并且进行晶体学表征的铀酰盐的数量非常有限。这些化合物通常含有络合铀酰阴离子和二烷基咪唑平衡阳离子。这样的例子如：一系列1-烷基-3-甲基咪唑阳离子和草酸桥联的铀酰阴离子二聚体，分子式为$[(UO_2)_2(NO_3)_4(C_2O_4)]^{2-}$或者四硝酸铀酰阴离子$[UO_2(NO_3)_4]^{2-}$。早期报道晶体结构的铀酰咪唑化合物是把中性咪唑和铀酰盐结合，导致咪唑的质子化变成咪唑鎓离子。分离得到的固态化合物通常含有带负电荷的铀物种(单核或者双核)和咪唑鎓平衡离子。比如，$[UO_2Cl_4]^{2-}$阴离子与质子化的咪唑阳离子$[Him]^+$形成的盐，是通过$UO_2Cl_2 \cdot 3H_2O$和中性的咪唑在酸性环境下得到的。$UO_2SO_4(propylamine)_2$与中性的咪唑反应，得到硫酸铀酰配位聚合物阴离子$[(UO_2)(SO_4)_3]_n[Him]_{2n}$，质子化的咪唑阳离子作为平衡离子存在。

一些更加有趣的结构事实上是离子液体的杂质(比如难以除去的烷基咪唑和无所不在的水)。第一个报道的咪唑和铀离子配位的化合物是从离子液体中结晶得到的。虽然后来，在$[C_4C_1im]Cl$溶剂中，通过醋酸双氧铀和1-甲基咪唑的反应重复合成了这一化合物，但起初它是作为非预期的产品醋酸双氧铀和$[C_4C_1im]$Cl反应混合物中分离出来的，这里1-甲基咪唑是作为杂质存在于反应体系中的。

Rogers等在离子液体中铀酰盐的溶解和结晶方面做了很多工作。他们采用分子溶剂辅助盐的全部溶解或者适当地参与反应，但分子溶剂没有出现在晶体结构中。六水合硝酸铀酰与三个离子液体和一个离子液体前驱体以及少量的分子溶剂相互作用，分离和结构表征了四个新的铀酰的盐：$[C_1C_1im]_2[(UO_2)_2(\mu-OH)_2(NO_3)_4]$，$[C_2C_1im]_2[(UO_2)_2(\mu-OH)_2(NO_3)_4]$，$[C_1C_1im]_2[(UO_2)_2(\mu-OH)_2(NO_3)_4]$和$[C_2C_1im]_2[(UO_2)_2Cl_3(NO_3)]$。

结晶实验如下所示。通过这些结晶实验可以比较六水合硝酸铀酰的溶解度和结晶性。(a)两个阴离子配位能力很不同的离子液体；(b)在溶液中组合两个离子液体前驱体原位产生类似离子液体体系。对于第一条策略，选择了配位能力强的氯离子和配位能力远远差于氯离子的2，2，2-三氟-N-(三氟甲磺酰)乙酰胺(TFAC)，与1-乙基-3-甲基咪唑鎓离子($[C_2C_1im]^+$)配对。第二条策略包含六水合硝酸铀酰和两性离子1，3-二甲基咪唑鎓-2-羧酸盐或者1，2，3-三甲基咪唑甲基碳酸酯($[C_1C_1mim][MeCO_3]$)，两者都是离子液体前驱体。在这两种策略中，发现加入分子溶剂是非常有必要的，用于辅助溶解盐或者反应底物。

$[C_1C_1im]_2[(UO_2)_2(\mu-OH)_2(NO_3)_4]$的合成。将0.1 mol的$UO_2(NO_3)_2 \cdot 6H_2O$和1，3-二甲基咪唑鎓-2-羧酸盐在10mL乙腈中回流反应。趁热过滤反应混合物，除去未反应的起始原料，缓慢地蒸发除去溶剂，得到黄色针状单晶，用于单晶X射线衍射分析。

两性离子1，3-二甲基咪唑鎓-2-羧酸盐的反应是1，3-二甲基咪唑鎓-2-羧酸经过脱羧，形成1，3-二甲基咪唑鎓离子。这个反应能够进行的条件是要求有酸性质子的存在。酸性质子可以来自六水合硝酸铀酰，通过水分子的水解，形成桥联双-μ-羟基-双[双(硝酸-O，O)二氧化铀(VI)酸]。

文献中有报道，4，5-二羧酸取代的中性咪唑与六水合硝酸铀酰反应没有发生脱羧，所得到的晶体结构显示羧基—COO^-基团与铀酰中心离子配位。2-羧酸基团如此大的差异很有可能是因为相对于已知的比较稳定的4-COOH加合物，质子化的2-羧酸的稳定性比较低。

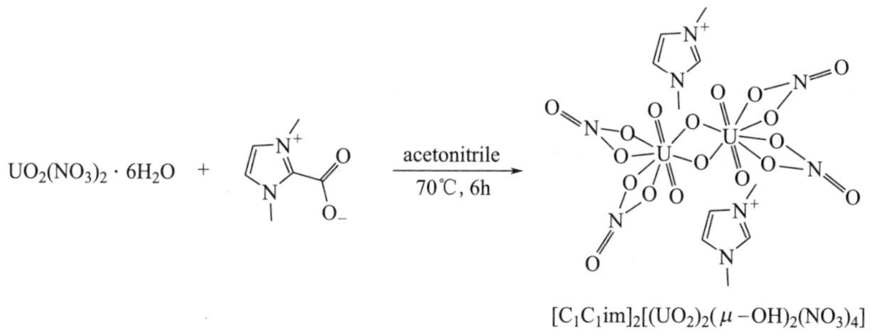
$UO_2(NO_3)_2 \cdot 6H_2O$
acetonitrile
70℃, 6h
$[C_1C_1im]_2[(UO_2)_2(\mu-OH)_2(NO_3)_4]$

(a)

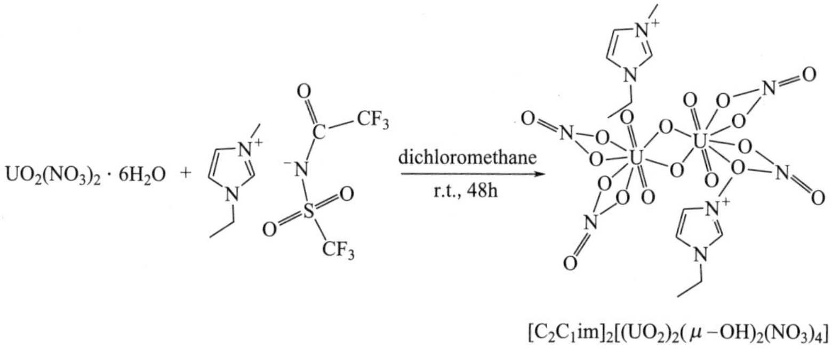
$UO_2(NO_3)_2 \cdot 6H_2O$
dichloromethane
r.t., 48h
$[C_2C_1im]_2[(UO_2)_2(\mu-OH)_2(NO_3)_4]$

(b)

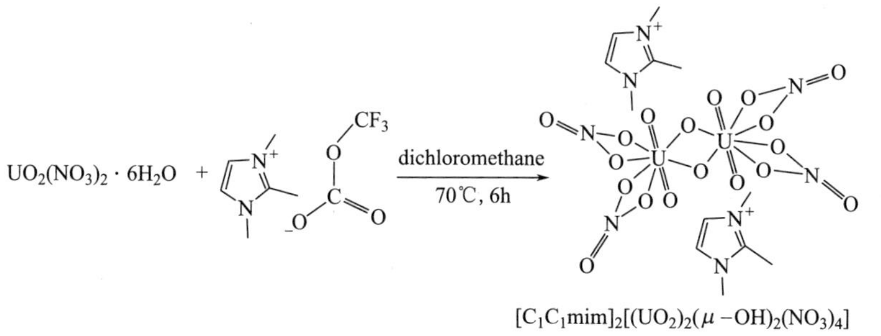
$UO_2(NO_3)_2 \cdot 6H_2O$
dichloromethane
70℃, 6h
$[C_1C_1mim]_2[(UO_2)_2(\mu-OH)_2(NO_3)_4]$

(c)

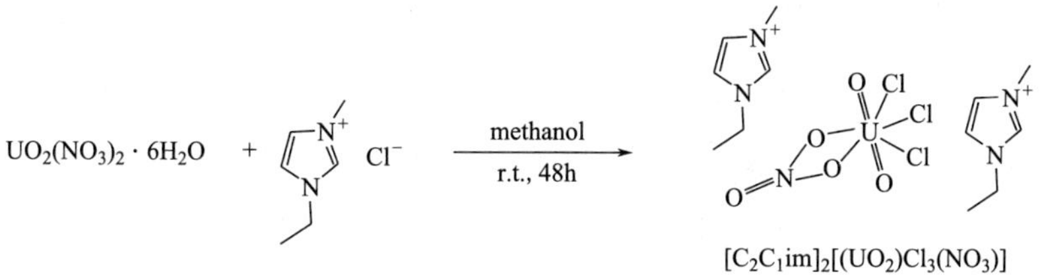
$UO_2(NO_3)_2 \cdot 6H_2O$
methanol
r.t., 48h
$[C_2C_1im]_2[(UO_2)Cl_3(NO_3)]$

(d)

六水合硝酸铀酰的酸性本质同样可以解释其一旦与离子液体或者离子液体前驱体反应，可以生成桥联双-μ-羟基-双[双(硝酸-O，O)二氧化铀(VI)酸]物种。由于在pH低于中性时，铀酰离子具有负的还原电势，所以形成$UO_2(OH)_2$物种是预料之中的事情。在$[C_1C_1im]_2[(UO_2)_2(\mu-OH)_2(NO_3)_4]$的结晶实验中，酸性质子与两性的1，3-二甲基-2-羧酸发生进一步的反应，如同上面所讨论的。

$[C_2C_1im]_2[(UO_2)_2(\mu-OH)_2(NO_3)_4]$的合成。将0.099mmol $UO_2(NO_3)_2 \cdot 6H_2O$溶于0.12mmol $[C_2C_1im][TFAC]$中，加入少量的二氯甲烷(2mL)用于溶解，经过两天的室温缓慢挥发，可以分离得到黄色针状的晶体，用于晶体结构表征。$[C_2C_1im]_2[(UO_2)_2(\mu-OH)_2(NO_3)_4]$中羟基桥联的双阴离子与$[C_1C_1mim]_2[(UO_2)_2(\mu-OH)_2(NO_3)_4]$中的是一样的。在 $[C_2C_1im]_2[(UO_2)_2(\mu-OH)_2(NO_3)_4]$ 的晶体形成过程中，$[(UO_2)_2(\mu-OH)_2(NO_3)_4]^{2-}$阴离子倾向于与$[C_2C_1im]^+$阳离子结晶。

$[C_1C_1mim]_2[(UO_2)_2(\mu-OH)_2(NO_3)_4]$的合成。将0.096mmol $UO_2(NO_3)_2 \cdot 6H_2O$和0.084mmol $[C_1C_1mim][MeCO_3]$溶于10mL二氯甲烷中，70℃反应6h。趁热过滤除去未反应的起始原料，剩下的溶液室温下缓慢挥发，几天后得到黄色晶体。$[(UO_2)_2(\mu-OH)_2(NO_3)_4]^{2-}$阴离子的形成倾向于在含有$[C_1C_1mim]^+$阳离子的离子液体中结晶。有可能酸性质子使甲基碳酸酯阴离子质子化，导致其发生分解反应，形成MeOH、CO_2和水。

$[C_2C_1im]_2[UO_2Cl_3(NO_3)]$的合成。室温条件下，将0.4mmol $UO_2(NO_3)_2 \cdot 6H_2O$与0.09mmol$[C_2C_1im]Cl$在2mL甲醇中发生反应，缓慢挥发溶剂，得到黄色晶体。与$[C_1C_1im]_2[(UO_2)_2(\mu-OH)_2(NO_3)_4]$、$[C_2C_1im]_2[(UO_2)_2(\mu-OH)_2(NO_3)_4]$、$[C_1C_1mim]_2[(UO_2)_2(\mu-OH)_2(NO_3)_4]$不同的是，$UO_2(NO_3)_2 \cdot 6H_2O$与$[C_2C_1im]Cl$的反应没有发生水解。在氯离子存在的情况下，不会发生铀酰离子的水解。与此类似的Np^{IV}和Pu^{IV}的氯化物在$[C_4C_1im][NTf_2]$中采用光谱分析也证实了这一点，在这一离子液体中水的存在不会影响$[NpCl_6]^{2-}$和$[PuCl_6]^{2-}$物种的吸收光谱。

$[C_1C_1im]_2[(UO_2)_2(\mu-OH)_2(NO_3)_4]$的晶体学参数：$C_{10}H_{20}N_8O_{18}U_2$，$M_r$=1016.40g/mol，

单斜晶系，空间群为$P2_1/n$，$a=5.5633(11)$Å，$b=18.500(4)$Å，$c=11.949(2)$Å，$\beta=92.63(3)°$，$V=1228.5(4)$Å^3，$Z=2$，$D_c=2.748$g/cm^3，$\mu=13.263$cm^{-1}(Mo-K_α，$\lambda=0.71073$Å)，$T=173$K，$R(F^2>4\sigma)=0.0263$，$R_w(F^2$ all data$)=0.0651$，GOF=1.020，收集了8213个衍射数据，其中独立的数据为2976个，$R_{int}=0.0306$。

$[C_2C_1im]_2[(UO_2)_2(\mu\text{–}OH)_2(NO_3)_4]$的晶体学参数：C$_{12}H_{24}N_8O_{18}U_2$，$M_r=1044.45$g/mol，单斜晶系，空间群为$P2_1/n$，$a=5.573(4)$Å，$b=19.386(14)$Å，$c=12.669(9)$Å，$\beta=96.053(12)°$，$V=1361.0(17)$Å^3，$Z=2$，$D_c=2.549$g/cm^3，$\mu=11.976$cm^{-1}(Mo-$K_\alpha$，$\lambda=0.71073$Å)，$T=173$K，$R(F^2>4\sigma)=0.0343$，$R_w(F^2$ all data$)=0.1167$，GOF=1.212，收集了5355个衍射数据，其中独立的数据为1933，$R_{int}=0.0424$。

$[C_1C_1mim]_2[(UO_2)_2(\mu\text{–}OH)_2(NO_3)_4]$的晶体学参数：C$_{12}H_{24}N_8O_{18}U_2$，$M_r=1044.45$g/mol，单斜晶系，空间群为$P2_{1/n}$，$a=13.255(3)$Å，$b=7.3789(14)$Å，$c=14.265(3)$Å，$\beta=105.087(3)°$，$V=1347.2(4)$Å^3，$Z=2$，$D_c=2.575$g/cm^3，$\mu=12.099$cm^{-1}(Mo-$K_\alpha$，$\lambda=0.71073$Å)，$T=173$ K，$R(F^2>4\sigma)=0.0180$，$R_w(F^2$ all data$)=0.0456$，GOF=1.059，收集了5799个衍射数据，其中独立的数据为1940个，$R_{int}=0.0234$。

$[C_2C_1im]_2[UO_2Cl_3(NO_3)]$的晶体学参数：C$_{12}H_{22}Cl_3N_3O_5$U，$M_r=660.73$g/mol，单斜晶系，空间群为$C2/c$，$a=12.839(4)$Å，$b=12.550(4)$Å，$c=13.039(4)$Å，$\beta=92.960(5)°$，$V=2098(1)$Å^3，$Z=4$，$D_c=2.092$g/cm^3，$\mu=8.149$cm^{-1}(Mo-$K_\alpha$，$\lambda=0.71073$Å)，$T=173$K，$R(F^2>4\sigma)=0.0217$，$R_w(F^2$ all data$)=0.0538$，GOF=1.056，收集了4551个衍射数据，其中独立的数据为1510个，$R_{int}=0.0236$。

$[C_1C_1im]_2[(UO_2)_2(\mu\text{–}OH)_2(NO_3)_4]$、$[C_2C_1im]_2[(UO_2)_2(\mu\text{–}OH)_2(NO_3)_4]$、$[C_1C_1mim]_2[(UO_2)_2(\mu\text{–}OH)_2(NO_3)_4]$都结晶于单斜晶系$P2_1/n$空间群，不对称单元中含有一个具有倒反中心的铀酰双核双阴离子$[(UO_2)_2(\mu\text{–}OH)_2(NO_3)_4]^{2-}$和两个平衡有机阳离子(图5-7)。晶体学数据库搜索发现只有10个其他化合物含有这种双核结构阴离子，比如代表性的例子是在低pH条件下从咪唑和硝酸铀酰混合物中得到的。在所有已报道的化合物中平衡离子都是相对比较大的，比如咪唑鎓离子、四丁基铵或者4，4′-联吡啶鎓离子。考虑到这些化合物的小的电荷/尺寸比，这是比较合理的，许多离子液体的阳离子可以减小大的铀酰双核之间的静电相互作用，进行有效的空间堆积。

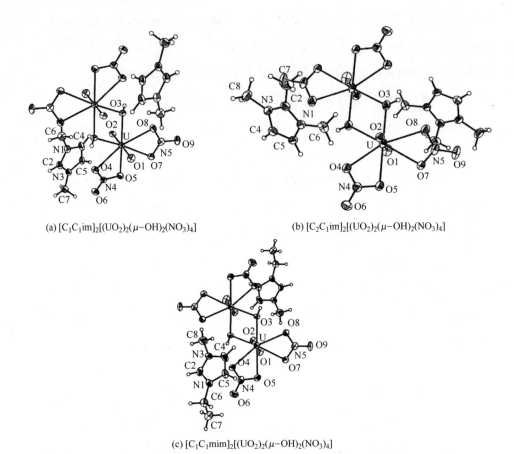

(a) [C₁C₁im]₂[(UO₂)₂(μ-OH)₂(NO₃)₄]

(b) [C₂C₁im]₂[(UO₂)₂(μ-OH)₂(NO₃)₄]

(c) [C₁C₁mim]₂[(UO₂)₂(μ-OH)₂(NO₃)₄]

图5-7　[C₁C₁im]₂[(UO₂)₂(μ-OH)₂(NO₃)₄]、[C₂C₁im]₂[(UO₂)₂(μ-OH)₂(NO₃)₄]、[C₁C₁mim]₂[(UO₂)₂ (μ-OH)₂(NO₃)₄]的分子单元图(ORTEP，50%可能性椭球)

　　在每个双阴离子中，铀离子具有稍微变形的六角双锥几何构型，两个双齿端基配位的硝酸根和六角平面内的两个桥联羟基和近似线型的O1—U—O2角度(表5-3)。在[C₁C₁im]₂[(UO₂)₂(μ-OH)₂(NO₃)₄]和[C₂C₁im]₂[(UO₂)₂(μ-OH)₂(NO₃)₄]中，双齿配位的硝酸根阴离子都是以不对称的方式配位，而在[C₁C₁mim]₂[(UO₂)₂(μ-OH)₂(NO₃)₄]中，每个硝酸根是对称性地成键，但是两个硝酸根与铀离子的距离不一样。在文献报道的10个含有这个阴离子的化合物中，只有两个像[C₁C₁mim]₂[(UO₂)₂(μ-OH)₂(NO₃)₄]这样，不等效的硝酸基团与铀离子对称性成键。

[C$_1$C$_1$im]$_2$[(UO$_2$)$_2$(μ-OH)$_2$(NO$_3$)$_4$]和[C$_2$C$_1$im]$_2$[(UO$_2$)$_2$(μ-OH)$_2$(NO$_3$)$_4$]中的键长和不对称性与文献报道的更相似。

表5-3　[C$_1$C$_1$im]$_2$[(UO$_2$)$_2$(μ-OH)$_2$(NO$_3$)$_4$]、[C$_2$C$_1$im]$_2$[(UO$_2$)$_2$(μ-OH)$_2$(NO$_3$)$_4$]、
[C$_1$C$_1$mim]$_2$[(UO$_2$)$_2$(μ-OH)$_2$(NO$_3$)$_4$]中选定的一些键长(Å)和键角(°)

项目		[C$_1$C$_1$im]$_2$[(UO$_2$)$_2$(μ-OH)$_2$(NO$_3$)$_4$]	[C$_2$C$_1$im]$_2$[(UO$_2$)$_2$(μ-OH)$_2$(NO$_3$)$_4$]	[C$_1$C$_1$mim]$_2$[(UO$_2$)$_2$(μ-OH)$_2$(NO$_3$)$_4$]
键长/Å	U=O1	1.774(3)	1.775(7)	1.778(3)
	U=O2	1.782(3)	1.786(7)	1.775(3)
	U—O3	2.322(3)	2.322(7)	2.334(3)
	U—O3[a]	2.325(3)	2.323(6)	2.345(3)
	U—O4	2.540(3)	2.552(7)	2.536(3)
	U—O5	2.559(3)	2.579(7)	2.530(3)
	U—O7	2.548(4)	2.543(8)	2.517(3)
	U—O8	2.511(3)	2.508(7)	2.517(3)
	U···U	3.867(1)	3.871(2)	3.951(9)
键角/(°)	O1—U—O2	177.3(1)	177.9(3)	176.3(1)
	U—O3—U[a]	112.7(1)	112.9(3)	115.2(1)

注　[a] 对称性操作代码: $-x$, $-y$, $-z$。

[C$_1$C$_1$mim]$_2$[(UO$_2$)$_2$(μ-OH)$_2$(NO$_3$)$_4$]中O1—U—O2键角为176.4(1)°，比[C$_1$C$_1$im]$_2$[(UO$_2$)$_2$(μ-OH)$_2$(NO$_3$)$_4$][177.3(1)°]和[C$_2$C$_1$im]$_2$[(UO$_2$)$_2$(μ-OH)$_2$(NO$_3$)$_4$][177.8(3)°]更偏离线型。[C$_1$C$_1$mim]$_2$[(UO$_2$)$_2$(μ-OH)$_2$(NO$_3$)$_4$]中的U···U间距[3.951(9)Å]，比[C$_1$C$_1$im]$_2$[(UO$_2$)$_2$(μ-OH)$_2$(NO$_3$)$_4$][3.867(1)Å]和[C$_2$C$_1$im]$_2$[(UO$_2$)$_2$(μ-OH)$_2$(NO$_3$)$_4$][3.871(2)Å]的更长。在[C$_1$C$_1$mim]$_2$[(UO$_2$)$_2$(μ-OH)$_2$(NO$_3$)$_4$]中，桥联U—O$_{OH}$键长[2.334(3)Å和2.345(3)Å]比[C$_1$C$_1$im]$_2$[(UO$_2$)$_2$(μ-OH)$_2$(NO$_3$)$_4$]和[C$_2$C$_1$im]$_2$[(UO$_2$)$_2$(μ-OH)$_2$(NO$_3$)$_4$]的长一些。三个化合物中的U—O$_{OH}$键长差异可能与[C$_1$C$_1$mim]$_2$[(UO$_2$)$_2$(μ-OH)$_2$(NO$_3$)$_4$]中桥联羟基缺少氢键作用有关，导致更强的O→U离子的π供给能力。铀离子上这种额外的电子密度，可以增加临近铀离子的静电排斥力，导致双核中两个铀离子之间间距的加长。

三个化合物中结构参数的微小差异，可能源自于它们不同的分子堆积和氢键作用。$[C_1C_1im]_2[(UO_2)_2(\mu\text{-}OH)_2(NO_3)_4]$和$[C_2C_1im]_2[(UO_2)_2(\mu\text{-}OH)_2(NO_3)_4]$中，阳离子交替排列形成一维链，阴离子堆积成沿着$a$轴的柱子，$[(UO_2)_2(\mu\text{-}OH)_2(NO_3)_4]^{2-}$阴离子通过桥联羟基与相邻阴离子中铀酰氧原子之间形成氢键作用。

然而在$[C_1C_1mim]_2[(UO_2)_2(\mu\text{-}OH)_2(NO_3)_4]$中，阴离子之间没有这样的氢键，而是阴离子通过两个不等效的硝酸根之间的短的联系(O9···N4)形成链。这引起一个硝酸根基团的配位变形(具有短的O—U键长)，偏离铀的六角配位平面12.55°。这也是在这三个化合物中唯一发现的硝酸根的变形。阳离子和阴离子交替堆积排列，形成二维层。

表5-4　$[C_2C_1im]_2[UO_2Cl_3(NO_3)]$的主要键长和键角数据

键长/Å	U—O1	1.779(3)	U—O2	2.531(3)
	U—Cl1	2.673(2)	U—Cl2	2.688(1)
键角/(°)	O1—U—O1[a]	175.2(2)	O1—U—O2	87.8(1)
	O1—U—Cl1	92.37(8)	O2—U—O2	50.23(8)
	Cl1—U—Cl2	82.46(4)	O2—U—Cl2	72.43(6)

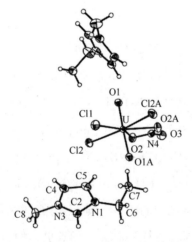

图5-8　$[C_2C_1im]_2[UO_2Cl_3(NO_3)]$的分子单元图

（ORTEP，50%可能性椭球）

$[C_2C_1im]_2[UO_2Cl_3(NO_3)]$结晶于$C2/c$空间群，不对称单元中含有半个阴离子和一个阳离子（图5-8）。铀离子具有五角双锥配位几何构型，U，Cl1，N4和O3处于二重轴位置。铀酰离子中U—O键长为1.779(3)Å（表5-4），O1—U—O1键角为175.3(2)°。赤道平面内的硝酸氧原子和氯原子形成铀离子的第一配位圈，U—O2 2.531(3)Å，U—Cl1和U—Cl2键长分别为2.673(2)Å和2.688(1)Å。

每个阳离子与四个阴离子形成短的联系。其中最短的为咪唑环的酸性质子C2—H与Cl1之间，2.943(1)Å。其他的酸性环氢原子，C4–H和C5–H，分别与硝酸根的O2和铀酰离子的O1形成短的联系。阴离子和阳离子层沿着晶体学*a*轴堆积。阴离子中赤道平面氯原子、轴向氧原子和硝酸根氧原子与阴离子上下方的阳离子中的氢原子之间形成的短的联系，支持着所观察到的堆积方式。

从以上四个化合物的结晶实验可以看出，这种结晶实验对实验条件要求比较高。这种实验条件包括精确控制湿度，或者来自于盐、溶剂或者环境中，而且任何杂质可能会污染起始盐、离子液体和溶剂。许多核废料中含有水、硝酸、氯离子、硫酸根和许多有机和无机物种。需要我们继续探索，寻找这些体系的合适模型，或许可以为这些复杂体系中铀酰物种的分离提供理论基础。

这里所介绍的几个晶体结构并不是十分令人兴奋的，然而一旦形成这些铀酰离子络合物的化学是合理可行的，所得到的结晶物种就是有意义的。而且，当我们探索更多的例子，其中的奥秘将为大家所知，或许将来对于我们理解这些类型的化合物是如何结晶的以及对于如何阻止含有化学剂量比数量的铀酰离子的更为复杂的液体结晶的理解是非常重要的。这需要我们继续探索离子液体中5f元素化学。

5.4 羧酸

离子液体包含独立的阳离子和阴离子，采用改变离子浓度的方法，可以使离子液体获得超过分子溶剂(如水)的控制金属物种的能力。离子液体允许使用众多的离子，消除了中性分子的溶剂化影响。在离子液体中操作金属离子，包括强迫弱配位阴离子的配位、使基于金属离子络合物的离子液体获得可调节的物种、在软材料中引入金属离子的功能，比如荧光和磁性等，在非配位离子介质中稳定不寻常的金属络合物、活化金属盐与中性有机碱配位和水合金属盐的脱水。

镧系元素具有很多有趣的物理化学性质，使得它们在功能材料，如磁性、光学、荧光传感、光催化、吸附、电化学、脱氢等领域非常有吸引力。而且，在乏燃料的后处理过程中，镧锕分离是非常重要的，但是由于它们非常相似的物理化学特征，使得它们的分离也是非常艰巨的工作。镧锕分离可以采用CMPO或者HDEHP作为萃取剂通过TRUEX或者TALSPEAK策略实现。这些工艺在溶剂萃取过程中采用大量的有机溶剂，不可避免地造成长期的环境问题。Albrecht-Schmitt和王殳凹课题组提出了一个镧锕分离的替代策略。他们发现在熔融硼酸中，通过形成硼酸镧/锕物种，可以有效地将三价镧系元素和三价锕系元素分离开来。这一策略是非常有前景的，但硼酸盐的结晶需要高的温度，消耗较多能量。相对于硼酸，f族元素的离子液体络合物的结晶甚至可以在室温下进行，因此可以通过结晶的方法进行镧锕分离。

在离子液体中，与核燃料分离，尤其是三价镧系元素、铀(VI)和一些三价的锕系元素有关的金属的配位化学已经通过光谱的方法对它们的溶液进行了研究，并且对从离子液体中结晶得到化合物的晶体结构进行了分析。离子液体可以避免中性溶剂的配位，支持不同阴离子的配位，从而得到新的配位数和配位几何构型以及聚合结构的形成。这方面的例子包括铀酰离子与两性的羧酸甜菜碱和准卤素离子硫氰根和二氰亚胺的配位化学，离子液体中的离子展现出多种配位模式，这可以在晶体结构中直接观察到，也可以从含金属离子液体自己的行为中推断出来。

5.4.1　醋酸根

许多结构研究涉及离子液体，含有简单的无机离子比如卤素和硝酸根的，由于这些离子的有限的相互作用范围，能够形成与从其他溶液中获得的相似的络合物。阴离子双(三氟甲磺酰)亚铵常见于许多与水不混溶的离子液体中，因此得到了广泛研究，它能够与镧系离子配位，但是在溶液中似乎易于被水或者碱性的阴离子取代。其他的离子液体，有时称为功能特定离子液体，包括含有复杂的官能团的离子，精心设计能够选择性地用于某种特定金属离子，如双(三氟)乙酰丙酮或者偕胺肟等。由于这些离子已经预先设计了金属结合位点，它们倾向于显示可预测的配位化学。从这个角度，醋酸二烷基咪唑鎓盐类离子液体，其结构如下所示，因为已经发现它们可以溶解无机盐，然而，它们作为结晶介质生成含金属固体的潜能完全没有得到开发。

$$\left[R_1-\overset{+}{\underset{N}{N}}-R_2 \right] \left[\begin{array}{c} O \\ \| \\ C \\ O^- \end{array} \right]$$

青岛农业大学唐斯甫课题组和瑞典斯德哥尔摩大学的Mudring以及美国阿拉巴马大学的Rogers课题组基于之前对于离子液体中与核燃料循环有关元素的配位化学的研究基础，考察了Sr^{2+}、三价镧系(Nd^{3+}和La^{3+})和$[UO_2]^{2+}$与$[C_2C_1im]$ [OAc]，$[C_2C_2im][OAc]$和$[C_1C_1im][OAc]$的盐($[C_2C_2im]^+$=1，3-二乙基咪唑鎓离子)，采用单晶X射线衍射鉴定了它们的晶体结构。这些元素在传统核燃料循环中是尤其重要的。铀在乏燃料元素中占较大比例，通过溶剂萃取循环；而锶在乏燃料放射活性中占有较大比例；镧系元素是一种裂变产物，必须分离以便嬗变三价的锕系元素。之所以选择这些离子是因为它们的高配位数和多变的几何构型，使得它们有可能呈现出一些结构可变性，不同于已经发现的它们的醋酸络合物。采用不同的起始原料和合成路径，分离得到了无水的含金属离子液体，包括金属盐的使用、水溶液，甚至金属氧化物。所考察的元素的不同行为和产物的多样性为选择性地分离核废料组分提供新的有前景的路径。

$[C_2C_1im][UO_2(OAc)_3]$的合成。等摩尔的乙酸-3-乙基-1-甲基-咪唑鎓盐$(C_2mim)(OAc)(0.1702g，0.1mmol)$和$(UO_2)(OAc)_2 \cdot 2H_2O(0.4242g，0.1mmol)$置于25mL Schlenk管中，动态真空条件下于80℃搅拌反应2h。之后缓慢冷却至室温。将所得到的黄色固体产物转移至一个25mL小螺口瓶中，加入10mL水，置于60℃干燥箱中两天，得到黄色块状晶体。元素分析（%）$C_{12}H_{20}N_2O_8U$（558.33g/mol）理论计算值：C 25.81，H 3.61，N 5.02；实测值：C25.86，H3.72，N5.09；IR(KBr，cm^{-1})：3162.98(w)，3116.69(w)，1536.11(s)，1451.73(s)，1406.41(s)，1349.99(m)，1175.44(m)，1122.40(w)，1097.81(w)，1051.04(w)，1010.06(w)，935.81(w)，907.37(s)，862.05(w)，845.18(m)，751.16(m)，704.88(vw)，669.68(s)，616.65(m)。

$[C_4C_1im][UO_2(OAc)_3]$ 的合成。等摩尔的乙酸–3–丁基–1–甲基–咪唑镓盐 $(C_4mim)(OAc)(0.1983g，0.1mmol)$ 和 $(UO_2)(OAc)_2 \cdot 2H_2O(0.4242g，0.1mmol)$ 置于 25mL Schlenk 管中，动态真空条件下于 80℃ 搅拌反应 2h。之后缓慢冷却至室温。将所得到的黄色固体产物转移至一个 25mL 小螺口瓶中，加入 10mL 水，置于 60℃ 干燥箱中两天，得到黄色块状晶体。元素分析（%）$C_{14}H_{24}N_2O_8U$（586.38g/mol）理论计算值：C 28.68，H 4.13，N 4.78；实测值：C 28.75，H 4.28，N 4.84；IR(KBr，cm^{-1})：3159.12(w)，3109.60(w)，2961.43(w)，2877.05(w)，1576.04(w)，1537.36(s)，1454.31(s)，1411.63(s)，1175.08(m)，1051.67(w)，1011.34(w)，936.50(w)，912.16(s)，842.15(w)，764.31(w)，749.37(w)，670.49(s)，616.71(m)。

金属离子与离子液体的反应。为了评估络合的空间边界，尝试了一系列的金属盐和氧化物与醋酸基离子液体之间的反应如下所示。

反应（1），（2），（4）是把水合金属盐直接与一摩尔当量的纯的离子液体，在敞口的容器中 80~110℃ 油浴反应过夜。多数情况下，熔化反应混合物形成与金属盐同样颜色的液相，这些液体在稍高于室温的条件下，部分或者完全地固化。从粗产物中可以直接挑出单晶，用于单晶 X 射线衍射分析。反应（1）的反应混合物中除了确定的晶态产物之外，还含有非晶固体，多晶和液相，没有加以分析表征。反应（2）和（4）得到均相的黄色粉末，含有结晶非常好的棱柱状晶体。在反应（3）中，将金属氧化物粉末与[C_2C_1im][OAc]和水混合。经过大约2周的室温静置之后，生长出晶体。在反应（5）中，[C_2C_1im][OAc]和$UO_2(OAc)_2 \cdot 2H_2O$混合之后，置于80℃烘箱中，冷却至室温，得到黄色块状晶体。

[C_2C_1im][$UO_2(OAc)_3$]，[C_2C_2im][$UO_2(OAc)_3$]和[C_4C_1im][$UO_2(OAc)_3$]的晶体结构。$UO_2(OAc)_2 \cdot 2H_2O$和等摩尔的[C_2C_1im][OAc]、[C_2C_2im][OAc]和[C_4C_1im][OAc]反应，得到大的黄色块状晶体。醋酸铀酰的结构化学稍微偏离上面所提到的其他盐，由于长的轴向U—O键长，限制了其他配体与赤道平面的配位空间，所以阻碍了结构上的变化。事实上，同样的阴离子[$UO_2(OAc)_3$]⁻已经从不同的前驱体[$UO_2(OAc)_2 \cdot 2H_2O$]或者$UO_2(NO_3)_2 \cdot 6H_2O$和不同的阳离子得到。所以，在这三个化合物中所有的结构差异来自阳离子的尺寸/形状。值得指出的是，羧酸铀酰化学已经得到深入细致地研究，[$UO_2(OAc)_3$]⁻片段并不少见（在CCDC中大约有250个），但几乎全部是阳离子为无机阳离子的盐（Cs^+，[NH_4]⁺，[$Mg(OH)_6$]²⁺等），而以有机阳离子的醋酸铀酰盐比较少见，其中的例子是2-甲基咪唑鎓离子作为平衡离子的[2-C_1imH][$UO_2(OAc)_3$]。

[C_2C_1im][$UO_2(OAc)_3$]，[C_2C_2im][$UO_2(OAc)_3$]结晶于$P2_1/n$(Z=4)(表5-5)，它们的晶体结构好像被相似的效应支配着。由于它们不同的空间要求，[C_2C_1im]⁺和[C_2C_1im]⁺不能容纳在同样的结构类型中，导致单胞的膨胀。[C_2C_2im][$UO_2(OAc)_3$]相对于[C_2C_1im][$UO_2(OAc)_3$]发生了显著的膨胀（12%），使得[C_2C_1im]⁺与[UO_2(OAc)$_3$]⁻阴离子堆积明显更高效(68.7 vs 64.0 Kitaigorodski堆积指数)。

[C_4C_1im][$UO_2(OAc)_3$]中阳离子的烷基链比较长，能够以比较原始的方式把极性和非极性部分分隔开，因此其分子堆积受不同于[C_2C_1im][$UO_2(OAc)_3$]、[C_2C_2im][$UO_2(OAc)_3$]的效应影响。这个化合物结晶于P-1空间群，Z=6，每个不对称单元含有三个阳离子和三个阴离子（图5-9）。[C_4C_1im]⁺的堆积形成了两种类型的孔道，包括三个甲基之间的小一点的和相邻的六个阳离子的丁基包围得大一点的。[$UO_2(OAc)_3$]⁻阴离子的堆积同样形成六角环形孔道，在bc平面的投影上与咪唑环部分重叠。

表5-5　化合物[C₂C₁im][UO₂(OAc)₃]，[C₂C₂im][UO₂(OAc)₃]，[C₄C₁im][UO₂(OAc)₃]的晶体学和精修参数

化合物	[C$_2$C$_1$im][UO$_2$(OAc)$_3$]	[C$_2$C$_2$im][UO$_2$(OAc)$_3$]	[C$_4$C$_1$im][UO$_2$(OAc)$_3$]
化学式	UC$_{12}$H$_{20}$N$_2$O$_8$	UC$_{13}$H$_{22}$N$_2$O$_8$	UC$_{14}$H$_{24}$N$_2$O$_8$
M_r/(g·mol^{-1})	558.33	572.35	586.38
空间群，No，Z	$P2_1/n$，14，4	$P2_1/n$，14，4	$P\bar{1}$，2，6
a/Å	7.4154(8)	8.3382(6)	7.5551(7)
b/Å	18.335(2)	15.286(1)	22.346(2)
c/Å	12.959(1)	15.810(1)	22.451(2)
α/(°)	90	90	116.654(2)
β/(°)	100.055(2)	103.786(2)	97.296(3)
γ/(°)	90	90	99.498(3)
V/Å^3	1734.9(3)	1957.1(3)	3253.1(5)
温度/K	173(2)	296(2)	298(2)
密度(calculated)/(g·cm^{-3})	2.138	1.942	1.796
吸收系数 μ/mm^{-1}	9.395	8.331	7.521
$F(000)$	1048	1080	1668
θ 范围/(°)	2.2~23.1	1.9~26.8	3.0~25.2
收集的衍射数据	7644	24188	54938
独立的衍射数据	2450	4170	11390
参数数目/几何限制参数数目	213/0	232/0	671/93
R_{int}	0.0289	0.0469	0.2318
完整度/%	100	99.9	99.7
GOF(F^2)	1.067	0.996	1.012
R_1，ωR_2 [$I_0>2\sigma(I)$]	0.021；0.050	0.025；0.050	0.084；0.154
R_1，ωR_2(all data)	0.023；0.051	0.044；0.056	0.206；0.195
最大差异电子密度峰值/洞值 [e/Å^{-3}]	0.795 / −0.899	0.86 / −0.44	1.37 / −2.13

　　三个化合物中的金属中心都是八配位的（表5-6），形成六角双锥几何构型，所有的醋酸根阴离子采取螯合模式。阴离子具有近似C_{3h}对称性，包括一个囊括所有醋酸根配体的镜面和其他三个把它们中的一个一分为二，并与剩下两个关联的镜面。在[C$_2$C$_1$im][UO$_2$(OAc)$_3$]和[C$_2$C$_2$im][UO$_2$(OAc)$_3$]中，有独特的对称性独立的阳离子和阴离子，而在[C$_4$C$_1$im][UO$_2$(OAc)$_3$]中，所有三个对称性独立的

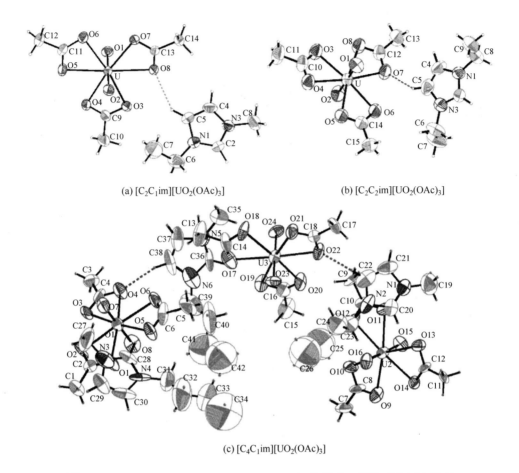

(a) [C₂C₁im][UO₂(OAc)₃]

(b) [C₂C₂im][UO₂(OAc)₃]

(c) [C₄C₁im][UO₂(OAc)₃]

图5-9 [C₂C₁im][UO₂(OAc)₃]，[C₂C₂im][UO₂(OAc)₃]和[C₄C₁im][UO₂(OAc)₃]中基本
重复单元的热椭球图(50%可能性)

[C₄C₁im]⁺阳离子以及[UO₂(OAc)₃]⁻阴离子几乎是重叠的。这与其单胞的六角形状
是一致的，表明稍微偏离的高对称性的堆积。尽管阳离子不同，所有阴离子均
显示类似的配位，每一个都被五个平衡离子所包围。

在所有三个结构中，阳离子的环境是惊人的相似，表现为五个[UO₂(OAc)₃]⁻
阴离子以稍微不同的方式包围在阳离子周围：全部为四方锥配位，唯一的区别
是它们相互之间和锥底的相互取向的不同。奇怪的是，最规则的多面体出现在
[C₄C₁im][UO₂(OAc)₃]中，尽管它的晶体学对称性最低。[C₄C₁im][UO₂(OAc)₃]中三个
晶体学独立的阳离子的主要差异是咪唑环和烷基链之间的角度，在30°～48°

之间变化。此外，$[C_2C_1im]^+$和$[C_2C_2im]^+$中的乙基和甲基与咪唑环之间形成的角度分别为18°和75°~80°。

表5-6　化合物$[C_2C_1im][UO_2(OAc)_3]$和$[C_4C_1im][UO_2(OAc)_3]$中一些重要的键长数据

化合物	键	键长/Å	键	键长/Å
$[C_2C_1im]$ $[UO_2(OAc)_3]$	U(1)–O(7)	1.766(3)	U(1)–O(2)	2.460(3)
	U(1)–O(8)	1.768(3)	U(1)–O(1)	2.473(3)
	U(1)–O(3)	2.453(4)	U(1)–O(5)	2.477(3)
	U(1)–O(6)	2.455(3)	U(1)–O(4)	2.485(3)
$[C_2C_1im]$ $[UO_2(OAc)_3]$	U(1)–O(7)	1.743(14)	U(2)–O(16)	1.753(13)
	U(1)–O(8)	1.825(14)	U(2)–O(15)	1.799(12)
	U(1)–O(5)	2.453(17)	U(2)–O(12)	2.447(13)
	U(1)–O(4)	2.465(15)	U(2)–O(14)	2.450(13)
	U(1)–O(6)	2.466(14)	U(2)–O(9)	2.459(15)
	U(1)–O(2)	2.468(12)	U(2)–O(10)	2.461(14)
	U(1)–O(1)	2.470(15)	U(2)–O(11)	2.479(13)
	U(1)–O(3)	2.526(14)	U(2)–O(13)	2.497(13)
	U(3)–O(23)	1.749(13)	U(3)–O(18)	2.494(13)
	U(3)–O(24)	1.758(13)	U(3)–O(19)	2.500(12)
	U(3)–O(21)	2.446(14)	U(3)–O(22)	2.507(13)
	U(3)–O(20)	2.456(15)	U(3)–O(17)	2.510(17)

在这些化合物中，阴离子和阳离子之间的氢键是相对较弱的。多数的氢键氢供体来自于咪唑环，但也有一些来自α-和β-甲基/乙基—CH基团。一些阳离子通常参与形成了比较强的C—H…π相互作用以及与醋酸根阴离子之间的孤对电子…π（lp…π）相互作用。对于$[C_4C_1im]^+$，因为一些阳离子没有任何（短的）O…H联系，所以C—H…π和lp…π（或者lp…π*）相互作用甚至起到非常重要的作用。所有的阴离子得到了很好的分离，并在bc平面内与阳离子形成方格子图案。在$[C_2C_1im][UO_2(OAc)_3]$和$[C_2C_2im][UO_2(OAc)_3]$中，阳离子和阴离子中的烷基基团形成沿着a轴的非极性六元孔道。

采用DSC和TGA测试$[C_2C_1im][UO_2(OAc)_3]$和$[C_4C_1im][UO_2(OAc)_3]$的热行为和稳定性（图5-10和图5-11）。结果表明，这两个化合物的热行为是基本相似的，在加热曲线上可以观察到熔点峰，降温曲线上可以看到玻璃化转变。$[C_4C_1im][UO_2(OAc)_3]$的熔点为90℃，仍然可以正式地称为含金属离子液体。而$[C_2C_1im][UO_2(OAc)_3]$的熔点为133.3℃。对于含有长烷基链的离子液体可以预计$[C_4C_1im][UO_2(OAc)_3]$具有相对低的结晶度，因此它的熔点峰比较宽。在第一次加热之后，所有的化合物在室温下均为液体，在后续的测试中不再出现熔点。虽然它们的熔点相对较高，但明显的过冷现象产生了低的固化温度($[C_2C_1im][UO_2(OAc)_3]$：45℃和$[C_4C_1im][UO_2(OAc)_3]$：22℃)。

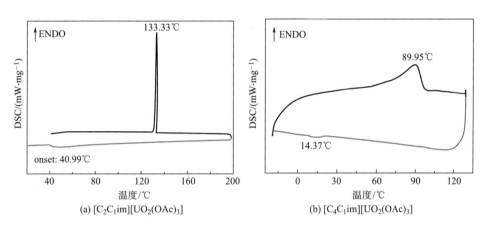

(a) $[C_2C_1im][UO_2(OAc)_3]$　　　　(b) $[C_4C_1im][UO_2(OAc)_3]$

图5-10　$[C_2C_1im][UO_2(OAc)_3]$和$[C_4C_1im][UO_2(OAc)_3]$的DSC曲线图

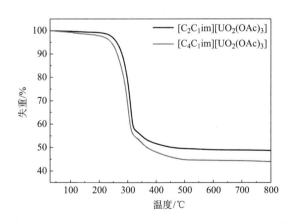

图5-11　$[C_2C_1im][UO_2(OAc)_3]$和$[C_4C_1im][UO_2(OAc)_3]$TGA曲线图

$[C_2C_1im][UO_2(OAc)_3]$和$[C_4C_1im][UO_2(OAc)_3]$的TGA曲线揭示了它们在30~800℃范围内具有相似的稳定性。在230℃以下，没有明显的变化。然后，在250~300℃温度区间发生了剧烈的失重，表明离子液体发生了分解。最后，在约500℃，$[C_2C_1im][UO_2(OAc)_3]$和$[C_4C_1im][UO_2(OAc)_3]$的失重分别为50.48%和55.23%，表明主要的残留物为UO_3，与理论值非常吻合($[C_2C_1im][UO_2(OAc)_3]$：48.77%；$[C_4C_1im][UO_2(OAc)_3]$：51.22%)。

$[C_2C_1im][UO_2(OAc)_3]$、$[C_4C_1im][UO_2(OAc)_3]$和$UO_2(OAc)_2 \cdot 2H_2O$的紫外—可见吸收光谱（图5-12）在200~350nm区间显示一个宽的峰以及350~500nm区间一系列精细的峰，均为铀酰物种的特征峰。前面的宽峰可以归属于铀酰物种中配体到金属的电荷迁移(LMCT)，而后面的精细吸收峰对应于振动耦合电子跃迁。

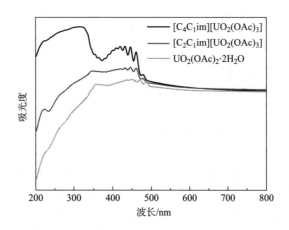

图5-12　$[C_2C_1im][UO_2(OAc)_3]$、$[C_4C_1im][UO_2(OAc)_3]$和$(UO_2)(OAc)_2 \cdot 2H_2O$的
紫外—可见吸收光谱

$[C_2C_1im][UO_2(OAc)_3]$和$[C_4C_1im][UO_2(OAc)_3]$的固态发射光谱见图5-13。在365nm激发光激发下，两个化合物都显示一系列典型的含铀(VI)化合物的特征发射峰，最大峰值分别位于482.8nm，502.6nm，524.6nm，548.2nm，572.2nm和482.4nm，502.4nm，524.2nm，547.8nm，572.6nm，对应于S_{11}–S_{00}和S_{10}–S_{0v}(v=0~4)的电子振动跃迁。相对于$UO_2(OAc)_2 \cdot 2H_2O$(490.0nm，511.0nm，534.6nm，560.4nm，588.6nm，619.8nm)，$[C_2C_1im][UO_2(OAc)_3]$和$[C_4C_1im]$

[UO$_2$(OAc)$_3$]的发射光谱发生了8~12nm的蓝移。

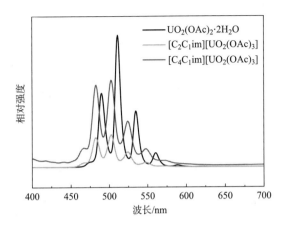

图5-13 [C$_2$C$_1$im][UO$_2$(OAc)$_3$]、[C$_4$C$_1$im][UO$_2$(OAc)$_3$]和(UO$_2$)(OAc)$_2$·2H$_2$O的固态发射光谱

在醋酸基离子液体中，Sr^{2+}，Ln^{3+}，[UO$_2$]$^{2+}$所形成的物种，每种类型的金属离子都可以形成独立的醋酸金属配位阴离子。这一系列化合物的最普遍的结构特征是金属离子与五个双齿配体形成的单核络合物，包括铀酰离子中的两个氧原子。[Ln(OAc)$_5$]$^{2-}$阴离子无疑与[UO$_2$(OAc)$_3$]$^-$类似，即使相邻的氧原子的键数是一样的，唯一的区别是配体的共同取向。[UO$_2$]$^{2+}$和Ln^{3+}离子都与醋酸根离子螯合，显示明显的对于离子液体阳离子的敏感性，因此即使微小的烷基修饰，晶体结构也会发生巨大的变化。虽然在长碳链离子液体中，完全的分离极性和非极性部分是普遍的，形成疏水性的、溶剂可及、体积(350Å^3/单胞)相对大的孔道是显著的。如预料，Sr^{2+}显示出明显不同的行为：含有螯合—桥联模式的醋酸根配体多核链状结构。非常相似的结构片段已出现在如没有离子液体的Nd(OAc)·3H$_2$O中，而聚合的片段，通常在醋酸Sr^{2+}和Ln^{3+}中以及它们的水合物中是非常普遍的。

醋酸二烷基咪唑鎓离子液体能够在多种条件下（尤其是对于[UO$_2$]$^{2+}$，平衡离子和反应条件都变化）分离得到无水、均配的醋酸络合物在离子液体中是不寻常的。虽然离子液体的配位阴离子的结晶是典型的，但是常受到水的存在和平衡离子的影响。如氯化-1-丁基-3-甲基咪唑鎓盐能够在一些条件下脱水水合

$LnCl_3$，与它们形成共晶化合物，$UO_2(NO_3)_2 \cdot 6H_2O$能够被含有$[N(CN)_2]^-$的离子液体在低温下脱水，但是在高温下与它们以水解的形式反应。

在反应（3）中，同样分离出了无水金属醋酸络合物，在有额外弱酸存在的条件下，不溶的金属氧化物与$[C_2C_1im][OAc]$反应。众所周知，Ln^{3+}氧化物和UO_3可以溶于含有羧酸官能团的离子液体，得到金属羧酸络合物，但是除了离子液体之外，中性酸的使用提供了两种阴离子，有可能参与配位，甚至形成金属有机框架化合物。UO_3在和纯的醋酸反应后，就可以形成水合物，或者与水自身发生反应。然而反应（3）显示，离子液体中的醋酸根能够在所有考察的条件下，从金属的配位圈中排除所有其他的离子。

这些结果表明，金属醋酸络合物阴离子的盐通常微溶于醋酸二烷基咪唑鎓离子液体中。在一个有关Na^+和$[NH_4]^+$在$[C_2C_1im][OAc]$中的相互作用光谱研究中，发现溶解受醋酸根的碱性支配，与$[NH_4]^+$的氢键作用比醋酸根和钠离子之间的相互作用更强。显而易见，水合的金属离子，或者存在于起始原料中或者形成于金属氧化物缓慢的水解过程中，能够轻易地溶解在离子液体中。然而，任何通过配体交换形成的醋酸络合物阴离子，是弱碱而不是氢键供体或者路易斯酸。它们不能一直保持溶解态，因此会结晶为$[R_1R_2im]^+$的盐。需要指出的是，醋酸络合物的无水盐能够被确认，是因为它们形成了单晶。这表明，它们首先结晶，而其他反应的产物(离子交换、水解等)要么保持为液体，要么快速沉淀出来，没有形成大的晶体，离子液体被消耗，形成晶态的醋酸络合物。

在乏燃料的再生过程中，镧锕分离是非常重要但也是非常复杂的工作，不仅是因为它们相似的物理化学性质。所以，与核燃料分离有关的金属的配位化学，尤其是铀、钕、镧和锶已经得到进一步的探索，以获得对这一工艺的新的洞察。采用一种新的合成方法，从相应的水合物，与醋酸二烷基咪唑离子液体反应，获得了一系列无水金属醋酸盐。虽然从离子液体结晶金属络合物阴离子是典型的，但常受到水的存在和平衡离子的影响。由于醋酸二烷基咪唑离子液体的使用，在多种条件下和多种平衡离子存在时，分离得到了一些无水、均配的醋酸络合物，尤其是不需要惰性气氛保护。在有其他配位剂存在时，同样发现无水的金属醋酸络合物可以从不溶的金属氧化物与[C₂C₁im][OAc]的反应中分离得到。

这些化合物揭示了核废料中不同的组分之间的结构倾向。所考察的镧系化合物显示出比所期待的结构与铀酰化合物更加相似，揭示了独特的、以前从未发现的一些轻稀土元素能够与羧酸基团形成五双齿配位的可能性。所有的f族元素都可以得到单核络合物，虽然由于电荷平衡的原因，它们含有不同数量的离子液体平衡离子：$[R_1R_2im][UO_2(OAc)_3]$和$[R_1R_2im]_2[La(OAc)_5]$。$[C_4C_1im][UO_2(OAc)_3]$中阳离子$[C_4C_1im]^+$的共同取向，导致了疏水性部分$[UO_2(OAc)_3]$的非常不寻常的偏离和大的溶剂可及孔道。在$[C_2C_1im]_n[Sr(OAc)_3]_n$中发现完全不同于整个系列（以单一的螯合—桥联配位模式形成聚合阴离子链）的行为。考虑到许多常见的核废料组分的成功分离，这是非常有前景的。这一工作为含锕离子液体的精确控制合成提供了一种新的方法，这对于功能化含锕离子液体的发展或者镧锕分离是非常重要的。这里所用到的容易得到的化学品和常规的合成表明，对整个镧系更加深入详细的、以镧系内分离为目的的研究将会是成果非常丰富的。

5.4.2 硫代氨基甲酸

在离子液体中引入d或者f族元素可以赋予离子液体额外的性质，比如磁性或者荧光。由于它们的低蒸汽压、不可燃性、疏水性和抗辐射稳定性，离子液体已经被建议用于核废料的处理、萃取和分离。已有研究表明UO_3可以溶解于离子液体，得到单核、双核和多核的羧酸铀酰络合物。

线性铀酰单元UO_2^{2+}的U^{VI}化学是比较独特的，它能够与三个双齿配位的单阴离子在赤道位置配位，比如硝酸和醋酸；或者双齿配位的硫阴离子，比如N,N-二烷基二硫代氨基甲酸盐，得到单电荷含铀阴离子。由于硫代氨基甲酸盐的高络合稳定性、pH相依性和烷基取代硫代氨基甲酸盐的低溶解性，激发了人们相当多的研究兴趣，比如铀的分离和分析鉴定。相对于它们的氧类似物，由于UO_2^{2+}强的亲硫特征，使得含硫阴离子通常具有高络合稳定性。由于取代的N,N-二烷基二硫代氨基甲酸盐铀酰酸阴离子$[UO_2(R-dtc)_3]^-$能够形成稳定的离子液体化合物，而1-丁基-3-甲基咪唑鎓离子$[C_4C_1im]^+$易于得到低熔点的化合物，Mudring等考察了系列疏水性的以$[C_4C_1im]^+$为阳离子，基于不同的烷基取代的$N，N$-二烷基取代二硫代氨基甲酸铀酰离子的离子液体化合物。从环状结构出发，考察了环尺寸和类似的开环结构的不对称性的影响。

$[C_4C_1im][UO_2(R-dtc)_3]$离子液体的合成：向KOH水溶液(1.68g，0.03mol，8mL水)中加入CS_2(1.81mL，0.03mol)，冰水浴冷却，滴加不同的胺(0.03mol)。30min后，得到配体的钾盐，呈透明的黄色溶液，滴加到$UO_2(OAc)_2 \cdot 2H_2O$水溶液中（OAc=醋酸根，4.24g，150mL水）。颜色立即从黄色变为红色，铀酰络合物钾盐沉淀出来，离心分离产物，水洗除去醋酸盐杂质。产品与熔融的$[C_4C_1im]Cl$（10倍的量）混合，90℃搅拌过夜，冷却至室温后，得到目标产物、KCl和过量的$[C_4C_1im]Cl$的混合物。水洗除去KCl和过量的$[C_4C_1im]Cl$，剩下不能溶于水的红色产品。通过往产物的乙腈溶液中扩散乙醚蒸气，得到单晶。

三（$N，N$-二乙基二硫代氨基甲酸）铀酰酸-1-丁基-3-甲基咪唑鎓盐（C_2C_2-dtc）的合成。采用二乙胺（3.1mL，0.03mol）得到狐狸红色固体（3.82g，45%）。

三（N-甲基-N-丙基二硫代氨基甲酸）铀酰酸-1-丁基-3-甲基咪唑鎓盐（C_3C_1-dtc）的合成。采用甲基丙基胺（3.1mL，0.03mol）得到狐狸红色固体（3.19g，40%）。

三（N-乙基-N-丙基二硫代氨基甲酸)铀酰酸-1-丁基-3-甲基咪唑鎓盐（C_3C_2-dtc）的合成。采用乙基丙基胺（3.6mL，0.03mol）得到玻璃态红色固体（4g，45%），长时间静置后，重结晶。

三（N-甲基-N-丁基二硫代氨基甲酸)铀酰酸-1-丁基-3-甲基咪唑鎓盐(C_4C_1-dtc）的合成。采用甲基丁基胺（3.6mL，0.03mol）得到玻璃态红色固体（3.5 g，39%），重结晶。

三（$N，N$-四亚甲基二硫代氨基甲酸)铀酰酸-1-丁基-3-甲基咪唑鎓盐（$cycC_4$-dtc）的合成。采用吡咯烷（2.5mL，0.03mol）得到狐狸红色固体（4.22g，54%）。

三（N，N-五亚甲基二硫代氨基甲酸）铀酰酸-1-丁基-3-甲基咪唑镓盐（cycC$_5$-dtc）的合成。采用哌啶（2.97mL，0.03mol）得到砖红色固体（3.95g，50%）。

三（N，N-六亚甲基二硫代氨基甲酸）铀酰酸-1-丁基-3-甲基咪唑镓盐（cycC$_6$-dtc）的合成。采用环己亚铵（3.46mL，0.03mol）得到砖红色固体（3.67g，40%）。

三（N，N-七亚甲基二硫代氨基甲酸）铀酰酸-1-丁基-3-甲基咪唑镓盐(cycC$_7$-dtc)的合成。采用环庚亚铵（3.8mL，0.03mol）得到狐狸红色固体（2.92g，30%）。

cycC$_4$-dtc的晶体学参数：C$_{23}$H$_{39}$N$_5$S$_6$O$_2$U，M_r=847.98g/mol，单斜晶系，$P2_1/c$空间群，a=15.0498(8)Å，b=30.5270(18)Å，c=16.662(3)Å，α=90°，β=123.520(8)°，γ=90°，V=6366.4，Z=8，T=170K，D_{calcd}=1.769g/cm^3，μ=5.52mm^{-1}，$F(000)$=3328，收集42406个衍射点，其中10744个为独立衍射点，R_{int}=0.0161，最终R indices $[I>2\sigma(I)]$ R_1=0.088，ωR_2=0.205。

cycC$_5$-dtc的晶体学参数：C$_{26}$H$_{45}$N$_5$S$_6$O$_2$U，M_r=890.1g/mol，单斜晶系，$P2_1/c$空间群，a=10.854(2)Å，b=14.599(3)Å，c=21.754(4)Å，α=90°，β=90.78(3)°，γ=90°，V=3447.0(12)Å^3，Z=4，T=170K，D_{calcd}=1.715g/cm^3，μ=5.10mm^{-1}，$F(000)$=1760，收集29521个衍射点，其中8341个为独立衍射点，R_{int}=0.090，最终R indices $[I>2\sigma(I)]$ R_1=0.039，ωR_2=0.086。

cycC$_6$-dtc的晶体学参数：C$_{29}$H$_{51}$N$_5$S$_6$O$_2$U，M_r=932.14g/mol，三斜晶系，P-1空间群，a=10.877(2)Å，b=11.899(2)Å，c=16.068(3)Å，α=72.27(3)°，β=85.08(3)°，γ=71.97(3)°，V=1883.4(7)Å^3，Z=2，T=170K，D_{calcd}=1.644g/cm^3，μ=4.67mm^{-1}，$F(000)$=928，收集14262个衍射点，其中5939个为独立衍射点，R_{int}=0.0047，最终R indices $[I>2\sigma(I)]$ R_1=0.033，ωR_2=0.066。

cycC$_7$-dtc的晶体学参数：C$_{32}$H$_{57}$N$_5$S$_6$O$_2$U，M_r=974.28g/mol，三斜晶系，P-1空间群，a=10.805(2)Å，b=12.507(3)Å，c=16.431(3)Å，α=68.66(3)°，β=84.46(3)°，γ=72.11(3)°，V=1967.9(3)Å^3，Z=2，T=170K，D_{calcd}=1.647g/cm^3，

μ=4.48mm^{-1}，F(000)=3328，收集23454个衍射点，其中8698个为独立衍射点，R_{int}=0.094，最终R indices [$I > 2\sigma(I)$] R_1=0.036，ωR_2=0.080。

[UO$_2$(R–dtc)$_3$]$^-$化合物首先是经过一步法配体和络合物生成反应，以钾盐形式分离出来的。由于产物从溶液中沉淀出来，使得不同烷基取代的产物分离很容易。这些钾盐接下来再与[C$_4$C$_1$im]Cl发生复分解反应，生成相应的[C$_4$C$_1$im][UO$_2$(R–dtc)$_3$]。选择[C$_4$C$_1$im]$^+$是因为它是已知可以形成离子液体。合成步骤如下所示。

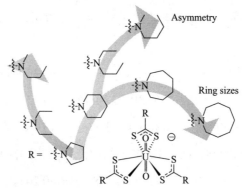

通过改变二硫代氨基甲酸盐中的取代基团，可以建立结构—性能关系以及热行为和形成离子液体的能力。

为了考察热行为与配体尺寸之间的关系，合成了含有环胺的前体化合物。环的尺寸从三（N，N–四亚甲基二硫代氨基甲酸）铀酰酸（cycC$_4$–dtc），增大到三（N，N–五亚甲基二硫代氨基甲酸）铀酰酸（cycC$_5$–dtc），增大到三（N，N–六亚甲基二硫代氨基甲酸）铀酰酸（cycC$_6$–dtc），增大到三（N，N–七亚甲基二硫代氨基甲酸）铀酰酸（cycC$_7$–dtc）。此外，为了研究不对称性的影响，合成了一些具有开环结构的化合物，包括四个碳原子的三（N，N–二乙基二硫代氨基甲酸）铀酰酸（C$_2$C$_2$–dtc）和三（N–甲基–N–丙基二硫代氨基甲酸）铀酰酸（C$_3$C$_1$–dtc），五个碳原子的三（N–乙基–N–丙基二硫代氨基甲酸）铀酰酸（C$_3$C$_2$–dtc）和三（N–甲基–N–丁基二硫代氨基甲酸）铀酰酸（C$_4$C$_1$–dtc）的合成路径如下。

$$\text{KOH} + \text{CS}_2 + \text{H–R} \xrightarrow{-\text{H}_2\text{O}}$$

$$3 \quad + \text{UO}_2(\text{OAc})_2 \times 2\text{H}_2\text{O} \xrightarrow{-2\text{KOAc}}$$

$$\xrightarrow{-\text{KCl}}$$

cyc–C$_4$:R= ⸶–N(吡咯烷基)　　C$_2$C$_2$–dtc:R= ⸶–N(二乙基)

cyc–C$_5$:R= ⸶–N(哌啶基)　　C$_3$C$_1$–dtc:R= ⸶–N

cyc–C$_6$:R= ⸶–N　　C$_3$C$_2$–dtc:R= ⸶–N

cyc–C$_7$:R= ⸶–N　　C$_4$C$_1$–dtc:R= ⸶–N

表5-7　由DSC所得的C$_3$C$_1$-dtc，C$_3$C$_2$-dtc和C$_4$C$_1$-dtc的熔点(T_m)、玻璃化转变温度(T_g)、熔融焓(ΔH)和摩尔热容差异(ΔC_m)

化合物	温度/℃	ΔC_m/(J · mol^{-1} · K^{-1})	ΔH/(kJ · mol^{-1})
C$_3$C$_1$–dtc	T_m=108	—	11.3
	T_g=11.8	343	—
C$_3$C$_2$–dtc	$T_m \approx$ 142	—	—
	T_g=2.3	133	—
C$_4$C$_1$–dtc	T_g=21.2	238	—

热性质。在不同的温度区间研究了所合成的这些离子化合物的热性质。为了确定分解产物的成分，将所选择的样品在炉子中于空气气氛中加热到

250℃，剩下的固体物质用粉末X射线衍射进行分析。有趣的是分解产物的粉末X射线衍射分析图案表明生成了UO_2。

含有对称性配体的化合物$cycC_4$-dtc、$cycC_5$-dtc、$cycC_6$-dtc、$cycC_7$-dtc 和C_2C_2-dtc，在−110~150℃温度区间内没有显示相转变。C_3C_1-dtc在94℃熔化，没有分解。降温之后，液体没有固化，而是形成过冷液体，持续到室温，最后在12℃固化形成玻璃体。即使降低冷却的速率，也没有得到晶体。化合物C_3C_2-dtc和C_4C_1-dtc同样显示玻璃化转变。尤其是，化合物C_4C_1-dtc在室温下存在固—液转变，常规方法无法实现结晶。基于这些发现和它们的熔点可以对这些离子化合物进行排序：$cycCx$-dtc和C_2C_2-dtc > C_3C_2-dtc > C_3C_1-dtc > C_4C_1-dtc。这些数据明显表明配体取代基团的对称性是获得低熔点和避免结晶的重要因素。为了阐释不对称性对晶体堆积的影响，对所有结晶的化合物进行了单晶X射线衍射表征。

单晶结构描述。所有化合物，除了C_4C_1-dtc，均可以获得晶体。通过乙醚蒸汽扩散和乙腈溶液重结晶可以得到适合用于单晶X射线衍射表征的晶体。图5-14~图5-17分别为化合物$cycC_4$-dtc，$cycC_5$-dtc，$cycC_6$-dtc，$cycC_7$-dtc，

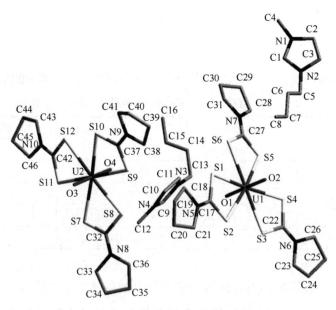

图5-14　$cycC_4$-dtc的不对称单元晶体结构图

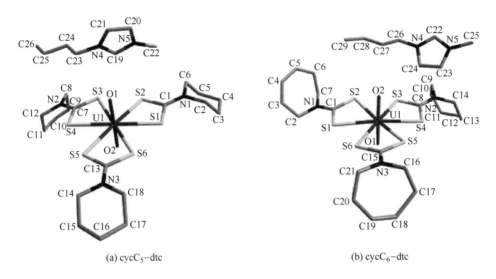

图5-15　cycC$_5$-dtc和cycC$_6$-dtc的不对称单元晶体结构图

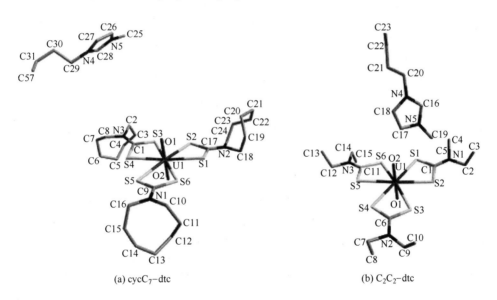

图5-16　cycC$_7$-dtc和C$_2$C$_2$-dtc的不对称单元晶体结构图

C$_2$C$_2$-dtc，C$_1$C$_3$-dtc和C$_3$C$_2$-dtc的不对称单元晶体结构图。相关的键长键角列于表5-8~表5-10中。化合物C$_2$C$_2$-dtc的晶体结构中存在大量的无序。只有C$_4$C$_1$-dtc固化为玻璃态物质，当再加热，重复熔化，无法得到合适的晶体。DSC测试证实了其玻璃化转变温度在室温附近。

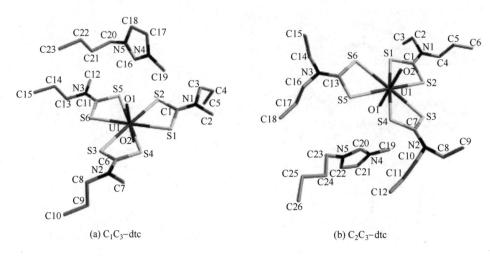

(a) C₁C₃-dtc   (b) C₂C₃-dtc

图5-17　C₁C₃-dtc和C₂C₃-dtc的不对称单元晶体结构图

表5-8　cycC₄-dtc，cycC₅-dtc，cycC₆-dtc，cycC₇-dtc，C₂C₂-dtc，
C₁C₃-dtc和C₃C₂-dtc的平均键长

化合物	$d(\text{S—C})/\text{Å}$	$d(\text{C—N})/\text{Å}$	$d(\text{N—C}_{alkyl})/\text{Å}$
cycC₄-dtc	1.70(1.72)	1.35(1.36)	1.47(1.47)
cycC₅-dtc	1.72(1.72)	1.33(1.37)	1.47(1.46)
cycC₆-dtc	1.72(1.72)	1.33(1.37)	1.46(1.46)
cycC₇-dtc	1.72	1.33	1.47
C₂C₂-dtc	1.7	1.34	1.47
C₁C₃-dtc	1.71(1.72)	1.33(1.37)	1.47(1.46)
C₃C₂-dtc	1.72	1.34	1.46

表5-9　cycC₄-dtc，cycC₅-dtc，cycC₆-dtc，cycC₇-dtc，C₂C₂-dtc，
C₁C₃-dtc和C₃C₂-dtc中[C₄C₁im]⁺的丁基链的二面角

化合物	$\delta(\text{C—C—C—C})/(°)$	$\delta(\text{N—C—C—C})/(°)$
cycC₄-dtc	177(2)/179(2)	178(2)/59(3)
cycC₅-dtc	178.7(7)	179.0(5)
cycC₆-dtc	178(1)/176(2)	179.3(9)/177(1)
cycC₇-dtc	67.2(8)	176.7(6)
C₂C₂-dtc	50.8(1)	173.4(8)
C₁C₃-dtc	172.9(6)	65.5(8)
C₃C₂-dtc	170(1)	162.2(9)

表5-10 cycC$_4$-dtc，cycC$_5$-dtc，cycC$_6$-dtc，cycC$_7$-dtc，C$_2$C$_2$-dtc，C$_3$C$_1$-dtc
和C$_3$C$_2$-dtc中键长和键角

化合物	D—H···A	d(D—A)/Å	d(H···A)/Å	α(D—H···A)/(°)
C$_3$C$_2$-dtc	C19–H19–O1	3.22(1)	2.486(5)	133.4(5)
C$_3$C$_2$-dtc	C22–H22···O2	3.20(1)	2.400(6)	144.0(5)
cycC$_5$-dtc	H2–H2B···O2	3.294(8)	2.481(4)	141.4(4)
cycC$_5$-dtc	C22–H22B···O2	3.008(8)	2.296(4)	130.4(4)
cycC$_6$-dtc	C43–H43A···O1	3.166(9)	2.351(4)	146.3(6)
cycC$_6$-dtc	C45–H45A···O2	3.329(9)	2.407(4)	170.8(6)
cycC$_6$-dtc	C7–H7A···O1	3.337(8)	2.456(4)	151.1(4)
cycC$_6$-dtc	C21–C21B···O2	3.341(7)	2.418(4)	158.8(4)
cycC$_7$-dtc	C28–H28A···O2	3.166(8)	2.370(4)	143.6(4)
cycC$_7$-dtc	C18–H18A···O2	3.331(6)	2.452(3)	150.5(3)
cycC$_7$-dtc	C2–H2C···O1	3.263(5)	2.335(3)	160.0(3)
cycC$_7$-dtc	C27–H27–O1	3.292(7)	2.407(3)	158.8(4)

为了获得低熔点盐，考察了取代基团的影响：

（1）配位环境。在所有的化合物中，线性的[UO$_2$]$^{2+}$单元被来自三个双齿螯合配位的二烷基二硫代氨基甲酸根配体的六个硫供体原子围绕配位(图5-14~图5-17)。U═O平均键长在1.758~1.791Å之间，所有化合物的键长与类似化合物的十分吻合[三(N，N-二乙基二硫代氨基甲酸)铀酰酸四甲基铵盐中，$d_{U═O}$=1.798Å，$d_{U—S}$=2.929Å；三(四亚甲基二硫代氨基甲酸)铀酰酸四乙基铵盐中，$d_{U═O}$=1.755Å，$d_{U—S}$=2.947Å]。共平面S$_2$CNC$_2$基团的键长同样处于理想范围内。

（2）烷基取代基团的取向。烷基取代基团的取向最好相对于US$_6$赤道平面进行描述。在C$_2$C$_2$-dtc的一个无序的阴离子的6个乙基中的4个指向这个平面的一侧，在另外一个阴离子中，三个乙基指向这一侧。C$_3$C$_1$-dtc中所有的甲基大概都处于US$_6$赤道平面内。相邻的两个丙基指向US$_6$赤道平面相反方向，以便把空间位阻降到最小。第三个配体的甲基与相邻配体的甲基相邻，丙基指向相邻另外一个丙基相反的方向。C_3C_1-dtc中两个丙基显示预期的全反构象。第三个丙基由于范德瓦耳斯力相互作用在C3和C4处采取邻位交叉构象。在C_3C_2-dtc中，三（N，N-丙基乙基二硫代氨基甲酸）配体中的丙基呈现一个全反式构象。两个相邻的丙基指向US_6平面的一侧。第三个丙基指向另外一侧。三个乙基中的两个指向US_6赤道平面的另外一侧。$cycC_4$-dtc中的两个晶体学独立的铀酰阴离子的四亚甲基二硫代氨基甲酸配体的五元环粗略地处于US_6赤道平面内。$cycC_5$-dtc中阴离子的六元环全都指向US_6赤道平面的同一侧。另外一个阴离子中的六元环采取同样的排列方式，但它同时包含另外一个异构体，其中一个环指向相反方向。这种堆积方式在$cycC_6$-dtc的晶体结构中同样存在，与$cycC_5$-dtc相反的是，其中一个环指向US_6赤道平面内的相反方向。相似的堆积方式同样存在于$cycC_7$-dtc中。总之，烷基取代基团没有明显的变化趋势。

（3）1-丁基-3-甲基咪唑鎓阳离子。1-丁基-3-甲基咪唑鎓阳离子中的键长和键角没有显示出特别之处，然而一些化合物中的丁基链具有邻位交叉构象，在气相中这是热力学不优先的。相应的二面角列于表5-9中。在C_3C_2-dtc，$cycC_5$-dtc，$cycC_6$-dtc以及$cycC_4$-dtc中两个晶体学独立分子中的一个发现了全反构象。然而，在$cycC_6$-dtc中，在两个方向存在相当严重的无序，其中一个具有邻位交叉构象。在C_2C_2-dtc和$cycC_7$-dtc中的丁基基团中发现了邻位交叉构象。有关丁基链相对于咪唑平面[δ(N—C—C—C)]的取向，邻位交叉构象被发现存在于C_3C_2-dtc中以及$cycC_4$-dtc两个晶体学独立分子中的一个。所以，咪唑离子的构象同样没有明显的变化趋势。

（4）氢键作用。氢键作为一种非常重要的超分子作用，决定着超分子结构和晶体堆积。在离子液体晶体结构中氢键同样是作为一种非常重要的特征存在。在一些化合物中，存在氢氧间距小于2.5Å的氢键作用。

C_3C_2-dtc中的阳离子和阴离子通过两个氢键(C19与O1，C22与O2)相互作用。$cycC_5$-dtc中的氢键作用较强，供体和受体原子间距较短。C2和C22都与O2形成氢键。$cycC_6$-dtc和$cycC_7$-dtc中的氢键较长，意味着氢键作用比$cycC_5$-dtc中的弱。在这些化合物中可以发现十分相似的特征：咪唑环酸性质子与铀酰氧原子之间形成了一个氢键，另外一个氢键由另外一个咪唑环CH基团形成，此外还有两个由配体的亚甲基形成。总之，所有这些氢键作用力非常大，显得非常显著，但需要谨记的是此前也有含活化甲基供体的相当长氢键的报道。然而，最主要的氢键作用同样缺乏与热力学数据清晰的关联。

（5）晶体堆积。这些化合物的晶体结构是由链状排列而成的层状结构。对这些链的分析可以最终揭示在这些化合物中热数据的变化趋势。所有化合物的晶体结构，除了$cycC_4$-dtc，C_3C_2-dtc和C_1C_3-dtc，为化合物的络合阴离子和$[C_4C_1im]^+$阳离子的交替排列。在所有化合物中，都存在$[C_4C_1im]^+$阳离子的极性质子和氧原子、硫原子或者二硫代羧酸基团之间的弱作用。对于$cycC_4$-dtc，链之间的键合作用甚至更强，因为每个络合阴离子与两个$[C_4C_1im]^+$阳离子连接。总的正电荷由阴离子链平衡。由于配体中的五元环为近似平面的结构，使得它们可以堆积的非常紧密。

在C_3C_2-dtc和C_3C_1-dtc中，这种排列方式被双核链所取代，两个$[C_4C_1im]^+$阳离子连接着两个络合阴离子。晶体结构的维度从一维变为零维双核结构，这就可以很好地解释这两个化合物的低熔点，因为这些二聚体不是通过库仑力辅助的氢键相互作用。

随着取代基团不对称性的增加，分子采取两种排列方式。第一，在理想的对称性的化合物中，存在三个镜面或者C2轴，这样就增加了分子排列成链的可能性。简而言之，如果盘状分子是对称性的，那么采用何种方式把分子穿成串就不重要了。然而，如果分子是非对称的，那么分子排列的可能性大大降低，从而使得这种排列方式变得不可能。第二，不对称的分子倾向于形成二聚体，因为两个分子可以比较容易地以"小"的一端相互靠近。事实上由于空间位阻的原因"大"的一端不得不指向外部，把这些二聚体分离开来。

红外光谱。为了考察络合物的形成，测试了这些化合物的固态和在$[C_4C_1im][NTf_2]$溶液中的红外光谱。纯化合物的红外光谱显示出$[C_4C_1im]^+$阳离子和三（N，N-二烷基二硫代氨基甲酸）铀酰阴离子的预期的振动吸收光谱。

不对称铀酰伸缩振动v_{as}（O＝U＝O）是尤其有趣的：它的位置可以用于检测铀离子和平面配体之间键的强度。强的铀离子—配体键弱化了铀酰离子中铀氧双键，使其伸缩振动向低波数方向移动。所考察的络合物在876~895cm^{-1}区间显示峰。相对于氧基配体，比如NO$_3^-$[v_{as}(O＝U＝O)=929cm^{-1}]，在二硫代氨基甲酸盐中的O＝U＝O的伸缩振动显著向低能方向位移。这是由于这种化合物中的U—S键共价性高，键强度比较强。

然而，在所合成的络合物中，观察到的峰位置差别多达20cm^{-1}。为了考察位移的能量上的起源，又在[C$_4$C$_1$im][NTf$_2$]溶液中测试了它们的红外光谱。有趣的是，考虑到实验误差，溶液中的峰位置几乎保持不变。这一发现强烈表明U—O键强度的差异是由晶体堆积作用所引起的，而不是由不同的R-dtc配体的键强度所引起的。这一猜测可以用DFT计算进一步验证。

理论计算。为了进一步加强从红外光谱所得到的结论，和细致地考察铀酰离子UO$_2^{2+}$单元和R-dtc配体的相互作用，对所选定的络合物离子（C$_3$C$_1$-dtc，cycC$_4$-dtc，cycC$_5$-dtc和cycC$_6$-dtc）进行了DFT计算。在RI-BP86/def2-TZVP水平上对它们的气相结构进行了计算。计算所得到的二硫代氨基甲酸盐配体的原子间距，与实验所观察到的数据十分吻合。cycC$_4$-dtc中C—N键最大差异为0.06Å。对所有络合物的理论计算得到的U—S键长d_{U-S}=3.0Å，而U—O键长d_{U-O}=1.8Å。这些数值仅稍微比晶体结构表征所得到的数据大，所以所采用的理论计算方法对于所考察的化合物是非常适合的。

关于反对称性的O＝U＝O伸缩振动的波数，尽管DFT计算存在已知的误差，但计算得到的光谱数据即使不进行缩放，也仍然能够与实验观察到的比较吻合。与固态测试结果相反，振动频率计算得到的数据没有表现出明显的变化趋势。这与红外所得出的结论一致：R-dtc配体中的取代基团对U—S键强度没有影响。所以，预计其对U—O键强度和振动频率也没有影响。因此，固态时O＝U＝O伸缩振动在876~895cm^{-1}波数区间伸缩频率的差异来源于固相中晶体的堆积效应。

计算同样阐明，UO$_2^{2+}$片段与硫供体原子之间的强键合作用。HOMO和

HOMO-1计算揭示了硫的p轨道和铀的f轨道之间主要的键合作用。弱屏蔽扩散的f轨道能够与极化的硫原子进行有效的相互作用。虽然HOMO是明显的配体中心的，但是第一LUMO轨道含有相当多的f特征。所以，最低电子激发有可能是配体到金属的电子跃迁（LMCT）。

UV/Vis光谱。电子跃迁的LMCT特征可以用UV/vis吸收光谱加以证实，$cycC_6$-dtc固体样品的UV/Vis光谱在380~460nm区间显示出一些典型的不太尖锐的来自UO_2^{2+}的电子跃迁峰。然而，对于R-dtc络合物，这些跃迁被一个强且宽的最大峰值为430nm的LMCT峰所叠加。另外，可以发现一些典型的铀酰离子跃迁小的肩峰。此外，这一络合物几乎没有荧光，这与LMCT和铀酰离子的跃迁峰重叠一致。

为了证明络合物的稳定性，同样在溶液中测试了$cycC_6$-dtc。为了确定溶剂变色位移，同时在乙腈和$[C_4C_1im][NTf_2]$中测试了这一化合物。可以看到，铀酰离子在乙腈溶液中的跃迁出现在26670cm^{-1}（375nm）处，在$[C_4C_1im][NTf_2]$中出现在23310cm^{-1}（429nm）处。电荷跃迁峰位移了3360cm^{-1}（54nm）。大的溶致变色位移与可能的电荷迁移过程一致，基态和激发态强烈受到库仑作用力影响。在固态光谱中的低能区(长波长)可以看到额外的弱峰，应可以归属于铀酰离子的跃迁。总之，R-dtc络合物的紫外吸收光谱特征是具有强电荷跃迁峰与DFT计算得到的模型一致。固态和溶液吸收光谱的一致性证明了络合物的稳定性。对于所考察的络合物都是如此，因为它们在乙腈溶液中的吸收光谱几乎是一样的。

电化学。为了考察R-dtc络合物的氧化还原行为，测试了$cycC_4$-dtc，$cycC_5$-dtc，$cycC_6$-dtc，C_2C_2-dtc和C_3C_1-dtc 在$[C_4C_1im][NTf_2]$(c=0.05 mol/L)中的循环伏安曲线。所有的循环伏安图在0.82~0.85V区间显示一还原峰以及在0.71~0.75V区间显示一个氧化峰。这些氧化还原过程起源于U^{VI}物种的准可逆单电子还原到相应的U^V化合物，这一过程在氯化铀酰化合物的$[C_4C_1im]$Cl溶液中已有发现。

为了确定U^V化合物，又在-0.9~-0.5V区间测试了$cycC_6$-dtc的$[C_4C_1im][NTf_2]$溶液（c=1.1×10^{-3} mol/L）的光电化学。所得到的光谱显示随着430nm（铀酰（VI）片段的LMCT跃迁）处的吸收逐渐降低，而在330nm[铀酰（V）片段的LMCT跃迁]

处的吸收强度逐渐增加。位于379nm，284nm和255nm处的三个等温点强烈提示只有两个相互处于平衡态的物种，即U^{VI}化合物的吸收出现在430nm和270nm，U^{V}化合物的吸收出现在大约330nm，没有其他物种出现在接下来的反应中。

总之，由于采用疏水性的烷基取代的R-dtc配体，使得可以很容易地把它们从水溶液中分离出来。通过调整取代基团，研究了取代基团的尺寸和对称性对结构、光谱及热性质的影响。为达到这个目的，合成了含有五到八元环的环状配体（$cycC_4$-dtc至$cycC_7$-dtc），同样合成了一些含有开环的不同长度烷基链的（C_2C_2-dtc，C_1C_3-dtc，C_2C_3-dtc和C_4C_1-dtc）化合物。R-dtc配体中取代基团的不对称性是获得低熔点化合物的关键因素。虽然含有对称性和环状配体化合物的DSC测试根本没有显示出相转变，但不对称的化合物全都可以熔化并且形成过冷液体。最不对称的化合物C_4C_1-dtc熔点位于室温附近。

除了最不对称的化合物，采用单晶X射线衍射方法测试了所有化合物的固态晶体结构。在所有化合物中，配体采取双齿配位模式，导致具有D_{3h}对称性的铀离子的生成。链状结构的排列方式表明各向异性导致链中二聚体的形成。这种倾向可以揭示热数据的变化趋势。

红外光谱可以用于证明强的铀—配体键，表现在O=U=O伸缩振动，相对于含有氧配体的铀酰化合物，向低波数方向位移。这一结果，可以从含硫化合物的高共价性得到解释，使得它们在铀萃取中成为优良的候选。通过结合溶液中的红外光谱和DFT计算，这一系列化合物所观察到小的位移是由于固相中的堆积效应所引起的。

固态的以及$[C_4C_1im][NTf_2]$和乙腈溶液中的UV/Vis光谱显示出宽的和强的电荷跃迁，表现为发出强的红色光。此外，所观察到的弱的跃迁可以归属于铀酰的跃迁。它们证明了溶液中R-dtc铀酰络合物的优良稳定性。循环伏安测试显示了相应的二硫代氨基甲酸$U^VO_2^+$的还原峰，但其中所涉及的化学是完全未知的。采用光电化学测试验证了U^{VI}还原为U^V。

所以，C_4C_1-dtc集合了低熔点、疏水性和优异的络合物稳定性，使得这一化合物成为一个适合用于铀萃取的候选化合物。

5.5　离子液体中的锕系物种

在核化学领域，科学家期望将离子液体作为媒介应用于乏核燃料的后处理和放射性废物的处理。商业化的后处理是采用PUREX工艺。在这个工艺中，乏燃料溶解在浓硝酸水溶液中，用磷酸三丁酯(TBP)作为萃取剂在正十二烷中萃取出U(Ⅵ)和Pu(Ⅳ)，再用稀硝酸溶液从正十二烷中剥离铀和钚物种。如果可以用离子液体取代传统的含有挥发性有机化合物的萃取剂，用于后处理工艺，由于前面提到的离子液体的诸多优点，那么这一工艺将会是更加安全的。然而，为了评价离子液体作为稀释剂的可能性，基础的研究如它们的密度、黏度、相离析时间、水相中的溶解度等是非常有必要的。

除了基于水溶液的PUREX工艺，还发展了高温后处理工艺（pyroprocessing）用于乏燃料的后处理。在这一工艺中，在600℃以上，将燃料溶于熔融氯化盐中，用电沉积的方法将铀和钚以金属或者氧化物的形式回收。由于废物易于处理，离子液体作为媒介在高温后处理工艺中有望使工艺条件更加温和。为了实现在高温后处理工艺中使用离子液体作为媒介，然而必须积累离子液体的物理化学性质、核燃料在离子液体中的溶解行为、锕系物种在离子液体中的电化学性质等有关数据。

在这样的背景之下，离子液体中锕系物种的结构和电化学性质，锕系物种从酸性水溶液到离子液体相的萃取行为，离子液体的放射化学稳定性等，近年来取得了较大的研究进展。其中所涉及的一些有机配体、萃取剂和功能特定的离子液体的示意结构图如下所示。

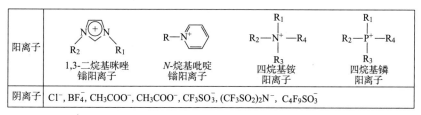

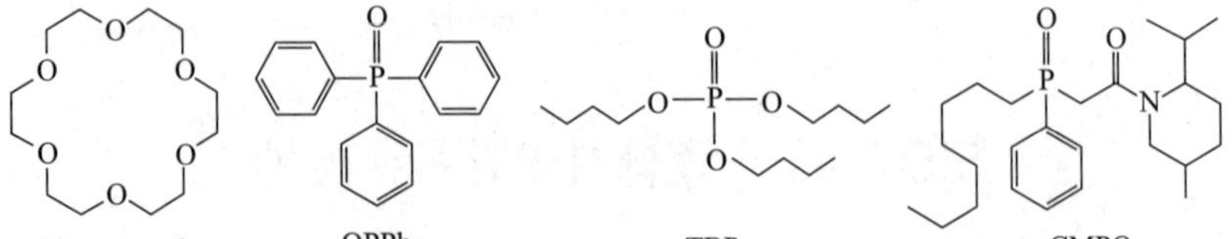

18-crown-6

OPPh₃

TBP

CMPO

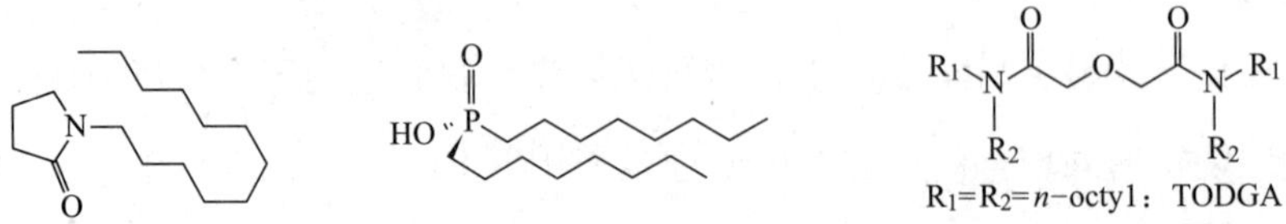

NDP

Cyanex 272

R₁=R₂=n-octyl：TODGA
n-butyl：TBDA
R₁=n-butyl, R₂=CH₃：MBDA

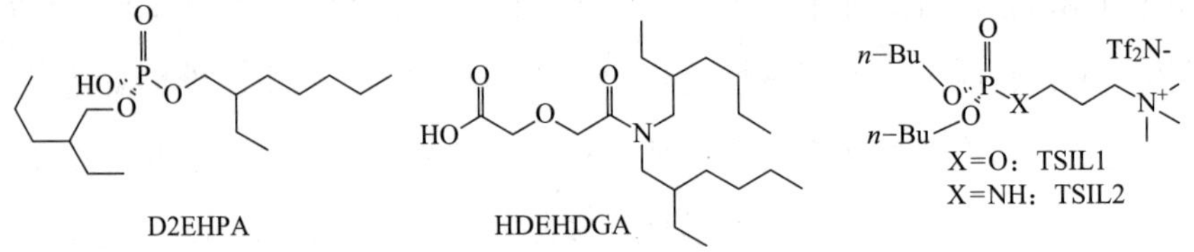

D2EHPA

HDEHDGA

X=O：TSIL1
X=NH：TSIL2

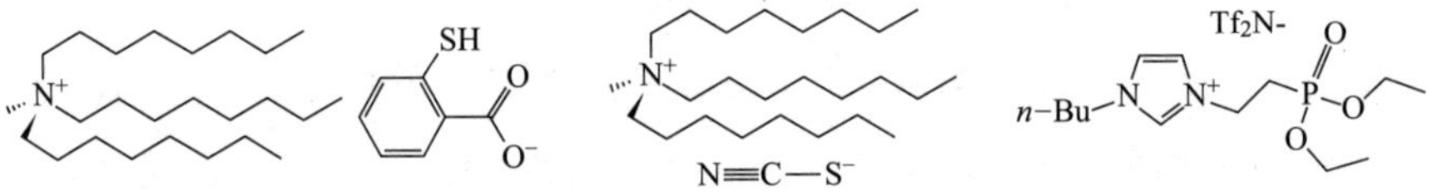

[A336][TS]

[A336][SCN]

[ImP][Tf₂N]

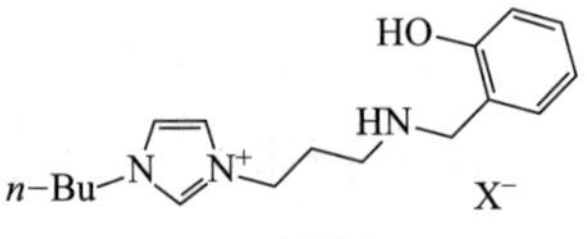

TSIL3

5.5.1 离子液体中的铀物种

5.5.1.1 离子液体中铀络合物的形成

离子液体中UO_2^{2+}，UO^{2+}和U^{4+}的络合，形成物种的分子结构是非常有趣的。目前有关铀作为核燃料的研究，主要聚焦于它与氯离子和硝酸根离子的相互作用。高温氯化物熔盐通常用于高温后处理方法，硝酸溶液在湿法后处理体系如PUREX方法中用作溶解乏燃料的介质。通常，由于氯离子和硝酸根离子基离子液体相对高的熔点，所以更倾向于采用氯离子和硝酸根离子之外的其他阴离子作为离子液体溶剂的阴离子组分。因此，常把含有相同阳离子的氯离子或者硝酸根离子盐作为溶剂加入溶有铀盐母体的离子液体溶液中。也有一些关于铀酰离子和一些其他无机和有机配体的络合物形成的研究。

氯离子。普遍的趋势是，当溶液中存在过量的氯离子，形成D_{4h}对称性的四氯物种$[UO_2Cl_4]^{2-}$。早期的氯铝酸基离子液体中的UO_2^{2+}–Cl^-相互作用研究，由于这一体系对湿气非常敏感，阴离子物种($AlCl_4^-$，$Al_2Cl_7^-$)有强烈水解倾向，所以它们的操作总是要求特殊的保护。在碱性$[C_4Py][Cl/AlCl_3](53：47；[C_4Py]^+=N-$丁基吡啶鎓离子)体系中，紫外可见吸收光谱研究表明生成了$[UO_2Cl_{4+x}]^{(2+x)-}$（$x=0~2$），在440nm附近可以发现配体到金属的电荷跃迁（LMCT）的特征精细结构。然而，现在广为接受的观点是所形成的物种是$[UO_2Cl_4]^{2-}$。类似的研究也存在于碱性$[C_2C_1im][Cl/AlCl_3]$和$[C_3C_1mim][Cl/AlCl_3](48：52)$的体系中。紫外—可见吸收光谱的精细结构的峰强度比例表明存在$[C_2C_1im]^+$阳离子中C2–H和$[UO_2Cl_4]^{2-}$阴离子之间的C—H…Cl氢键作用。Hopkins等将碱性$[C_2C_1im][Cl/AlCl_3]$(60：40)体系中$[UO_2Cl_4]^{2-}$的结构光谱与发射、单光子和双光子激发和拉曼光谱结合，分析25℃和–198℃(冷冻玻璃)$[UO_2Cl_4]^{2-}$在离子液体中的振动跃迁。单光子和双光子激发光谱都表明在$[C_2C_1im][Cl/AlCl_3]$(60：40)体系中轻微偏离中心对称的$[UO_2Cl_4]^{2-}$。这可能与非心对称的四氯络合物和离子液体溶剂之间的相互作用有关。在这些研究中，在碱性$[C_2C_1im][Cl/AlCl_3]$体系中$[UO_2Cl_4]^{2-}$是稳定的物种，过量的氯离子为四氯物种的形成提供可能。相反，UO_2^{2+}在酸性的$[C_2C_1im]$$[Cl/AlCl_3]$(45：55)体系中是不稳定的，会与体系中过量的$AlCl_3$所产生的$[Al_2Cl_7]^{2-}$离子反应。最后，会发生铀酰离子中轴向氧原子的脱除，生成UO_4^+和U^{6+}（半衰期大约为10min），紧接着缓慢还原为U^{5+}(大概两天的半衰期)。基于不同溶剂中类似物种的吸收光谱，最后的U^{5+}产物认定为$[UCl_6]^-$，而其他物种中铀离子的配位结构没有详细讨论。

UO_2^{2+}与氯离子的络合已经在不同的空气和湿气稳定的离子液体中进行了研究。这与氯铝酸基离子液体相反，接触湿气之后很容易发生水解，形成HCl烟雾，不易于操作。Giridhar等在70℃将$M_2(UO_2Cl_4)$（M=Cs，Na）溶解于$[C_4C_1im]$$[Cl]$和$[C_4C_1im][Cl]$中，$UO_2^{2+}$与四个氯离子在赤道平面内的配位保持不变。这是合理的，因为体系中存在过量的氯离子。在非卤代铝酸盐离子液体中，采用不同的技术：紫外—可见、发射、扩展X射线吸收精细结构(EXAFS)，对详细的UO_2^{2+}—Cl^-络合行为进行了反复的研究。所有的研究得到了同样的结论：即使采用不同的离子液体($[C_4C_1im][Tf_2N]$，$[C_4C_1im][PF_6]$，$[N_{4441}][Tf_2N]$和$[C_4C_1pyr][Tf_2N]$)和不同的起始UO_2^{2+}盐(NO_3^-，$CF_3SO_3^-$，ClO_4^-，Tf_2N^-)以及化学剂量比或者体系中存在更多的氯离子(即$[Cl^-]/[UO_2^{2+}] \geqslant 4$)，但$[UO_2Cl_4]^{2-}$仍是最主要的物种之一。EXAFS实验提供了$[UO_2Cl_4]^{2-}$中原子间的距离：$U=O=1.76\sim1.78$Å；$U—Cl=2.69\sim2.70$Å。分子动力学研究解释了起始$UO_2^{2+}$盐中为什么氯离子相对于其他阴离子($NO_3^-$，$CF_3SO_3^-$，$ClO_4^-$和$Tf_2N^-$)优先与$[UO_2Cl_4]^{2-}$配位，即比其他阴离子配位，从能量上更倾向于形成$[UO_2Cl_4]^{2-}$。氯离子和硝酸根离子与铀酰离子在$[C_4C_1im][Tf_2N]$中存在竞争络合，并且显示出存在相同的趋势，虽然当氯离子与铀酰离子和硝酸根离子比例比较小时，体系中可能存在混合配体络合物$[UO_2Cl_n(NO_3)_m]^{(2-n-m)}$($n：m=1：2，3：1$)。采用分子动力学研究，可以将$UO_2^{2+}$-$Cl^-$在离子液体($[C_2C_1im][AlCl_4]$，$[C_4C_1im][Tf_2N]$，$[N_{4441}][Tf_2N]$，$[C_4C_1im][PF_6]$和$[C_8C_1im][PF_6]$)中的络合行为研究扩展到$[UO_2Cl_4]^{2-}$的第二配位圈中的溶剂化和有关的物种的研究。

相反，许多有关离子液体中UO_2^{2+}—Cl^-络合行为研究是比较有限的。Yasuhisa Ikeda等通过光谱电化学研究确定$[C_2C_1im][Cl]$($T_m=89$℃)和$[C_2C_1im][BF_4]$($T_m=15$℃)混合物(摩尔比=50：50)(缩写为$[C_2C_1im][BF_4/Cl]$(50：50))中形成的物种是$[UO_2Cl_4]^{3-}$。这一铀(V)物种是从研究较为透彻的母体铀(VI)物种$[UO_2Cl_4]^{2-}$中采用电化学还原得到的，在406nm处显示一个强的金属到卤素电荷的跃迁峰，此外在630nm和770nm处[ε分别为9.5和7.1mol/(L·cm)]有比较弱的吸收峰，分别归属于LMCT和UO_2^+的f—f电—偶极—禁阻跃迁。这些光谱性质对于高温氯化物溶液是比较普遍的。上面所提到的酸性$[C_2C_1im][Cl/AlCl_3]$中$[UCl_6]^-$是离子液体中发现的铀(V)的另外一种存在形式。六氯合铀(V)酸络合物在酸性$[C_4py][Cl/AlCl_3]$离子液体（33：67和38：62）中，铀(IV)的电化学氧化体系中同样存在。

最早的酸性U^{4+}—Cl^-络合行为是在不同组成的$[C_4Py][Cl/AlCl_3]$

(48：52~33：67)体系中进行的。铀(Ⅲ/Ⅳ)的形式氧化还原电势随着pCl⁻的变化表明，体系中初始的UCl₄部分分解为氯离子和氯代络合物[UCl$_x$]$^{(4-x)}$(3≥x≥1)。随着介质酸性的增加(AlCl₃质量分数增加)氯离子的解离趋势变大。在[C₄Py][Cl/AlCl₃](33：67)中，主要的物种是UCl³⁺。虽然进一步地中和熔盐，会导致UCl₄沉淀出来，但碱性的[C₄Py][Cl/AlCl₃](53：47)可以再次溶解U⁴⁺于溶液中。在这个碱性的离子液体中，推测过量的氯离子可能会促进[UCl$_n$]$^{4-n}$（n≥5）的形成。在碱性熔盐中，[UO₂Cl₄]²⁻彻底电解之后的紫外—可见吸收光谱表明了[UCl₆]²⁻的生成。可以分离得到[C₄C₁im][UCl₆]和[N₄₄₄₁][UCl₆]，并且表征它们的固态和在Tf₂N⁻基离子液体中的晶体结构。EXAFS实验表明，即使离子液体中不再加入氯离子，八面体结构的[UCl₆]²⁻保持不变。U—Cl的键长大概为2.63~2.66Å。通过¹H–NMR和紫外—可见吸收光谱可以揭示，在相应的离子液体溶液中，[C₄C₁im]⁺的C(2)–H和[N₄₄₄₁]⁺的α–CH2/3与[UCl₆]²⁻的配位氯离子之间的氢键作用。在这些离子液体溶液中，[UCl₆]²⁻是稳定的，不会发生水解。在加入0.5mol/L H₂O之后所引起的光谱变化，来自络合物周围不同的溶剂化作用。在分子动力学研究中讨论了在干或者湿离子液体([C₄C₁im][UCl₆]和[N₄₄₄₁][UCl₆])中，[UCl₆]²⁻周围的溶剂化作用。

所有的有关U和硝酸根的研究是在非卤代铝酸盐离子液体中进行的。在溶液化学研究中，加入萃取剂如辛基(苯基)–N，N–二异丁基氨基甲酰甲基氧化磷(CMPO)和TBP，在疏水性的离子液体中进行，预示着离子液体作为一种非挥发性的有机相在传统萃取工艺中的应用。从硝酸基离子液体中晶体沉积UO₂²⁺，在从溶有乏燃料的裂变产物和次锕系元素的硝酸溶液中选择性回收铀(和钚)也很有趣。

Belgium研究组研究了没有其他配体时，[C₄C₁im][Tf₂N]和[C₄C₁pyr][Tf₂N]中，UO₂²⁺—NO₃⁻的配位情况。在这些体系中，当有过量硝酸根存在时，形成一个三硝基络合物，22000cm⁻¹(约450nm)的特征吸收峰证明了这一点。[C₄C₁im][Tf₂N]样品的EXAFS实验提供了一些结构信息：U=O(axial)=1.77Å；U—O(equatorial)=2.49Å；U···N=2.92Å；U—O(distal)=4.18Å。U···N间距表明在这个络合物中每个硝酸根配体以双齿配位模式与铀配位。如同离子液体中的其他

UO_2^{2+}—NO_3^-物种，在含有$[NO_3^-] < 3[UO_2^{2+}]$的$[C_4C_1im][Tf_2N]$和$[C_4C_1im][Tf_2N]$离子液体中，形成$UO_2(NO_3)_2$，虽然仍不太确定在无水离子液体体系中这一物种赤道平面剩下的配位位置是否为空缺的。衰减全反射傅里叶变换红外实验与拉曼和核磁光谱测试没有检测到单硝酸络合物$[UO_2(NO_3)]^+$的存在，但EXAFS研究表明它存在于$[C_4C_1im][Tf_2N]$和$[N_{4441}][Tf_2N]$中。可能的解释为，将$UO_2(NO_3)_2 \cdot 6H_2O$溶解于这些离子液体中之后，$UO_2(NO_3)_2$开始歧化，得到$[UO_2(NO_3)]^+$、$UO_2(NO_3)^2$和$[UO_2(NO_3)_3]^-$的混合物。在$[C_4C_1im][Tf_2N]$中，UO_2^{2+}—NO_3^-的配位分步平衡研究表明，在18.5℃ $[UO_2(NO_3)_n]^{2-n}(\beta_n$，$n=1-3)$的估算条件总稳定常数为：$\lg\beta_1=4.81 \pm 0.45$，$\lg\beta_2=8.31 \pm 0.65$，$\lg\beta_3=12.17 \pm 0.81$。假设这些常数同样适用于其他样品，那么$[UO_2^{2+}]=0.1mol/L$和$[UO_2^{2+}]$：$NO_3^-=1$：2的平衡计算，得到的物种分配为：$[C_4C_1im][Tf_2N]$中存在2%的$UO_2^{2+}$，34%的$[UO_2(NO_3)]^+$，24%的$UO_2(NO_3)_2$和39%的$[UO_2(NO_3)_3]^-$。

加入萃取剂能够显著改变离子液体中UO_2^{2+}—NO_3^-体系的配位化学。采取与TRUEX工艺中一样的萃取条件，从含有0.1mol/L CMPO和1mol/L TBP的1mol/L HNO_3水溶液中萃取到$[C_4C_1im][PF_6]$中的UO_2^{2+}物种，表征为$[UO_2(NO_3)(CMPO)]^+$。虽然NO_3^-和CMPO的配位方式，是单齿配位还是双齿配位仍然不确定。为了回答这个问题，分子动力学研究表明NO_3^-和CMPO都为单齿配位，三个额外的水分子同样与铀成键，形成UO_2^{2+}赤道平面为五配位的$[UO_2(NO_3)(CMPO)(H_2O)_3]^+$。对$UO_2$粉末溶解在含有氧化剂，如$HNO_3$或者络合物$TBP(HNO_3)_{1.8}(H_2O)_{0.6}$的$[C_4C_1im][Tf_2N]$中的研究表明，即使存在水时，离子液体中形成三硝酸根络合物$[UO_2(NO_3)_3]^-$。当体系中存在TBP时，则形成$[UO_2(NO_3)_x(TBP)_2]^{2-x}(x=1\sim3)$。从离子液体中沉淀$UO_2^{2+}$—$NO_3^-$物种，在溶有$UO_2$粉末的$[C_4C_1im][NO_3]$中，分离得到的沉淀，可能含有双核络合物，$[(UO_2)_2(NO_3)_4(\mu_4-C_2O_4)]^{2-}$和$[C_4C_1im]^+$，虽然单晶是从乙腈溶液中得到的。桥联草酸根猜测可能是$[C_4C_1im][NO_3]$中残留的丙酮氧化得来的，这可从^{13}C标记的实验中得以证明。还可以把这一化学扩展到其他的离子液体$[XMI][NO_3](XMI=1-X-3-$甲基咪唑鎓离子，$X=n-C_mH_{2m+1}$，$m=1\sim8$，10，12，16，18)体系中，并且成功地鉴定了 $[(UO_2)_2(NO_3)_4(\mu_4-C_2O_4)][XMI]_2(m=2\sim6$，

16) 的晶体结构。当$m=1$和12，形成含有两个双齿和两个单齿硝酸根的反式$[UO_2(NO_3)_4]^{2-}$。

最基础但仍然没有得到很好研究的是离子液体中与铀酰离子配位的配体水的水合作用。目前唯一的清晰地描述这一问题的是Nockemann等的工作。他们发现$UO_2(Tf_2N)_2 \cdot xH_2O$在$[C_6C_1im][Tf_2N]$和$[C_4C_1pyr][Tf_2N]$中，具有同样的紫外—可见吸收光谱特征。这是由于在这些离子液体体系中生成同样的五水合物种$[UO_2(OH_2)_5]^{2+}$。Pasilis和Blumenfeld根据$[C_2C_1im][Tf_2N]$中水分子的红外吸收位移检测到了UO_2^{2+}的水合作用。Yasuhisa Ikeda等在$[C_4C_1im][NfO](NfO^-=C_4F_9SO_3^-)$中，研究了$UO_2^{2+}$的水合作用，并且试图通过加热和减压除去配位的水分子。当NMR、UV-Vis和拉曼光谱结合起来，证明成功实现了铀酰离子的脱水。然而，并没有直接的证据证明在脱水体系中铀酰离子周围存在明确的溶剂化作用。所以，采用结构敏感的技术进一步的表征是必要的，如EXAFS。关于"干"的Tf_2N^-基离子液体中UO_2^{2+}的溶剂化作用，实验和分子动力学研究表明Tf_2N^-相互作用形成$[UO_2(Tf_2N)_2]$。

水合UO_2^{2+}的另外一个重要方面是水解。虽然目前为止还没有UO_2^{2+}在离子液体溶液中的水解化学，但UO_2^{2+}从离子液体类似化合物(1，3-二甲基咪唑鎓离子-2-羧酸、$[C_2C_1im][CF_3SO_2NC(O)CF_3]$、$[TMI][MeOCO_2]$、$[C_1C_1mim][Cl]$)和分子溶剂($CH_3CN$，$CH_2Cl_2$和$CH_3OH$) 的混合物中的水解产物的晶体学表征是有的。多数情况下，水解产物是两个羟基桥联的双核铀酰离子络合物，$[(UO_2)_2(\mu-OH)_2(NO_3)_4]^{2-}$，平衡离子为咪唑阳离子。

类似的卤素离子Br^-，在离子液体中与铀酰离子的配位同样是有趣的。通过紫外—可见吸收光谱证实，在离子液体 $[C_4C_1im][Tf_2N]$和$[N_{4441}][Tf_2N]$ 中，化学剂量比地形成了$[UO_2Br_4]^{2-}$的类似物$[UO_2Br_4]^{2-}$。EXAFS数据表明，两个离子液体中原子间平均距离($U=O_{ax}=1.77$Å；$U—Br=2.82$Å)都是一样的，而且与晶体$[C_4C_1im]_2[UO_2Br_4]$中的数据一致。含有长的脂肪链或者是带有长脂肪链的芳基的N-甲基吡咯鎓阳离子的$[UO_2Br_4]^{2-}$盐，作为离子液体晶体包括含铀离子液晶，吸引了很多关注。关于在核燃料后处理中UO_2^{2+}和TcO_4^-同时萃取的有关问题，

ReO_4^-的类似物在几个Tf_2N-基离子液体中的相互作用最近得到了明确。通过对比Cl^-、NO_3^-、ReO_4^-、UO_2^{2+}在离子液体中的络合强度，得出如下顺序：$Cl^- \approx NO_3^- > ReO_4^-$。

Nockemann等利用紫外—可见吸收光谱研究了醋酸根和18-冠-6在$[C_4C_1im][Tf_2N]$和$[C_4C_1pyr][Tf_2N]$中的络合行为。结果表明，形成了具有D_{3h}对称性的$[UO_2(CH_3COO)_3]^-$和UO_2^{2+}包含在冠醚的腔中形成的$[UO_2(18-crown-6)]^{2+}$。冠醚的络合似乎比溴离子弱。与羧酸配位相联系，将UO_3溶解在羧酸功能化的，即甜菜碱类型的离子液体中，并且讨论了在这些溶液中和分离得到的晶态材料中UO_2^{2+}周围的配位结构。三苯基氧化膦($OPPh_3$)与UO_2^{2+}在$[C_4C_1im][NfO]$中，在过量配体存在时，生成了$[UO_2(OPPh_3)_4]^{2+}$。

对一个物种在某种媒介中的反应活性进行动力学研究是非常有趣的。然而，有关UO_2^{2+}络合物在离子液体中的动力学研究是十分有限的。对于$[UO_2(OPPh_3)_4]^{2+}$在$[C_4C_1im][NfO]$中的离子交换反应是通过一个关联(associative)机理进行的，在速控步骤中形成了一个作为中间体的，含有额外配体的UO_2^{2+}络合物$[UO_2(OPPh_3)_5]^{2+}$。在$[C_4C_1im][NfO]$中，反应的活化能和熵分别为$\Delta H=(55.3 \pm 2.8)$kJ/mol和$\Delta S=(55.3 \pm 2.8)$kJ/mol，而在CD_2Cl_2中相应的数值为$\Delta H=(7.1 \pm 0.3)$kJ/mol和$\Delta S=(-122 \pm 1)$kJ/mol。在这些介质中这些活化数据参数的二阶速率常数存在较大的差异，即298K时在$[C_4C_1im][NfO]$中$k=7.2 \times 10^{35}$mol/(L·s)，而在CD_2Cl_2中$k=1.4 \times 10^5$mol/(L·s)。尽管前者的黏度较高，这个配体交换反应是动力学控制的，这是因为$[C_4C_1im][NfO]$中的实际的k远比估算的扩散控制的小。在$[UO_2(OPPh_3)_4]^{2+}$周围，NfO^-明确的溶剂化作用能够通过库仑吸引力作用，扰乱自由的$OPPh_3$进入$[UO_2(OPPh_3)_4]^{2+}$的第一配位圈。

5.5.1.2 铀酰物种的电化学行为

早期的铀酰物种的电化学研究是在含有$AlCl_3$的离子液体中进行的。虽然这些研究没有集中在离子液体在核燃料循环中的应用，但有关铀酰物种在离子液体中基本的电化学行为信息是可用的。

铀在碱性$[C_4py][Cl/AlCl_3]$中的电化学研究表明，UO_3溶解比较容易，所得到的$[UO_2Cl_4]^{2-}$发生不可逆的两电子还原，生成$[UCl_6]^{2-}$。$[C_2C_1im][UO_2Cl_4]$在$[C_2C_1im]$ $[Cl/AlCl_3](55.6：44.4)$中的电化学反应研究表明，在循环伏安图上可以发现两个还原波。第一个还原过程对应于$[UO_2Cl_4]^{2-} + 2AlCl_4^- + 2e^- \rightarrow 2AlOCl_2^- + UCl_6^{2-} + 2Cl^-$；第二个还原过程对应于$[UCl_6]^{2-} + e^- \leftrightarrow [UCl_6]^{3-}$。类似的，采用循环伏安法研究了$UO_2Cl_2$在$[C_2C_1im][Cl/AlCl_3](55.6：44.4)$中的氧化还原行为。100mV/s的循环伏安显示了三个还原反应，对应于U^{VI}/U^V，U^V/U^{IV}和U^{IV}/U^{III}氧化还原电对；在5mV/s时有两个峰，对应于U^V/U^{IV}和U^{IV}/U^{III}氧化还原电对。采用循环伏安法研究了溶有$[C_2C_1im]_2[UO_2Br_4]$晶体的$[C_2C_1im][Cl/AlCl_3](55.6：44.4)$，得到了与上述类似的结果。

另外，是离子液体中铀酰物种的电化学研究，以检查离子液体作为介质用于放射性废物的处理和处置的可行性。Rao等研究了铀酰物种在$[C_4C_1im]Cl$中的电化学行为，得到的基础数据可以采用电沉积方法回收铀，以氧化物的形式。采用玻碳工作电极和钯丝准参比电极，在70℃测试了$M_2UO_2Cl_2(M=Na，Cs)$在$[C_4C_1im]Cl$中的循环伏安，结果显示在$-0.85V$，$-0.6V$和$+0.2V$(相对于钯)附近观察到一个阴极波和两个阳极波。基于这些结果，在$-0.8V$进行了铂片上的控制电势电解，在铂片上沉积了黑色致密精细的颗粒。它们的能量色散X射线(EDX)和能量色散X射线荧光(EDXRF)分析表明沉积的颗粒是无定形的，而且含有铀。此外，当把沉积物加热到1000℃，所得到材料的XRD衍射图谱显示生成了U_3O_8。从这些研究，可以推测铀(VI)物种在$[C_4C_1im]Cl$中被还原为UO_2，在工作电极上发生了单步两电子转移。相似的，在70~100℃采用循环伏安法、计时电位分析法和方波伏安法研究硝酸铀酰在$[C_4C_1im]Cl$中的电化学行为，结果表明在玻碳工作电极上，铀酰物种发生了不可逆的单步两电子转移。

在60℃，采用玻碳工作电极和Ag/Ag(I)参比电极，测试了$[UO_2][OTf]_2$ $(0.01mol/L；OTf=CF_3SO_3)$在$[C_4C_1im][Tf_2N]$和$[N_{4441}][Tf_2N]$中的电化学行为。在$[C_4C_1im][Tf_2N]$溶液中，在其循环伏安图上可以观察到两个宽的还原峰和一个氧化峰，分别为：$-0.6V$，$-0.25V$和$0.37V$。相似的，在$[N_{4441}][Tf_2N]$溶液中，显示两个还原峰和一个氧化峰，分别为：$-0.6V$，$-1.4V$和$0.45V$。第一个还原峰对

应于UO_2^{2+}还原成UO_2^+，第二个还原峰可能是UO_2^+直接还原为UO_2，氧化峰为还原产物的再溶解。$[UO_2][OTf]_2$(0.01mol/L)在$[C_4C_1im]Cl/[C_4C_1im][Tf_2N]$的混合物中和在$[N_{4441}]Cl/[N_{4441}][Tf_2N]$($[Cl^-]/[UO_2^{2+}] > 4$)混合物中的电化学研究显示，在$[C_4C_1im]$Cl/$[C_4C_1im][Tf_2N]$的混合物中在$-1.3V$附近有一对氧化还原峰，而在$[N_{4441}]Cl/[N_{4441}]$$[Tf_2N]$混合物中，只在$-1.44V$附近发现了一个还原峰。这一结果表明，在这些混合物中$[UO_2Cl_4]^{2-}$被还原为了$[UO_2Cl_4]^{3-}$，所得到的$[UO_2Cl_4]^{3-}$似乎在$[C_4C_1im]Cl$—$[C_4C_1im][Tf_2N]$中比在$[N_{4441}]Cl/[N_{4441}][Tf_2N]$中更稳定。

氯化铀酰络合物在$[C_4C_1im]Cl$中的络合物。在(80 ± 1)℃充有氩气的手套箱中，采用玻碳工作电极，铂丝对电极和液体接界充有$[C_4C_1im][BF_4]$的Ag/AgCl参比电极，测试了$[UO_2Cl_4]^{2-}$在$[C_4C_1im]Cl$中的循环伏安图。在$-0.73V(E_{pc})$和-0.65V(E_{pa})附近，观察到一对氧化还原峰。当扫描速率处于$10 \sim 50mV/s$范围内，电势差(ΔE_p)为$70 \sim 80mV$，与80℃可逆单电子转移反应理论ΔE_p值(67mV)接近。$(E_{pc}+E_{pa})/2$值保持不变，为$-0.690V$，不受扫描速率影响，估算的80℃的标准速率常数为$1.8 \times 10^{-3}cm/s$。从这些结果可以推测，在$[C_4C_1im]Cl$中$[UO_2Cl_4]^{2-}$准可逆地被还原为$[UO_2Cl_4]^{3-}$，反应产物$[UO_2Cl_4]^{3-}$在$[C_4C_1im]Cl$中相对稳定。为了更细致地检查物种的氧化还原行为，采用$[C_2C_1im] [UO_2Cl_4]$的$[C_4C_1im][BF_4/Cl]$(50：50)溶液($5.48 \times 10^{-3}mol/L$)进行了电化学和光谱电化学研究。循环伏安图在$-1.05 V(E_{pc})$和$-0.92V(E_{pa})$(相对于Fc/Fc^+)附近显示氧化还原波。随着扫描速率的增加，ΔE_p从0.101增加到0.152V，而$(E_{pc}+E_{pa})/2$值不管扫描速率为多少，几乎保持在$(-0.989 \pm 0.002)V$。基于这些结果，可以推测$[UO_2Cl_4]^{2-}$物种准可逆地还原为$[UO_2Cl_4]^{3-}$，紫外—可见—近红外(NIR)光电化学实验显示，在342nm处有一个等吸收点(isosbestic point)，表明体系中存在唯一的$[UO_2Cl_4]^{2-}$氧化还原平衡。从基于能斯特方程的吸收光谱分析，可以证实在最低电势所记录的光谱为$[UO_2Cl_4]^{2-}$和$[UO_2Cl_4]^{3-}$的混合物($[U^{VI}]$：$[U^V]=17.4：82.6$)，$[UO_2Cl_4]^{2-} + e^- \leftrightarrow [UO_2Cl_4]^{3-}$的形式电势为$(-0.996 \pm 0.004)V$(相对于$Fc/Fc^+$)。

采用循环伏安法(玻碳工作电极、铂丝对电极和参比电极银丝浸入0.01mol/L AgOTf的$[C_4C_1im][Tf_2N]$溶液)$[C_4C_1im][UO_2Cl_4]$在$[C_4C_1im]Cl$或者$[C_4C_1im]Br$和$[C_4C_1im]$

[Tf$_2$N]([Cl$^-$]=0~0.1mol/L；[Br$^-$]=0~0.49mol/L)混合物中的电化学行为研究显示，[UO$_2$Cl$_4$]$^{2-}$物种的还原是通过ECE机理进行的，即：

$$[UO_2Cl_4]^{2-} + e^- \longleftrightarrow [UO_2Cl_4]^{3-}$$

$$[UO_2Cl_4]^{3-} \longleftrightarrow [UO_2Cl_{4-x}]^{x-3} + xCl^-$$

$$[UO_2Cl_{4-x}]^{x-3} + e^- \longleftrightarrow U^{IV} +(4-x)Cl^-(x \ll 4)$$

据报道，[C$_4$C$_1$im][Tf$_2$N]中[UO$_2$Cl$_4$]$^{2-}$的还原似乎是非可逆的，导致电极表面形成沉积，在大量的卤素离子(X$^-$)存在时，[UO$_2$X$_4$]$^{2-}$准可逆地还原为[UO$_2$X$_4$]$^{3-}$，没有发生连续的化学反应。

有关离子液体为媒介中铀的还原方法已有文献报道。通过铀酰物种在[C$_4$C$_1$im][NfO]中的循环伏安研究，可以评价离子液体作为媒介用于高温后处理的可能性。在−0.6~−0.2 V区间内可以发现一个不可逆的还原峰，在约0.85 V附近有一个尖锐的氧化峰(相对于Ag/AgCl)。还原峰可以归属为U^{VI}~U^{IV}的多步还原，即：

$$U^{VI} + e^- \longrightarrow U^V，U^V + e^- \longrightarrow UIV和U^{VI} + 2e^- \longrightarrow U^{IV}$$

基于这些数据，采用碳电极作为阴极在[C$_4$C$_1$im][NfO]中在−1.0V进行大量的铀酰离子的电解。可以观察到在碳电极的表面生成了沉积物。通过EDX分析，沉积物为氧化铀和氯氧化铀。采用离子液体稀释的TBP从硝酸水溶液中萃取的铀(VI)物种的直接电解研究显示，在70℃铂片电极上，对萃入1.1mol/L TBP/[C$_4$C$_1$im]中的硝酸铀酰进行了控制电位电解分析。可以发现黑色致密精细颗粒沉积在铂片表面。经EDXRF和XRD分析表明，萃取的铀酰物种发生了单步两电子还原，生成无定形的UO$_2$。而且，为了评价离子液体作为替代传统高温熔盐电解质用于高温后处理方法的可能性，采用循环伏安法研究了UO$_2$，U$_3$O$_8$和UO$_3$在[Hbet][Tf$_2$N](Hbet=质子化的甜菜碱)中的溶解性质和铀(VI)在所得到的溶液中的电化学行为。研究结果表明UO$_3$很容易溶解；相反，UO$_2$和U$_3$O$_8$很难溶解，而且U^{VI}还原为U^V，发生了歧化反应生成了U^{VI}和U^{IV}。

从上面讨论的结果，可以看出在不含有Cl$^-$和Br$^-$的离子液体中，[UO$_2$Cl$_4$]$^{2-}$(X=Cl，Br)的还原是不可逆的，采用合适的离子液体，铀酰物种可以铀化合物，如氧化物的形式，用电化学的方法回收。所以，将萃取入离子液体相的铀(VI)物种电沉积为UO_2是可行的。

5.5.1.3 从水相萃取铀酰物种

采用离子液体作为传统溶剂(比如正十二烷)的替代物从乏燃料中萃取U(VI)，在过去已经得到广泛研究。这里只作简单介绍。

采用含有萃取剂的离子液体萃取铀(VI)已经有很多报道，这些绝大多数研究聚焦于含有TBP的咪唑基离子液体(1.0~1.2mol/L)。早期的例子如使用六氟磷酸-1-烷基-3-甲基咪唑鎓盐，$[XMI][PF_6]$($X=n-C_mH_{2m+1}$，$m=4$，8)，0.01~8mol/L的硝酸水溶液中萃取铀(VI)。对于所有离子液体，铀(VI)的分配比(D)随着硝酸浓度的增加，缓慢地从接近0.05升高到33。以[TBP]浓度为函数的$\lg D$—$\lg$[TBP]曲线的斜率分析表明，萃取入$[C_4C_1im][PF_6]$中的铀(VI)络合物为中性的物种$UO_2(NO_3)_2(TBP)_2$，与萃取入正十二烷的铀(VI)为统一物种。萃取入$[C_8C_1im][PF_6]$中的物种尚未鉴定。

一些$[XMI][Tf_2N]$也被用于萃取介质，如从HNO_3(0.01~8mol/L)中萃取铀(VI)进入$[XMI][Tf_2N]$($X=n-C_mH_{2m+1}$，$m=5$，8，10)相。在这些离子液体中，随着离子液体中烷基链的长度变化，分配比D变化比较大。在$[C_{10}C_1im][Tf_2N]$中，分配比D随着硝酸浓度的增加而增加，基于$[C_{10}C_1im][Tf_2N]$体系曲线的形状和采用烷烃作为萃取介质萃取铀(VI)的曲线形状对比和斜率分析结果，推测萃取的铀(VI)物种为$UO_2(NO_3)_2(TBP)_2$。对于$[XMI][Tf_2N]$($X=n-C_mH_{2m+1}$，$m=5$，8)体系，发现随着硝酸浓度从0.01增加到接近于1，分配比D值降低，然后当硝酸浓度增加到8mol/L，开始增加。这种行为在$[C_4C_1im][Tf_2N]$体系中也有类似报道，当硝酸浓度从0.01mol/L增加到0.1mol/L，分配比D值从15.3降低到0.7，然后随着硝酸浓度的进一步增加而增加。

通过与用DCH18C6萃取Sr^{2+}和Na^+的结果进行对比，考虑到从斜率分析获得的数值为2，没有显著的证据证明硝酸从水相进入离子液体相，可以推测从低浓度硝酸水溶液中萃取入$[C_5C_1im][Tf_2N]$的铀物种是带有电荷的物种$[UO_2(TBP)_2]^{2+}$，从高浓度硝酸水溶液中萃取到的铀物种为中性的络合物

$UO_2(NO_3)_2(TBP)_2$。而且，推测在这些离子液体中所表现出的分配比的差异是由于各离子液体的相对疏水性造成的。

在$[C_5C_1im][Tf_2N]$体系中，没有有关萃取机理或者萃取的铀酰物种化学形态的报道。然而，最近有研究证明，从浓度高于0.1mol/L的硝酸溶液中萃取之后，在$[C_4C_1im][Tf_2N]$中发现了$UO_2(NO_3)_2(TBP)_2$存在的证据，遵循超临界CO_2的剥离研究。通过对比萃取进入离子液体和超临界CO_2相的与此前这一中性化合物的紫外—可见吸收光谱以及检查超临界CO_2相的回收络合物的荧光光谱，可以确定$UO_2(NO_3)_2(TBP)_2$络合物。

更为详细的从硝酸水溶液中萃取进入含有TBP的[XMI][PF_6]和[XMI][Tf_2N]离子液体中的机理研究和铀物种的化学形式的研究。对于[XMI][PF_6]体系，采用斜率分析、紫外—可见光谱化学、矩阵辅助激光脱附离子化和电喷离子化质谱考察了以$[C_4C_1im][PF_6]$和$[C_8C_1im][PF_6]$从1mol/L HNO_3溶液中萃取铀(VI)的电化学行为。将研究结果与采用正十二烷/水萃取体系的结构进行对比，可以推断对于体系，主要的萃取机理是采用占主要优势的$[UO_2(NO_3)(TBP)_2]^+$的阳离子交换，而对于$[C_8C_1im][PF_6]$体系，铀(VI)物种$UO_2(NO_3)_2(TBP)_2$是通过一个中性的机理从硝酸水溶液中转移到离子液体相中的。

从不同浓度(0.1~8mol/L)的硝酸介质萃取铀(VI)进入$[C_4C_1im][Tf_2N]$中。在采用紫外—可见光谱进行铀酰萃取研究和H_2O/HNO_3溶于$[C_4C_1im][Tf_2N]$的研究基础之上，推测从低浓度硝酸溶液萃取铀(VI)是通过阳离子交换机理，从高浓度硝酸溶液铀(VI)物种的萃取是通过阴离子交换机理进行的。采用化学模型鉴定络合物的化学剂量比，推测阳离子物种是$[UO_2(TBP)_2]^{2+}$，阴离子物种是$[UO_2(NO_3)_3(TBP)_2]^-$。在一些研究中，采用一些不同于TBP的萃取剂和咪唑基离子液体。比如，用含有Cyanex-272萃取剂(0.005mol/L)的$[C_{10}C_1im][Tf_2N]$从硝酸溶液(0.01~10mol/L)中萃取铀(VI)。与采用正十二烷萃取的结果进行比较，发现离子液体和正十二烷体系都是在0.01mol/L HNO_3溶液中得到高的分配比D，然后随着硝酸浓度逐渐增加达到1mol/L逐渐降低，但直到硝酸浓度增加到10mol/L又稳步上升。其中的机理推测，可能都是在低浓度硝酸时中性络合物在两个体系中进行分配进行的。采用紫外—可见光谱和EXAFS(采用HDEHP取代Cyanex-272)，揭示在离子液体和正十二烷体系中金属离子的配位是等同的。

以$[C_4C_1im][PF_6]$和$[C_8C_1im][Tf_2N]$从硝酸水溶液中萃取铀(VI)，在萃取相中结合使用CMPO(1mol/L)和TBP(1mol/L)。将结果与标准的正十二烷/硝酸水溶液体系的结果进行对比。从斜率分析、紫外—可见光谱和EXAFS数据来看，两个离子液体体系的萃取都是通过涉及$[UO_2(NO_3)(CMPO)]^+$阳离子的交换机理进行的，在正十二烷体系中萃取的络合物是$UO_2(NO_3)_2(CMPO)_2$。

以含有N，N，N'，N'-四丁基-3-氧杂戊二酰胺(TBDA)和N，N'-二甲基-N，N'-二基-3-氧杂戊二酰胺(MBDA)萃取剂的$[XMI][PF_6]$($X=n-C_nH_{2n+1}$，$n=4$，6，8)从硝酸水溶液(0.05~8mol/L)中萃取铀(VI)，实验结果与氯仿/硝酸水溶液萃取体系进行比较。结果显示含有TBDA和MBDA的$[C_4C_1im][PF_6]$在0.05mol/L硝酸水溶液中可以获得十分优异的分配比D，大约为150。然而，使用TBDA萃取剂，$[C_6C_1im][PF_6]$和$[C_8C_1im][PF_6]$体系的D数值比较低，分配比分别为95和3。如果使用MBDA，$[C_6C_1im][PF_6]$和$[C_8C_1im][PF_6]$体系中获得的结果更差。所有的离子液体体系在硝酸浓度大于1mol/L的水溶液中几乎都不具有可萃取性。这些结果与在所有酸度的氯仿体系所观察到的很小或者不能萃取的结果相反。萃取的机理和萃取的络合物采用斜率分析和红外光谱进行了鉴定。结果阐明了在低浓度的硝酸中的机理是阳离子交换，形成稳定的含有UO_2^{2+}的2∶1络合物。

非咪唑基离子液体也可以用于铀(VI)的萃取，涉及采用一系列铵基疏水性的离子液体，从不同浓度(0.01~8mol/L)的硝酸水溶液中萃取铀(VI)。研究发现，分配比差异比较大，取决于离子液体的疏水性，但显示出的趋势与前面所讨论的咪唑基离子液体相似。对于弱疏水性的离子液体，例如$[Me_3(MeOEt)N][Tf_2N]$(MeOEt=2-甲氧基乙基，IL1)和$[N_{3111}][Tf_2N]$(IL2) $[HNO_3]=0.01$mol/L，所得到的D值比较大，分别为216和40。随着硝酸浓度从0.01mol/L增加到2mol/L逐渐地降低，之后再次上升直到硝酸浓度达到6mol/L。采用^1H-NMR和^{19}F-NMR、斜率分析和紫外—可见光谱，确定了在低浓度硝酸水溶液中对于IL1主要的机理是阳离子交换。而在高浓度硝酸水溶液中，是阴离子交换和中性分配两种都有，但以前者为主。对于强疏水性的离子液体，比如[BzHdMe$_2$N][Tf$_2$N](Bz=苄基，Hd=正十六烷基，IL3)和[BzMe$_2$RN][Tf$_2$N] [R=−(CH$_2$)$_2$O(CH$_2$)$_2$OC$_6$H$_4$C(CH$_3$)$_2$CH$_2$tBu，IL4]，在低于0.1mol/L的硝酸水溶液中分配比D比较低，但随着硝酸浓度从0.1mol/L增加到6mol/L，可萃取性逐渐增加。通过与正十二烷体系的数据对比，并借助于^{19}F−NMR分析，萃取机理涉及中性铀酰络合物的分配。对于阳离子交换机理所确定的络合物是[UO$_2$(TBP)$_3$]$^{2+}$，中性机理是UO$_2$(NO$_3$)$_2$(TBP)$_2$，阴离子交换机理是[UO$_2$(NO$_3$)$_3$(TBP)]$^-$。

此外，以不同于TBP的萃取剂，配合铵基离子液体进行铀的萃取，比如使用CMPO、N，N，N'，N'−四辛基−3−氧戊二酰胺(TODGA)、N−十二烷基−2−吡咯酮(NDP)，获得了比较有前途的结果和好的分配比D值。

5.5.1.4 以纯的离子液体进行萃取

采用新颖的离子液体，不需要使用额外的萃取剂就能够从水溶液介质中萃取铀(VI)，通常称为功能特定离子液体(TSILs)，具有潜在的应用前景。但这方面的研究目前还比较少。

不使用TBP，含有膦酰基团的功能特定离子液体可以从3mol/L HNO$_3$水溶液中萃取铀(VI)。在所考察的三个离子液体中，其中两个太黏稠不能直接用于液—液萃取。虽然剩下的一个离子液体[(BuO)$_2$OPO(CH$_2$)$_2$N(CH$_3$)$_3$][Tf$_2$N]的黏度可以接受，但它对于铀的萃取性能是比较有限的，分配比只有1.78。为了克服黏度的问题，以30%(体积分数)的TSIL/[N$_{1114}$][Tf$_2$N] 重复萃取实验，结果表明[(BuO)$_2$OPNH(CH$_2$)$_3$N(CH$_3$)$_3$]−[Tf$_2$N]萃取性能最好，分配比达到了170。但目前没有关萃取机理和萃取物物种鉴定方面的工作报道。以Aliauat 336(A336)为阳离子，与不同的阴离子结合，用于从纯的水溶液体系中萃取铀(VI)。对于离子液体[A336][TS](TS=硫柳酸盐)和[A336][SCN]，它们的黏度都比较小，可以直接用于液相萃取，获得了异常的分配比，超过了1000。有关的机理和物种鉴定工作也没有。

5.5.2 离子液体中的其他锕系物种

5.5.2.1 其他锕系物种的化学形式

与许多离子液体中铀酰络合物的结构研究相比，对于离子液体中铀之外的锕系元素的物种研究是比较有限的。

通过测试溶有$[C_4C_1im][AnCl_6](An=Np，Pu)$的$[C_4C_1im][Tf_2N]$溶液的紫外—可见—近红外光谱研究了Np(IV)和Pu(IV)在$[C_4C_1im][Tf_2N]$中的化学形式。结果表明，Np(IV)和Pu(IV)在$[C_4C_1im][Tf_2N]$中以稳定的八面体结构的$[AnCl_6]^{2-}$形式存在。$[AnCl_6]^{2-}$在$[C_4C_1im][PF_6]$中的稳定性研究表明，溶有$[C_4C_1im]_2[AnCl_6]$的$[C_4C_1im][PF_6]$溶液的可见—近红外光谱随着时间的延长而变化，并且析出固体产物。对固态产物的固态NMR和IR光谱研究表明在$[C_4C_1im][PF_6]$中的不稳定性与被$[AnCl_6]^{2-}$加速的PF_6^-阴离子的水解有关。

可以采用时间分辨激光荧光光谱(TRLFS)技术研究含有$Eu(OTf)_3$和$Cm(ClO_4)_3$的$[C_4C_1im][Tf_2N]$中Eu(Ⅲ)和Cm(Ⅲ)的配位结构，从镧锕分离的角度理解三价镧系元素和三价锕系元素在离子液体中的性质。TRLFS数据表明，Eu(Ⅲ)和Cm(Ⅲ)存在两种物种：一个物种是第一配位圈中不含水$M^{Ⅲ}[C_4C_1im][Tf_2N]$(M=Eu，Cm)，另外一个是在第一配位圈中含有一个水分子。采用TRLFS和X射线吸收光谱技术，考察Eu(Ⅲ)，Am(Ⅲ)，Cm(Ⅲ)与叠氮酸根N_3^-的络合行为，检测在离子液体中Ln(Ⅲ)和An(Ⅲ)性质的不同和相似之处。研究表明，Eu(Ⅲ)与叠氮酸根N_3^-立刻形成混合的络合物，而Am(Ⅲ)和Cm(Ⅲ)与N_3^-的络合物形成较慢，几天之后形成了混合的$An^{Ⅲ}—ClO_4^-—N_3^-$络合物。这些现象是因为Eu(Ⅲ)和An(Ⅲ)的反应活性差异造成的，与对应的Ln(Ⅲ)络合物相比，An(Ⅲ)内轨型配合物中增加的5f轨道离域化，可以形成强的金属到配体的键。

5.5.2.2 其他锕系物种的电化学行为

锕系物种的电化学研究是比较有限的。采用玻碳工作电极测试了$[AnCl_6]^{2-}$(An=Np，Pu)在$[C_4C_1im][Tf_2N]$中的循环伏安图谱，结果显示$[AnCl_6]^{2-}$在这个离子液体中是电化学惰性的。但当有$[C_4C_1im]Cl$存在时，在$[C_4C_1im][Tf_2N]$中可以观察到An^{IV}/An^{III}的准可逆电化学还原和An^{IV}的氧化。以玻碳圆盘工作电极、铂金属网对电极和银丝准参比电极，采用循环伏安法研究了$[Th(Tf_2N)_4(HTf_2N)]\cdot 2H_2O$在$[N_{4441}][Tf_2N]$中的电化学行为。结果显示，Th(IV)通过一步还原被还原为Th(0)，这一还原的形式电位为-2.20V(相对于Fc/Fc^+；-1.80V vs SHE)。

5.5.2.3　从水溶液中萃取锕系物种进入离子液体相

开展离子液体从水溶液中萃取锕系物种的研究，检验采用离子液体替代传统有机溶剂在水溶液后处理和放射性废物处理中的应用的可能性。采用含有0.1mol/L的CMPO或者0.1 M的CMPO和1mol/L的TBP的$[C_4C_1im][PF_6]$从硝酸水溶液中萃取Am^{3+}，Pu^{4+}，Th^{4+}和UO_2^{2+}获得了较好的研究结果。分配比D为10~100，比相似的正十二烷萃取体系高出一个数量级。但为什么CMPO和CMPO/TBP在$[C_4C_1im][PF_6]$中可以提升萃取锕系物种的效果不得而知。采用含有二(2-乙基己基)磷酸(D_2EHPA)或者N，N'-二(2-乙基己基)二甘酰胺酸(HDEHGA)的$[C_8C_1im][Tf_2N]$从水溶液体系中萃取Eu(Ⅲ)和Am(Ⅲ)。在pH=3的水溶液体系中，HDEHDGA/$[C_8C_1im][Tf_2N]$对Eu(Ⅲ)和Am(Ⅲ)的萃取分配比分别为496和278；D_2EHPA/$[C_8C_1im][Tf_2N]$对Eu(Ⅲ)和Am(Ⅲ)的萃取分配比分别为637和318。这些数据明显优于0.1mol/L D_2EHPA-辛醇/正十二烷体系的分配比：Eu(Ⅲ)为216，Am(Ⅲ)为181。这些结果表明离子液体作为稀释剂，可以获得更好的镧锕分离效果。

在pH=8.5~10的水溶液体系中，采用功能特定离子液体(TFILs)萃取锕系物种，分配比D在10~30范围内，萃取的物种是Am(Ⅲ)/萃取剂=1：2的化合物，萃取是通过离子交换机理进行的。通过合成含有CMPO官能团的不同的咪唑基功能特定离子液体，采用固态载体如PAN和多壁碳纳米管在二氯甲烷或者乙醇中处理功能特定离子液体，再空气干燥，可以制备固相萃取剂。以制备的吸附剂萃取Eu(Ⅲ)，U(IV)，Pu(IV)和Am(Ⅲ)，结果表明采用含有功能特定离子液体的碳纳米管基吸附剂为活性剂，这些物种可以得到有效分离。

在咪唑阳离子的悬臂中引入二乙基膦酸官能团，所制备的功能特定离子液体$[Imp][Tf_2N]$[ImP=二乙基-2-(3-甲基咪唑鎓)乙基膦酸]，稀释在$[C_4C_1im][Tf_2N]$和$[C_8C_1im][Tf_2N]$中，用于从硝酸水溶液中萃取Pu(IV)，U(IV)和Am(Ⅲ)。结果表明，这个功能特定离子液体对Pu(IV)具有高度选择性萃取性能（表5-11）。所得到的对Pu(IV)的D值比U(IV)和Am(III)要高，导致不寻常高的Pu(IV)、U(IV)或者Am(III)的分配比。这一结果表明，采用适当设计的功能特定离子液体，从其他物种中高选择性分离锕系物种是可能的。

表5-11 含有[Imp][Tf₂N]的[C₄C₁im][Tf₂N]和[C₈C₁im][Tf₂N]从硝酸水溶液中萃取Pu(IV)，U(IV)和Am(III)的分配比值

[HNO₃]	D值									
	Pu(IV)		Am(III)				U(III)			
	[TSIL]/[C₄C₁im][Tf₂N]		[TSIL]/[C₄C₁im][Tf₂N]		[TSIL]/[C₈C₁im][Tf₂N]		[TSIL]/[C₄C₁im][Tf₂N]		[TSIL]/[C₈C₁im][Tf₂N]	
	0	0.4mol/L	0	0.4mol/L	0	0.4mol/L	0	0.4mol/L	0	0.4mol/L
1	0.004	159	2×10^{-4}	6×10^{-4}	3×10^{-5}	2×10^{-3}	5×10^{-4}	0.305	1×10^{-3}	0.080
3	0.412	17	2×10^{-4}	6×10^{-4}	1×10^{-4}		8×10^{-3}	0.145	0.019	0.044
5	6.62	8	2×10^{-4}	9×10^{-4}	4×10^{-4}	2×10^{-3}	7×10^{-2}	0.200	0.135	0.135

在有Ce(IV)存在时，以纯的[C₈C₁im][PF₆]为萃取相，从含有Th(IV)，Ln(III)(Ln=Ce，Gd，Yb)的硝酸水溶液中萃取Th(IV)和Ce(IV)。对于Ce(IV)，当硝酸浓度从1增加到3.6mol/L，Ce(IV)的分配比D从3增加到83；对于Th(IV)，当硝酸浓度为3mol/L，分配比大约为10；而对于Ln(III)，分配比几乎为0。可以推测，Ce(IV)是以阴离子物种的形式萃取的，如$[Ce(NO_3)_6]^{2-}$；对于Th(IV)和Ln(III)所表现出来的低的分配比D，可能是因为它们与硝酸根离子难以形成阴离子络合物。含有TBDA或MBDA萃取剂的[XMI][PF₆]（$X=n-C_mH_{2m+1}$，$m=4$，6，8）用于从硝酸水溶液中萃取Th(IV)，研究表明Th(IV)物种可能是以含有MBDA的阳离子络合物$[Th(MBDA)_2]^{4+}$的形式萃取进入离子液体中的。用含有TBDA的[C₄C₁im][PF₆]或[C₆C₁im][PF₆]萃取Th(IV)是通过阳离子交换机理进行的，即$[Th(TBDA)_2(NO_3)_n]^{(4-n)+}$（$n<4$)和$(4-n)$ [C₄C₁im]⁺或者$(4-n)$ [C₆C₁im]⁺之间进行的交换。用含有TBDA的[C₈C₁im][PF₆]萃取Th(IV)，当水溶液中硝酸根离子浓度增加，发现其中所涉及的交换机理从阳离子交换机理变为一个包含中性物种萃取$[Th(TBDA)_2(NO_3)_4]$的机理。

5.5.3 结论

铀在离子液体中的配位行为似乎与在常规溶剂中的差别不大。在一个给定的体系中，当存在过量的氯离子，不管是什么类型的离子液体，氯铝酸盐或者非氯铝酸盐体系都形成$[UO_2Cl_4]^{2-}$。相反，在酸性(氯离子少)氯铝酸熔盐中，UO_2^{2+}先是去除轴向位置的氧原子，然后"自还原(*autoreduction*)"为铀(V)。虽然硝酸根配位似乎比氯离子更复杂，$[UO_2(NO_3)_m]^{2-m}$的分步络合是广为接受的。与其他无机和有机配体的相互作用同样或多或少显示与常规溶剂类似的变化趋势。

许多离子液体中锕系元素的电化学研究关注铀(VI)物种，考察采用电沉积的方法将铀以氧化物的形式回收。基于这些研究，可以推测铀(VI)物种在离子液体中的还原反应强烈受离子液体的阴离子组分在铀酰片段的赤道平面配位的影响；铀酰物种的赤道位置被同样的阴离子物种配位，准可逆地还原为相应的铀(V)；否则铀酰物种不可逆地还原为铀(IV)。所以，很难在前者的电极表面还原氧化物形式的铀，而在后一体系中，还原UO_2形式的铀是可能的。

有关以含有TBP的离子液体从水溶液中萃取铀(VI)的研究较多，在一些情况下，所取得的分配比D与此前采用正十二烷作为稀释剂的数据相当或更好。取决于离子液体的相对疏水性和所采用硝酸溶液介质的浓度，萃取反应可以经由中性分配，与正十二烷的相当，为阳离子或者阴离子机理。采用含有TBP替代萃取剂的离子液体被证明是非常有前景的，因为它们的分配比很高。类似的工作也可以应用于其他锕系元素(如Am^{3+}，Pu^{4+}，Th^{4+})的萃取中，许多情况下所取得的分配比D数值明显优于正十二烷体系。有关功能特定的离子液体的初步研究也已经展开，并且已经显示出很好的作为锕系物种萃取替代体系的前景。

根据以上发现，可以对未来需要做或者需要加强的工作进行推测。当前定量的信息积累得还不够，比如，有许多氯离子与铀酰离子配位的文章，而有关$[UO_2Cl_n]^{2-n}$($n=1\sim4$)分步配位平衡的实验性工作和有关的稳定常数却没有。在电化学方面，应收集有关不同反应的氧化还原电势的数据，建立一个类似于当前高温熔盐中的高温处理体系的后处理体系。探索萃取剂和离子液体的最优组合，达到最佳的放射性核素的分离效果。所有这些可以归属于锕系元素在离子液体中的热力学和动力学。所以，积累这方面的知识，包括机理方面的信息，对于定量地从其他常规溶剂中区分离子液体是非常重要的。这将大大地促进离子液体在核化工工程领域的应用。众所周知，热力学和动力学方面都取决于特定介质中的离子强度。由于离子液体只包含离子，溶于这种溶剂中的物种将会经历非常强的离子氛围。

参考文献

[1] Koichiro Takao, Thomas James Bell, Yasuhisa Ikeda. Actinide Chemistry in Ionic Liquids [J]. Inorg. Chem., 2013, 52:3459-3472.

[2] Qu Feng, Zhu Qian qian, Liu Chun li. Crystallization in Ionic Liquids: Synthesis, Properties, and Polymorphs of Uranyl Salts [J]. Cryst. Growth Des.,2014, 14:6421-6432.

[3] Damla Yaprak, Eike T. Spielberg, Tobias Bäcker, et al. A Roadmap to Uranium Ionic Liquids: Anti-Crystal Engineering [J]. Chem. Eur. J.,2014, 20:6482-6493.

[4] Antonia E Bradley, Justine E Hatter, Mark Nieuwenhuyzen, et al. Precipitation of a Dioxouranium(VI) Species from a Room Temperature Ionic Liquid Medium [J]. Inorg. Chem.,2002, 41:1692-1694.

[5] Antonia E Bradley, Christopher Hardacre, Mark Nieuwenhuyzen, et al. A Structural and Electrochemical Investigation of 1-Alkyl-3-methylimidazolium Salts of the Nitratodioxouranate(VI) Anions. $[\{UO_2(NO_3)_2\}_2(\mu_4-C_2O_4)]^{2-}$, $[UO_2(NO_3)_3]^-$, and $[UO_2(NO_3)_4]^{2-}$ [J].Inorg. Chem.,2004, 43:2503-2514.

[6] Volodymyr Smetana, Steven P Kelley, Hatem M Titi, et al. Synthesis of Anhydrous Acetates for the Components of Nuclear Fuel Recycling in Dialkylimidazolium Acetate Ionic Liquids [J]. Inorg. Chem.,2020, 59:818-828.

［7］Kotoe Sasaki，Tomoya Suzuki，Tsuyoshi Arai，et al. Uranyl Species in 1-Ethyl-3-methylimidazolium Nitrate([EMI][NO$_3$]) Solution of [EMI]$_2$[UO$_2$(NO$_3$)$_4$]: First Spectrophotometric Evidence for Existence of [UO$_2$(NO$_3$)$_4$]$^{2-}$ ［J］. Chem. Lett.,2014，43:670-672.

［8］Clare E Rowland，Mercouri G Kanatzidis，L. Soderholm. Tetraalkylammonium Uranyl Isothiocyanates ［J］. Inorg. Chem.,2012，51:11798-11804.

［9］Violina Cocalia，Marcin Smiglak，Steven P Kelley，et al. Crystallization of Uranyl Salts from Dialkylimidazolium Ionic Liquids or Their Precursors ［J］. Eur. J. Inorg. Chem.,2010:2760-2767.

第6章　含金属离子液体的发展趋势

自1914年报道的硝酸乙基胺算起，离子液体已经经历了100余年的发展。最初用于电镀的第一代室温离子液体（1948年，三氯化铝和卤化乙基吡啶）可以看作是最早的含金属离子液体。经过几十年的发展，含金属离子液体的研究早已不再局限于Al、Ga、In这些第ⅢA元素，而是扩展到元素周期表中多数的金属元素。从最初的电镀，已经逐渐发展成为催化剂、发光材料、磁性材料、气体吸附/分离材料、抗菌剂等。含金属离子液体的制备方法已经建立，并且逐渐完善；晶体结构的类型更加丰富；表征方法和手段更加齐全；而应用研究领域更加广阔，可以说含金属离子液体已经渗透到合成化学、催化、材料化学、分析化学、放射化学等化学和材料科学的各个分支，有理由相信不久的将来含金属离子液体的研究将取得更大的进展。

本章就近些年来含金属离子液体的一些新应用和发展趋势做一简单概述。

6.1　离子液晶

液晶被认为是"物质的第四态"，它们的性质介于晶体固体和液体之间。液晶可以像液体一样流动，但是它们是各向异性化合物。液晶的折射指数、介电常数、磁化率和机械性质取决于测试的方向。虽然也有一些例外，但典型的液晶通常具有棒状或者盘状的形状。许多液晶是中性有机化合物，在有机金属液晶中，金属被引入液晶化合物中。同样，矿物或者无机化合物能够形成液晶相。形成液晶相的驱动力是不等轴分子（偶极—偶极相互作用、范德瓦耳斯力、$\pi...\pi$堆积等）之间的相互作用。离子液晶是一类含有阴离子和阳离子的液态晶体化合物。离子特征意味着一些离子液晶的性质显著地不同于传统液晶。离子液晶的典型特征是离子传导。离子相互作用倾向于稳定介晶相，但是离子液晶同样显示一些不寻常的介晶相，如向列相。

离子液晶可以认为是结合了液晶和离子液体性能的一类材料。目前在世界范围内仍然是一个广泛的研究领域。探索离子液体的主要驱动力是这些化合物有非常小的蒸汽压，所以它们是有机反应中取代传统挥发性的有机溶剂的替代物。因为离子液体的一些性质（能够与水和其他溶剂混溶、溶解能力、极性、黏度、密度等）可以通过选择合适的阴离子和阳离子加以调节。这些离子液体同样可以在两相催化反应中用于液相中固定过渡金属催化剂。其他的应用包括萃取过程中的溶剂和电池电解质，燃料电池和燃料敏化太阳能电池。

6.1.1　介晶相的种类

离子液晶能够展示丰富多样的介晶相。这里简单介绍一下热致型离子液晶，目的是在液晶和离子液体之间建立一个桥梁。向列相(N)是棒状分子所展示的有序性最差的介晶相。这一相可以认为是一维有序弹性流体，分子定性有序，但是缺乏长程位置有序。在向列相中，棒状分子倾向于相互平行排列，大体上它们的长分子轴与优先选择的方向平行。这种优先选择的方向称为相的"负责人（director）"。棒状分子能够自由围绕长分子轴旋转，但围绕短的分子轴也能旋转一定角度。在近晶相中观察到短程近晶相并不足为奇。对于离子液晶，只有在很少数的情况下发现存在近晶相，虽然这一晶相在中性介晶有机化合物中是无所不在的。

在近晶相中，介晶分子位于层中。近晶A相（SmA）是有序性最差的近晶相。近晶A相中的分子在层内排列，大体上它们的长分子轴与层平面是垂直的。或者，换句话说，长分子轴大体上与层平面的法线平行。如果一个化合物显示近晶多相，也就是如果加热化合物，可以观察到不止一个近晶相。分子在每一层内随机排列，具有相当的自由度，可以围绕它们的长轴旋转，甚至可以在近晶层内进行平移。近晶层是不明确的，它们是比较柔性的，经常显示弯曲的排列。虽然分子大体上与层平面垂直，局部的偏离这种垂直排列是可能发生的。近晶A相的修饰形式是近晶A_2相（SmA_2），这是一种双层近晶A相。在这种相中，分子处于重复的双层单元中。近晶A相是光学单轴的，经常在交叉偏振光镜间显示垂直织构。在这种情况下，近晶平面与显微镜玻片平行，光轴与之垂直。垂直织构在交叉偏振光镜间显示为黑场。通过用针压盖玻片，这种排列会被破坏，可以看到光双折射现象。离子液晶的近晶A相有强烈的垂直排列的倾向。所以对于离子液晶的近晶A相通常很难获得好的光学织构。近晶A相是离子液晶最常见的相。

近晶C相（SmC）与近晶A相非常相似，但是区别在于它的分子不是与层平面垂直，而是倾斜。倾斜的角度是长分子轴与层平面法线之间的角度。与近晶A相相比，近晶C相在离子液晶中是比较少见的介晶相。

有序的近晶相显示出分子的长程键取向有序性，但在近晶相层内为短程位置有序。在近晶B相（SmB）中，存在6-重键取向有序性，意味着晶胞取向在层中得到了保留，但在一些分子间距离内平移有序性消失了。

一些高度有序的近晶相不再看作是真正的液晶相，而是作为各向异性软晶体或者各向异性塑料晶体。这些相应该称作晶体相，它们以字母编码，指示它们作为近晶相的历史分类，而没有它们的近晶编码字母Sm。这方面的例子有晶体B相(B)，晶体E相(E)和晶体G相(G)。这些相以前分别称为近晶B、近晶E和近晶G相。旧的系统命名法在有些场合仍然在使用。晶体B相不应与近晶B相(六角B相)混合。其中后者是真正的液晶相。软的晶相在三个维度有真正的长程位置有序性。晶体G相是近晶F相的三维有序的版本。在晶体E相中，分子具有"鲱鱼鱼骨"或者"人字形"堆积方式。相具有正交晶胞。分子围绕它们长分子轴的旋转受到了阻碍。

立方相是具有立方对称性的介晶相。由于它们的高对称性，它们的物理性质不再是各向异性的。偏光显微镜也观察不到缺陷织构，交叉偏振光镜间的视场仍为黑色。立方介晶相是非常黏稠的，它们的形成动力学是非常缓慢的。虽然对于溶致型液晶立方介晶相是非常常见的，任何相对之间形成立方相是有可能的，在热致型液晶中，只有相对较少的立方介晶相的例子。在热致型棒状液晶中，虽然它也可以形成为各向同性液体之下的第一相，但立方相常发现于近晶C相之上和近晶A相或者向列相之下。而当立方介晶相存在于两个各向异性介晶相之间，能够相对容易地检测到，但如果是各向同性液体在降温过程中形成立方相，很难观察到它的形成。在这种情况下，可以发现熔体中气泡的变形以及液体黏度的急剧增加。仅通过对齐的单畴样品的X射线研究就可以确定立方相的对称性是可能的。以前，由含有侧面硝基或者氰基取代基团的联苯羧酸形成的立方介晶相是熟知的近晶D相。

碟型分子同样可以形成向列相：碟型向列相(N_D)。与棒状分子的向列相相比，只有很少的已知棒状分子向列相的例子存在。在这一相中，分子的短轴大体上与优先的方向平行。在柱状向列相(Ncol)，短的柱子以向列相的方式排列。这一相同样称为向列柱相。碟型分子的一个更加常见的组织方式是柱状相。在柱状相中，碟型分子一个个地堆积起来形成柱子。柱子自身可以排布成不同的二维晶胞。在六角柱状相(Col_h)中，分子堆积成柱子，然后进一步排列成六角晶胞。其他类型的柱状相有矩形柱状相(Col_r)和斜角柱状相(Col_o)。在一些类型的柱状相中，柱子内的分子有序性是周期性的(无序柱状相)，而在其他情况中，柱子内存在有序的、规则的堆积(有序的柱状相)。在旧的文献中，柱状相常标记为"D"(来自于discotic)，而不是"Col"。这是令人困惑的，因为介晶相应当基于对称性而不是基于所含分子的形状进行分类。通过偏光显微镜，可能会很难识别一个柱状介晶相的对称性。高温X射线衍射对于介晶相的识别是非常有必要的。

6.1.1.1 铵盐

铵盐是众所周知的阳离子表面活性剂，这些两性的分子在水溶液中聚集成胶束，高浓度时形成溶致型介晶相。这类化合物的一个典型的例子是溴化十六烷基三甲基铵(CTAB)。一些表面活性剂，但并不是所有都能够同样形成热致型介晶相。氯化正烷基铵$[C_nH_{2n+1}NH_3][Cl]$，是最简单类型的液晶铵盐。这些化合物可以以无水的形式制备，通过往正烷基胺的干燥三氯甲烷溶液中鼓泡干燥的氯化氢气体，紧接着用三氯甲烷重结晶和真空干燥。已经研究了含有C_6H_{13}和$C_{18}H_{37}$烷基链之间的化合物。短链化合物是稍微吸湿的，但长链化合物不会。这些化合物显示分步的熔化行为，加热之后，固体化合物首先转化为烷基链构象无序的塑料相，然后转化为近晶相。近晶相被认为是结构上与无水的脂肪酸纯相相似(近晶A相)。继续加热导致透明、光学各向同性液体的形成，其中一些区域仍然存在分子的近晶有序性，可以通过X射线衍射进行检测。研究发现，冷却介晶相导致烷基链部分无序的固体的形成。

6.1.1.2　季鏻盐

季鏻盐在许多方面与对应的季铵盐是可比的，虽然存在一些细微的差异。但是季鏻盐的介晶行为相对于季铵盐研究的相对较少。这可能是由于三烷基膦起始原料比较少，使得季鏻盐的合成相对于季铵盐的合成相对较难。Kanazawa等研究了氯化二烷基鏻的热行为，长的烷基链为$C_{10}H_{21}$、$C_{14}H_{29}$和$C_{18}H_{37}$。所有的热致液晶性季鏻盐显示近晶A相。季鏻基离子液晶的介晶相范围比相应的季铵型的宽，清亮点温度较高。而且季鏻基离子液晶的稳定性更高。玻璃态的二甲基二烷基氯化鏻和二甲基二烷基氯化铵的非线性光学研究表明季鏻盐有倍频效应，而季铵盐没有。这些结果表明，介晶相的季鏻盐自组装成离子结构非心对称性的宏观排列。近晶相层的自发取代引起自发的极化。季铵和季鏻盐的行为差异可以归因于磷3d轨道可以参与成键，而N不可以。

6.1.1.3　咪唑鎓盐

不同类型的取代咪唑通过季铵化能够形成离子液体和离子液晶，但目前为止多数咪唑盐的热行为研究限制于1–烷基–3–甲基咪唑鎓盐。随着烷基链长度的增加，熔点显示出降低的趋势，当烷基链中碳原子数为8时，达到最低。进一步增加烷基链的长度，熔点再次升高。随着烷基链长度的增加，范德瓦耳斯力同样增加，当碳原子数为12时，烷基链之间的范德瓦耳斯力能够促进疏水性的烷基链与分子中带电荷部分的微相分离。这导致了层状介晶相的形成。1-烷基-3-甲基咪唑盐的烷基链介于C_4H_9和$C_{10}H_{21}$之间时，比短的或者更长烷基链的有强烈的过冷倾向形成玻璃态。事实上，通常很难让含有中等长度烷基链的咪唑鎓盐结晶析出。尤其是对于室温下为液态的咪唑鎓盐。由于烷基链的分支使得化合物的晶态堆积更加高效，烷基链的分支会导致高的熔点。比如，对于六氟合磷酸-1-丁基-3-甲基咪唑鎓盐的不同异构体，对于正丁基链的化合物熔点为6.4℃，仲丁基和叔丁基链的熔点分别为83.3℃和159.7℃。而且发现，随着烷基链分支程度的增加，熔化焓增加。离子液晶的熔点强烈取决于阴离子的选择。含有氟化阴离子的咪唑鎓盐倾向于比未氟化的阴离子化合物具有更低的熔点。对称性取代的1，3-二烷基咪唑鎓盐的熔点比非对称性的1-烷基-3-甲基咪唑鎓盐的高。咪唑环2号位置的氢为甲基取代或者更长的烷基链将导致其具有更高的熔点。量化计算可以更加准确地预测咪唑鎓盐或者其他离子液体的熔点。

1996年，Seddon等最早报道了具有长烷基链的咪唑鎓盐存在介晶相。它们考察了以氯离子、四氯合钴酸和四氯合镍酸为平衡离子的1-烷基-3-甲基咪唑鎓盐。对于烷基链中碳原子数少于12的离子液体，观察不到介晶相。含有$C_{12}H_{25}$、$C_{14}H_{29}$、$C_{16}H_{33}$和$C_{18}H_{37}$链的化合物显示近晶A相，而且热稳定性很好。四氯合金属酸盐的介晶相温度范围随着烷基链长度的增加而增加。这些液晶溶剂有望用于化学反应，因为溶剂的有序本质可能会具有催化的作用。当烷基链为$C_{14}H_{29}$、$C_{16}H_{33}$或者$C_{18}H_{37}$时，四氯合钯(II)酸-1-烷基-3-甲基咪唑鎓盐具有热致液晶相。液晶相确定为完全相互交叉的近晶A相。对于含有$C_{10}H_{21}$或者$C_{12}H_{25}$烷基链的化合物，存在固态多晶现象，但是不存在介晶相。

6.1.1.4　吡啶鎓盐

吡啶鎓盐热致型液晶最早于1938年由Knight和Shaw等报道。他们在含有$C_{12}H_{25}$、$C_{14}H_{29}$、$C_{16}H_{33}$、$C_{18}H_{37}$烷基链的氯化和碘化N-正烷基吡啶鎓盐中发现了介晶相。介晶相的温度区间按照Cl> Br >I的顺序降低。这些化合物的清亮点受阴离子的影响比熔点大。介晶稳定性范围随着烷基链长度的增加而增加，介晶相的类型有可能为近晶A型。

在过去几年里，含有镧系金属的液晶(LC)相已经吸引了越来越多的更多的研究者关注，尤其是考虑到它们潜在的光和/或电荧光性质。此外，镧系离子大的磁各向异性液晶相可以进行磁而不是电转换。三价镧系离子的荧光强，发射带窄、色度纯，显得十分适用于新颖液晶显示材料的发展。在镧系中，铕是尤其有趣的，因为它的三价和二价都是有荧光的。所以，可以想象如果底物能够同时稳定铕的两个氧化态，并且允许在它们之间进行电转换，那么应该能够找到可以进行从红色Eu^{III}到蓝色Eu^{II}荧光转换的(反过来亦是如此)液晶材料。大环受体是很好的候选，但适当的介晶受体的合成是非常复杂的，所得到的络合物也并不总是显示预期的介晶相。

氯化-1-十二烷基-3-甲基咪唑鎓盐$[C_{12}C_1im]Cl$，能够在-2.8~104.4℃之间展示近晶A相。为了验证是否可以从介晶性的室温离子液体制备发光液晶材料，Jean-Claude G. Bünzli等把三价铕盐EuY_3(Y=Cl，NO_3，ClO_4，CF_3SO_3)引入室温离子液体($[C_nC_1im]X$(X=Cl，NO_3；n=12~18))中，成功制备了荧光液晶化合物。为了简便用一个字母加一个数字进行标记，其中C代表氯，N代表硝酸，P代表高氯酸，T代表三氟甲酸；数字代表铕盐摩尔含量。如C5，代表含有5%(摩尔分数)的$EuCl_3$。

含铕$[C_{12}C_1im]Cl$溶液的制备。在氮气保护下，将铕盐加入熔融的离子液体中，在150℃，真空13.33Pa条件下除去水。以含有5%(摩尔分数)$EuCl_3$的$[C_{12}C_1im]$Cl溶液为例：在氮气保护下，将$[C_{12}C_1im]Cl·H_2O$(290 mg，0.95mmol)加入Schlenk管中，加热到120℃，直至全部熔化；加入$EuCl_3·5H_2O$(17.4 mg，0.05mmol)，在真空条件下(13.33Pa)，加热，剧烈搅拌，直至没有水。采用热重分析检测残留的水少于0.5%(质量分数)。冷却，材料固化为黏稠的、浅黄色液晶材料。

$[C_{12}C_1im]Cl·H_2O$的晶体学参数：三斜晶系，P-1空间群，a=5.345(6)Å，b=7.722(8)Å，c=22.828(17)Å，α=84.24(8)°，β=84.18(8)°，γ=78.44(10)°，Z=2，观测到4536个衍射点，其中2281个用于精修，R_f=0.1609。$[C_{12}C_1im]Cl·H_2O$结晶于三斜P-1空间群。所有的键长、键角均处于标准的合理范围之内，

从咪唑甲基(C4)到烷基链端甲基(C16)的长度为18.673Å。每个氯离子被两个水分子包围，每个水分子与相邻的两个阴离子作用，产生一个沿着a轴方向的一维无限链（图6-1）。仔细观察可以发现，氯离子与CH和CH₃基团，形成一些弱的相互作用，长度为2.56~2.88Å。此外，水分子还参与形成C—H...O相互作用。事实上，这些相互作用以及烷基链的相互交错，在结构中产生了交错的亲脂性(非极性的)和亲水性(极性的)区域。镜面间的距离等于晶胞a参数5.345(6)Å，链与链之间的距离为b轴长的一半，$b/2$=3.861(8)Å。两个连续的环之间(N2到N2)的距离为4.1Å。晶体和液晶态 $[C_{12}C_1im]Cl$的 SAXS测试揭示晶面距分别为22.5 Å和31.7Å。

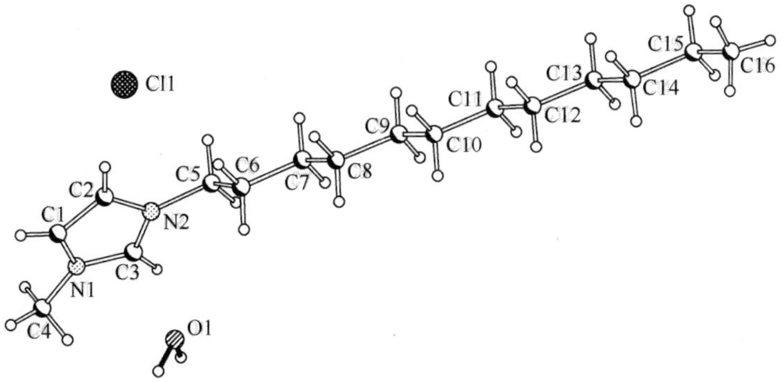

图6-1　$[C_{12}C_1im]Cl·H_2O$的晶体结构图

6.1.2　介晶性质

硝酸根离子的配位能力比氯离子的配位能力强，在极性和非极性溶剂中能够加强铕(Ⅲ)的荧光性质。$[C_nC_1im]NO_3(n=12，14，16，18)$的介晶行为参数列于表6-1中。$n=14，16，18$的三个盐在高于室温温度(47~64℃)下显示离子液晶相。介晶相的窗口是比较大的，从$n=14$的80℃增加到$n=16$和18的150℃。这一行为与氯盐的相转变类似，它的Cr—SmA相转变，从−2.8℃($n=12$)增加到53.2℃($n=18$)。虽然硝酸盐的介晶性质本质上是比较有趣的，但它们不是室温离子液晶相。

表6-1 DSC测试所得到的$[C_nC_1im]NO_3$的相转变温度($\pm 0.5℃$)和焓($\pm 5\%$)

n	转变	加热		冷却	
		$T/℃$	$\Delta H/(kJ \cdot mol^{-1})$	$T/℃$	$\Delta H/(kJ \cdot mol^{-1})$
12	Cr–I	39.5	25.1	18.3	−23.0
14	Cr–LC	47.4	29.2	35.9	−24.2
	LC–I	126.6	0.05	129.0	−0.05
16	Cr–LC	52.5	31.8	40.6	−25.5
	LC–I	182.7	0.8	184.2	−0.8
18	Cr–LC	64.0	33.4	53.9	−27.7
	LC–I	213.4	1.0	216.0	−0.9

表6-2 掺有10%(摩尔分数)EuX_3的$[C_nC_1im]Cl$溶液的相转变温度($\pm 0.5℃$)

X^-	Cr–LC	LC–I	I–LC	LC–Cr
no Eu(Ⅲ)	−7.8	96.5	99.2	−5.6
Cl^-	−8.4	113.4	114.8	−7.4
NO_3^-	−9.0	95.0	101.0	−19.3
ClO_4^-	−8.2	85.0	91.1	−17.9
		93.3	95.8	
$CF_3SO_3^-$	−8.9	75.0	81.4	−14.9
		99.5	90.0	

　　向$[C_{12}C_1im]Cl$中掺杂5%(C5)，10%(C10)，15%(C15)和20(C20)%（摩尔分数，下同）的氯化铕，所得化合物用DSC测试，结果列于（表6-2）中。DSC曲线形状与10%掺杂的非常相似。Cr—LC相转变温度稍微降低，而LC—I相转变温度升高了大概20℃。结果，介晶相区间变大了。当掺杂浓度大于10%，DSC曲线发生较大变化，尤其是转变焓。零摄氏度附近的主要特征消失，但低浓度样品的清亮点温度变化不大。其他铕盐，如硝酸、高氯酸和三氟甲酸掺杂的样品的DSC曲线与氯盐的相似，受掺杂浓度影响。当掺杂浓度为10%时，硝酸盐的加入对$[C_{12}C_1im]Cl$的热行为影响不大；降温时它只是增加了液晶相的介稳性区间。对于高氯酸盐和三氟甲磺酸盐同样如此，但可以发现存在两个区别：一

是，ClO$_4^-$和CF$_3$SO$_3^-$的LC—LC相转变分别发生在5℃和25℃；二是，相对于纯的[C$_{12}$C$_1$im]Cl样品，介晶窗口变窄了。采用偏光显微镜考察了这些含有介晶相的本质。[C$_{12}$C$_1$im]Cl和C10、P10的POM图像非常相似，所以这些材料的液晶相很有可能与[C$_{12}$C$_1$im]Cl一样是近晶A相。可以采用小角X射线散射进行进一步的表征。

纯的[C$_{12}$C$_1$im]Cl的光学性质。不同浓度[C$_{12}$C$_1$im]Cl的二氯甲烷溶液的紫外—可见吸收光谱上，有两个吸收带，一个最强峰位于224nm，ε=1800L/(mol·cm)，另外一个位于280nm，稍微弱一些而且宽一些。后者的摩尔吸收系数取决于浓度，在0.1mol/L时的5L/(mol·cm)到0.1mol/L时的35L/(mol·cm)之间变化。这表明，溶液中形成了新的物种，发生了分子间相互作用。

二氯甲烷溶液的激发光谱证实了这一观点，在274nm和344nm处，出现了新的峰，随着浓度的增加而增强。在410nm处有一发射峰，随着浓度的增加，这一宽的荧光峰稍微位移到400nm。

纯的[C$_{12}$C$_1$im]Cl的激发和发射光谱与1mol/L溶液的光谱类似，除了344nm处的肩峰强度变强。这一发射峰随着时间的延长而消失，所以它可以归于来自单线态。当冷却[C$_{12}$C$_1$im]Cl样品到77K，在510nm处检测到了一个新的发射峰，归属于$^3\pi\pi^*$态的发射。时间分辨荧光显示这一发射的强度衰减不能用单指数拟合。起先强度衰减相对较快，但之后变慢，似乎激发态发生了再分配(可能是通过再吸收和/或激发子的形成)。EuCl$_3$掺杂的材料在612nm处同样显示来自于长寿命的室温离子液体的残余发射，即使是室温。同样，衰减是符合单指数的，但是寿命可以估计大概为100ms。为此，通过扣除[C$_{12}$C$_1$im]Cl的残余荧光，对含铕材料的荧光衰减进行了校正。通过这样的方式，得到了完美的指数衰减曲线。

含铕液晶相的光学性质。在C5和N5的二氯甲烷溶液的吸收光谱上，280nm处的峰在加入铕盐之后显得增强了，尤其是氯盐。此外，C5的光谱在295nm处显示了第三个吸收峰，摩尔吸收系数为280L/(mol·cm)。值得注意的是，当向含有5% EuCl$_3$的二氯甲烷溶液中加入四丁基氯化铵（TBACl），同样可以观察到这个峰。故这个峰可以归属于氯到Eu^{III}的电荷跃迁态，与形成多氯物种一致。类似的激发态也存在于含有TBAI的$EuCl_3$的$[C_4C_1im][Tf_2N]$溶液中，出现在31200cm^{-1}，和含$[N_{2222}]Cl$的$[EuCl_6]^{3-}$的乙腈溶液中，出现在33200$cm^{-1}[\varepsilon=400$ L/(mol·cm)]。

C5和N5的激发光谱在274nm和335nm处显示两个来自于室温离子液体的宽的峰，指向从离子液体到Eu^{III}离子的能量传递。另外，在361nm($^5D_4\leftarrow ^7F_0$)，375nm($^5G_J\leftarrow ^7F_{0/1}$)，380nm($^5L_7$，$^5G_J$，$\leftarrow ^7F_{0/1}$)，393nm($^5L_6\leftarrow ^7F_0$)，400nm($^5L_6\leftarrow ^7F_1$)，415nm($^5D_3\leftarrow ^7F_0$)，464nm($^5D_2\leftarrow ^7F_0$)，525nm($^5D_1\leftarrow ^7F_0$)和534nm($^5D_1\leftarrow ^7F_1$)处可以识别到一些独立的和弱的f—f跃迁。对于含有硝酸铕的材料，这些f—f激发峰的强度，最强的激发波长位于393nm。P5和T5样品的激发光谱显示与C5类似的特征，即室温离子液体的两个宽峰和弱的f—f跃迁，后者比C5弱大概10%~15%。

当激发离子液体能量最强的激发波长，发射光谱仍然显示来自$[C_{12}C_1im]$Cl的发射峰。然而，它的强度明显低于纯的$[C_{12}C_1im]$Cl，比如C5要低15倍左右。这明显证实了从室温离子液体到金属离子的能量传递。此外，所有的掺杂的样品均显示典型的金属中心的$^5D_0\rightarrow ^7F_J$发射峰，分别位于580nm，591nm，611nm，661nm和702nm，对应于$J=0$，1，2，3和4。

对于C5，高度灵敏的$^5D_0\rightarrow ^7F_2$与磁偶极跃迁$^5D_0\rightarrow ^7F_1$的强度比明显大于1，排除了存在八面体六氯物种的可能性。P5和T5的发射光谱呈现出相同的特征和强度比，所以可以推论当氯化、高氯酸或者三氟甲磺酸铕引入$[C_{12}C_1im]$Cl中后，所得到的溶剂化物种非常相似。事实上，三氟甲磺酸和高氯酸是已知的不稳定的，而且弱配位的阴离子，当有过量氯离子存在时，来自于室温离子液体中，形成与C5类似的多氯环境。

$EuCl_3$在介晶相$[C_{12}C_1im]$Cl中发射光谱的形状随着浓度的增加，保持相似，而高灵敏跃迁的强度线性增加到25%。对于更高浓度，强度开始再次下降，可能是由于内滤效应。考虑到上面所讨论的热性质，接下来的研究限制于浓度低于10%，典型的是5%。

样品N5展示出与C5、P5和T5非常不同的荧光光谱，尤其是$^5D_0\rightarrow ^7F_2$跃迁的形状和强度。所以，溶液中应该存在不同的溶剂化物种，这是因为硝酸是强的供体，能够与氯离子强烈竞争内配位圈键合。

通过选择性激发393nm处Eu^{III}的$^5L_6 \leftarrow {}^7F_0$跃迁，所有校正的荧光衰减，结果是单指数方程，相应的荧光寿命证实了C5、P5和T5中两个不同溶剂化物种的存在，而N5则不同。样品N5和P5具有相同的长荧光寿命(2.8 ms)，典型的有水分子存在的金属离子环境。T5的荧光寿命有些短，而高灵敏跃迁的强度相对于$^5D_0 \rightarrow {}^7F_1$是大的，这可以反映出三氟甲磺酸阴离子之间的相互作用，相对于高氯酸配位能力要强一些。另外，N5的荧光寿命比较短，与已报道的无水硝酸铕的乙腈溶液的接近(1.35 ms)，与Eu^{III}和硝酸根之间的强相互作用一致。当激发室温离子液体(如335nm)，可以得到类似的荧光寿命，但在这种情况下，根据强度特征可以估算含铕材料的$^5D_0$能级的分布时间大概为50μs。这是室温离子液体敏化Eu^{III}荧光的确定证据。

最后，为了更好地量化这些材料的荧光潜力，利用以下公式从实验所测寿命τ_{obs}和辐射寿命τ_R，估算了铕金属中心发射的量子产率Q_{Eu}：

$$Q_{Eu} = \frac{\tau_{obs}}{\tau_R} = \tau_{obs} \cdot A_{MD,0} \cdot n^3 \cdot \left(1 - \frac{I_{tot}}{I_{MD,0}}\right)$$

式中：$A_{MD,0}=14.65s^{-1}$为自发发射可能性常数；n为折射指数；I_{tot}为发射光谱的总面积（$^5D_0 \rightarrow {}^7F_J$，$J=0\sim6$）；$I_{MD,0}$为$^5D_0 \rightarrow {}^7F_1$峰面积。

对于特殊Eu^{III}，磁偶极$^5D_0 \rightarrow {}^7F_1$跃迁有恒定的偶极强度，不管金属离子的化学环境和从上面的公式所计算得到的辐射寿命。

内在量子产率是非常相似且很高的，激发室温离子液体能级所观察到的不同的发射性质，是由于光吸收和能量传输效率差异所引起的。

C5和N5的高分辨荧光研究。在没有X射线结构数据的情况下，可以采用高分辨荧光研究获得更多有关内配位圈的组成和结构方面的信息，揭示体系中是否存在处于平衡态的几个不同的物种。

室温下监测$^5D_0 \rightarrow {}^7F_2$跃迁，所记录的C5的$^5D_0 \leftarrow {}^7F_{0/1}$跃迁区间的激发光谱在17244cm^{-1}附近，显示弱而且窄的对称的电子0—光子$^5D_0 \leftarrow {}^7F_0$跃迁，而$^5D_0 \leftarrow {}^7F_1$跃迁出现在16885cm^{-1}。0—0跃迁在高能(斯托克斯)和低能(反斯托克斯)

区伴随着两个振动肩峰，能量差异为120cm⁻¹和198cm⁻¹。在77K反斯托克斯组分的消失和红外区113cm⁻¹和189cm⁻¹的两个振动跃迁峰的出现表明了这些振动跃迁的明确归属。而且，激发任意一个振动能级，可以得到与激发0—0跃迁相同的发射光谱。单峰$^5D_0 \leftarrow ^7F_0$跃迁表明液晶相中只存在一个化学环境的Eu^{III}离子。

室温条件下，C5的高分辨发射光谱似乎表明了该物种的高对称性，因为$^5D_0 \rightarrow ^7F_1$跃迁只有一个组分，原则上表明是二十面体或者立方对称性。另外，$^5D_0 \rightarrow ^7F_2$跃迁显示了与这一解释相矛盾的特征，如果是这种对称性，这个峰应该不出现或者是只有一个组分(T或者T_d对称性)。而实际情况是，到$^7F_2$的跃迁含有好几个振动组分(839cm⁻¹和1172cm⁻¹)。这种明显的矛盾可以用10K的低温光谱加以解决：$^5D_0 \rightarrow ^7F_1$电子跃迁，这时分裂成了三个等空间的组分，对应于57cm⁻¹总晶体场效应，次能级位于346cm⁻¹，378cm⁻¹和403cm⁻¹。839cm⁻¹和1172cm⁻¹处到$^7F_2$的跃迁峰消失，证实了它们的振动起源，而且这一跃迁的总的晶体场分裂达到247cm⁻¹(次能级位于888cm⁻¹，913cm⁻¹，990cm⁻¹，1077cm⁻¹，1108cm⁻¹和1135cm⁻¹)。作为对比，八面体钾冰晶石的T_{1g}次能级位于352cm⁻¹，$^7F_2$的振动E_g和T_{2g}次能级分别出现在869cm⁻¹和1082cm⁻¹。总之，这种高分辨研究表明该液晶相只含有一个多氯物种，考虑到微弱的晶体场效应。$I(^7F_2)/I(^7F_1) \gg 1$，表明金属中心的配位几何构型缺乏反对称中心。

N5的激发光谱与C5的非常相似，室温时，0—0跃迁只有一个对称性的峰，出现在17250cm⁻¹处，再次表明液晶相中只存在一个含铕物种（除非第二个物种含有反对称中心，而接下来的讨论似乎不太可能）。相应的发射光谱对于低对称性物种是比较典型的，但是与C5中所发现的不同。尤其是，$I(^7F_2)/I(^7F_1)$强度比比较大(65%)，表明阴离子和Eu^{III}之间存在更强的耦合作用。另外，$^5D_0 \rightarrow ^7F_{1,2}$跃迁总的分裂同样非常小，分别为50cm⁻¹和201cm⁻¹，通常是高对称性的物种。

室温下的高分辨发射光谱与上面所提到的趋势：C5，P5和T5光谱事实上能够重叠，而N5显示出很大的差异特征。这表明C5，P5和T5中存在共同的物种。

通过计算样品在CIE色度图上的颜色坐标，可以比较所制备的液晶材料的发射性质。颜色的色度坐标，X和Y采用下式计算：

$$x=\frac{X}{X+Y+Z} \quad y=\frac{Y}{X+Y+Z}$$

式中：X，Y和Z为三刺激值。

$$X=\frac{1}{K}\int_{380}^{780}P(\lambda)\cdot\rho(\lambda)\cdot\overline{x}(\lambda)\cdot\mathrm{d}\lambda$$

$$Y=\frac{1}{K}\int_{380}^{780}P(\lambda)\cdot\rho(\lambda)\cdot\overline{y}(\lambda)\cdot\mathrm{d}\lambda$$

$$X=\frac{1}{K}\int_{380}^{780}P(\lambda)\cdot\rho(\lambda)\ \overline{z}(\lambda)\cdot\mathrm{d}\lambda$$

$$K=\frac{1}{K}\int_{380}^{780}P(\lambda)\cdot\rho(\lambda)\ \overline{y}(\lambda)\cdot\mathrm{d}\lambda$$

式中：$P(\lambda)$为发射源的光谱功率分布；$\rho(\lambda)$为光谱发射率；$\overline{x}(\lambda)$，$\overline{y}(\lambda)$，$\overline{z}(\lambda)$分别为考虑人对光的生理响应的CIE光谱三色度刺激。这些光谱的视场为2°和10°的三色度刺激值列表。根据这些公式，采用视场为2°的值，可以关联不同波长激发的每个样品的两个色度坐标。

由于一个典型样品的总的发射含有来自主体室温离子液体的蓝色的贡献和铕离子的红色发射，它的颜色坐标将位于结合了蓝色和红色区域的一条线上。取决于激发波长，要么蓝色要么红色组分将在发射光谱中占据优势。图6-2显示所考察样品的发射颜色取决于激发波长和平衡离子。比如，当C5，P5或者T5样品用高能量波长(274nm或者285nm)激发，从室温离子液体到铕离子的能量传递是非常好的，可以得到几乎纯的红色发射。然而，当这个材料用低能量的波长(393nm)激发，能量传递不再重要，发射几乎为纯蓝色。当所选择的激发波长介于这两个边界之间，所得到的颜色为紫色。另外，对于N5，当波长393nm的光激发，由于是直接激发金属中心，所得到发射含有相对高的红色成分。

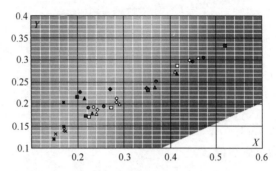

图6-2　不同样品在不同激发波长下的三色度图

×—LC　■—L5　◆—N5　▲—T5　●—P5

总之，室温离子液体和液晶[C$_{12}$C$_1$im]Cl能够溶解荧光铕盐。如果所加入盐的含量低于10%，那么介晶行为将不会发生显著的变化。铕盐的荧光性质由于从室温离子液体到金属中心的能量传递而得到了加强。对于所有的含有5%Eu^{III}的液晶相，两个系列的实验数据明显表明在溶液中只存在一个物种：只能监测到一个$^5D_0 \leftarrow {}^7F_0$跃迁峰，而且荧光衰减满足单指数方程。在含有EuCl$_3$的样品中，吸收光谱上在33900cm^{-1}处出现一个特异的电荷迁移峰，可以证明存在多氯物种。然而，$I(^7F_2)/I(^7F_1)$强度比明显大于1，表明发射物种具有变形的几何构型，偏离了理想的立方对称性。从含有高氯酸或者三氟甲磺酸平衡离子相应的样品所得到的荧光光谱、荧光寿命和量子产率，可以得出这些液晶相中存在相似物种的结论，与硝酸盐的相反，只存在一个，但是显著不同的物种。

非常重要的是，通过仔细选择激发波长或者平衡离子，介晶相的荧光特征可以很容易地在从蓝到红区间进行调节。这为这种类型的具有介晶性质的室温离子液体作为潜在的有用的荧光液晶材料的发展铺平了道路。

吡咯基含金属离子液晶。采用连接有柔性的、ω-溴代烷基取代的间隔基团的不同的介晶基团季铵化N-甲基吡咯，调节阳离子头部与刚性介晶基团之间的柔性烷基间隔基团的长度，并将取代的吡咯阳离子与溴、双（三氟甲磺酰）亚胺、四（2-噻砜三氟乙酰基）铕（III）和四溴合铀酰酸阴离子，可以制备得到吡咯基离子液晶。考察介晶单元的类型、柔性间隔基团和端基烷基链的长度、

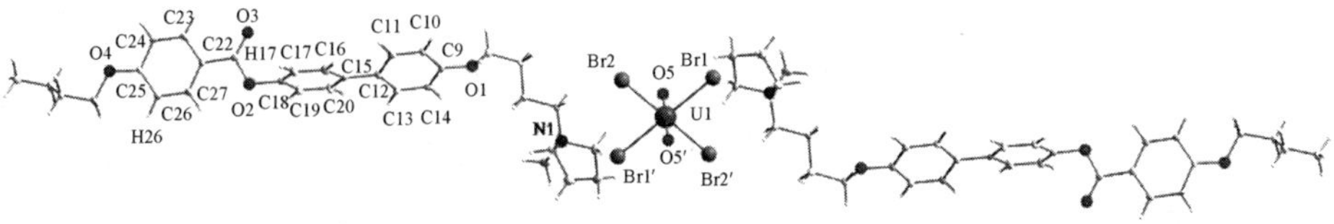

图6-3 [C₄H₉O—C₆H₄—C(O)O—C₆H₄—C₆H₄—O—N(C₄H₈)—CH₃]₂[UO₂Br₄]的晶体结构图

介晶基团的尺寸和阴离子的类型对热致介晶行为的影响。

[C₄H₉O-C₆H₄-C(O)O-C₆H₄-C₆H₄-O-N(C₄H₈)-CH₃]₂[UO₂Br₄]的晶体参数（图6-3）：$C_{64}H_{80}Br_4N_2O_{10}U$，$M_r$=1594.97g/mol，三斜晶系，$P$-1空间群，$a$=10.1444(16)Å，$b$=11.5777(6)Å，$c$=15.703(3)Å，$\alpha$=69.177(11)°，$\beta$=86.343(13)°，$\gamma$=65.638(11)°，$V$=1562.9(4)Å³，$T$=120(2)K，$Z$=1，$\rho_{calc}$=1.695g/cm³，$\mu$(Cu KR)=9.459mm⁻¹，$F$(000)=790，晶体尺寸：0.02mm×0.01mm×0.01mm，收集了6655个独立衍射点(R_{int}=0.058)。最终R=0.0380[I>2σ(I)]，ωR_2=0.1220(all data)。

液晶行为研究表明，含铈的盐不具有液晶性质，可能是由于四(β-二酮)铈酸阴离子太大了，无法和所采用的介晶基元达到平衡。然而，混合含铈盐和它们的溴的类似物，可以得到具有荧光性质的液晶混合物。其他吡咯盐显示出非常丰富的介晶相：不仅有SmA，SmC和SmF/SmI相，而且有高度有序的近晶相。这些化合物的介晶相决定于阴离子的类型、柔性烷基间隔基团和端基烷基链的长度及介晶基团的类型。而溴化物的盐显示出无序的（SmA和SmC）和有序的(E，G，J，H或者K)近晶相，双（三氟甲磺酰）亚胺和四溴铀酰盐没有发现存在高度有序的相。SmA相是de Vries类型的。而且，通过连接介晶基团，诱导倾斜的(无序和有序的)近晶相是可能的，对于离子液晶来说这是不寻常的。介晶性的四卤合金属酸盐带有介晶基团，而且显示出倾斜的近晶相。阳离子组成的细微变化对于相行为具有较大的影响，不太可能预测一个特定盐将会形成什么盐。

咪唑基含稀土离子液晶。目前，N-甲基咪唑鎓盐是离子液体中应用最为广泛的阳离子之一。已知，当1-烷基-3-甲基咪唑鎓阳离子碳链中碳原子数为10~12以及更多的时候，能够形成层状液晶相。通常，介晶相的稳定性随着烷基链长度的增加而增加。离子液晶可能会显示一些传统的包含中性分子的液晶中不会出现的性质，如离子传导和不寻常的液晶态的有序性(四方近晶和向列相柱状相)。有研究显示，二烷基咪唑鎓盐离子液晶在液晶态显示很强的非牛顿流体行为，而在离子液体态显示牛顿流体行为。然而，除了改变咪唑环上的取代基团，或者与不同的间隔基团耦合，改变带电荷的头部基团。在含金属液晶领域中特别有趣的是潜在用于液晶显示器件的发光液晶的研究。通过引入4f元素离子，能够获得显示三基色（蓝光：Tm^{3+}；红光：Eu^{3+}；绿光：Tb^{3+}）的离子液晶化合物。此外，排列有序的荧光液晶能够发出偏光。高磁各向异性的镧系离子，如Tb^{3+}，Dy^{3+}，Tm^{3+}，使得介晶相在外部磁场中有序排列成为可能。所以，这些化合物是非常有趣的，有望用于电和磁开光器件中。

将溴化-1-十二烷基-3-甲基咪唑盐与溴化铕在乙腈中反应，在低温时可以得到溶剂化的$[C_{12}C_1im]_4[EuBr_6]Br \cdot CH_3CN$，升温到室温之后可以得到无溶剂的$[C_{12}C_1im]_4[EuBr_6]Br$。

$[C_4mim]_4[(EuBr)_6]Br \cdot CH_3CN$的晶体学参数：$C_{64}H_{124}N_9Br_6Eu$，$M_r$=1753.1g/mol，三斜晶系，$P$-1空间群，$a$=1493.1(2)pm，$b$=1528.5(2)pm，$c$=1833.7(2) pm，$\alpha$=86.38(1)°，$\beta$=79.92(1)°，$\gamma$=87.610(9)°，$V$=4110.3(9)Å³，$Z$=2，$\lambda$=0.71073Å，$T$=170(2)K，$\rho$=1.421g/cm³，$\mu$=4.205mm⁻¹，收集37712个衍射点，其中14182个为独立衍射点，R_{int}=0.1379，GOF=0.935，R_1/R_2=0.0724/0.1642[I>2$\sigma(I)$]。

$[C_{12}mim]_4[EuBr_6]Br \cdot CH_3CN$结晶于三斜$P$-1空间群，每个单胞中含有两个分子单元。每个不对称单元中含有四个$[C_{12}mim]^+$阳离子和一个$[EuBr_6]^{3-}$配位阴离子和一个结晶乙腈分子（图6-4）。$[C_{12}mim]_3[LnBr_6] \cdot 2CH_3CN$（Ln=Dy，Tb），镧(Ⅲ)与六个溴离子配位，形成近似理想的八面体几何构型。Eu—Br键长在2.814~2.840Å之间，平均值为2.839Å，稍微比其他八面体几何构型的Eu^{3+}长一些，如$[EuBr_2(thf)_5][EuBr_4(thf)_2]$，$d$(Eu—Br)=2.788~2.826pm，$[EuBr_3(dme)_2]$，

d(Eu—Br)=2.799~2.826Å) 或者[EuBr$_2$(diglyme)$_2$][EuBr$_4$(diglyme)]，d(Eu—Br)=2.795~2.854Å)。类似的现象也存在于[C$_{12}$mim]$_3$[LnBr$_6$]·2CH$_3$CN(Ln=Dy，Tb)中，它们的Ln—Br平均键长稍微比普通化合物的长。

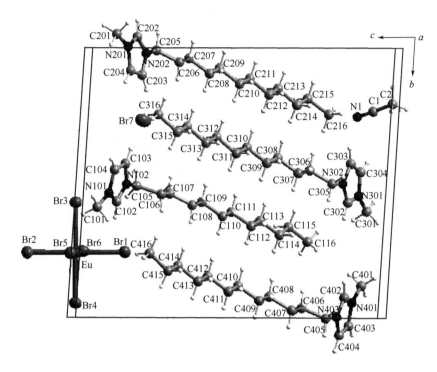

图6-4　[C$_4$mim]$_4$[(EuBr)$_6$]Br·CH$_3$CN的不对称单元

所有阳离子的十二烷基链显示全反构象，[C$_{12}$mim]$^+$阳离子沿着与a轴平行的方向排成排，相邻的两排阳离子面对面交错排列。阳离子的两亲性特征有利于形成咪唑鎓或者吡啶鎓基离子液晶典型的双层结构。疏水的烷基链被带电荷的阳离子头部分隔开来，与由[EuBr$_6$]$^{3-}$八面体形成的阴离子层和{Br$^-$···CH$_3$CN}片段相互作用。[EuBr$_6$]$^{3-}$八面体的空间需求和{Br$^-$···CH$_3$CN}单元大概相同，这就是为什么两种片段能够相互紧密堆积的原因。不仅游离的Br$^-$和乙腈之间形成了非典型的氢键，其他6个配位的Br$^-$形成了氢键。

从DSC和POM测试来看，[C$_{12}$mim]$_4$[EuBr$_6$]Br在室温下形成了近晶液晶相(图6-5)。当从-40℃开始加热，在DSC曲线上显示两个吸热相转变峰：-3.2℃和

98.2℃，对应的相转变焓分别为38.1kJ/mol和2.3kJ/mol。变温POM测试证实第一个相转变为流点(S → LC)，第二个为清亮点(LC → L$_{ISO}$)。降温之后，这些相转变和转变焓还会出现。L$_{ISO}$→LC相转变发生在97.6℃，与加热过程中的相转变温度对应很好，但LC→S相转变温度发生在-16.6℃，降低了不少。这表明液晶态具有很好的稳定性，压制了材料的结晶。[C$_{12}$mim]$_4$[EuBr$_6$]Br在偏光显微镜下显示扇形织构，表明存在SmA相，而其有强烈的形成各向同性区的倾向，对于近晶相离子液晶来说是比较典型的。

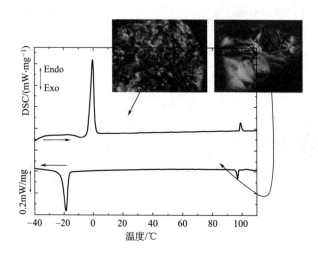

图6-5　[C$_{12}$mim]$_4$[EuBr$_6$]Br的DSC曲线和相应的偏光显微镜照片

　　将TbBr$_3$与[C$_{12}$C$_1$im]Br或者[C$_{12}$C$_1$pyr]Br按照一定的摩尔比，在120℃反应，冷却至室温之后，可以得到与[C$_{12}$mim]$_4$[EuBr$_6$]Br类似的化合物。根据这些化合物的组成，它们的化学式为：6[C$_{12}$C$_1$im]Br · [C$_{12}$C$_1$im]$_3$[TbBr$_6$]、6[C$_{12}$C$_1$pyr]Br · [C$_{12}$C$_1$pyr]$_3$[TbBr$_6$]、[C$_{12}$C$_1$im]$_3$[TbBr$_6$]和[C$_{12}$C$_1$pyr]$_3$[TbBr$_6$]，(C$_{12}$C$_1$im=1-正十二烷基-3-甲基咪唑鎓离子；C$_{12}$C$_1$pyr=N-正十二烷基-N-甲基吡咯鎓离子)，这些化合物室温下都为非常黏稠的产物，但可以得到乙腈溶剂化的[C$_{12}$C$_1$im]$_3$[TbBr$_6$]，即[C$_{12}$C$_1$im]$_3$[TbBr$_6$] · 2CH$_3$CN。无色针状的 [C$_{12}$C$_1$im]$_3$[TbBr$_6$] · 2CH$_3$CN的单晶是把[C$_{12}$C$_1$im]$_3$[TbBr$_6$]的无水乙腈溶液冷却至5℃得到的，这个化合物是热不稳定的，升温到室温以下即失去溶剂。尝试结晶[C$_{12}$C$_1$im]$_3$[TbBr$_6$]和[C$_{12}$C$_1$pyr]$_3$[TbBr$_6$]，但

并没有成功。

$[C_{12}C_1im]_3[TbBr_6]\cdot 2CH_3CN$的晶体学参数：$C_{52}H_{99}N_8Br_6Tb$，$M_r=1474.77g/mol$，正交晶系，$Pbca$空间群，$a=14.979(4)Å$，$b=18.500(5)Å$，$c=50.11(2)Å$，$\alpha=90°$，$\beta=90°$，$\gamma=90º$，$V=13885(8)Å^3$，$Z=8$，$\lambda=0.71073Å$，$T=213(2)K$，$\rho=1.411g/cm^3$，$\mu=4.507mm^{-1}$，$F(000)=5936$，收集58336个衍射点，其中5596个为独立衍射点，$R_{int}=0.1366$，GOF=1.068，$R_1/R_2=0.0909/0.2442[I>2\sigma(I)]$，$R_1/R_2=0.2085/0.2722$ (all data)。

$[C_{12}C_1im]_3[TbBr_6]\cdot 2CH_3CN$与$[C_{12}C_1im]_3[DyBr_6]\cdot 2CH_3CN$是同构的，由于"镧系收缩"的原因，$[C_{12}C_1im]_3[TbBr_6]\cdot 2CH_3CN$的摩尔体积比含镝的化合物大（$1736Å^3$ vs $1677Å^3$）。$[C_{12}C_1im]_3[TbBr_6]\cdot 2CH_3CN$的不对称单元含有3个晶体学独立的$[C_{12}C_1im]^+$阳离子，1个$[TbBr_6]^{3-}$配位阴离子和2个乙腈分子。$Tb^{3+}$离子与6个溴离子配位，形成理想的八面体几何构型。Tb—Br键长为2.801~2.868Å，稍微比含有$[TbBr_6]^{3-}$阴离子的典型的无机盐化合物的长一些。比如，$Cs_3[Tb_2Br_9]$中，Tb—Br键长为2.697~2.902Å。类似的现象也存在于$[C_{12}C_1im]_3[DyBr_6]\cdot 2CH_3CN$中。$[C_{12}C_1im]_3[TbBr_6]\cdot 2CH_3CN$中咪唑阳离子中的键长和键角与$[C_{12}C_1im]_3[DyBr_6]\cdot 2CH_3CN$中的相似，或者是与短一些烷基链的化合物也相似。三个咪唑阳离子中，2个十二烷基链采取全反构象，而第三个关于C7—C8键显示出邻位交叉构象。这种曲柄状的排列已经发现存在于有关的六氟合磷酸盐中，$[C_nC_1im][PF_6(n=12，14，16)]$。$[C_{12}C_1im]_3[TbBr_6]\cdot 2CH_3CN$中，阳离子自身沿着$a$轴堆积成排，它们的烷基链交替排列，形成双层结构。在层内，结构分离成亲水的和疏水的区域。疏水的部分是由咪唑阳离子中互相交叉的正烷基链形成的。带有电荷的咪唑鎓离子头部基团，与六溴合铽酸八面体一起，形成结构中亲水的部分。在层内，每个$[TbBr_6]^{3-}$阴离子被6个$[C_{12}C_1im]^+$阳离子和两个乙腈分子包围。每一层中的亲水部分以及它们之间形成了一些(NN)Csp2…Br和(NC)Csp2…Br非经典氢键，原子间距离比常见的3.72Å和3.75Å稍微短一些。$[C_{12}C_1im]_3[TbBr_6]\cdot 2CH_3CN$的结构特征表明它有可能形成近晶相。在相转变发生之前，它会失去乙腈分子。

对于含有咪唑鎓离子的化合物，它们的清亮点稍比[C$_{12}$C$_1$im]Br的高一些。而[C$_{12}$C$_1$im]$_3$[TbBr$_6$]可以保持液晶态直到比较低的温度，降温之后在大约−6℃发生玻璃化转变。对于6[C$_{12}$C$_1$im]Br·[C$_{12}$C$_1$im]$_3$[TbBr$_6$]的液晶—固相(LC—S)转变与[C$_{12}$C$_1$im]Br的大体相同（图6-6和表6-3）。6[C$_{12}$C$_1$pyr]Br·[C$_{12}$C$_1$pyr]$_3$[TbBr$_6$]的DSC曲线与[C$_{12}$C$_1$pyr]Br十分相似（图6-7）。由于液晶—液晶（LC—LC）相转变，在55～120℃之间可以发现存在三个热变化，在54.2℃发生了结晶。[C$_{12}$C$_1$im]$_3$[TbBr$_6$]的热行为与[C$_{12}$C$_1$pyr]$_3$[TbBr$_6$]的相似。在降温过程中，从清亮点转换到液晶态后，没有发生结晶，而是在−5℃附近发生了玻璃化转化。含有咪唑阳离子的化合物的清亮点，比含有吡唑阳离子类似物的低几十度。同样，含有咪唑阳离子的化合物的玻璃化转变和结晶温度比较低。总之，所有化合物都显示可观的液晶窗口，包括室温温度区间。含有咪唑阳离子化合物的相转变，比含有吡唑阳离子的化合物的低一些。

表6-3　6[C$_{12}$C$_1$im]Br·[C$_{12}$C$_1$im]$_3$[TbBr$_6$]和[C$_{12}$C$_1$im]$_3$[TbBr$_6$]的相转变温度和焓变

化合物	第二次加热		第二次降温	
	S→LC	LC→L$_{ISO}$	LC→S	L$_{ISO}$→LC
6[C$_{12}$C$_1$im]Br·[C$_{12}$C$_1$im]$_3$[TbBr$_6$]	−3.5℃ / 68.2J/g	101.5℃ / 3.4J/g	−18.0℃ / ~ −40J/g	100.9℃ / −4.0J/g
[C$_{12}$C$_1$im]$_3$[TbBr$_6$]	~ −6℃ /—	100.7℃ / 2.3J/g	~ −13℃ /—	99.4℃ / −1.2J/g

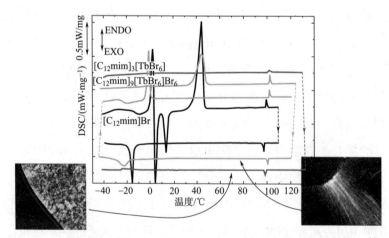

图6-6　6[C$_{12}$C$_1$im]Br·[C$_{12}$C$_1$im]$_3$[TbBr$_6$]、[C$_{12}$C$_1$im]$_3$[TbBr$_6$]和纯的[C$_{12}$C$_1$im]Br的
DSC曲线和POM图

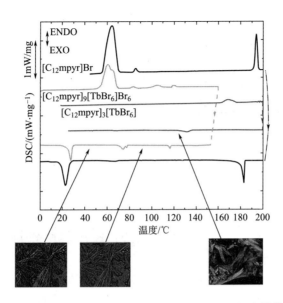

图6-7 6[C$_{12}$C$_1$pyr]Br·[C$_{12}$C$_1$pyr]$_3$[TbBr$_6$]、[C$_{12}$C$_1$pyr]$_3$[TbBr$_6$]和纯的[C$_{12}$C$_1$pyr]Br的DSC曲线和POM图

采用偏光显微镜很难观察到含咪唑和吡唑阳离子的离子液晶化合物的清晰的缺陷织构，因为这些化合物显示出很强的自发形成单同向单畴的倾向，导致显微镜的正交偏振器之间形成黑场。为了得到更加有意义的织构，很难干扰这种排列。而且这些化合物对空气非常敏感，不得不在比较惰性的条件下操作，使得这一窘境变得更加困难。然而，POM观察证实了最高温度的热行为对应于DSC测试中的清亮点。当从各向同性液体开始降温，可以观察到扇形的、有条纹的光学织构，近晶相的典型特征。从[C$_{12}$C$_1$im]Br·H$_2$O、[C$_{12}$C$_1$pyr]Br和[C$_{12}$C$_1$im]$_3$[DyBr$_6$]·2CH$_3$CN的层状晶体结构判断，很有可能所有化合物能够形成近晶相（图6-7）。事实上，近晶相是含有咪唑阳离子离子液晶化合物的典型特征。这一行为可能是由于层状结构不仅源于长阳离子—烷基链之间的疏水性的范德瓦耳斯力相互作用，而且被结构中亲水性部分的库仑作用力所稳定，其中存在带有电荷的阳离子头部基团和阴离子。因此，烷基尾巴能够独立于层之外熔化，由于烷基尾巴增大的自由度以及它们朝层法线的取向所引起的不同空

间需求，可能会出现几个近晶相。

此外，当激发Tb^{3+}的$4f^8 \rightarrow 4f^75d^1$跃迁，所有这些材料均显示来自$^5D_4$能级的很强的绿色荧光。对于含有咪唑阳离子的化合物，发射的光可以在绿色和蓝白之间变换，取决于所用的激发波长。当以254nm波长激发，主要显示Tb^{3+}的$^5D_4$能级的绿色发射；当以366nm波长激发，只显示来自于咪唑阳离子的蓝白荧光。

6.2　氧吸附(空气分离)离子液体

从空气中分离氧气（典型的从氮气中）生产富氮的空气（NEA）或者氧富集的空气（OEA）对于许多工业和医疗应用（比如爆炸危害还原、氧化和燃烧反应，以及呼吸机操作）是非常重要的。由于氧气和氮气的尺寸和物理性质是如此相近，以至于OEA在工业上是通过非常耗能的过程生产的，比如低温蒸馏和变压吸附过程。如果存在足够的氧穿透性和O_2/N_2选择性材料，对于中等规模（1~5000scf/d）≥99.5%的NEA或者OEA需求，膜分离可以作为经济的、有效的氧氮分离替代方案。现有的用于O_2/N_2分离的膜材料包括：致密的有机聚合物（受穿透性/选择性折中限制），陶瓷膜（受操作温度限制，约800℃）和允许促进氧传输的，含有移动或固定位置氧载体的液体/聚合膜。

此前报道的氧吸附剂和载体包括钴(Ⅱ)或铁(Ⅱ)的配位化合物、过渡金属基金属有机框架化合物（MOFs）和输氧亚铁血红素蛋白比如肌红蛋白和血红蛋白。这些分子通过生成金属超氧（$M—O_2$）或者μ-过氧（$M—O—O—M$）片段，发生可逆的化学吸附氧。虽然一些这样的材料以它们的纯净态作用（比如MOF的O_2/N_2选择性可以达到38），但通常需要分子液体包括水作为溶剂。然而，载体溶剂化常会加剧性能流失的速度，或者溶剂的蒸发或者金属离子的不可逆的氧化。尤其是，过渡金属配合物的逐渐不可逆氧化和它们性能在经历重复性的循环之后和暴露于氧气中发生的不可逆的退化，严重地限制了它们的潜在工业化应用。

一些研究表明，将传统的离子液体负载到多孔聚合物载体上，制备负载的离子液体膜（SILMs），具有O_2/N_2选择性吸附(分离)性能。这些SILMs展示出低的O_2/N_2选择性值(<3)，归因于含非载体离子液体的低氧物理吸附。Douglas L. Gin和Richard D. Noble等报道了一个钴基热响应含金属离子液体$[Co_2(HisCH_3)_4Im][Tf_2N]_4$，能够高选择性、可逆地结合氧气分子，并伴有颜色的变化。这些新的含金属离子液体为纯净的液态材料，不仅具有离子液体材料的性质，而且还具有易于加工及亲和性的特点，易于浸入其他材料中，这对于一些膜制作是非常有价值，也适用于氧氮分离。与此前报道的氧吸附剂相比，这一新的含金属离子液体具有相当高的氧吸附位点浓度，可以很容易地从非贵金属和廉价的易得的有机化合物合成。

$[Co_2(HisCH_3)_4Im][Tf_2N]_4$是在去离子水中把$Co^{II}(COO)_2(H_2O)_4$、组氨酸甲酯二盐酸盐和咪唑按照$1.0：2.1：4.0$的摩尔比反应，接着与$LiTf_2N$进行阴离子交换合成而来的，为红粉色液体。分解温度为318℃，在干燥氮气气氛中的玻璃化转变温度为21℃。

$[Co_2(HisCH_3)_4Im][Tf_2N]_4$在室温下为非常黏稠的液体，由于非常缓慢的吸附动力学，很难直接和准确地测试氧气和氮气的吸附量。由于$[Co_2(HisCH_3)_4Im][Tf_2N]_4$具有高亲和性，可以灌输到多孔聚合物载体中，所以它的气体溶解性能是以SILM的形式测试。这些SILMs是通过把$[Co_2(HisCH_3)_4Im][Tf_2N]_4$以溶剂铸模的方法浸渍到多孔聚四氟乙烯(PTFE)载体上的。研究表明，$[Co_2(HisCH_3)_4Im][Tf_2N]_4$的氧气吸附量和$O_2/N_2$吸附选择性随着含金属离子液体负载量的增加而增加（表6-4）。当$[Co_2(HisCH_3)_4Im][Tf_2N]_4$的负载量为1.4gMCIL/g载体，$O_2/N_2$吸附选择性高达$26 \pm 8$。

$[Co_2(HisCH_3)_4Im][Tf_2N]_4$吸附的氧气只需在真空条件下通过适中的加热（60℃）即可释放出来，这一过程伴随着颜色的变化，从红棕色（氧结合态）变为浅红色（纯净材料）（图6-8）。

表6-4 不同负载量[Co$_2$(HisCH$_3$)Im][Tf$_2$N]$_4$浸渍的SILMs的室温氧、
氮吸附量和O$_2$/N$_2$选择性数值[①]

[Co$_2$(HisCH$_3$)Im][Tf$_2$N]$_4$的负载量/(g·g载体$^{-1}$)	氧吸附量/(mmol O$_2$·g SILM^{-1})	氮吸附量/(mmol N$_2$·g SILM^{-1})	O$_2$/N$_2$选择性
0	0.019	0.023	0.8
0.57 ± 0.03	0.050 ± 0.008	0.0085 ± 0.0003	6 ± 1
0.94 ± 0.08	0.061 ± 0.001	0.005 ± 0.002	13 ± 4
1.40 ± 0.04	0.07 ± 0.01	0.0027 ± 0.0003	26 ± 8

①吸附量测试条件：约0.9×10^5Pa，25℃，2h。

图6-8 [Co$_2$(HisCH$_3$)$_4$Im][Tf$_2$N]$_4$热响应可吸脱附氧气

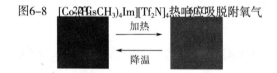

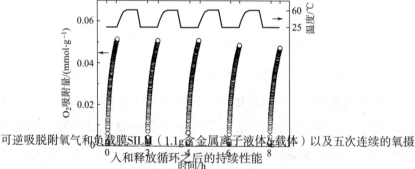

图6-9 可逆吸脱附氧气和负载膜SILM（1.1g含金属离子液体/g载体）以及五次连续的氧摄入和释放循环之后的持续性能

通过多次连续的氧摄入(室温)和释放(60℃真空加热)循环测试了[Co$_2$(HisCH$_3$)$_4$Im][Tf$_2$N]$_4$浸渍的SIMLs(MCIL负载量：1.1g含金属离子液体/g载体)的氧吸附可逆性(图6-9)，由于合理的测试时间，此时样品的负载量约为平衡容量的80%。研究表明经过5次测试循环，其吸附脱附行为依然可以保持不变，与一些其他选择性氧吸附Co^{II}基MOF材料性能相当。由于这一选择性氧吸附剂是不挥发的液相材料，可以很容易地加工和掺入其他材料调节晶形，因此相对于晶态MOFs和其他固态吸附剂材料具有十分明显的优点，尤其是当形成膜材料之后。

6.3 含金属聚合离子液体在抗菌中的应用

由于过度使用抗生素和快速增加的对病原菌的抗生素抗性，抗菌活性材料的创新在当今卫生保健领域吸引了广泛的关注。为了获得有效的抗菌材料而不产生抗生素抗性，抗生素肽、阳离子化合物和聚合物、银、铜及其盐得到了较为深入的研究。这些药剂通过破坏目标细菌的细胞壁(或者膜)，干预DNA、RNA或者传递金属离子抑制一些特定的酶，显示出了较高的抗菌活性。当前，报道的许多阳离子抗菌剂化合物或者聚合物可以呈现出针对哺乳动物细胞的高选择性的抗菌活性。所以，人们将越来越多的注意力集中到阳离子抗菌性化合物或者聚合物上，比如季铵盐、吡啶鎓和季鳞基材料。

最近离子液体或者聚合离子液体(PILs)在生物工程和生物材料领域出现了多种多样的应用，研究了阳离子和阴离子对生物活性的影响。含金属离子液体综合了离子液体和所包含的金属的光物理、光化学或者催化性质，吸引了广泛的关注。最近，有报道称咪唑类型的离子液体在与$CuCl_2$、$FeCl_3$或者$ZnCl_2$反应制备成含金属离子液体或者含金属聚合离子液体膜，可以作为抗菌剂，显示出对金黄色酿脓葡萄球菌、大肠杆菌的抗菌活性。

离子液体单体的合成。溴化-1-辛基-3-烯丙基咪唑鎓盐(IL—Br)的合成是将含有1-溴辛烷(0.075mol)和1-烯丙基咪唑(0.075mol)于室温搅拌72h反应得到的。所得到的产品用乙酸乙酯和乙醚洗涤三次，然后室温动态真空条件下干燥24h。

溴化二氯合铜酸-1-辛基-3-烯丙基咪唑鎓盐(IL—Cu)的合成是将IL—Br与无水$CuCl_2$(0.025 mol)在20mL甲醇中室温搅拌反应24h，蒸发除去甲醇得到产品。(IL—Fe)和(IL—Zn)的合成与(IL—Cu)的合成方法相同。室温条件下，将等摩尔的离子液体和无水FeCl$_3$(或ZnCl$_2$) 在甲醇中混合搅拌24h，蒸发除去甲醇得到产品。

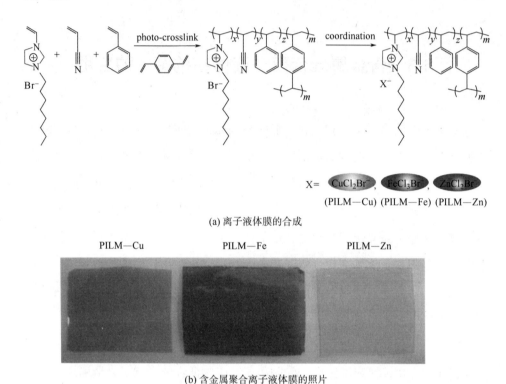

(a) 离子液体膜的合成

PILM—Cu   PILM—Fe   PILM—Zn

(b) 含金属聚合离子液体膜的照片

图6-10　含[CuCl$_2$Br]$^-$、[FeCl$_3$Br]$^-$和[ZnCl$_2$Br]$^-$阴离子的咪唑类型聚合离子液体膜的合成

聚合离子液体膜的制备（图6-10）。含有IL—Br 20%（摩尔分数）、苯乙烯20%（摩尔分数）、丙烯腈60%（摩尔分数）、二烯丙基苯2%（质量分数）和1%（质量分数）安息香乙醚（光引发剂）的混合物超声直至得到均一的溶液，然后在一个自制的玻璃模具中室温下用紫外灯（约250nm）照射，进行光交叉偶联。膜的厚度是通过标准的间隔条（直径约为50μm）加以控制。通过把聚合物浸入乙醇中，室温超声，除去未反应的单体残留物。然后，净化的膜用去离子水彻底洗涤，得到PIL—Br的膜。含金属聚合离子液体的膜是在室温

下把PIL—Br膜浸入CuCl$_2$、FeCl$_3$、ZnCl$_2$的饱和溶液中48h得到的，产物分别标记为：PILM—Cu、PILM—Fe和PILM—Zn。

采用革兰氏阳性金黄色酿脓葡萄球菌和大肠杆菌作为模型细菌测试了离子液体单体的抗菌活性。平均最低抑菌浓度（MIL）值列于表6-5中，可以明显地发现所有的离子液体单体显示出对金黄色酿脓葡萄球菌和大肠杆菌的抗菌活性。它们的抗菌活性随着以下顺序增加：IL—Br < IL—Fe <IL—Zn < IL—Cu。所以，可以认为含金属阴离子的存在能显著增加离子液体的抗菌活性，离子液体能够有效抑制细菌的生长，甚至杀死细菌。

表6-5　含金属咪唑类型离子液体的抗菌活性

样品	MIC金黄色酿脓葡萄球菌/(μmol · mL⁻¹)	MIC大肠杆菌/(μmol · mL⁻¹)
IL—Br	2.610 ± 0.003	1.321 ± 0.002
IL—Cu	0.056 ± 0.002	0.222 ± 0.001
IL—Zn	0.886 ± 0.003	0.886 ± 0.002
IL—Fe	1.254 ± 0.005	1.110 ± 0.003

从医学应用角度来讲，具有优异抗菌活性的柔性结实的聚合物膜是非常受欢迎的。采用菌落形成单位(CFU)计数方法研究了聚合离子液体膜的抗菌活性。金黄色酿脓葡萄球菌和大肠杆菌的存活率统计结果显示在图6-11中。在与聚合离子液体膜接触4h之后，与PET膜相比，在PILM—Cu和PILM—Zn膜表面的金黄色酿脓葡萄球菌和大肠杆菌的存活率菌落急剧下降。对于PILM—Cu膜，金黄色酿脓葡萄球菌和大肠杆菌的相对存活率都低于0.1%。对于PILM—Zn膜，金黄色酿脓葡萄球菌和大肠杆菌的相对存活率分别为4.25%和20.1%。PILM—Fe和PILM—Br的抗菌活性相对较差，金黄色酿脓葡萄球菌和大肠杆菌的相对存活率分别为70%和80%。聚合离子液体膜对金黄色酿脓葡萄球菌和大肠杆菌的抗菌活性与含金属离子液体单体的抗菌活性一致，遵循以下顺序：

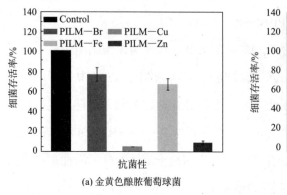

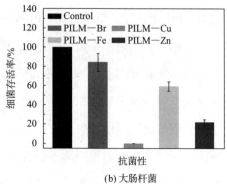

（a）金黄色酿脓葡萄球菌 （b）大肠杆菌

图6-11 与聚合离子液体膜接触4h后的细菌存活率（PET膜用作对照，平均5个样品）

PILM—Br < PILM—Fe < PILM—Zn < PILM—Cu。所以，PILM—Cu的抗菌活性最高，而PILM—Br的抗菌活性最差。

聚合离子液体膜的抗菌机理可能包括两步。首先，咪唑阳离子与微生物细胞壁的膦酸基团通过静电作用相互作用，然后聚合物的疏水部分插入细菌的脂质疏水性区域，破坏细胞膜。此外，据推测金属离子的存在可以产生反应性的氧物种（ROS），比如单线态的氧（$^1O_2$），导致细菌细胞壁(或者膜)的逐渐氧化破坏。

图6-12为超纯水中在PILM—Br、PILM—Cu、PILM—Fe和PILM—Zn膜存在时的单线态氧荧光传感器(SOSG)(λ_{em}=525nm)的荧光光谱。每个聚合离子液体膜（约0.01g）浸入2mL含有10μL SOSG的超纯水中，室温下暴露于可见光中4h后测试。可以看出，可见光照射下所有的含金属聚合离子液体膜在水中可以产生单线态氧$^1O_2$，而PILM—Br不能产生单线态氧。所以，不奇怪PILM—Br的抗菌活性最差。在所考察的所有含金属聚合离子液体膜中，PILM—Zn在水中产生的单线态氧浓度最高，引起了最高的抗菌活性。对于PILM—Cu膜，虽然产生的单线态氧相对较少，但由于[CuCl$_2$Br]⁻和细菌外层膜之间的强烈相互作用，造成膜破裂，导致细胞中重要养分的流失。

在聚合离子液体膜上培养4h的金黄色酿脓葡萄球菌(A)、大肠杆菌的抗菌

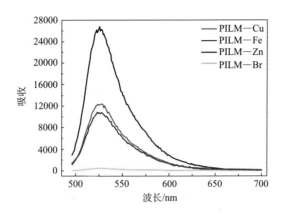

图6-12 超纯水中在PILM—Br、PILM—Cu、PILM—Fe和PILM—Zn膜存在时的
单线态氧荧光传感器的荧光光谱

(B)的SEM照片（图6-13），PET膜作为对照，分别为PET(A，a)，PILM—Br(B，b)，PILM—Cu(C，c)，PILM—Fe(D，d)和PILM—Zn(E，e)。可以观察到细菌细胞膜在聚合离子液体膜上的坍塌和熔化(标尺：1 μm)。相对于PET膜表面上培育的细菌的完整和光滑的表面，PILM—Cu和PILM—Zn膜表面细菌的细胞壁发生了明显的坍塌和变形，表明细菌细胞壁或者膜结构彻底地发生了坍塌和破坏。然而，PILM—Br和PILM—Fe膜表面的金黄色酿脓葡萄球菌和大肠杆菌的变形很小，表明了它们相对低的抗菌活性。

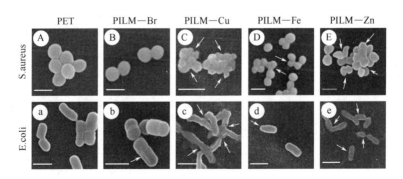

图6-13 扫描电镜观察到的金黄色酿脓葡萄球菌和大肠杆菌在聚合离子
液体膜表面的形态变化

材料的生物相容性对于医学应用是非常重要和理想的。表6-6给出了所有的聚合离子液体膜对于新鲜的人血红细胞（RBCs）的溶血化验结果。可以看到所有的聚合离子液体膜呈现出对于新鲜的人血红细胞非常低的溶血速率（<0.5%）。结果表明，含金属聚合离子液体膜是合格的非直接接触生物医学材料（溶血速率<5%）。

表6-6　聚合离子液体膜的溶血速率

膜类型	溶血速率/%
PET	0.00 ± 0.10
PILM—Br	0.17 ± 0.14
PILM—Cu	0.17 ± 0.15
PILM—Fe	0.00 ± 0.11
PILM—Zn	0.06 ± 0.06

对于聚合离子液体膜在不同领域的实际应用，长期的抗菌活性同样是重要的。以金黄色酿脓葡萄球菌和大肠杆菌的抗菌作为模型细菌，测试了与聚合离子液体膜接触4小时后的细菌存活率(平均5个样品)。室温下将抗菌活性相对较高的PILM—Cu和PILM—Zn膜浸入去离子水中90天，进一步测试（图6-14）。可以看到，PILM—Cu对于金黄色酿脓葡萄球菌和大肠杆菌的抗菌效率没有明显下降。PILM—Zn膜，对于两个细菌的抗菌效率稍有下降，但仍

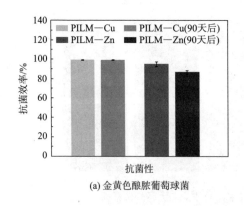

(a) 金黄色酿脓葡萄球菌

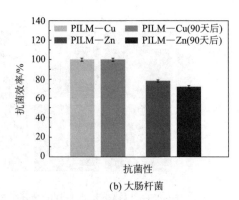

(b) 大肠杆菌

图6-14　PILM—Zn和PILM—Cu膜在浸入去离子水90天之后的长期抗菌效率

然保持了约75%。在浸入去离子水中90天后，PILM—Cu和PILM—Zn膜的EDX光谱显示，金属含量（摩尔分数）只是稍有下降。比如，PILM—Cu从0.28%下降到0.21%，PILM—Zn从0.21%下降到0.14%。这些结果表明，含金属聚合离子液体膜在去离子水中具有高度持久性。所以，值得注意的是金属离子对抗菌活性的释放效应可以排除在外。这些含金属聚合离子液体膜所显示出的长期抗菌活性和生物相容性使得它们在生物医学领域具有广泛的应用前景。

6.4　含金属离子液体用于聚对苯二甲酸乙二醇酯的糖酵解

中国科学院过程研究所张锁江院士等人合成了含第一排过渡金属离子液体，并用于乙二醇中催化聚对苯二甲酸乙二醇酯（PET）的降解。这些离子液体催化剂的一个重要特征是它们具有优异的热稳定性，它们中的多数，尤其是$[C_4C_1im][CoCl_4]$和$[C_4C_1im][ZnCl_4]$相对于传统催化剂，显示出了较高的催化活性。比如以$[C_4C_1im][CoCl_4]$为催化剂，在常压、175℃下，反应1.5h，PET的转化率、对苯二甲酸二羟乙醇酯(BHET)的选择性和产品中BHET的质量分数分别达到：100%，81.1%和95.7%。另外一个重要特征是产物BHET易与这些离子液体催化剂分离，且纯度较高。循环结果表明，$[C_4C_1im][CoCl_4]$循环使用6次之后，仍然可以有效使用。这些研究表明，$[C_4C_1im][CoCl_4]$是一个非常优异的PET糖酵解催化剂。

PET是一个非常重要的多用途塑料，广泛用于矿泉水瓶、食品包装、合成纤维和绝缘材料。2009年，全球消耗的PET包装大概为1550万吨，2017年达到1910万吨，年增长率为5.2%。随着PET的大量消耗，PET废品的有效循环使用成为聚酯工业的一个重要内容，并且是变"白色垃圾"为"绿色资源"的最重要方式。当前，PET废品的回收主要基于化学和物理的方法，物理方法所获得产品的质量是比较差的，而通过化学的方法所获得的相应的单体或者粗化学品产品质量较好，可以用于塑料或者其他先进材料的生产。所以化学回收是最具吸引力的方式之一，并且研究广泛。一些化学降解方法，如甲醇解、水解和糖酵解已经见诸报道。糖酵解是非常重要的方法，因为其具有以下优点：反应条件温和；溶剂挥发性小；主要产物BHET可以用于二甲基对苯二甲酸基或者对苯二甲酸基PET产物单元、织物软化剂和不饱和聚酯树脂的生产。有报道称金属醋酸盐，如醋酸锌、醋酸锰、醋酸钴和醋酸铅能够用于催化PET废品的降解，但是需要较高的温度和压力。而且，产物难以和催化剂分离。所以，研发能够在温和条件下有效降解PET废品为BHET的新型催化剂是十分重要的。

含金属离子液体作为非常有前景的带电液体的一个分支，由于兼具离子液体和所包含金属的催化、光物理/光学或者磁性质，使其在PET的降解中更具发展前景。含有铝、钯、金、钌和铂(还有铁、锌、铜或者镍)的离子液体已经成功用于一些催化反应。有报道称，离子液体可以用于PET的降解，而含金属离子液体显示出更加优异的催化活性。比如，磷酸钛(IV)用于PET纤维的解聚过程，比传统的醋酸锌化合物更快。传统的离子液体、含铁磁性离子液体和醋酸金属离子液体可以用于PET的催化降解。虽然PET的转化率和BHET的选择性不是很高，但催化活性显著增加了，这也是为什么可以通过选择适当的官能团来增强离子液体的催化活性，尤其是离子液体的金属功能化。

过渡金属离子液体$[C_4C_1im][CrCl_4]$、$[C_4C_1im][MnCl_3]$、$[C_4C_1im][FeCl_4]$、$[C_4C_1im]_2[CoCl_4]$、$[C_4C_1im]_2[NiCl_4]$、$[C_4C_1im]_2[CuCl_4]$、$[C_4C_1im]_2[ZnCl_4]$的分解温度在270~361.26℃之间（表6-7），高于不含金属的$[C_4C_1im]Cl$，表明金属离子的引入可以显著提高离子液体的热稳定性。

表6-7　含金属离子液体的分解温度

离子液体	分解温度/℃	离子液体	分解温度/℃
$[C_4C_1im][CrCl_4]$	333.28	$[C_4C_1im]_2[NiCl_4]$	331.89
$[C_4C_1im][MnCl_3]$	310.81	$[C_4C_1im]_2[CuCl_4]$	269.92
$[C_4C_1im][FeCl_4]$	361.26	$[C_4C_1im]_2[ZnCl_4]$	327.77
$[C4C1im]2[CoCl4]$	270.55	$[C_4C_1im]Cl$	244.49

从表6-8可以看出，第一过渡周期元素的离子液体显示出比传统离子液体，如[C$_4$C$_1$im][H$_2$PO$_4$]、[C$_4$C$_1$im][HSO$_4$]和[C$_4$C$_1$im]Cl，更高的PET降解催化活性。而且，[C$_4$C$_1$im]$_2$[CoCl$_4$]和[C$_4$C$_1$im]$_2$[ZnCl$_4$]显示出更高的降解能力。然而，当[C$_4$C$_1$im][CrCl$_4$]和[C$_4$C$_1$im]$_2$[CuCl$_4$]用作催化剂，PET不溶于乙二醇。

表6-8 不同离子液体催化剂的催化性能

催化剂	PET转化率/%	BHET选择性/%	产物中BHET的质量分数/%
—	1.2	2.7	1.6
[C$_4$C$_1$im][CrCl$_4$]	1.7	4.2	2.3
[C$_4$C$_1$im][MnCl$_3$]	86.7	72.1	84.7
[C4C1im]2[CoCl4]	100	77.8	89.7
[C$_4$C$_1$im]$_2$[NiCl$_4$]	45.0	64.3	74.7
[C$_4$C$_1$im]$_2$[CuCl$_4$]	6.7	9.8	93.4
[C$_4$C$_1$im]$_2$[ZnCl$_4$]	99.6	77.4	89.5
[C$_4$C$_1$im][H$_2$PO$_4$]	6.9	—	—
[C$_4$C$_1$im][HSO$_4$]	0.5	—	—
[C$_4$C$_1$im]Cl	44.7	—	—
[C$_4$C$_1$im]Br	98.7	—	—

PET的尺寸对降解的效果也有影响。随着PET尺寸的减小，完全降解PET所需的时间越来越短。当PET颗粒尺寸为40~60目时，只需要大约1.5h完全降解PET，但产物中BHET的选择性和质量分数稍微下降。这是因为颗粒尺寸越小，颗粒表面越不平，比表面越大，与乙二醇和催化剂接触的面积越大；所以，可以在较短的时间内完全降解。然而，在BHET和低聚物之间有一个平衡反应，降解的BHET能够发生聚合生成低聚物，导致单体选择性下降。

从图6-15可以看出，当加入催化剂后，PET的转化率、BHET的选择性和产物中BHET的质量分数快速增加，远高于没有催化剂的反应。反应条件：PET尺寸40~60目；PET 5g；乙二醇 20g；1.01×10^{5}Pa；170℃；1.5h。当催化剂量为1.0g时，PET的转化率为100%，产物中BHET的质量分数可以达到85%，远高

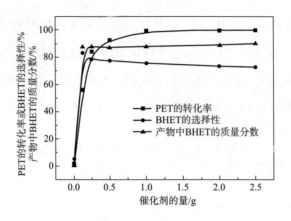

图6-15　催化剂的量对PET降解的影响

于未使用催化剂的4.74%。所以，催化剂的使用可以显著提高PET的糖酵解。随着催化剂量的增加，BHET的选择性先是增加，然后稍微下降。当加入一定量的催化剂之后，初始的降解速率是比较快的，短时间内快速积聚了大量的单体，随着反应的进行，部分单体在加热的过程中发生聚合生成二聚体甚至是低聚物。

从图6-16可以看出，反应温度对PET的降解具有显著的影响(反应条件：PET尺寸40~60目；PET 5g；乙二醇20g；1.01×10^5Pa；1.5h)。PET的转化率随着反应温度而增加，当温度达到175℃甚至更高，转化率达到100%。当温度为170℃，PET转化率为92.8%，BHET的选择性达到最大(77.8%)，产物中BHET

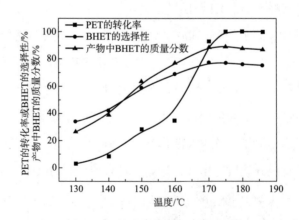

图6-16　反应温度对PET降解的影响

的质量分数变化趋势与BHET选择性变化趋势一致，可能是因为高温有利于PET链的断裂生成单体。然而，随着反应的进行，高温也可能使单体聚合生成二聚体或者低聚物。此外，从130℃开始在$[C_4C_1im]_2[CoCl_4]$的催化作用下，PET的降解低于$[C_4C_1im][FeCl_4]$(140℃)和传统催化剂，如醋酸锌(150℃)。所以，$[C_4C_1im]_2[CoCl_4]$在乙二醇中催化PET的降解存在最佳低温催化活性，此时催化糖酵解过程具有更佳的能源经济性。

图6-17显示的是反应时间对PET降解的影响(反应条件：PET尺寸40~60目；PET 5g；乙二醇20g；催化剂0.5g；$1.01 \times 10^5 Pa$；170℃)。可以看出，随着反应时间从0.5h增加到5h，PET的转化率急剧增加。当反应温度为170℃，反应时间延长到3h，PET转化率可以达到100%。当反应时间为1.5h，产物中BHET的选择性和质量分数达到最大值(77.8%和88.7%)。这是因为在BHET和低聚物之间存在一个反应平衡。随着反应时间延长，BHET将发生聚合，生成低聚物。

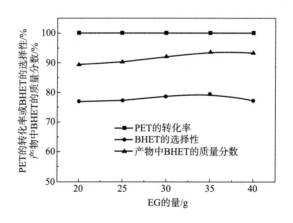

图6-17　反应时间对PET降解的影响

图6-18为乙二醇的使用量对PET降解的影响（反应条件：PET尺寸40~60目；PET 5g；催化剂 0.5g；$1.01 \times 10^5 Pa$；175℃；1.5h）。可以看出，当乙二醇的量在20~40g之间，PET的转化率稳定在100%，而当乙二醇使用量为35g时，BHET的选择性和产物中BHET的质量分数均达到最大值，分别为79.6%和93.6%。这可以归因于催化剂浓度的变化，因为这将影响催化剂、乙二醇和PET

的接触面积。

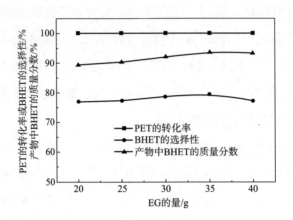

图6-18　乙二醇的量对PET降解的影响

通过改变PET的量，可以获悉PET的量对其降解的影响（反应条件：PET尺寸40~60目；催化剂 0.5g；1.01×10^5Pa；175℃；1.5h）。如图6-19所示。当PET的量从2g变化到7g，PET可以完全降解。而当PET的量为3g，产物中BHET的选择性和质量分数达到最大值，分别为81.1%和95.7%，因为PET、乙二醇和催化剂的质量分数能够影响BHET和低聚物之间的平衡移动。

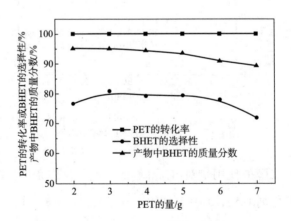

图6-19　PET的量对PET降解的影响

催化剂稳定性测试表明$[C_4C_1im]_2[CoCl_4]$即使循环使用6次之后，仍然具有较好的催化活性，克服了传统催化剂难以循环的弊端。而且基于原位红外光谱和实验现象，推测了PET降解过程的机理，表明$[C_4C_1im]_2[CoCl_4]$的优异催化活性可以归因于$[CoCl_4]^{2-}$与乙二醇的羟基氢原子之间的相互作用以及$[C_4C_1im]^+$与PET酯中氧原子的相互作用。可以相信，凭借优异的热稳定性、磁性、催化和光学性质，含金属离子液体将不仅可以作为催化剂，而且将会发现更多的用途。

6.5　含金属离子液体的发展趋势

在普通离子液体中引入金属离子，制备含金属离子液体，使离子液体从一种"绿色"溶剂发展成为一种新型功能材料。含金属离子液体，结合了离子液体的特殊特征、金属离子以及它们的化合物的催化、磁性和发光等性质，作为功能材料正在吸引越来越多的关注。

基础性的研究是非常重要的。通过对现有含金属离子液体体系的优化设计，制备性能更加优异的含金属离子液体化合物；加强含金属离子液体的组成、结构和性能之间关系的机理研究；通过含金属离子液体的能量和几何构型的密度泛函理论(DFT)研究，阐释离子液体中阳离子和阴离子所包含的金属离子对分子间相互作用的影响。

实际应用研究同样是非常重要的。含金属离子液体，尤其是第三主族卤代金属酸盐离子液体和含稀土离子液体，已经在Friedel-Crafts烷基化、乙酰化、低聚、加氢、酯化、缩合、异构化等众多催化合成领域取得了巨大的成功，未来随着研究的深入和规模化，含金属离子液体必将在更多的领域展现其应用潜力，并将在产业化领域取得突破。

离子液体作为生物质处理的应用显得尤为成功。最近几年，含金属离子液体已经非常成功地证明了此类应用。如采用含Zr离子液体用于微波辅助纤维素转化为5-羟基甲基呋喃(HMF)。在所测试的金属氯化物催化剂中，$ZrOCl_2$—$CrCl_3$体系与$[C_4C_1im]Cl$离子液体结合是最高效的(从纤维素纤维生成HMF的产率达到57%)。在含锂离子液体中，微波辅助纤维素转化为葡萄糖的研究也有报道，100℃，15min，产率可以达到51%。未来，含金属离子液体将更多地被用于这些和其他有用化学品(如羧酸、醚和酯等)的生产。

虽然有关离子液体毒性的数据是有的，但离子液体包括含金属离子液体的生物活性巨大潜力是不容置疑的。离子液体在生物医学领域的潜在应用前景是非常广阔的，从新的药物(如雷尼替丁多库酯，这里多库酯用于传输雷尼替丁到液相)到抗菌涂层。虽然含金属离子液体在这一领域的应用前景被低估，但是最近有研究显示，含Mn^{III}和Fe^{III}的离子液体具有对金黄色酿脓葡萄球菌和枯草杆菌的抗菌活性。设计新的含金属离子液体基涂层用于医学移植组织和生物材料具有重大的意义。

离子液体在能源器件中的应用，将不仅是锂离子或者锂空、镁空和锌空电池。其他一些非常重要的应用，还包括如含TiO_2的离子液体在燃料敏化太阳能电池中的应用。

传统基于低温蒸馏工艺分离丙烯和丙烷，是非常耗能的，以含铜和银离子液体用于烯烃和烷烃的分离将是非常有前景的替代方案。这一新的分离策略可以与膜技术相结合，并且可以应用于其他气体混合物的分离。

含金属离子液体易于功能调控的特点，使其可以用作燃烧后捕获二氧化碳的候选方案。含金属离子液体对于这一工艺以及其他旨在环境保护(如处理高放废液)的类似过程的重要性，将来会越来越重要。在燃料脱硫脱氮领域，采取或者萃取或者加氢的办法，含金属离子液体还可以用于燃料的脱芳烃(防止颗粒物的生成)。

含金属离子液体在新颖软材料的设计领域同样吸引了越来越多的关注。这些材料可以用作光学器件(如柔性显示器件)、通用高分子的生产、特定形状的传导材料(缆绳和薄膜)、包装材料、泡沫、黏合剂、清洁剂、化妆品、油漆、食品添加剂、润滑剂、燃料添加剂和轮胎、纳米技术等。这些材料的令人着迷的荧光特征，尤其是长荧光寿命和杰出的色纯度，与涂层性质和高浓度离子液体相结合，将确保它们在光学领域的应用，包括柔性显示器件的生产。

　　总之，含金属离子液体具有令人着迷的性质，未来无论在基础研究领域的研究深度和广度以及应用研究领域的产业化进程中都将取得越来越大的成绩，当然这需要每一位从事离子液体研究的科研人员的不懈努力！

参考文献

［1］ Anna Getsis，Anja-Verena Mudring. Switchable Green and White Luminescence in Terbium-Based Ionic Liquid Crystals［J］. Eur. J. Inorg. Chem.,2011:3207-3213.

［2］ Anna Getsis，Sifu Tang， Anja-Verena Mudring. A Luminescent Ionic Liquid Crystal：$[C_{12}mim]_4[EuBr_6]Br$［J］. Eur. J. Inorg. Chem., 2010:2172-2177.

［3］ Koen Binnemans. Ionic Liquid Crystals［J］. Chem. Rev. ,2005，105:4148-4204.

［4］ Erwann Guillet，Daniel Imbert，Rosario Scopelliti，et al. Tuning the Emission Color of Europium-Containing Ionic Liquid-Crystalline Phases［J］. Chem. Mater.,2004，16:4063-4070.

［5］ Karel Goossens，Kathleen Lava，Christopher W Bielawski，et al. Ionic Liquid Crystals：Versatile Materials［J］. Chem. Rev.,2016，116:4643-4807.

［6］ Karel Goossens，Kathleen Lava，Peter Nockemann，et al. Pyrrolidinium Ionic Liquid Crystals with Pendant Mesogenic Groups［J］. Langmuir，2009，25(10):5881-5897.

［7］ Leslie J Murray，Mircea Dinca，Junko Yano，et al. Highly-Selective and Reversible O_2 Binding in $Cr_3(1，3，5-benzenetricarboxylate)_2$［J］.J. Am. Chem. Soc., 2010，132:7856-7857.

［8］ Peter D Southon，David J Price，Pia K Nielsen，et al. Reversible and Selective O_2 Chemisorption in a Porous Metal-Organic Host Material［J］. J. Am. Chem. Soc.,2011，133:10885-10891.

［9］ Eric D BloCh，Leslie J Murray，Wendy L Queen，et al. Selective Binding of O_2 over N_2 in a Redox-Active Metal-Organic Framework with Open Iron(II) Coordination Sites［J］.J. Am. Chem. Soc., 2011，133:14814-14822.

［10］ Zhiqiang Zheng，Jiangna Guo，Hailei Mao，et al. Metal-Containing Poly(ionic liquid) Membranes for Antibacterial Applications [J]. ACS Biomater. Sci. Eng.,2017, 3:922−928.

[11] Zhiqiang Zheng, Qiming Xu, Jiangna Guo, et al. Structure−Antibacterial Activity Relationships of Imidazolium−Type Ionic Liquid Monomers, Poly(ionic liquids) and Poly(ionic liquid) Membranes：Effect of Alkyl Chain Length and Cations [J]. ACS Appl. Mater. Interfaces,2016, 8(20):12684−12692.

[12] Gabriel E Sanoja, Bhooshan C Popere, Bryan S Beckingham, et al. Structure−Conductivity Relationships of Block Copolymer Membranes Based on Hydrated Protic Polymerized Ionic Liquids：Effect of Domain Spacing [J]. Macromolecules,2016, 49(6):2216−2223.

[13] Christopher M Evans, Colin R Bridges, Gabriel E Sanoja, et al.Role of Tethered Ion Placement on Polymerized Ionic Liquid Structure and Conductivity：Pendant versus Backbone Charge Placement [J]. ACS Macro Lett., 2016, 5(8):925−930.

[14] Wenjing Qian, John Texter, Feng Yan. Frontiers in poly(ionic liquid) s：syntheses and applications [J]. Chem. Soc. Rev. ,2017, 46(4):1124−1159.

[15] Qian Wang, Yanrong Geng, Xingmei Lu, et al. First−Row Transition Metal− Containing Ionic Liquids as Highly Active Catalysts for the Glycolysis of Poly(ethylene terephthalate)(PET) [J]. ACS Sustainable Chem. Eng.,2015, 3:340−348.

[16] Melissa S Sitze, Eric R Schreiter, Eric V Patterson, et al. Ionic Liquids Based on $FeCl_3$ and $FeCl_2$ [J]. Raman Scattering and ab Initio Calculations. Inorg. Chem.,2001, 40:2298−2304.

[17] Hui Wang, Yanqing Liu, Zengxi Li, et al. Glycolysis of poly(ethylene terephthalate) catalyzed by ionic liquids [J].Eur. Polym. J.,2009, 45:1535−1544.

[18] Cheng−Ho Chen. Study of glycolysis of poly(ethylene terephthalate) recycled from postconsumer soft−drink bottles. III. Further investigation [J]. J. Appl. Polym. Sci.,2003, 87:2004−2010.

[19] Hui Wang, Ruiyi Yan, Zengxi Li, et al. Fe containing magnetic ionic liquid as an effective catalyst for the glycolysis of poly(ethylene terephthalate) [J]. Catal. Commun.,2010, 11:763−767.